中国建筑节能发展报告
（2020年）

住房和城乡建设部科技与产业化发展中心
（住房和城乡建设部住宅产业化促进中心） 著

中国建筑工业出版社

图书在版编目（CIP）数据

中国建筑节能发展报告．2020年/住房和城乡建设部科技与产业化发展中心（住房和城乡建设部住宅产业化促进中心）著．—北京：中国建筑工业出版社，2020.12

ISBN 978-7-112-25612-9

Ⅰ．①中…　Ⅱ．①住…　Ⅲ．①建筑-节能-研究报告-中国-2020　Ⅳ．①TU111.4

中国版本图书馆CIP数据核字（2020）第231836号

责任编辑：张文胜
责任校对：赵　菲

中国建筑节能发展报告（2020年）

住房和城乡建设部科技与产业化发展中心（住房和城乡建设部住宅产业化促进中心）著

*

中国建筑工业出版社出版、发行（北京海淀三里河路9号）
各地新华书店、建筑书店经销
霸州市顺浩图文科技发展有限公司制版
北京建筑工业印刷厂印刷

*

开本：787毫米×1092毫米　1/16　印张：17　字数：409千字
2020年12月第一版　2020年12月第一次印刷
定价：**50.00**元
ISBN 978-7-112-25612-9
（36457）

编　委　会

主　编： 梁俊强

副主编： 梁传志　马欣伯

编写组：（以姓氏笔画为序）

丁洪涛　凡培红　马欣伯　王珊珊　田永英　刘　珊

刘幼农　刘珊珊　刘敬疆　李明洋　杨润芳　张　川

张澜沁　武　朋　林文卓　侯隆澍　宫　玮　姚春妮

殷　帅　戚仁广　梁　洋　梁传志　梁俊强　彭梦月

程　杰

住房和城乡建设部科技与产业化发展中心
（住房和城乡建设部住宅产业化促进中心）　**著**

前　言

建筑是人们居住生活和经济社会活动的空间载体，其环境的舒适性、宜居性和健康性直接关系着使用者的满意度和获得感。同时，建筑能耗超过我国社会终端总能耗的 1/5，参考发达国家经验，随着经济社会不断发展，建筑能耗将占社会终端总能耗的 40%，是实施能源生产和消费革命的重点领域。因此，推进建筑节能和绿色建筑，实现住房城乡建设领域节能减排，是不断满足人民群众对美好环境与幸福生活向往的重要举措，是实现绿色发展的重要内容，也是建立健全绿色低碳循环发展的经济体系，构建清洁低碳、安全高效的能源体系，倡导简约适度、绿色低碳生活方式的重要任务。

“十三五”以来，住房城乡建设领域深入贯彻新发展理念，落实总书记关于绿色发展理念、能源生产和消费革命的相关指示，在建筑领域大力推进绿色发展，倡导绿色生活方式，提高建筑和环境宜居水平，取得了城镇新建建筑能效水平进一步提高，既有建筑改造持续推进，建筑用能结构向清洁化低碳化加快转变，绿色建筑量质提升等明显成效。

为全面介绍近年来住房城乡建筑领域建筑节能和绿色建筑的新形势、新要求和新进展，特别是“十三五”以来建筑节能、绿色建筑及相关重点工作的进展情况，并专题呈现建筑能耗总量与能耗现状、建筑节能和绿色建筑中长期发展路径、供热体制改革、绿色金融与绿色建筑、科技支撑等最新研究成果，住房和城乡建设部科技与产业化发展中心（住房和城乡建设部住宅产业化促进中心）组织有关人员编写了本书。第 1 章概述了“十三五”以来建筑节能与绿色建筑发展情况；第 2 章介绍了我国建筑总量与能耗现状，并对不同经济区、气候区的能耗现状进行了对比分析；第 3 章重点阐述了我国建筑节能与绿色建筑中长期发展路径，在分析改革发展方向的基础上，结合我国建筑节能和绿色建筑发展实际情况，提出了中长期发展目标体系、政策法规体系、标准规范系体系、技术支撑体系、数据服务体系和绩效评价考核体系的建议；第 4 章围绕新建建筑能效提升主线，阐述了“十三五”以来新建建筑能效提升新进展，评估了目标完成情况，并重点介绍了超低能耗建筑和净零能耗建筑的探索与实践；第 5 章聚焦既有居住建筑节能改造新进展、新情况，阐述了发展成效、经验和做法，分析了面临的挑战、存量与趋势；第 6 章以公共建筑能效提升为主线，回顾了公共建筑能效提升和改造的进展情况以及主要经验与做法，介绍了典型案例；第 7 章重点介绍了可再生能源建筑应用的发展成效，评估了“十三五”以来可再生能源建筑应用的工作进展和目标完成情况，介绍了经验和做法；第 8 章以农村建筑节能和清洁取暖为主线，回顾了农村建筑节能和清洁取暖的背景、发展成效和主要经验与做法；第 9 章围绕绿色建筑，阐述了“十三五”以来绿色建筑的发展成效、经验做法，并介绍了典型绿色建筑和绿色生态城区案例；第 10 章以绿色建材为重点，回顾了绿色建材的发展历程，介绍了主要进展和经验做法，评估了目标完成情况，并对绿色建材的发展提出了展望；第 11 章聚焦国家供热体制改革。系统回顾了我国供热体制改革的发展历程和成效，并对下一步发展提出了建议；第 12 章围绕绿色金融与绿色建筑协同发展，介绍了绿色金融发展的历程，绿色金融与绿色建筑协同发展的现状，并展望了绿色金融与绿色建筑协同发展的方向；第 13 章以建筑节能和绿色建筑科技创新为重点，介绍了科技部国家重点研发计划、国际合作项目和住房和城乡建设部科技计划项目对建筑节能和绿色建筑领域的科技支撑情况，并在技术创新与推广方面，遴选科技成果评估推广和华夏建设科学技术奖两类优秀项目予以介绍。最后，回顾了 2018 年 1 月至 2020 年 6 月期间，我国建筑节能与绿色建筑领域发生的重要事件。

参考本书撰写的人员有：第 1 章：马欣伯；第 2 章：凡培红、丁洪涛；第 3 章：程杰（3.1）、丁洪涛、戚仁广、凡培红；第 4 章：刘珊、彭梦月、杨润芳（4.3）；第 5 章：梁传志；第 6 章：殷帅、李明洋；第 7 章：姚春妮；第 8 章：侯隆澍；第 9 章：张川、宫玮；第 10 章：刘敬疆、刘珊珊（10.1）、张澜沁（10.2，10.3）；第 11 章：刘幼农、侯隆澍；第 12 章：殷帅、李明洋、武朋；第 13 章：田永英、梁洋、林文卓（13.4.1）；附录：王珊珊。

尽管我们已经倾尽全力撰写此书，但是由于编写水平有限，本书肯定存在疏漏或不足之处，恳请读者批评指正。

目　　录

第1章 建筑节能与绿色建筑发展概述

建筑是人们居住生活和经济社会活动的空间载体。推进建筑节能与绿色建筑发展，是致力于绿色发展的城乡建设的重要突破口，是住房城乡建设领域加快生态文明建设，践行新发展理念，推动高质量发展重要举措，是落实国家能源生产和消费革命战略的客观要求。加快建筑节能与绿色建筑工作的推进，有利于改善和提升建筑空间和环境品质，增强人民群众获得感、幸福感；有利于提高建筑能源利用效率、减少温室气体排放，有效应对气候变化；有利于推动城乡建设方式转变，实现建筑领域质量变革、效率变革、动力变革，为经济社会发展注入新动能。

"十三五"初期，我国建筑节能与绿色建筑事业虽然取得巨大成就，但发展还面临不少困难和问题。建筑节能标准要求与同等气候条件发达国家相比仍然偏低，标准执行质量参差不齐，城镇既有建筑中不节能建筑占比仍超过60%，大量老旧建筑能源利用效率及居住舒适度偏低。绿色建筑发展水平不高，总量规模偏少，地区之间发展不平衡，实际运行效果缺乏量化评估。可再生能源应用形式比较单一，水平不高，部分项目运行效果不佳。农村建筑节能工作尚未实质性启动，绿色发展欠账较多。建筑材料绿色性能水平较低，支撑和引领建筑绿色发展要求不够。装配式建筑、钢结构及现代木结构等新型可循环建筑结构的发展不充分不平衡。主要依靠行政力量约束及财政资金投入推动，市场配置资源的机制尚不完善等诸多问题。

通过政府、行业、相关组织机构和从业人员的不断努力，"十三五"时期建筑节能与绿色建筑发展均取得了长足的进展和成效。绿色建筑实现跨越式发展，城镇新建建筑节能标准进一步提高，既有居住建筑节能改造继续实施，公共建筑节能监管体系建设和改造取得突破，可再生能源应用规模继续扩大，绿色建筑规模和质量效益逐步显现，建筑用能总量增长趋势进一步趋缓，部分领域用能强度稳步下降，建筑领域绿色发展水平和能源资源利用效率不断提高。

在城镇新建建筑能效提升方面。截至2018年年底，全国城镇新建建筑全面执行节能强制性标准，累计建成节能建筑面积82.4亿m^2，节能建筑占城镇民用建筑面积比重超过50%。严寒、寒冷地区城镇居住建筑开始执行节能75%强制性标准，《近零能耗建筑技术标准》GB/T 51350发布实施，提出超低能耗建筑、近零能耗建筑、零能耗建筑"三步"能效提升路线。超低能耗建筑在北京、天津、河北、山东等地实现突破。

在既有居住建筑节能改造方面。截至2018年年底，北方供暖地区共计完成既有居住建筑节能改造面积11.47亿m^2，夏热冬冷地区完成既有居住建筑节能改造面积1.29亿m^2。老旧小区改造试点城市探索既有建筑节能与加装电梯、小区公共环境及建筑外立面整治等改造有机结合，统筹推进。同时，结合大气污染传输通道"2+26"城市和汾谓平原清洁供暖试点城市建筑用户侧能效提升等工作，既有居住建筑节能改造正逐步形成城市与农村兼顾，北方与南方共同推进，节能性、宜居性、功能性综合改造提升的发展格局。

在公共建筑节能监管及改造方面。全国累计对 35.23 万栋公共建筑进行能耗统计，对 1.67 万栋公共建筑实施能源审计，对 2.9 万栋公共建筑进行了能耗动态监测，部分省市根据能耗统计及监测数据，定期开展能耗信息披露，确定公共建筑能耗限额，开展电力需求侧响应、碳交易等试点。公共建筑能效提升重点城市完成节能改造面积 4673 万 m^2，带动全国公共建筑节能改造面积超过 1.64 亿 m^2，政府与社会资本合作（PPP）、合同能源管理、区域综合能源服务等市场化改造模式不断推进。

在建筑用能结构清洁化低碳化方面。截至 2018 年年底，全国城镇太阳能光热建筑应用面积超过 50 亿 m^2，浅层地热能建筑应用面积超过 6.2 亿 m^2。太阳能光伏在建筑领域分布式、一体化应用水平不断提高，规模不断扩大。

在推动绿色建筑方面。《绿色建筑评价标准》GB/T 50378 修订发布，新标准自 2019 年 8 月 1 日开始实施，绿色建筑性能指标和推广机制发生重大变化，绿色建筑进入全新发展阶段。按照国务院“放管服”改革要求，推动绿色建筑评价标识管理模式创新，在北京、杭州、宁波、深圳等地开展绿色建筑使用者监督机制试点，推动绿色建筑共建、共管、共享。北京、天津、上海、重庆、江苏、浙江、山东、深圳等地在城镇新建建筑中全面执行绿色建筑标准。截至 2018 年年底，全国城镇绿色建筑占新建建筑比重超过 50%，累计建成绿色建筑面积 32.78 亿 m^2。

在建筑节能与绿色建筑取得重要进展的同时，我国建筑节能与绿色建筑的支撑保障体系也不断完善。建筑能耗和节能信息在数据统计范围、筛选方法等方面进一步优化，模型准确度不断提高，为建筑节能的研究和发展提供基础和支撑。依托试点和城市级示范，绿色金融与绿色建筑协同发展不断深入。供热体制改革不断完善，特别是供热计量和收费面积不断增加，供热管理技术得到应用，有效促进了供热系统的节能。国家重点研究计划、全球环境基金项目、中德、中欧等国际合作项目以及住房城乡建设科技项目不断支撑建筑节能与绿色建筑领域科技创新。一大批科技成果和评估推广技术、产品不断引领建筑节能与绿色建筑的发展。重点领域编制体系不断完善，以“华夏建设科学技术奖”为代表的住房城乡建设行业奖项激励着相关从业人员不断创新突破。

展望“十四五”乃至更长时间，我国将在决胜全面建成小康社会的基础上，迈入全面建设社会主义现代化国家新征程的阶段，经济发展进入新常态，结构不断优化，人民群众改善生活品质的需求将十分强烈，致力于绿色发展的城乡建设持续推进，这些都为建筑节能与绿色建筑发展提供了机遇和挑战。放眼未来，建筑总量规模将持续增加，建筑服务功能日益丰富，人民群众对生活舒适度及空间环境健康性能要求不断提高，建筑能耗总量刚性增长的趋势不会发生改变。同时，伴随着应对气候变化的要求和碳排放达峰的压力，以及太阳能光伏等可再生能源应用产品经济性显著提高，能源互联网、综合能效服务、分布式能源等新业态加速形成，建筑用能清洁化、低碳化趋势将更加明显。绿色建筑将由试点推广和局部强制迈向全面普及发展阶段，并从安全耐久、健康舒适、生活便利、资源节约、环境宜居等方面满足人民群众的获得感、体验感。

综上，建筑节能与绿色建筑领域需要顺应国家生态文明推进、气候变化、能源生产和消费革命的要求，回应改善广大人民群众居住品质和舒适度需求，依托“放管服”改革、发挥市场机制在资源配置中的决定性作用，推动建筑节能与绿色建筑高质量发展。

第2章　我国建筑总量与能耗现状

2.1　统计范围与数据筛选

2.1.1　建筑能耗研究的重要性

建筑节能是解决未来全球能源困境、实现 CO_2 减排目标的重要途径。如今世界各国对节能减排相当重视，对可持续发展的呼声越来越高。我国作为一个负责任的大国，也提出了到2030年的节能减排目标。目前，建筑、工业、交通成为能源使用的三大主力行业，其中又以建筑行业节能的潜力最大。2017年我国建筑总商品能源消费为8.82亿tce，占一次能源消费比例约为20.2%。

2.1.2　建筑能耗的界线与方法

与建筑能耗相类似的概念有"建筑业能耗""建筑行业能耗""建筑领域能耗""广义建筑能耗""建筑全寿命周期能耗"等，各个概念使用较为混乱，不同的建筑能耗界定导致计算结果差异很大。目前国际上通行的定义和惯例指的是建筑运行能耗，本书中的建筑能耗界定也是建筑运行能耗。

目前国际上计算建筑能耗的基本思路是通过建立能耗模型，运用可获得的数据信息，对国家或地区建筑能源消费总量进行评估。这些模型或方法大体可分为两类：自上而下型和自下而上型。不同的计算方法会导致建筑能耗结果有明显的差异。由于我们有了大量的统计数据，采取了自上而下型和自下而上型相结合的方式，尽量真实、全面反映全国建筑能耗情况。

2.1.3　能耗数据质量筛选方法

为提高统计数据的有效性和代表性，准确分析我国城镇民用建筑能耗状况，本书借助于直方图、箱形图、聚类三种方法，对建筑能耗统计数据进行了筛选，剔除异常的能耗强度数据。用上述三种方法对2009～2018年的原样本数据进行依次筛选，得出能耗信息的有效数据，筛选情况如图2-1所示。

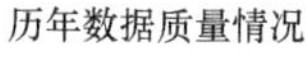

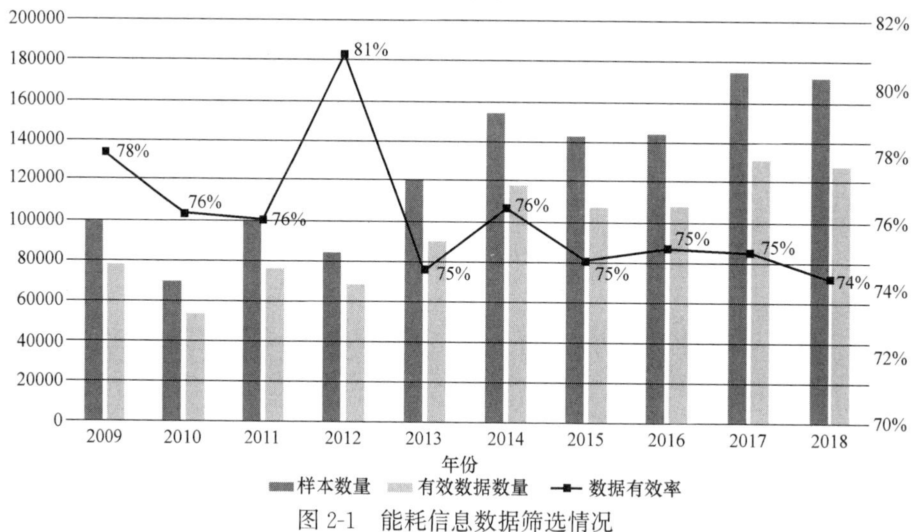

图 2-1　能耗信息数据筛选情况

2.2　我国民用建筑能耗计算方法

2.2.1　计算模型

本报告将民用建筑能耗分为城镇民用建筑能耗和农村民用建筑能耗，又将城镇民用建筑能耗细分为城镇住宅能耗（不包括北方城镇集中供暖能耗）、城镇公共建筑能耗（不包括北方城镇集中供暖能耗）和北方城镇集中供暖能耗三部分。农村民用建筑能耗方面只考虑农村住宅能耗（见图 2-2）。

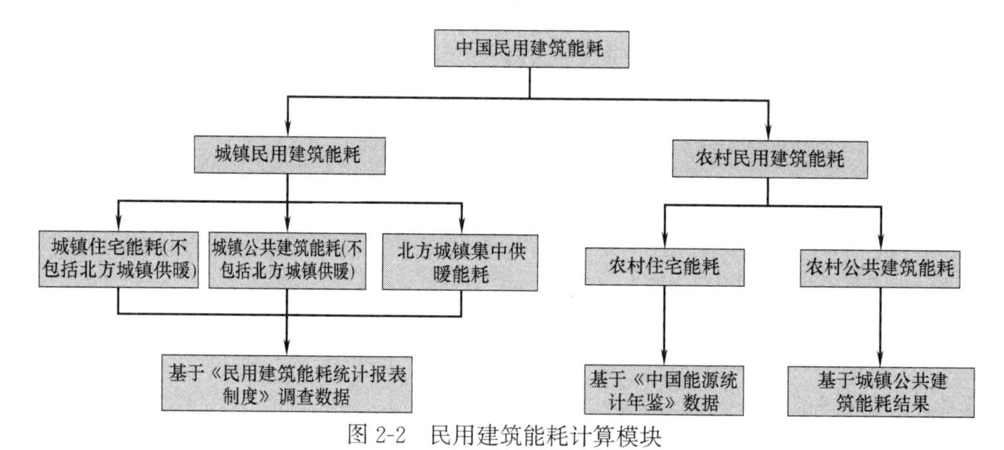

图 2-2　民用建筑能耗计算模块

2.2.2　建筑面积计算方法

1. 城镇住宅建筑面积

(1) 计算方法的选取

采用逐年递推法：上年城镇年末实有住宅建筑面积＋本年住宅竣工面积－本年住宅拆除

面积。虽然城镇年末实有房屋（住宅）建筑面积只统计到2006年，但每年的房屋（住宅）建筑竣工面积时间统计范围是1995～2017年，所以可采用逐年递推法进行逐年累计计算。

（2）竣工面积指标选取

竣工面积指标采用固定资产投资（不含农户）住宅竣工面积。指标是从业主角度统计房屋建筑面积，统计范围全面，但该指标在2011年的统计起点由计划总投资50万元及以上提高到500万元及以上，统计口径的变化对结果有一定的影响。

通过以上对各竣工面积存在的问题对比分析，笔者认为固定资产投资（不含农户）住宅竣工面积的影响最小，最接近真实情况，因此，竣工面积选取该指标。另外，通过计算《中国统计年鉴》中2010年两种口径的建筑面积比1.0491，应用等比例换算法将2011年之后的竣工面积统一折算成50万元口径的竣工面积，尽可能减小统计偏差。

（3）拆除建筑面积

《中国统计年鉴》没有专门统计年拆除建筑面积，因此通过专家咨询计算拆除面积。城市（县）居住建筑年均拆除比约为0.5%，公共建筑年均拆除比约为1%。

2. 城镇公共建筑面积方法

公共建筑面积采用倒推法，由城镇年末实有房屋建筑面积扣除城镇年末住宅建筑面积和生产性建筑面积，剩下的为公共建筑面积。其中生产性建筑面积主要由生产性建筑用地面积与其容积率相乘获得。

3. 乡村建筑面积

农村住宅面积为乡房屋住宅面积与村房屋住宅面积累加获得。

通过上述方法计算可知，2017年年末，我国民用建筑总面积620亿m^2，其中城镇实有民用建筑面积352亿m^2，农村实有民用建筑面积268亿m^2。城镇民用建筑中，城镇公共建筑面积113亿m^2，城镇住宅面积239亿m^2。农村民用建筑中，农村公共建筑面积15亿m^2，农村住宅面积253亿m^2。2009～2017年我国民用建筑面积见表2-1。

2009～2017年我国民用建筑面积（亿m^2） **表2-1**

年份	城镇公共建筑	城镇住宅建筑	乡村住宅建筑	乡村公共建筑	全国民用建筑
2009	62	173	246	13	494
2010	68	180	252	13	512
2011	74	190	254	13	530
2012	80	200	257	12	550
2013	87	209	260	12	569
2014	94	218	262	12	587
2015	101	226	264	12	604
2016	109	235	264	12	621
2017	113	239	253	15	620

2.2.3 建筑能耗计算方法

1. 建筑能耗计算方法

应用民用建筑能耗统计在全国范围内获取的14万栋样本建筑，采用自上而下与自下而上相结合的方法全面分析我国建筑能耗发展水平。

（1）城镇民用建筑能耗：自下而上法

样本数据基于住房和城乡建设部印发的《民用建筑能耗统计报表制度》调查获得。根据调查数据计算得到各省（自治区、直辖市）城镇住宅、城镇公共建筑及北方城镇集中供暖能耗强度，再与各省（自治区、直辖市）城镇住宅面积、城镇公共建筑面积及北方城镇集中供暖面积相乘便得到城镇住宅、城镇公共建筑及北方城镇集中供暖总能耗，最后能耗汇总得到全国城镇民用建筑总能耗。

（2）农村民用建筑能耗：自上而下法

从《中国能源统计年鉴》能源平衡表中获取各省（自治区、直辖市）乡村生活能源消耗实物量，将实物量折算成标准量，得到乡村生活总能耗。参考王庆一《中国建筑能耗统计和计算研究》的计算方法，需要从乡村生活总能耗中扣除交通能耗部分，乡村生活总能耗扣除全部的汽油和95%的柴油，得到农村住宅建筑能耗。由于《中国能源统计年鉴》尚未统计农村公共建筑能耗，考虑到公共建筑能耗强度在农村和城镇差异不大，因此将城镇公共建筑能耗强度代替农村公共建筑能耗强度，再乘以农村公共建筑面积（来源《城乡建设统计年鉴》）得到农村公共建筑能耗。我国民用建筑能耗计算方法如图 2-3 所示。

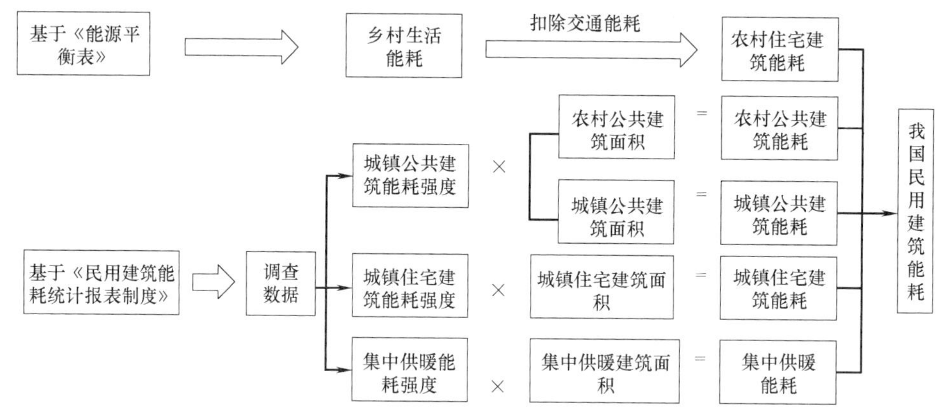

图 2-3　我国民用建筑能耗计算方法

2. 镇建筑能耗及乡村公共建筑能耗估算

从我国国情出发，考虑到镇的实际生活水平更偏向于农村，因此，镇居住建筑能耗按照乡村居住建筑能耗强度乘以镇住宅建筑面积计算得到；而镇的公共建筑能耗水平更倾向于城市，因而镇的公共建筑能耗按照统计调查得到的城镇公共建筑能耗强度乘以镇公共建筑面积得到。

由于乡村公共建筑能耗强度缺失，考虑到公共建筑能耗强度在乡村和城镇的整体情况应该差别不大，因此，根据城镇公共建筑能耗强度估算乡村公共建筑能耗。

2.3　全国民用建筑能耗现状

2.3.1　全国民用建筑能耗总体情况

2017 年，我国民用建筑能耗总量为 8.82 亿 tce，占全社会终端能耗总量的 20.2%。

其中，城镇住宅能耗为1.94亿tce，占能耗总量的22.0%；集中供暖能耗为2.63亿tce，占能耗总量的29.8%；公共建筑能耗2.38亿tce，占能耗总量的27.0%；乡村住宅建筑能耗为1.87亿tce，占能耗总量的21.2%。

2009～2017年，我国民用建筑能耗总量从5.68亿tce增长到8.82亿tce，年均增速为5.7%。2009～2017年，城镇住宅建筑能耗、集中供暖能耗、公共建筑能耗和乡村住宅能耗占比结构发生变化，其中城镇住宅建筑能耗占比和乡村住宅建筑能耗占比基本不变，均在20%～22%之间；而公共建筑能耗占比逐年增加，从17.6%增至27.0%；供暖能耗占比逐年下降从39.3%下降至29.8%。

2009～2017年，我国民用建筑能耗总量在全社会终端能耗总量占比从17.63%提升到20.18%，比重略有提升（见图2-4）。在此期间，全社会终端能耗增速得到有效控制，年均增速3.9%。民用建筑能耗年均增速为5.7%，高于全社会终端能耗增速（见表2-2）。

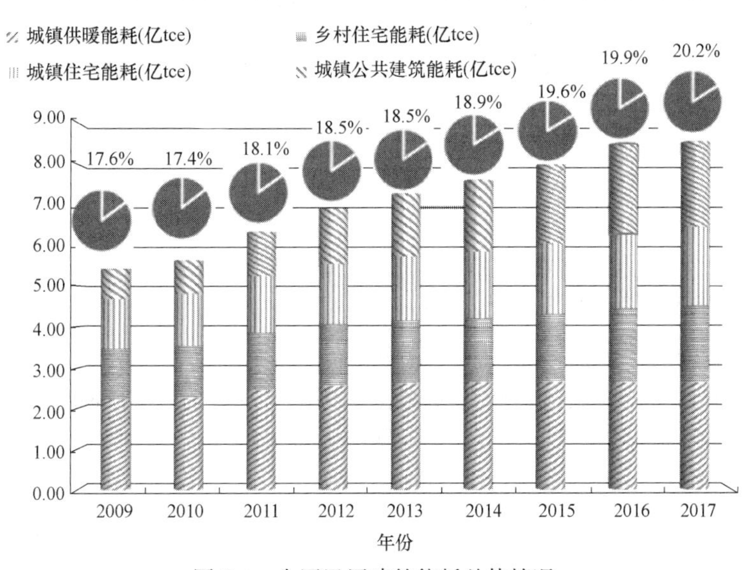

图2-4　全国民用建筑能耗总体情况

“十二五”期间民用建筑能耗和全社会终端总能耗情况　　表2-2

年份	建筑能耗(亿tce)	年增速(%)	全社会终端总能耗(亿tce)	年增速(%)
2011	6.75	15.0	37.33	10.6
2012	7.16	6.1	38.69	3.6
2013	7.48	4.5	40.38	4.4
2014	7.81	4.4	41.32	2.3
2015	8.19	4.9	41.75	1.0
2016	8.48	3.5	42.43	2.3
2017	8.82	4.0	43.70	2.3
年均增速(%)	—	5.7	—	3.9

民用建筑能耗与国内生产总值变化趋势基本一致。以2009年不变价处理国内生产总值（GDP），剔除通货膨胀因素后，探究我国民用建筑能耗和GDP之间的关系。2009～

2017 年，GDP 年均增速为 7.9%，民用建筑能耗年均增速为 5.6%。我国民用建筑能耗增速与 GDP 增速变化趋势基本同步，体现建筑能耗和经济发展水平的相关性（见图 2-5）。

民用建筑能耗总量增速与建筑面积增速基本持平。近几年，随着节能工作的展开，建筑能耗总量增速大幅下降，增速基本维持在 4%～5%（见图 2-5），从而有效缓解建筑能耗的增长。

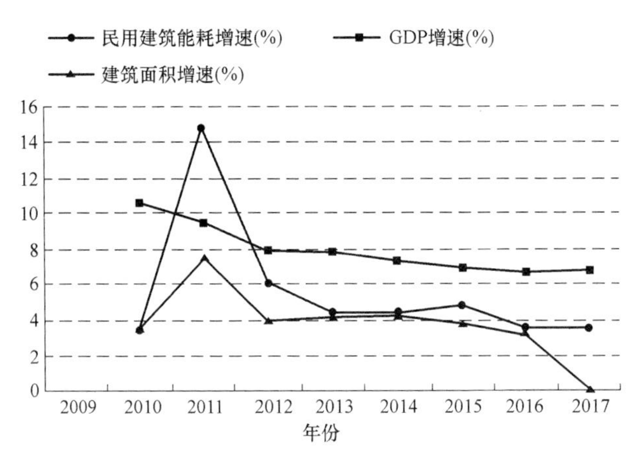

图 2-5　我国民用建筑能耗与 GDP 增长率情况

2.3.2　城镇民用建筑能耗总体情况

1. 城镇民用建筑能耗总量

2009～2017 年，我国城镇民用建筑能耗总量从 4.20 亿 tce 增至 6.67 亿 tce，年均增速 6%（见图 2-6）。

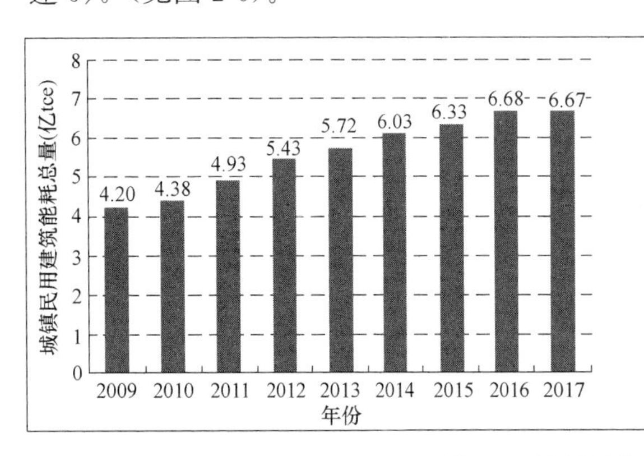

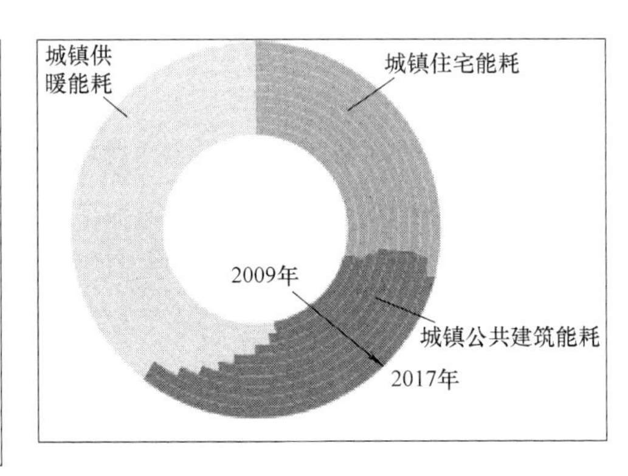

图 2-6　城镇民用建筑能耗情况

2. 城镇民用建筑除集中供暖外能源结构

电力和天然气是城镇民用建筑除集中供暖外的主要能耗来源。统计的电力、煤炭、天然气、液化石油气和人工煤气五种能源中，电耗占比达 90%，是城镇民用建筑（除集中供暖外）最主要的能源。除电力以外，天然气占有较大的比重，其他三种能源占比非常小，都不足 1%。与 2009 年相比，2017 年的天然气占比增长明显，提高了 3.3 个百分比（见图 2-7）。

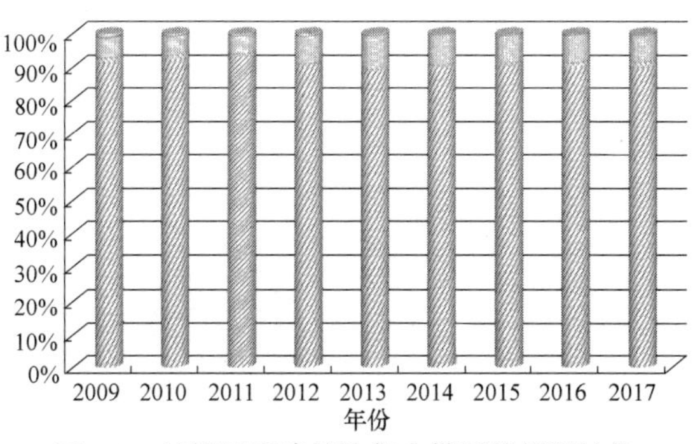

图 2-7　城镇民用建筑除集中供暖外能源结构

3. 城镇民用建筑除集中供暖外能耗强度

我国城镇居住建筑能耗强度逐年缓慢增长，公共建筑能耗强度呈下降趋势。从时间趋势上看，2009～2017 年城镇居住建筑能耗强度从 7.06kgce/m^2 增长到 8.13kgce/m^2，增速平稳，是城镇生活水平提高的体现。我国公共建筑能耗强度从 19.19kgce/m^2 下降到 18.63kgce/m^2，其中大型公共建筑能耗强度下降最快，从 32.58kgce/m^2 下降到 27.2kgce/m^2；中小型公共建筑和国家机关办公建筑能耗强度呈缓慢下降趋势（见图 2-8）。体现国家对公共建筑节能措施得到有效推动，政策效果明显。从建筑类型上看，大型公共建筑能耗强度是其他建筑类型能耗强度的 2～4 倍，因此，大型公共建筑具有较大的节能潜力。

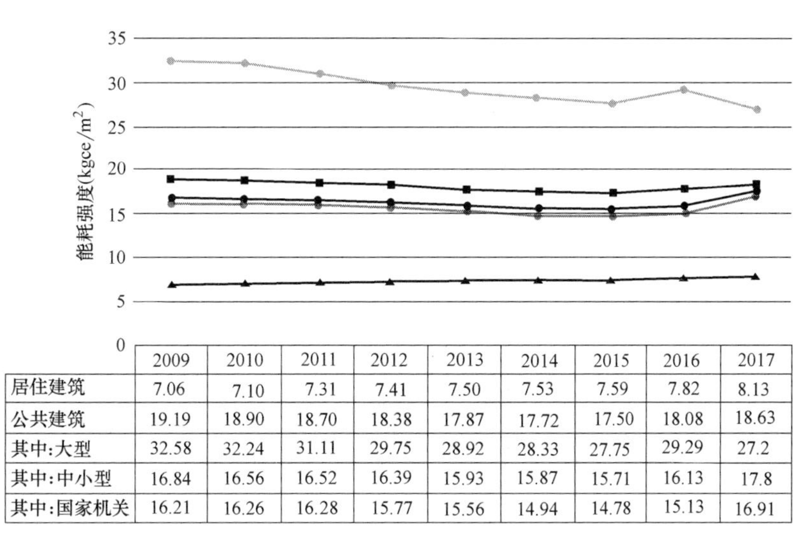

	2009	2010	2011	2012	2013	2014	2015	2016	2017
居住建筑	7.06	7.10	7.31	7.41	7.50	7.53	7.59	7.82	8.13
公共建筑	19.19	18.90	18.70	18.38	17.87	17.72	17.50	18.08	18.63
其中:大型	32.58	32.24	31.11	29.75	28.92	28.33	27.75	29.29	27.2
其中:中小型	16.84	16.56	16.52	16.39	15.93	15.87	15.71	16.13	17.8
其中:国家机关	16.21	16.26	16.28	15.77	15.56	14.94	14.78	15.13	16.91

图 2-8　城镇民用建筑除集中供暖外能耗强度

4. 城镇集中供暖能耗强度

2009～2017 年，我国城镇集中供暖能耗强度从 25.76kgce/m^2 下降到 18.05kgce/m^2，呈现逐年下降趋势。从热源类型上看，主要供暖锅炉为燃煤锅炉、燃气锅炉和热电联产，燃煤锅炉强度最高，其次是热电联产、燃气锅炉。2009～2017 年，燃煤锅炉和热电联产能耗强度呈下降趋势，燃煤锅炉强度从 23.02kgce/m^2 下降至 20.2kgce/m^2，热电联产强度从 19.35kgce/m^2 下降到 15.92kgce/m^2，主要因为我国对集中供暖节能技术的大力推广，技术进步带来节能效果（见图 2-9）。

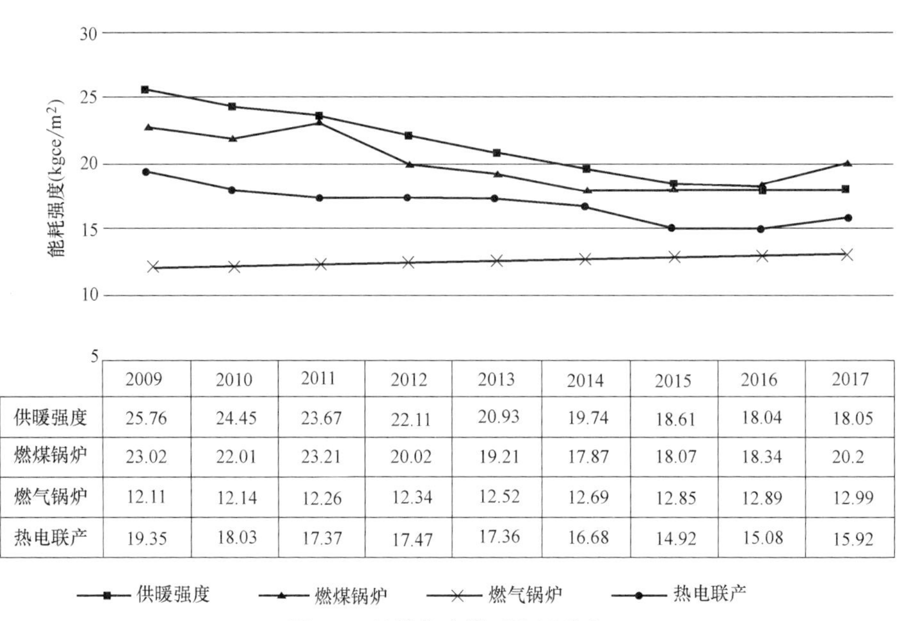

	2009	2010	2011	2012	2013	2014	2015	2016	2017
供暖强度	25.76	24.45	23.67	22.11	20.93	19.74	18.61	18.04	18.05
燃煤锅炉	23.02	22.01	23.21	20.02	19.21	17.87	18.07	18.34	20.2
燃气锅炉	12.11	12.14	12.26	12.34	12.52	12.69	12.85	12.89	12.99
热电联产	19.35	18.03	17.37	17.47	17.36	16.68	14.92	15.08	15.92

图 2-9　城镇集中供暖能耗强度

2.3.3　乡村居住建筑能耗总体情况

1. 乡村居住建筑能耗总量

2009～2017 年，我国乡村居住建筑能耗总量从 1.22 亿 tce 增长到 1.87 亿 tce，增长了 53.3%。从年增长率看，年均增速 5.4%，2011 年能耗增速最快，为 11.4%（见图 2-10）。

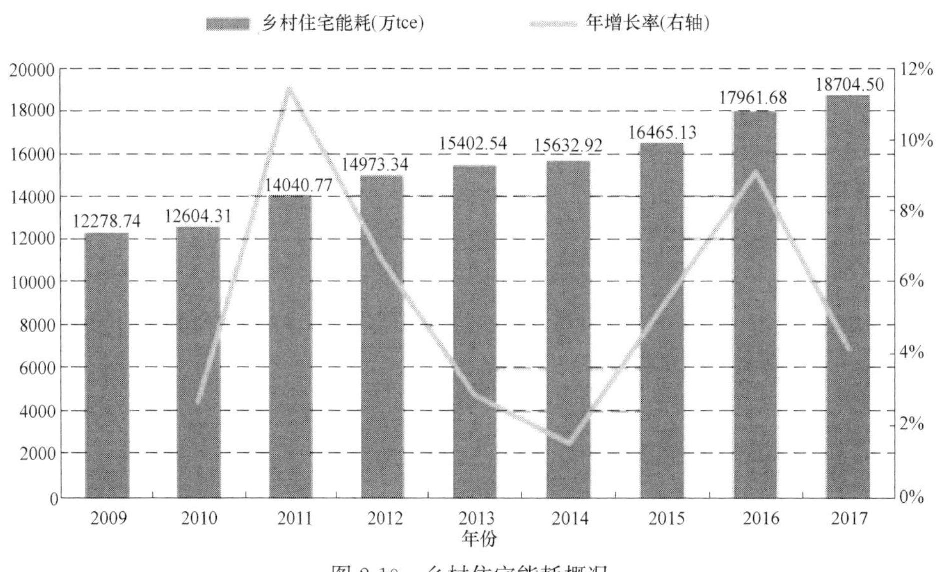

图 2-10　乡村住宅能耗概况

2. 乡村居住建筑能源结构

2009～2017 年，农村住宅电耗占比逐年增长，由 2009 年的 51.9%增长到 2017 年的 60.3%，煤耗占比不断下降，由 2009 年的 37.1%下降至 2017 年的 26.2%，二者占比之和达 86%左右。天然气能耗占比绝对值较小但呈现逐步增大趋势，2009～2017 年由 0.08%增至 2.38%。表明农村能源结构向着清洁能源方向发展，但仍有巨大的提升空间（见图 2-11）。

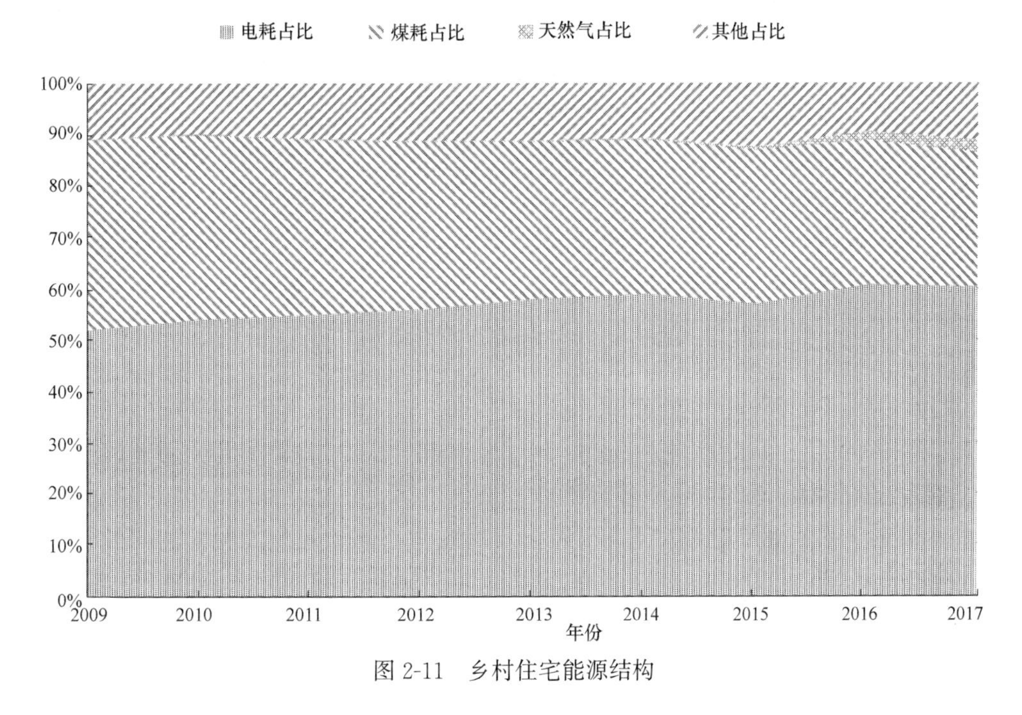

图 2-11　乡村住宅能源结构

3. 乡村居住建筑能耗强度

2009～2017 年，我国农村居住建筑能耗强度从 4.99kgce/m^2 增至 7.40kgce/m^2，增长了 48.3%，远高于城镇居住建筑能耗强度增长幅度，与城镇居住建筑能耗强度之间的差距逐步缩小，体现了我国农村居民生活水平逐步提高。但与城镇相比，仍处于较低水平，其中 2017 年度农村居住建筑能耗强度较城镇居住建筑非供暖能耗强度低 9%，有一定的增长空间（见图 2-12）。

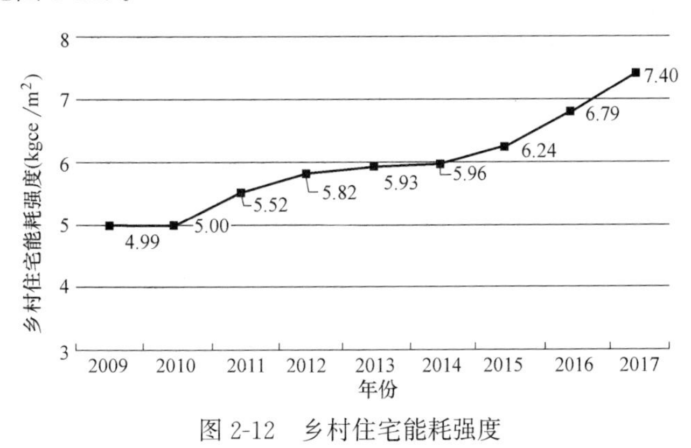

图 2-12　乡村住宅能耗强度

2.4 不同经济区民用建筑能耗对比分析①

根据《中共中央 国务院关于促进中部地区崛起的若干意见》《关于西部大开发若干政策措施的实施意见》等，我国的经济区域划分为东部、中部、西部和东北四大地区（见表2-3）。依据经济区域的划分方式，分析不同经济区域的能耗情况，判断建筑能耗与经济发展水平的相关性。

全国经济区划分 表2-3

经济区域	省(自治区、直辖市)
东北地区	辽宁、吉林、黑龙江
东部地区	北京、天津、河北、上海、江苏、浙江、福建、山东、广东、海南、台湾、香港、澳门
中部地区	山西、安徽、江西、河南、湖北、湖南
西部地区	内蒙古、广西、重庆、四川、贵州、云南、西藏、陕西、甘肃、青海、宁夏、新疆

2.4.1 四大经济区民用建筑能耗总体情况

东部经济区民用建筑能耗增速最快。2009～2017年，四大经济区民用建筑能耗总量增速由大到小依次为：东部地区、中部地区、西部地区、东北地区增速为6.8%、6.3%、5.1%和4.6%。主要原因是四大经济区经济发展水平不同，建筑能耗增速与经济发展有一定的正向关系（见图2-13）。

城镇公共建筑能耗占比均逐年提升。2009～2017年，东北地区公共建筑能耗占比从9.42%增至15.33%，东部地区从20.14%增至35.63%，中部地区从18.82%增至

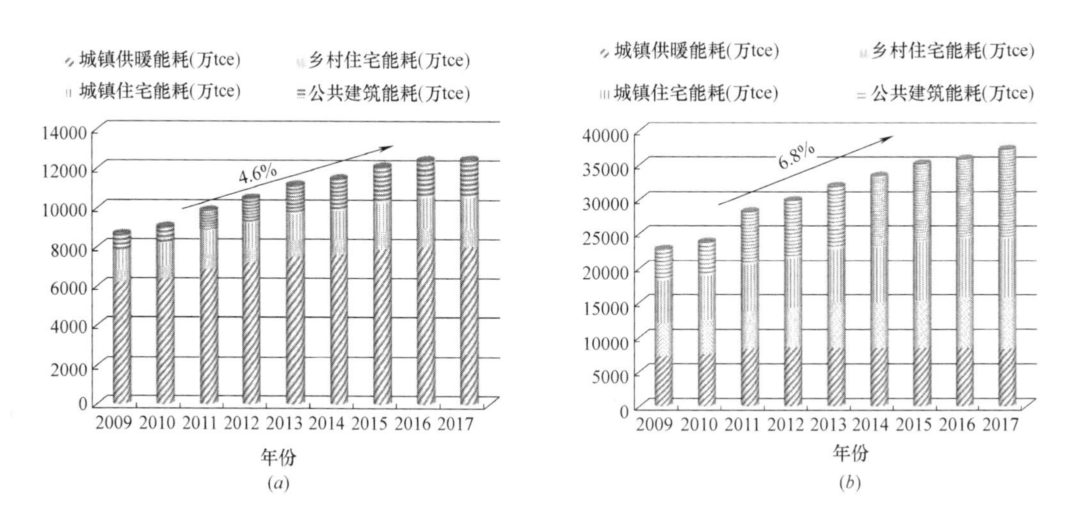

图2-13 四大经济区民用建筑能耗情况（一）
（a）东北地区；（b）东部地区

① 我国台湾、香港和澳门的相关数据本章未纳入统计。

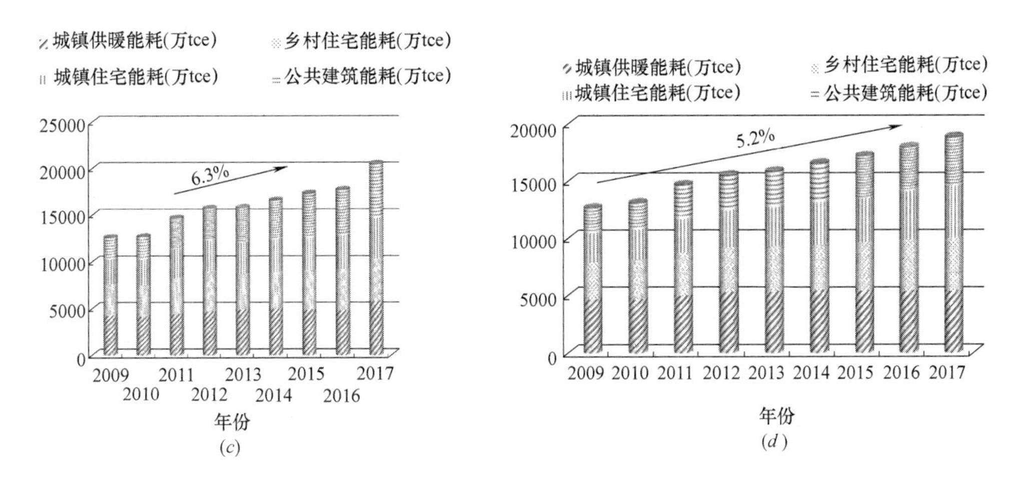

图 2-13　四大经济区民用建筑能耗情况（二）

（*c*）中部地区；（*d*）西部地区

24.14%，西部地区从 17.42%增至 20.00%。经济发展必然使得公共建筑能耗增加，所以要合理控制公共建筑能耗，将公共建筑作为节能重点。

2.4.2　四大经济区城镇民用建筑除集中供暖外能耗情况

1. 四大经济区城镇民用建筑除集中供暖外能源结构

东部地区电力消耗占比高于其他地区。经济发展水平不同，能源结构差异很大。四大经济区的电力消耗占比由高到低依次为：东部、东北、中部、西部。电耗占比最高的东部地区达 93%以上，且逐年增加。西部地区在 85%以下，且有所下降（见图 2-14）。

中部和西部地区天然气消耗占比明显高于其他地区。尤其是西部地区，得益于天然的资源禀赋优势，天然气资源丰富。2009～2017 年，西部地区天然气消耗占比从 14.5%增至 17.0%，而东部和东北地区始终在 7%以下（见图 2-14）。

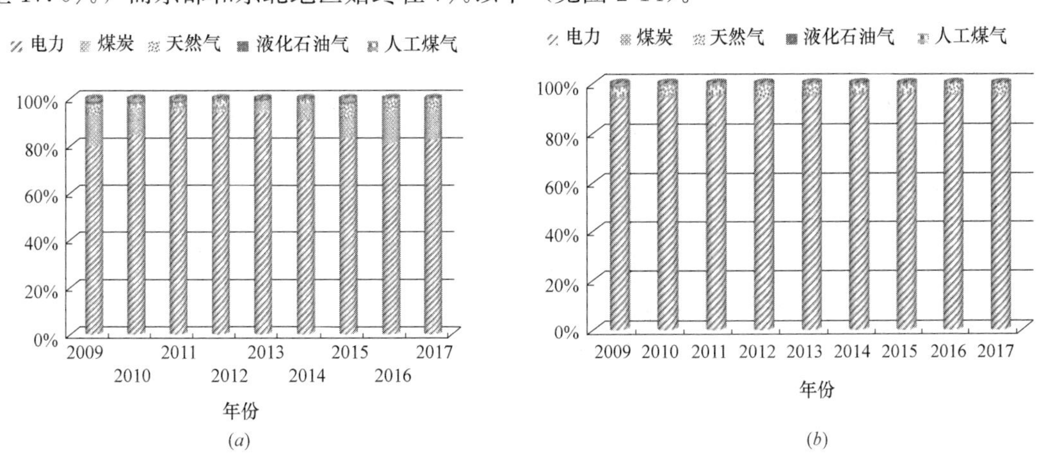

图 2-14　四大经济区民用建筑除集中供暖外能源结构（一）

（*a*）东北地区；（*b*）东部地区

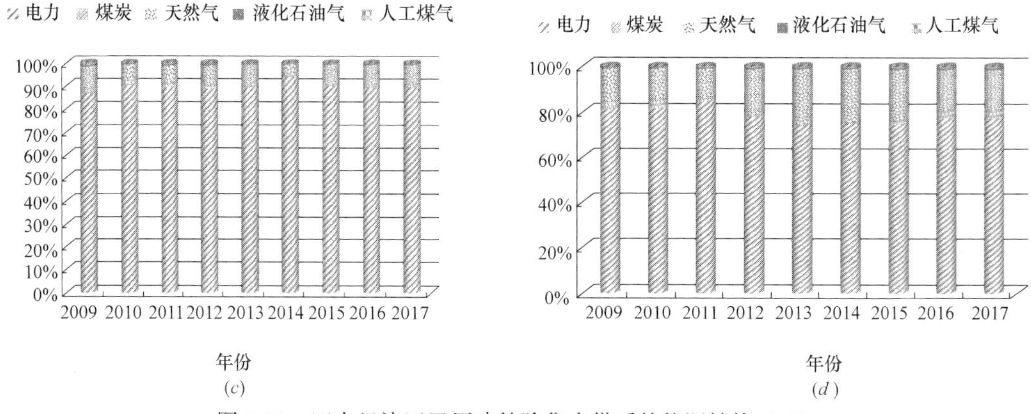

图 2-14　四大经济区民用建筑除集中供暖外能源结构（二）

（c）中部地区；（d）西部地区

2. 四大经济区城镇民用建筑除集中供暖外能耗强度

东部地区各建筑类型除集中供暖外能耗强度普遍高于其他地区。居住建筑类型中，东部地区在 2012 年之后能耗强度大幅度提升，2009～2017 年约提升了 0.5kgce/m^2，其他地区强度比较平稳，变化不大；公共建筑类型中，四大经济区中的三类公共建筑类型能耗强度基本呈现下降趋势，尤其是大型公共建筑降幅明显，显示出四大经济区公共建筑节能工作效果显著（见图 2-15）。

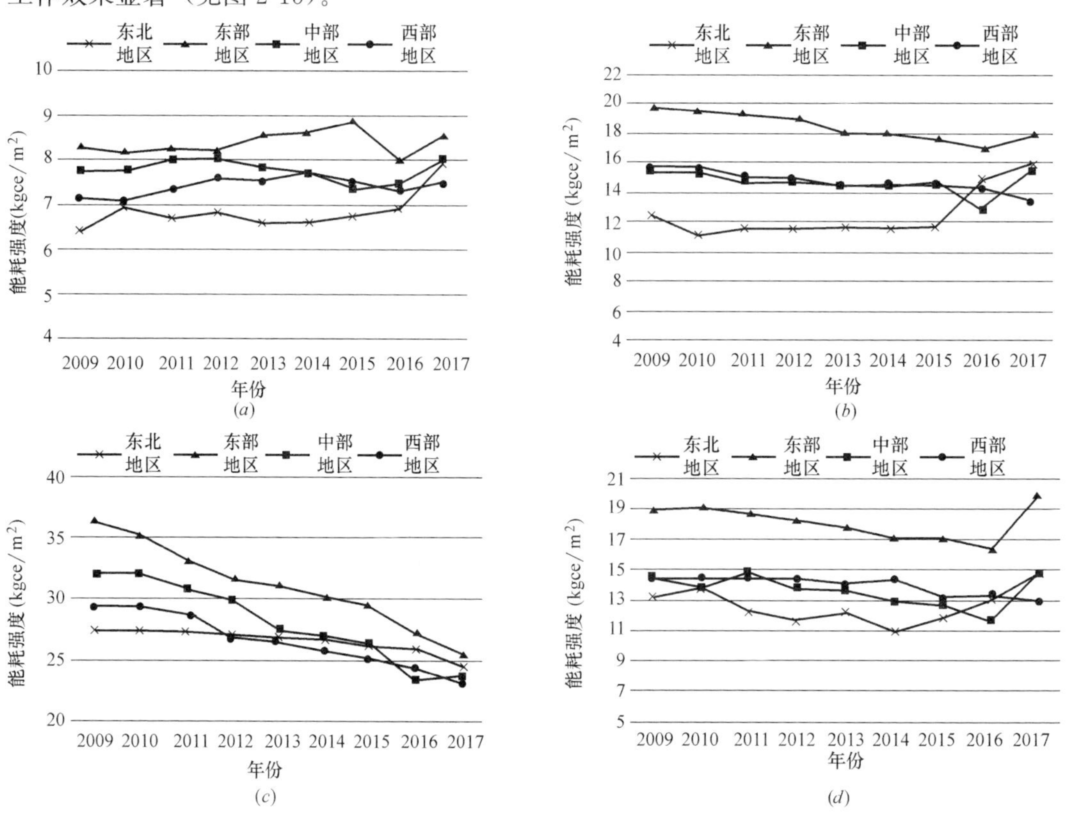

图 2-15　四大经济区民用建筑非集中供暖能耗强度情况

（a）居住建筑；（b）中小型公共建筑；（c）大型公共建筑；（d）国家机关建筑

2.4.3 四大经济区乡村居住建筑能耗总体情况

1. 四大经济区乡村居住建筑能源结构

东部经济区的乡村居住建筑电力消耗比重最高，其他地区仍有很大的提升空间（见图 2-16）。近几年，东部地区乡村居住建筑电耗占比一直保持在 70%左右。东北地区的电耗占比反而有明显的下降，下降约 10%。中部地区农村电耗占比逐年略有提升，2009～2017 年提升了 15.4%，但煤炭占比仍较高且呈现逐年下降趋势，从 2009 年的 45.5%下降到 2017 年的 26%，能源消费结构向清洁化方向发展。西部地区农村虽然煤耗占比很高，但能源结构改善效果最好，煤耗占比降低了 20%，电耗占比提升了 12%。

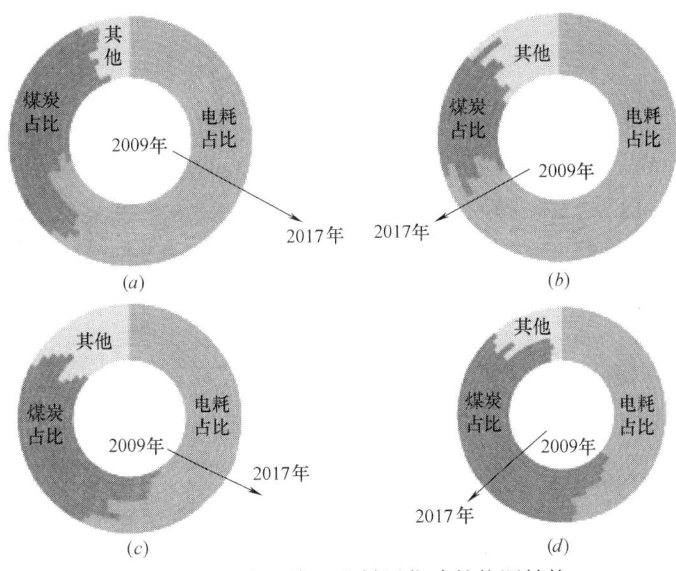

图 2-16 四大经济区乡村居住建筑能源结构

（*a*）东北地区；（*b*）东部地区；（*c*）中部地区；（*d*）西部地区

2. 四大经济区乡村居住建筑能耗强度

乡村居住建筑能耗强度分化。四大经济区的乡村居住建筑能耗强度分成两组，东北和东部地区为强度较高的一组，中部和西部地区为强度较低的一组，且组内两个地区的强度基本一致（见图 2-17）。从时间范围上看，两组的强度差距越来越大，主要是由于两组的

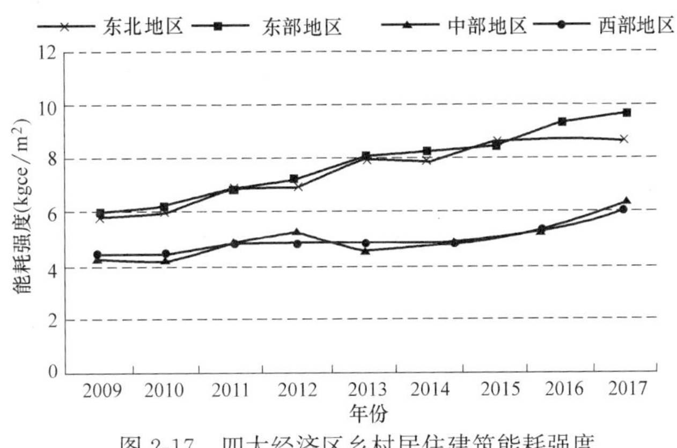

图 2-17 四大经济区乡村居住建筑能耗强度

经济水平差异造成的。

2.5 不同气候区民用建筑能耗对比分析

2.5.1 五大气候区民用建筑能耗总体情况

2009～2017年，夏热冬冷、夏热冬暖地区民用建筑能耗增速最快，年均增速分别为10.2%和8.0%，而严寒、寒冷地区建筑能耗增速相对较小（见表2-4）。原因是南方地区没有集中供暖，主要使用空调取暖、制冷。随着人们生活水平的提高，空调使用增加导致南方民用建筑能耗增速较大。

五大气候区民用建筑能耗总体情况　　表2-4

能耗总量（万tce）	严寒地区	寒冷地区	夏热冬冷地区	夏热冬暖地区	温和地区
2009年	13818.60	22646.38	14003.62	3835.95	1383.85
2010年	14404.54	23337.81	14694.92	3893.15	1424.93
2011年	15846.55	26596.46	17514.34	5040.76	1654.06
2012年	16703.36	27846.42	19022.21	5260.87	1765.04
2013年	17484.85	29555.19	20031.00	5313.43	1722.82
2014年	17903.78	30455.48	21424.75	5779.50	1843.65
2015年	18659.12	31264.37	22931.42	6255.82	1980.70
2016年	19137.74	30956.37	25817.35	6696.91	2147.66
2017年	16629.04	31929.10	30423.05	7098.59	2298.09
年均增速(%)	2.3	4.4	10.2	8.0	6.5

2.5.2 五大气候区城镇民用建筑能耗情况

1. 五大气候区城镇民用建筑除集中供暖外能源结构

南方地区电力消耗占比明显高于北方地区。由于各地区资源禀赋不均衡，各地区城镇民用建筑除集中供暖外，能源结构存在一定的差异。南方地区城镇民用建筑电耗占比基本在90%以上，北方地区低于90%（见图2-18）。

2. 五大气候区城镇民用建筑除集中供暖外能耗强度

夏热冬冷和夏热冬暖地区能耗强度明显高于其他地区。无论是居住建筑还是公共建筑，夏热冬冷地区和夏热冬暖地区的建筑能耗强度趋势线整体上都处于其他地区能耗强度趋势线之上（见图2-19），主要原因在于这两个地区没有集中供暖，空调使用量大，导致单位面积用能大。相反，严寒地区和温和地区各建筑类型能耗强度普遍低于其他地区。

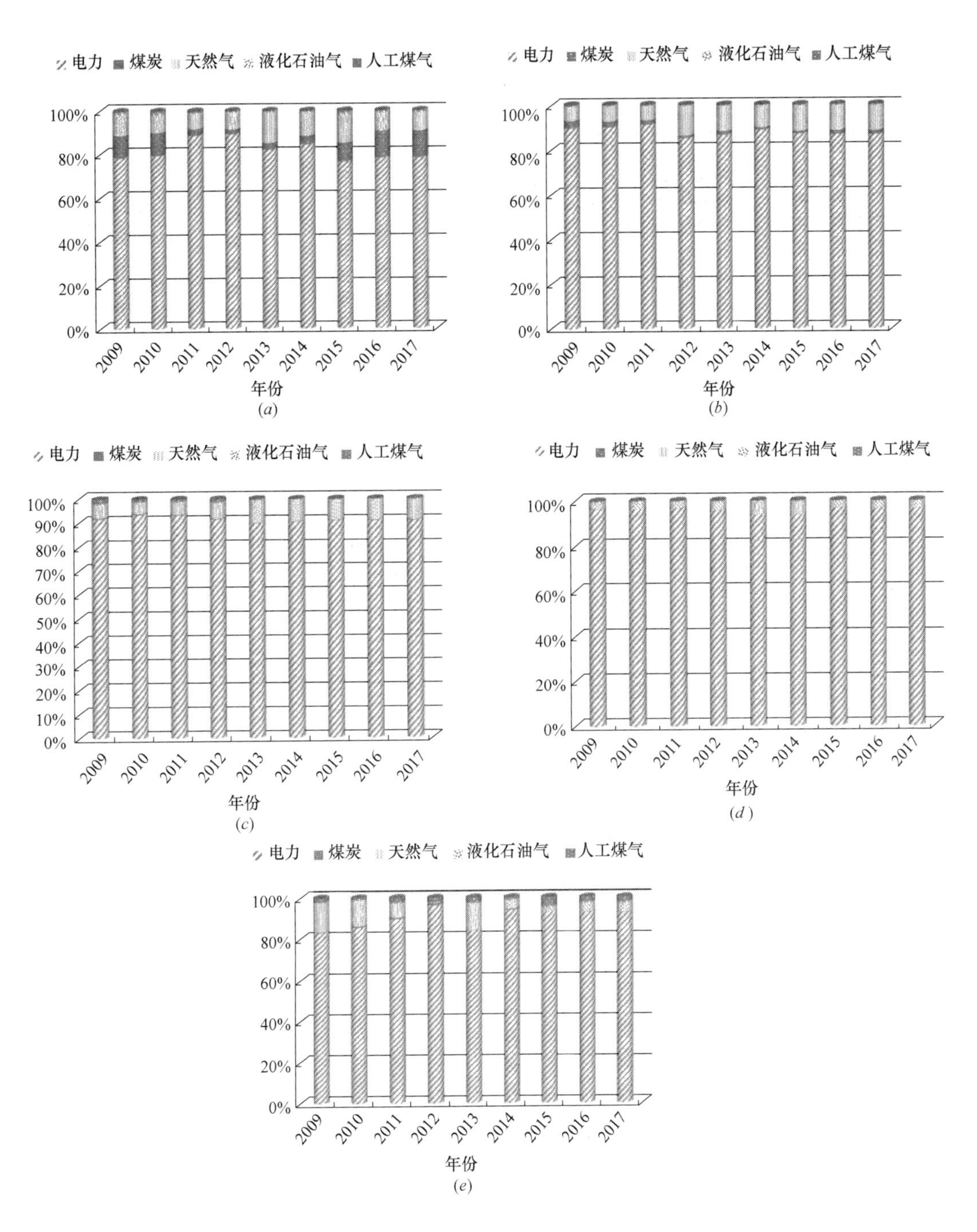

图 2-18 五大气候区民用建筑除集中供暖外能源结构

(*a*)严寒地区；(*b*)寒冷地区；(*c*) 夏热冬冷地区；(*d*) 夏热冬暖地区；(*e*) 温和地区

3. 严寒、寒冷地区民用建筑集中供暖能耗强度

2009～2017 年，严寒地区和寒冷地区集中供暖能耗强度都在下降，下降幅度基本一致。严寒地区和寒冷地区集中供暖能耗强度逐步降低并且两者在数值上越来越接近，这得益于建筑节能改造和更高新建建筑节能设计标准实施（见图 2-20）。

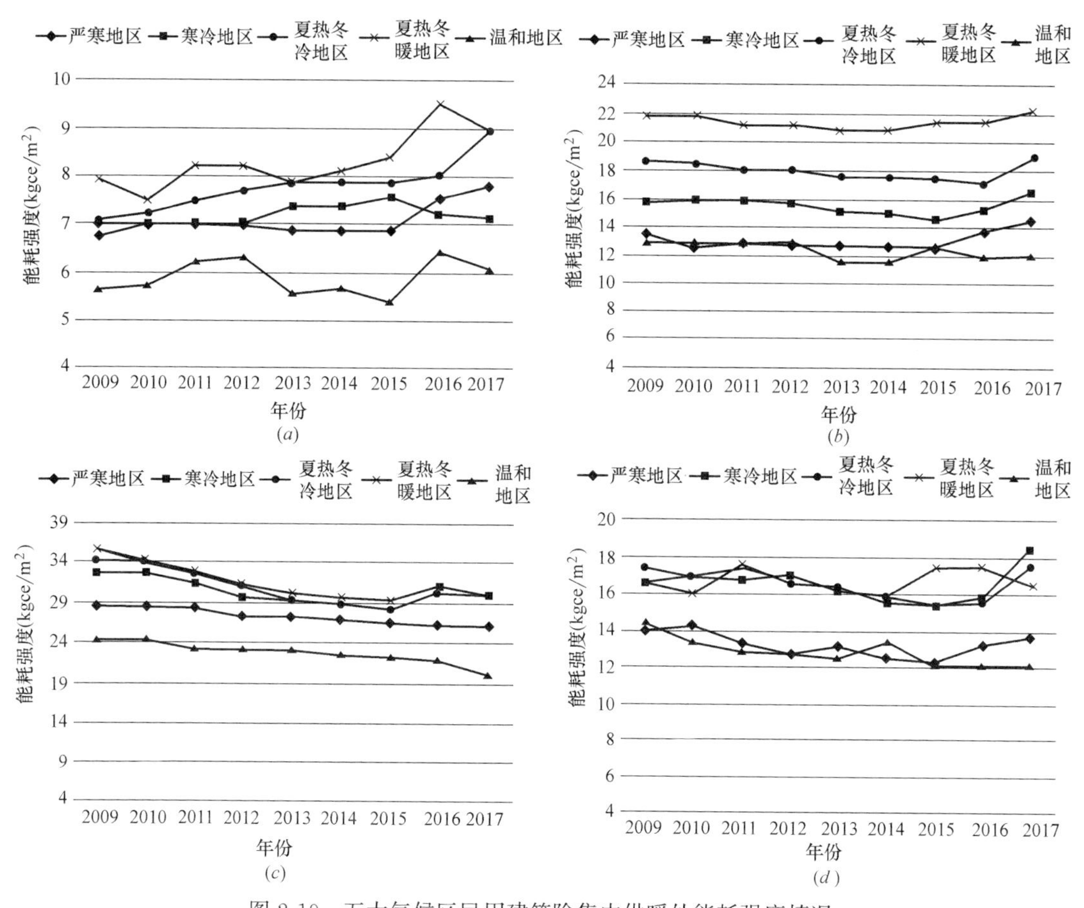

图 2-19　五大气候区民用建筑除集中供暖外能耗强度情况

（a）居住建筑；（b）中小型公共建筑；（c）大型公共建筑；（d）国家机关建筑

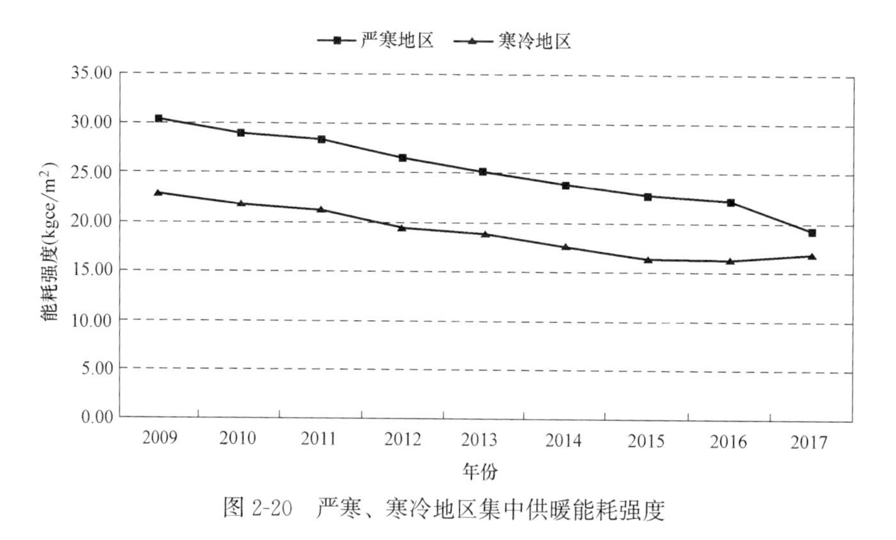

图 2-20　严寒、寒冷地区集中供暖能耗强度

4. 五大气候区乡村居住建筑能耗总体情况

（1）五大气候区乡村居住建筑能源结构

五大气候区的乡村居住建筑建筑能源结构基本体现出电耗占比逐渐增长、煤耗占比逐

渐减小趋势，能源结构在逐渐优化。由于资源禀赋的差异，北方地区农村冬季取暖多靠燃煤，而南方地区多靠空调，所以夏热冬冷地区和夏热冬暖地区的乡村居住建筑电耗占比远超过煤耗占比，能源结构明显优于北方地区，尤其是夏热冬暖地区，煤耗占比仅3%左右，建筑用能基本靠电（见图2-21）。

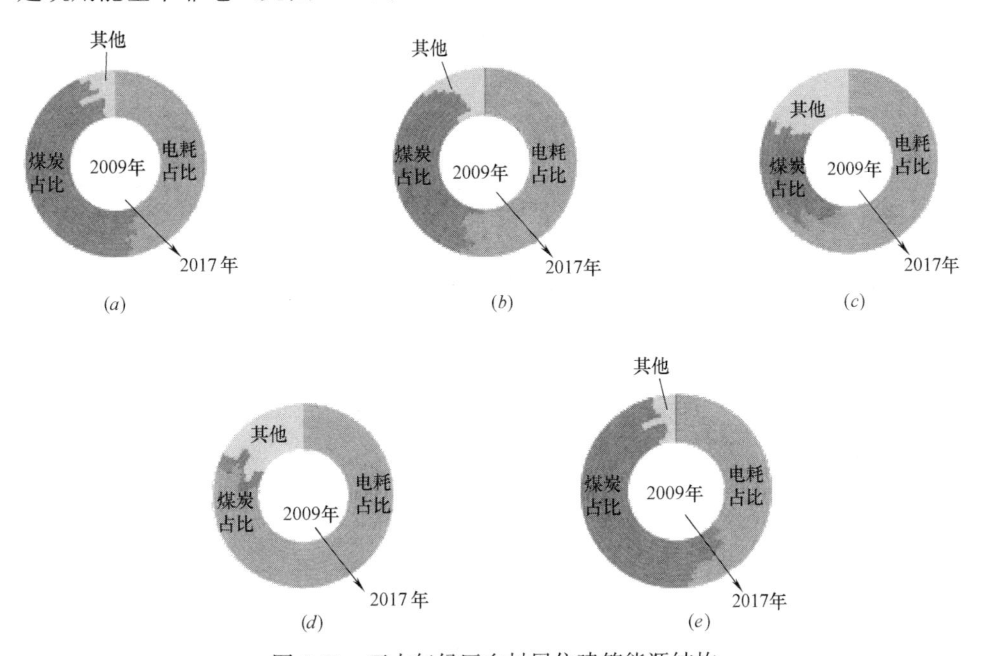

图2-21　五大气候区乡村居住建筑能源结构

（a）严寒地区；（b）寒冷地区；（c）夏热冬冷地区；（d）夏热冬暖地区；（e）温和地区

（2）五大气候区乡村居住建筑能耗强度

不同气候区的乡村居住建筑能耗强度可以分为两个等级，严寒地区、寒冷地区、夏热冬暖地区的农村居住建筑能耗强度较其他两个地区高（见图2-22）。2017年，严寒地区、

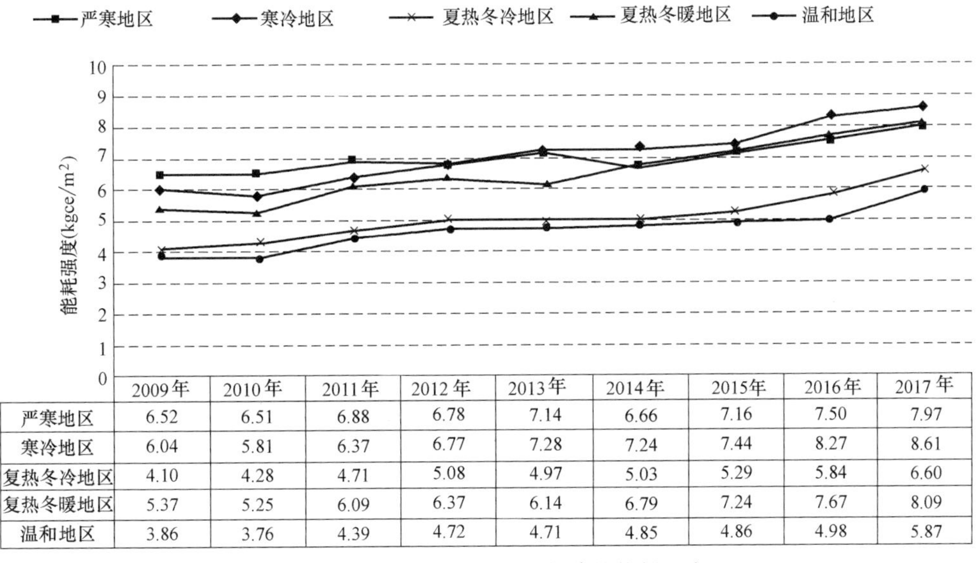

	2009年	2010年	2011年	2012年	2013年	2014年	2015年	2016年	2017年
严寒地区	6.52	6.51	6.88	6.78	7.14	6.66	7.16	7.50	7.97
寒冷地区	6.04	5.81	6.37	6.77	7.28	7.24	7.44	8.27	8.61
夏热冬冷地区	4.10	4.28	4.71	5.08	4.97	5.03	5.29	5.84	6.60
夏热冬暖地区	5.37	5.25	6.09	6.37	6.14	6.79	7.24	7.67	8.09
温和地区	3.86	3.76	4.39	4.72	4.71	4.85	4.86	4.98	5.87

图2-22　五大气候区乡村居住建筑能耗强度

寒冷地区、夏热冬暖地区的农村居住建筑能耗强度分别为 7.97kgce/m^2，8.61kgce/m^2、8.09kgce/m^2；夏热冬冷地区和温和地区农村居住建筑能耗强度分别为 6.60kgce/m^2、5.87kgce/m^2。主要原因是各地区气候差异导致的用能强度不同，严寒地区和寒冷地区冬季气温低，乡村没有集中供暖，居民靠燃煤等方式取暖导致居住建筑能耗强度较大。而夏热冬暖地区夏季温度高，空调用量大，居住建筑能耗强度大。

2.6 展　　望

2.6.1 修订统计制度并加强数据质量把控

数据是分析问题的根基。由于现有统计年鉴缺失建筑行业能耗数据，本报告城镇建筑能耗利用住房和城乡建设部推行的全国建筑能耗统计调查，即《民用建筑能耗统计报表制度》，采用自下而上的方法计算。因此，统计调查的样本数据质量尤为关键。从统计的结果看，数据量大面广，准确性较高，代表性较强，但仍存在个别样本数据明显不符合常理的情况，影响结果准确性。因此，应增加数据审核环节，对建筑面积、建筑类别及建筑功能、能源上报数据及完整性进行审核，规定特定级别的住房和城乡建设主管部门对本辖区上报数据的质量负责，结合住房和城乡建设部的年度通报制度，加强数据质量把控。

2.6.2 加大统计目标考核

随着我国节能工作的大力推进，我国民用建筑能耗增速有所放缓。在“十三五”规划中进一步强调控制能源消费总量的重要性，提出在“十三五”期间要实施能源和水资源消耗、建设用地等总量和强度“双控”行动。建筑能耗数据是体现建筑能耗总量及强度现状的依据。因此，要实现建筑能耗总量及强度双控目标，就要以统计数据为依据，将统计目标作为建筑节能工作重要考核内容。

2.6.3 编制《民用建筑能耗资源消耗统计工作手册》

为提高数据上报质量，加强审核环节，提升数据应用，编制《民用建筑能源资源消耗统计工作手册》，对统计制度及其解读、上报系统流程及常见问题案例、数据审核方法及常见问题案例、数据筛选及数据处理方法、区域各类建筑单位面积能耗及区域建筑能耗总量计算方法、统计学基础知识等作系统梳理，形成专业的针对基层上报人员和审核人员的工作手册。

2.6.4 制定并发布《民用建筑能耗信息公示办法》

绿色金融是撬动市场开展建筑改造和能效提升的有力手段，但目前的核心问题是信息不对称，节能服务公司、银行、保险公司、投融资机构无法评估某栋建筑的节能潜力，开展建筑节能的绿色金融风险无法预测，严重阻碍了市场化改造进程。通过制定并发布《民用建筑能耗信息公示办法》，打破信息壁垒，各利益相关方能够很容易掌握建筑能耗的平均水平并评估某栋建筑的节能潜力，明确风险级别，利益相关方会更有信心、更有把握地开展高能耗建筑的节能改造工作。

第3章　建筑节能与绿色建筑中长期发展路径

3.1　改革发展方向

3.1.1　生态文明思想

生态文明建设是中国特色社会主义事业的重要内容，是实现中华民族永续发展的根本大计。党中央、国务院高度重视生态文明建设，先后出台了一系列重大决策部署和政策制度，推动生态文明建设取得了重大进展和积极成效（见表3-1）。党的十八大以来，我国高度重视社会主义生态文明建设，坚持把生态文明建设作为统筹推进"五位一体"总体布局和协调推进"四个全面"战略布局的重要内容，坚持节约资源和保护环境的基本国策，坚持绿色发展，把生态文明建设融入经济建设、政治建设、文化建设、社会建设各方面和全过程，加大生态环境保护建设力度，推动生态文明建设在重点突破中实现整体推进。习近平总书记亲自部署、亲自推动生态文明建设和生态环境保护，谋划开展了一系列根本性、开创性、长远性工作，提出了一系列新理念新思想新战略，系统形成习近平生态文明思想①，为推进生态文明建设提供了理论指导和行动指南，有力指导我国生态文明建设和生态环境保护取得历史性成就、发生历史性变革，开辟了生态文明建设理论和实践的新境界。

"十三五"以来与生态文明相关的部分重要报告和文件　　表3-1

时间	部分重要报告和文件
2012年11月	《坚定不移沿着中国特色社会主义道路前进　为全面建成小康社会而奋斗》(党的十八大报告)
2015年5月	《中共中央　国务院关于加快推进生态文明建设的意见》
2015年9月	《生态文明体制改革总体方案》
2017年10月	《决胜全面建成小康社会　夺取新时代中国特色社会主义伟大胜利》(党的十九大报告)
2018年6月	《中共中央　国务院关于全面加强生态环境保护　坚决打好污染防治攻坚战的意见》

2012年11月，党的十八大报告中提出要大力推进生态文明建设。面对资源约束趋紧、环境污染严重、生态系统退化的严峻形势，必须树立尊重自然、顺应自然、保护自然的生态文明理念，把生态文明建设放在突出地位，融入经济建设、政治建设、文化建设、社会建设各方面和全过程，努力建设美丽中国，实现中华民族永续发展。坚持节约资源和保护环境的基本国策，坚持节约优先、保护优先、自然恢复为主的方针，着力推进绿色发

① www.qizhiwang.org.cn/n1/2020/0623/c431210-31756801.html.引用日期：2020年8月10日。

展、循环发展、低碳发展，形成节约资源和保护环境的空间格局、产业结构、生产方式、生活方式，从源头上扭转生态环境恶化趋势，为人民创造良好生产生活环境，为全球生态安全作出贡献。党的十八大报告从优化国土空间开发格局、全面促进资源节约、加大自然生态系统和环境保护力度、加强生态文明制度建设四个方面全面深刻地论述了生态文明建设的重要内容，完整描绘了今后一段时期内我国生态文明建设的宏伟蓝图。

2015 年 4 月，《中共中央 国务院关于加快推进生态文明建设的意见》（中发〔2015〕12 号）（以下简称《意见》）提出，要充分认识加快推进生态文明建设的极端重要性和紧迫性，切实增强责任感和使命感，牢固树立尊重自然、顺应自然、保护自然的理念，坚持绿水青山就是金山银山，动员全党、全社会积极行动、深入持久地推进生态文明建设，加快形成人与自然和谐发展的现代化建设新格局，开创社会主义生态文明新时代。这是党的十八大报告重点论述生态文明建设内容后，党中央、国务院全面专题部署生态文明建设的重要文件，生态文明建设的政治高度进一步凸显。《意见》中对绿色城镇化发展提出了具体要求，强调强化城镇化过程中的节能理念，大力发展绿色建筑和低碳、便捷的交通体系，推进绿色生态城区建设，提高城镇供排水、防涝、雨水收集利用、供热、供气、环境等基础设施建设水平。《意见》还专门提出了“全面促进资源节约循环高效使用，推动利用方式根本转变”的目标任务，要求建筑节能领域严格执行建筑节能标准，加快推进既有建筑节能和供热计量改造，从标准、设计、建设等方面大力推广可再生能源在建筑上的应用，鼓励建筑工业化等建设模式。

2015 年 9 月，中共中央、国务院印发了《生态文明体制改革总体方案》（以下简称《总体方案》），阐明了我国生态文明体制改革的指导思想、理念、原则、目标和实施保障等重要内容，为建立系统完整的生态文明制度体系，加快推进生态文明体制改革顶层设计，增强生态文明体制改革的系统性、整体性、协同性提供了重要依据。《总体方案》中确立了能源消费总量管理和节约制度，要求坚持节约优先，强化能耗强度控制，健全节能目标责任制和奖励制；完善节能标准体系，及时更新用能产品能效、高耗能行业能耗限额、建筑物能效等标准；健全节能低碳产品和技术装备推广机制，定期发布技术目录。

2017 年 10 月，党的十九大报告中提出，建设生态文明是中华民族永续发展的千年大计，必须树立和践行“绿水青山就是金山银山”的理念，坚持节约资源和保护环境的基本国策，像对待生命一样对待生态环境，统筹山水林田湖草系统治理，实行最严格的生态环境保护制度，形成绿色发展方式和生活方式，坚定走生产发展、生活富裕、生态良好的文明发展道路，建设美丽中国，为人民创造良好生产生活环境，为全球生态安全作出贡献。党的十九大报告从推进绿色发展、着力解决突出环境问题、加大生态系统保护力度、改革生态环境监管体制四个方面提出了加快生态文明体制改革、建设美丽中国的重点任务，把坚持人与自然和谐共生作为基本方略，进一步明确了建设生态文明、建设美丽中国的总体要求，开创了中国特色社会主义生态文明建设的新时期。

2018 年 6 月，《中共中央 国务院关于全面加强生态环境保护 坚决打好污染防治攻坚战的意见》指出，习近平生态文明思想为推进美丽中国建设、实现人与自然和谐共生的现代化提供了方向指引和根本遵循。其中对建筑节能领域提出了具体要求和关键举措，鼓励新建建筑采用绿色建材，大力发展装配式建筑，提高新建绿色建筑比例。以北方采暖地区为重点，推进既有居住建筑节能改造。加强生态文明宣传教育，倡导简约适度、绿色低碳的生活方式，反对奢侈浪费和不合理消费。开展创建绿色家庭、绿色学校、绿色社区、绿色商场、绿色餐馆等行动。提倡绿色居住，节约用水用电，合理控制夏季空调和冬季取暖室内温度。

生态兴则文明兴，生态衰则文明衰，生态环境是人类生存和发展的根基，生态环境变化直接影响文明兴衰演替。绿水青山就是金山银山、像对待生命一样对待生态环境、山水林田湖草是一个生命共同体、实行最严格的生态环境保护制度等生态文明思想已经成为全党、全社会、全体人民的最大共识。对于建设领域而言，城乡建设是落实生态文明思想、满足人民群众对美好生活需要的主要载体，要坚持走文明发展道路，坚持生态优先，建设人与自然和谐共生的美丽中国。

3.1.2 绿色高质量发展理念

党的十八届五中全会提出了创新、协调、绿色、开放、共享的新发展理念，其中绿色发展体现了对生态文明和社会主义现代化建设的规律性认识，是推动我国走向社会主义生态文明新时代的根本动力。党的十九大报告提出了我国经济已由高速增长阶段转向高质量发展阶段的论述，必须坚持质量第一、效益优先，不断增强我国经济创新力和竞争力。绿色高质量发展既是当前发展的前进方向，又是深入践行“以人民为中心”的发展理念而必须坚持的发展选择（见表 3-2）。

“十三五”以来与绿色高质量发展相关的部分重要报告和文件　　表 3-2

时间	部分重要报告和文件
2015 年 10 月	《中国共产党第十八届中央委员会第五次全体会议公报》
2016 年 3 月	《国民经济和社会发展第十三个五年规划纲要》
2017 年 10 月	《决胜全面建成小康社会 夺取新时代中国特色社会主义伟大胜利》(党的十九大报告)

2015 年 10 月，党的十八届五中全会提出，坚持绿色发展，必须坚持节约资源和保护环境的基本国策，坚持可持续发展，坚定走生产发展、生活富裕、生态良好的文明发展道路，加快建设资源节约型、环境友好型社会，形成人与自然和谐发展现代化建设新格局，推进美丽中国建设，为全球生态安全作出新贡献。推动低碳循环发展，建设清洁低碳、安全高效的现代能源体系，实施近零碳排放区示范工程。全面节约和高效利用资源，树立节约集约循环利用的资源观，建立健全用能权、用水权、排污权、碳排放权初始分配制度，推动形成勤俭节约的社会风尚。

2016 年 3 月，《国民经济和社会发展第十三个五年规划纲要》（以下简称《规划纲要》）提出，牢固树立和贯彻落实创新、协调、绿色、开放、共享的发展理念，统筹推进经济建设、政治建设、文化建设、社会建设、生态文明建设和党的建设，确保如期全面建成小康社会，为实现第二个百年奋斗目标、实现中华民族伟大复兴的中国梦奠定更加坚实的基础。《规划纲要》中提出，实施能源和水资源消耗、建设用地等总量和强度双控行动，强化目标责任，完善市场调节、标准控制和考核监管。建立健全用能权、用水权、碳排放权初始分配制度，创新有偿使用、预算管理、投融资机制，培育和发展交易市场。健全节能、节水、节地、节材、节矿标准体系，提高建筑节能标准，实现重点行业、设备节能标准全覆盖。

2017年10月，党的十九大报告中首次提出了我国经济已由高速增长阶段转向高质量发展阶段的论述，并从深化供给侧结构性改革、加快建设创新型国家、实施乡村振兴战略、实施区域协调发展战略、加快完善社会主义市场经济体制、推动形成全面开放新格局六个方面作了重要部署，阐明推动高质量发展是保持经济持续健康发展，适应我国社会主要矛盾变化和全面建成小康社会、全面建设社会主义现代化国家的必然要求。同时，党的十九大报告专门在“加快生态文明体制改革，建设美丽中国”中对推进绿色发展作了重要部署，提出加快建立绿色生产和消费的法律制度和政策导向，建立健全绿色低碳循环发展的经济体系。构建市场导向的绿色技术创新体系，发展绿色金融，壮大节能环保产业、清洁生产产业、清洁能源产业。推进能源生产和消费革命，构建清洁低碳、安全高效的能源体系。推进资源全面节约和循环利用，实施国家节水行动，降低能耗、物耗，实现生产系统和生活系统循环链接。倡导简约适度、绿色低碳的生活方式，反对奢侈浪费和不合理消费，开展创建节约型机关、绿色家庭、绿色学校、绿色社区和绿色出行等行动。

在推动绿色高质量发展过程中，建设领域是重要的实践载体，转变绿色低碳发展方式是重要举措，绿色高质量发展理念为我国推进建筑节能与绿色建筑深入发展指引了明确方向。

3.1.3 节能减排发展战略

节约资源是我国的基本国策，国家实施节约与开发并举、把节约放在首位的能源发展战略。建筑节能是我国节能工作的重要组成部分，推动建筑节能发展对缓解能源供给压力、提升居住环境质量和应对气候变化挑战具有重要作用（见表3-3）。

与节能减排发展战略相关的部分重要文件 **表3-3**

时间	部分重要文件
2016年12月	《“十三五”节能减排综合工作方案》
2016年12月	《能源生产和消费革命战略(2016—2030)》
2014年11月	《中美气候变化联合声明》
2015年9月	《中美元首气候变化联合声明》

2016年12月，国务院印发了《“十三五”节能减排综合工作方案》(国发〔2016〕74号)，对强化建筑节能提出了具体目标和工作任务。其中提出，实施建筑节能先进标准领跑行动，开展超低能耗及近零能耗建筑建设试点，推广建筑屋顶分布式光伏发电。编制绿色建筑建设标准，开展绿色生态城区建设示范，到2020年，城镇绿色建筑面积占新建建筑面积比重提高到50%。实施绿色建筑全产业链发展计划，推行绿色施工方式，推广节能绿色建材、装配式和钢结构建筑。强化既有居住建筑节能改造，实施改造面积5亿m^2以上，2020年前基本完成北方采暖地区有改造价值城镇居住建筑的节能改造。推动建筑节能宜居综合改造试点城市建设，鼓励老旧住宅节能改造与抗震加固改造、加装电梯等适老化改造同步实施，完成公共建筑节能改造面积1亿m^2以上。推进利用太阳能、浅层地热能、空气热能、工业余热等解决建筑用能需求。

推进能源生产和消费革命，对于增强能源安全保障能力、积极主动应对全球气候变化、全面推进生态文明建设具有重要意义，国家发展改革委和国家能源局2016年12月发布了《能源生产和消费革命战略（2016—2030）》（发改基础〔2016〕2795 号），其中提出，到 2020 年，能源消费总量控制在 50 亿 tce 以内；到 2030 年，可再生能源、天然气和核能利用持续增长，高碳化石能源利用大幅减少，能源消费总量控制在 60 亿 tce 以内，二氧化碳排放到 2030 年左右达到峰值并争取尽早达峰；展望 2050 年，能源消费总量基本稳定，建成能源文明消费型社会，能效水平、能源科技、能源装备达到世界先进水平，成为全球能源治理重要参与者。

除了在节能方面提出相关目标和措施外，我国在减排方面也制定发布了目标任务。2014 年 11 月，《中美气候变化联合声明》中提出，我国计划 2030 年左右二氧化碳排放达到峰值且将努力早日达峰，并计划到 2030 年非化石能源占一次能源消费比重提高到 20%左右。2015 年 9 月，《中美元首气候变化联合声明》中提出，我国正在大力推进生态文明建设，推动绿色低碳、气候适应型和可持续发展，加快制度创新，强化政策行动；到 2030 年单位国内生产总值二氧化碳排放将比 2005 年下降 60%～65%；承诺将推动低碳建筑和低碳交通，到 2020 年城镇新建建筑中绿色建筑占比达到 50%。

我国节能减排发展战略的制定和实施，把我国建筑节能与绿色建筑发展推到了更加重要的位置，对于指导建设节能低碳、绿色生态、集约高效的建筑用能体系，推动住房城乡建设领域实现绿色发展具有重要的现实意义和深远的战略意义。

3.1.4 改革发展要求

我国在推进“放管服”改革和工程建设项目审批制度改革过程中，陆续制定并出台了多份重要的政策文件，统筹做好顶层规划和制度设计，并在建设领域的试点工作和具体实践中取得了丰富经验，为指导和推动建筑节能与绿色建筑管理制度创新发展奠定了基础（见表 3-4）。

“十三五”以来与改革发展相关的部分重要文件　　表 3-4

时间	部分重要文件
2015 年 5 月	全国推进简政放权 放管结合 职能转变工作电视电话会议精神
2018 年 6 月	全国深化“放管服”改革 转变政府职能电视电话会议精神
2019 年 6 月	全国深化“放管服”改革 优化营商环境电视电话会议精神
2019 年 9 月	《国务院关于加强和规范事中事后监管的指导意见》
2019 年 9 月	《关于完善质量保障体系 提升建筑工程品质指导意见的通知》
2020 年 7 月	《国务院办公厅关于进一步优化营商环境 更好服务市场主体的实施意见》
2016 年 2 月	《中共中央　国务院关于进一步加强城市规划建设管理工作的若干意见》
2017 年 2 月	《国务院办公厅关于促进建筑业持续健康发展的意见》
2018 年 5 月	《国务院办公厅关于开展工程建设项目审批制度改革试点的通知》
2019 年 3 月	《国务院办公厅关于全面开展工程建设项目审批制度改革的实施意见》
2019 年 3 月	《国家发展改革委　住房和城乡建设部关于推进全过程工程咨询服务发展的指导意见》
2019 年 12 月	《国家发展改革委　住房和城乡建设部关于印发房屋建筑和市政基础设施项目工程总承包管理办法的通知》
2020 年 7 月	《绿色建筑创建行动方案》

2015年5月，国务院召开“全国推进简政放权 放管结合 职能转变工作电视电话会议”，首次明确提出了“放管服”的概念和要求。“放管服”就是简政放权、放管结合、优化服务的简称，“放”即简政放权、降低准入门槛，“管”即创新监管、促进公平竞争，“服”即高效服务、营造便利环境。会议针对深化行政体制改革、转变政府职能提出了简政放权、放管结合、优化服务协同推进的总要求，改革解放和发展了建设领域的生产力，激发了建筑市场主体的活力和创造力，推动建设领域取得了一举多得的成效。

2018年6月，国务院召开“全国深化‘放管服’改革 转变政府职能电视电话会议”，把“放管服”改革作为全面深化改革的重要内容持续加以推进。根据会议精神，国务院办公厅2018年8月印发了《全国深化“放管服”改革转变政府职能电视电话会议重点任务分工方案》(国办发〔2018〕79号)，针对建设领域明确了“优化项目报建审批流程”和“压缩项目报建审批时间”两项工作任务和主要措施，要求五年内工程建设项目从立项到竣工验收全流程审批时间压减一半；推行联合审批、多图联审等方式；解决审批前评估耗时长问题，及时动态修订评估技术导则，合理简化报告编制要求；积极推广区域评估。

2019年6月，国务院召开“全国深化‘放管服’改革 优化营商环境电视电话会议”，深入贯彻新发展理念，大力度深化改革扩大开放，持续推进“放管服”改革。会议提出了“推动简政放权向纵深发展，进一步放出活力”“加强公正监管，切实管出公平”“大力优化政府服务，努力服出便利”的重要工作部署，为创造和优化建设领域营商环境提供了重要保障，也为建设领域“放管服”改革指明方向。

为了深刻转变政府职能，深化“放管服”改革，2019年9月，《国务院关于加强和规范事中事后监管的指导意见》(国发〔2019〕18号)明确了事中事后监管的责任、规则和标准、方式。同时，国务院办公厅转发的住房和城乡建设部《关于完善质量保障体系 提升建筑工程品质指导意见的通知》(国办函〔2019〕92号)提出，坚持以人民为中心，牢固树立新发展理念，以供给侧结构性改革为主线，以建筑工程质量问题为切入点，提出强化各方责任、完善管理体制、健全支撑体系、加强监督管理的相关要求，着力破除体制机制障碍，逐步完善质量保障体系，进一步提升建筑工程品质总体水平。通知在推行绿色建造方式的相关要求中提出，完善绿色建材产品标准和认证评价体系，进一步提高建筑产品节能标准，建立产品发布制度。大力发展装配式建筑，推进绿色施工，通过先进技术和科学管理，降低施工过程对环境的不利影响。建立健全绿色建筑标准体系，完善绿色建筑评价标识制度。

为持续深化“放管服”改革优化营商环境，更大激发市场活力，增强发展内生动力，2020年7月，《国务院办公厅关于进一步优化营商环境 更好服务市场主体的实施意见》提出，进一步提升工程建设项目审批效率，全面推行工程建设项目分级分类管理，在确保安全的前提下，对社会投资的小型低风险新建、改扩建项目，由政府部门发布统一的企业开工条件，企业取得用地、满足开工条件后作出相关承诺，政府部门直接发放相关证书，项目即可开工。加快推动工程建设项目全流程在线审批，推进工程建设项目审批管理系统与投资审批、规划、消防等管理系统数据实时共享，实现信息一次填报、材料一次上传、相关评审意见和审批结果即时推送。

2016年2月，《中共中央 国务院关于进一步加强城市规划建设管理工作的若干意见》提出，贯彻“适用、经济、绿色、美观”的建筑方针，着力转变城市发展方式。在加强建筑设计管理方面，按照“适用、经济、绿色、美观”的建筑方针，突出建筑使用功能以及节能、节水、节地、节材和环保，防止片面追求建筑外观形象。在发展新型建造方式方面，大力推广装配式建筑，减少建筑垃圾和扬尘污染，缩短建造工期，提升工程质量。在推广建筑节能技术方面，提高建筑节能标准，推广绿色建筑和建材；支持和鼓励各地结合自然气候特点，推广应用地源热泵、水源热泵、太阳能发电等新能源技术，发展被动式房屋等绿色节能建筑；完善绿色节能建筑和建材评价体系，制定分布式能源建筑应用标准；分类制定建筑全生命周期能源消耗标准定额。

2017 年 2 月，《国务院办公厅关于促进建筑业持续健康发展的意见》提出，按照适用、经济、安全、绿色、美观的要求，深化建筑业“放管服”改革，完善监管体制机制，优化市场环境，提升工程质量安全水平，强化队伍建设，增强企业核心竞争力，促进建筑业持续健康发展，打造“中国建造”品牌。其中提出了加快推行工程总承包和培育全过程工程咨询的工程建设组织模式，提出了推广智能和装配式建筑、提升建筑设计水平、加强技术研发应用和完善工程建设标准的具体举措，为促进建筑业持续健康发展提供了重要指导和支撑并创造了良好机遇，也为转变建筑节能与绿色建筑管理模式提供了指导方向。

在“放管服”改革的指引下，结合建设领域工程建设项目特点，2018 年 5 月，《国务院办公厅关于开展工程建设项目审批制度改革试点的通知》（国办发〔2018〕33 号）提出，在全国范围内组织开展工程建设项目审批制度改革试点，对工程建设项目审批制度进行全流程、全覆盖改革，努力构建科学、便捷、高效的工程建设项目审批和管理体系。通知中明确了工程建设项目审批制度改革的指导思想、试点地区、改革内容和工作目标，并提出了统一审批流程、精简审批环节、完善审批体系、强化监督管理、统筹组织实施的工作任务，着力推动工程建设项目审批制度和政府职能向减审批、强监管、优服务方向转变。

根据党中央、国务院推进政府职能转变、深化“放管服”改革、优化营商环境的重要部署，结合试点工作经验，2019 年 3 月，《国务院办公厅关于全面开展工程建设项目审批制度改革的实施意见》（国办发〔2019〕11 号）就全面开展工程建设项目审批制度改革提出了实施意见。其中提出，全面开展工程建设项目审批制度改革，统一审批流程，统一信息数据平台，统一审批管理体系，统一监管方式，实现工程建设项目审批“四统一”。在统一审批流程方面，重点要精简审批环节，其中试点地区要在加快探索取消施工图审查（或缩小审查范围）、实行告知承诺制和设计人员终身负责制等方面尽快形成可复制、可推广的经验。在统一信息数据平台方面，通过审批数据实时共享，在“一张蓝图”基础上开展审批，实现统一受理、并联审批、实时流转、跟踪督办。在统一审批管理体系方面，通过“一张蓝图”统筹项目实施，“一个窗口”提供综合服务，“一张表单”整合申报材料，“一套机制”规范审批运行，建立依法依规推进工程建设项目审批的管理体系。在统一监管方式方面，通过加强事中事后监管和信用体系建设，转变监管理念，实现工程建设项目审批的规范管理。

在建设领域推进和落实建筑业持续健康发展意见的过程中，住房和城乡建设部联合国家发展改革委员会于 2019 年 3 月和 12 月先后发布了《房屋建筑和市政基础设施项目工程总承包管理办法》和《关于推进全过程工程咨询服务发展的指导意见》，为建设领域推动工程总承包和全过程工程咨询服务提供了指导意见，提高工程建设水平，全面提升工程建设质量和运营效率，推动产业转型升级和高质量发展。

2020 年 7 月，住房和城乡建设部联合国家发展改革委员会等六部委共同印发了《绿色建筑创建行动方案》，提出了推动新建建筑全面实施绿色设计、完善星级绿色建筑标识制度、提升建筑能效水效水平、提高住宅健康性能、推广装配化建造方式、推动绿色建材应用、加强技术研发推广、建立绿色住宅使用者监督机制八个方面的重点任务，着力推动绿色建筑高质量发展，也明确了建筑节能与绿色建筑下一步发展方向。

为了贯彻落实生态文明思想、绿色高质量发展理念和党中央、国务院的重大决策部署，2013 年 12 月召开的中央城镇化工作会议提出，要坚持生态文明，着力推进绿色发展、循环发展、低碳发展，尽可能减少对自然的干扰和损害，节约集约利用土地、水、能源等资源。2015 年 12 月召开的中央城市工作会议提出了“一个尊重、五个统筹”的中国特色城市发展道路。在统筹生产、生活、生态三大布局，提高城市发展的宜居性方面，会议提出要把创造优良人居环境作为中心目标，努力把城市建设成为人与人、人与自然和谐共处的美丽家园。要强化尊重自然、传承历史、绿色低碳等理念，将环境容量和城市综合承载能力作为确定城市定位和规模的基本依据。城市建设要以自然为美，把好山好水好风光融入城市。要大力开展生态修复，让城市再现绿水青山。要推进城市绿色发展，提高建筑标准和工程质量，高度重视做好建筑节能。2017 年 12 月召开的中央经济工作会议首次把生态文明列为八项重点工作之一。会议提出，只有恢复绿水青山，才能使绿水青山变成金山银山。要实施好“十三五”规划确定的生态保护修复重大工程。加快生态文明体制改革，健全自然资源资产产权制度，研究建立市场化、多元化生态补偿机制，改革生态环境监管体制。

为了推动和落实住房城乡建设领域绿色发展，近年来，住房和城乡建设部在每年召开的全国住房和城乡建设工作会议上对相关工作做出重要部署。2017 年 12 月召开的全国住房和城乡建设工作会议提出，全面提高城市规划建设管理品质，推动城市绿色发展；加大农村人居环境整治力度，推进美丽乡村建设；以提升建筑工程质量安全为着力点，加快推动建筑产业转型升级。2018 年 12 月召开的全国住房和城乡建设工作会议提出，以贯彻新发展理念为引领，促进城市高质量建设发展；以集中力量解决群众关注的民生实事为着力点，提升城市品质；以改善农村住房条件和居住环境为中心，提升乡村宜居水平。2019 年 12 月召开的全国住房和城乡建设工作会议提出，着力提升城市品质和人居环境质量，建设“美丽城市”；着力改善农村住房条件和居住环境，建设“美丽乡村”；着力开展美好环境与幸福生活共同缔造活动，推进“完整社区”建设。全国住房和城乡建设工作会议的重要部署为建设领域推行和落实绿色发展理念奠定了坚实的工作基础。

总体而言，我国生态文明建设和绿色高质量发展取得了重大成就，从顶层制度上提出了“绿水青山就是金山银山”、“坚持生态优先，坚持走文明发展道路”的宏观发展方向，提出了“创新、协调、绿色、开放、共享”的新发展理念，提出了“适用、经济、绿色、美观”的建筑方针，为指导建设领域绿色发展提供了根本遵循。我国实施节约能源基本国策和节能减排战略，对建筑节能领域提出了具体的目标任务和重点举措，为建筑节能与绿色建筑发展指明了前进方向。我国推行“放管服”改革以来，形成了三管齐下、全面推进的格局，工程建设项目审批制度改革提出了精简审批环节和事项、提高审批效能、加强审批监管的重点任务，为转变建筑节能与绿色建筑管理制度奠定了良好基础。对于建设领域而言，城乡建设是落实生态文明思想、践行绿色高质量发展理念、满足人民群众对美好生活需要的重要载体，要全面推动致力于绿色发展的城乡建设，努力建设人与自然和谐共生的美丽中国，不断提升城乡建设领域的治理体系和治理能力现代化。

3.2 中长期目标指标体系与确认

根据我国建筑用能特点，一般将建筑运行用能分为公共建筑用能、居住建筑用能、农村住宅用能和集中供热用能 4 个模块，4 个模块的建筑能耗强度、建筑面积和建筑用能总量如图 3-1 所示。

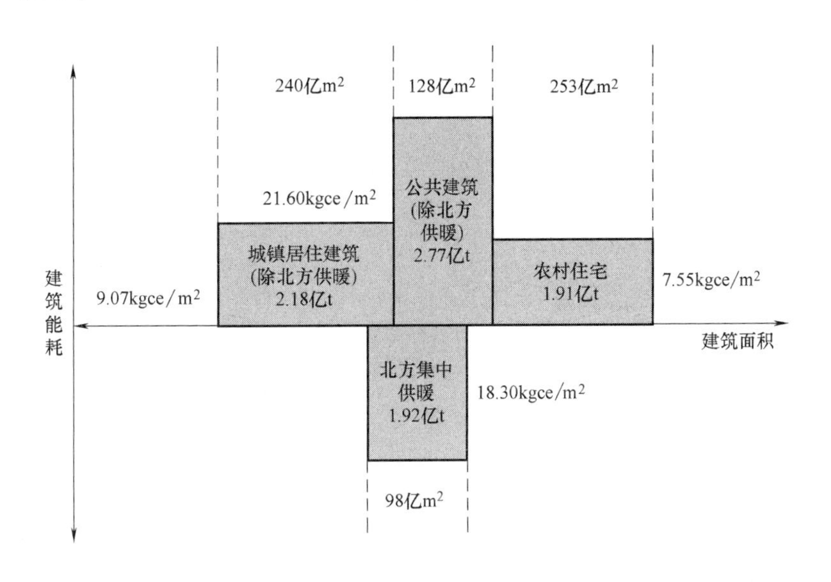

图 3-1 2017 年我国建筑运行用能情况

数据来源：根据中国能源统计年鉴、中国城乡建设统年鉴、电力工业统计年鉴等资料整理计算得到。

2009～2017 年，我国建筑面积总量持续增长，建筑能耗总量也保持快速增长态势。截至 2017 年年底，我国建筑规模总量约 620 亿 m^2，建筑运行商品能耗 8.6 亿 tce，约占全国能源消费总量的 20%，二氧化碳排放总量 19.06 亿 t，其中间接碳排放 14.29 亿 t，直接碳排放 4.77 亿 t。

建筑节能专项工作是实现建筑节能、绿色和低碳总量控制目标的基础，专项工作节能量与不同时间节点总量控制目标直接挂钩，是目标指标制定核心基础。根据历年专项工作实施经验，将建筑节能、绿色和低碳专项工作分为城镇居住建筑、公共建筑、农村住宅和可再生能源 4 个大类，细分为新建城镇居住建筑、既有城镇居住建筑改造、新建公共建筑、既有公共建筑运行能效提升、农村住宅、太阳能光热、太阳能光伏、空气热源、浅层地热 9 个子类（见图 3-2），并分别对各类专项工作目标和节能量进行预测。

专项工作预测总体思路：随着我国人口、城镇化、经济发展、生活水平提升、设备效率提升等多重影响因素，预测基础情景下我国建筑用能总量。同时根据不同时间节点专项工作目标得到可实现的总量控制情景下的用能总量。专项工作节能目标预测根据专项工作

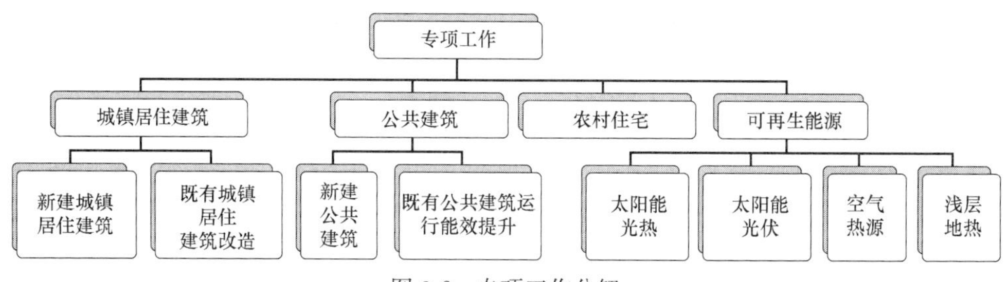

图 3-2　专项工作分解

不同分为新建城镇居住建筑节能量、既有城镇居住建筑改造节能量、新建公共建筑节能量、公共建筑运行能效提升节能量、农村住宅节能量、可再生能源替代量，不同时间节点专项工作节能量或者替代量之和为专项工作节能目标（见图 3-3）。

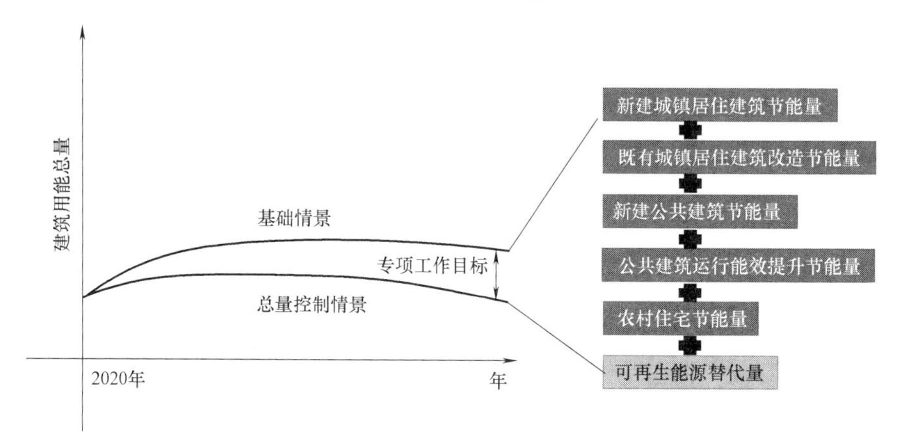

图 3-3　目标预测研究思路

考虑建筑节能、绿色建筑及低碳发展专项工作对未来建筑用能的影响，并根据我国建筑规模、人口、城镇化率、人均住房面积、人均用电量等外生变量为主要驱动力，结合我国近年建筑规模预测以及经济发展模式，预测未来我国在城镇居住建筑、公共建筑、农村住宅和集中供暖 4 个领域的建筑用能需求，得到基础情景下和总量控制情景下建筑用能总量曲线。

3.2.1　基础情景与总量控制情景下的建筑用能

1. 建筑部门用能总量预测

基础情景下，建筑用能总量在 2045 年达峰，总量峰值为 18.59 亿 tce；2045～2050 年建筑用能几乎保持不变。

总量控制情景是根据基础情景和专项工作节能量的差值得到。在总量控制情景下，建筑用能总量在 2030 年达峰，总量达到在 15.42 亿 tce。2050 年之后，总量控制情景与基础情景相比，总量控制情景下平均每年可以节约 5.6 亿 tce。2030 年后随着新旧建筑更替，更多的建筑执行更严格的节能设计标准，可再生能源占比稳步提升，节能运行效果稳步提升，建筑用能更加高效清洁，建筑用能总量略有下降（见图 3-4）。

2. 不同情景下“十四五”时期建筑用能增量

基础情景下，综合考虑 2020～2025 年城镇居住建筑、公共建筑、农村住宅、集中供

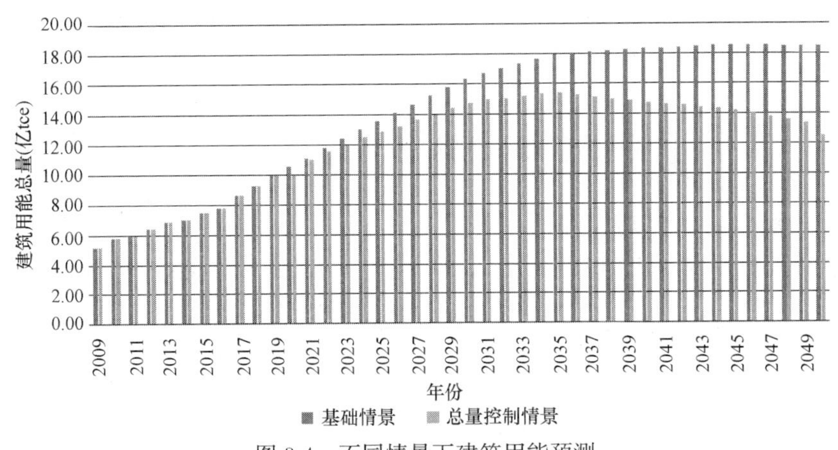

图 3-4 不同情景下建筑用能预测

暖 4 个模块单位面积能耗和面积总量发展趋势，得到 4 个模块的用能增量，如图 3-5 所示。另外，根据不同专项工作实施建筑主题，将城镇新建居住建筑和城镇既有居住建筑改造 2 个模块节能量归口城镇居住建筑节能量，将新建公共建筑和既有公共建筑运行节能 2 个模块归口公共建筑节能量，将农村住宅标准实施和改造等工作归口农村住宅节能量，在基础情景不同的建筑用能增量中扣除专项工作节能量，得到总量控制情景下的用能增量，另外考虑可再生能源替代量（为减量而非增量），得到总量控制情境下 2025 年用能总量，如图 3-6 所示。

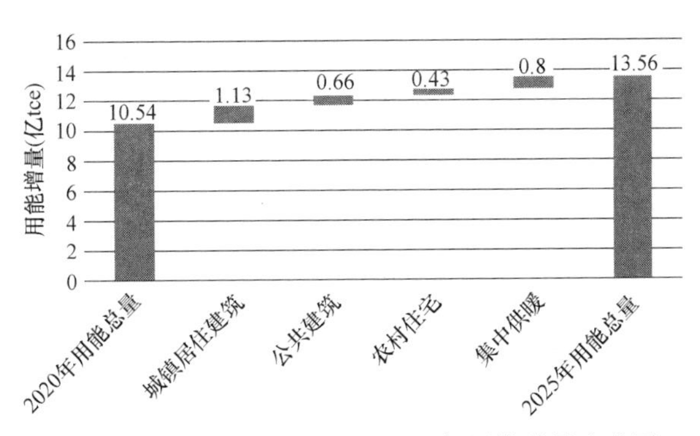

图 3-5 基础情景下 2020～2025 年用能总量变化图

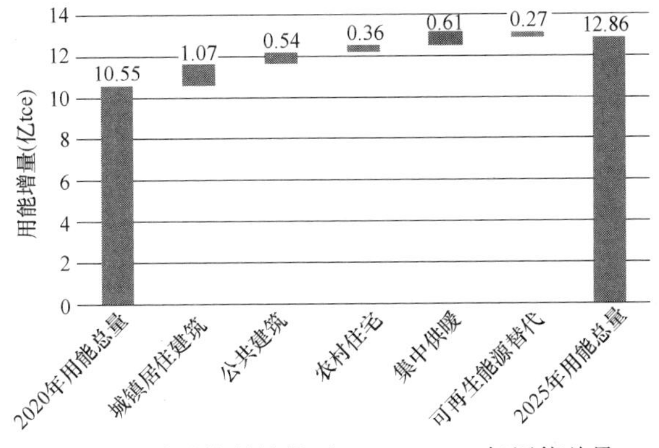

图 3-6 总量控制情景下 2020～2025 年用能总量

2020～2025年，从用能增量来看，城镇居住建筑和公共建筑新增量较农村住宅增量更大，主要原因是快速城镇化导致城镇居住建筑和公共建筑的需求量增大，新增建筑面积促进2个模块用能量稳步提升；相反的，农村居民减少，农村住宅建筑面积存量逐年减小，同时考虑到农村居民生活水平和户均用能水平稳步提升，两方面复合作用导致农村住宅用能总量增长缓慢。

相对于基础情景，总量控制情境下通过建筑节能专项工作、新建建筑节能设计标准提升、既有建筑改造以及建筑调适节能等，使三类建筑用能增量都有所下降。

3.2.2 建筑碳排放预测结果

建筑运行二氧化碳排放量预测不仅与能源结构有关，还与我国清洁电力发展趋势和集中供热发展趋势有关。结合国家电力规划研究中心发布的《我国中长期发电能力及电力需求发展预测》中化石燃料发电（燃煤、燃气、燃油）和非化石燃料发电数据，预测2020～2050年电力碳排放因子；参考北方集中供暖发展趋势相关资料，测算2020～2025年集中供热碳排放因子；结合不同情景下我国建筑用能能源结构，测算基础情景和总量控制情景下的碳排放量（含直接碳排放和间接碳排放两项）。

基础情景下，建筑二氧化然排放总量在2035年达峰，总量维持在33.6亿t二氧化碳，其中直接碳排放3.32亿t，间接碳排放30.31亿t；在总量控制情景下，排放总量在2034年达峰，总量达到在28.53亿t二氧化碳，其中直接碳排放2.96亿t，间接碳排放25.6亿t。2050年专项工作对二氧化碳减排贡献达到10.54亿t，排放量降低约1/3。达到峰值后，随着电力清洁化和建筑用能电气化稳步推进，我国建筑行业二氧化碳排放量稳步降低（见图3-7）。

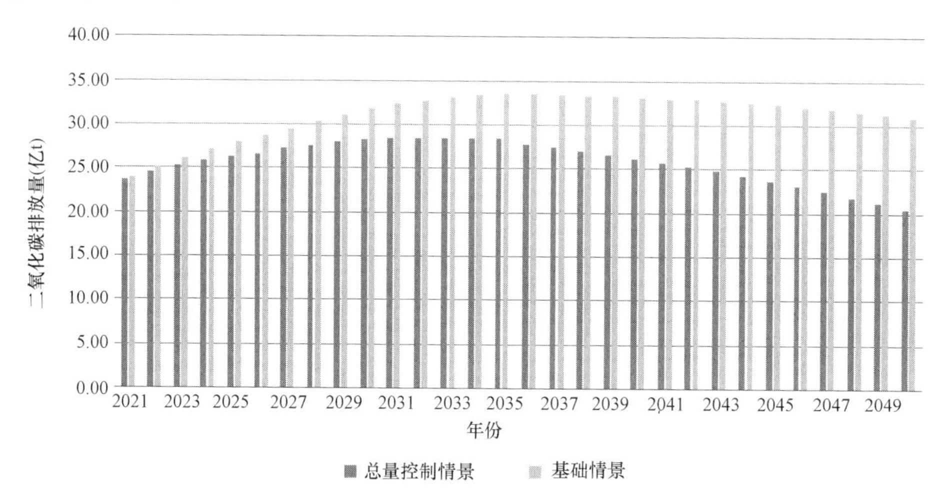

图3-7 建筑行业二氧化碳排放总量预测

3.2.3 专项工作节能量分析

1. 关键时间节点专项工作节能量分析（见图3-8和图3-9）

建筑节能、绿色建筑专项工作是实现建筑能耗总量和强度“双控”的重要路径，通过

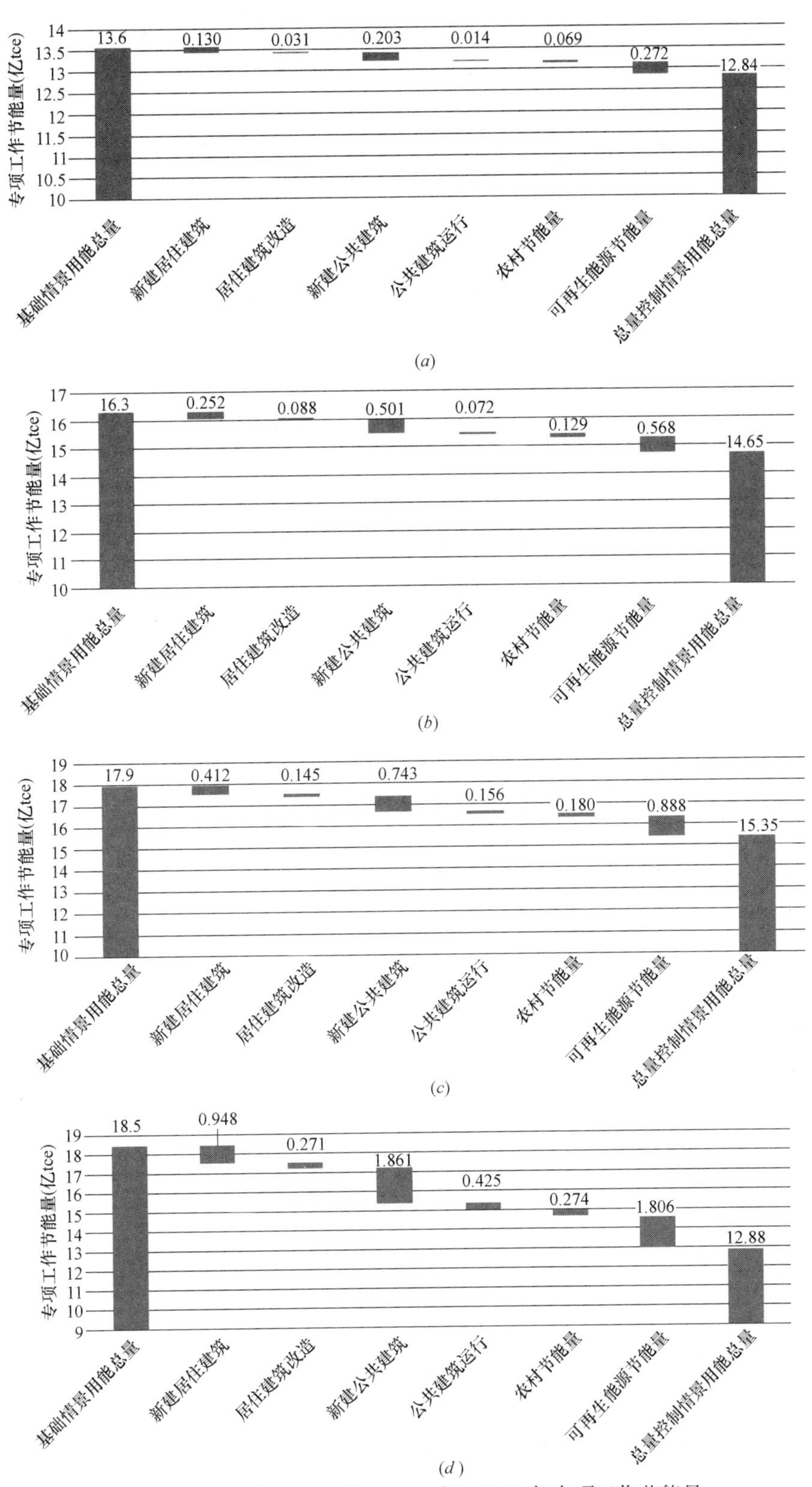

图 3-8　2025 年、2030 年、2035 年、2050 年专项工作节能量

(*a*) 2025 年；(*b*) 2030 年；(*c*) 2035 年；(*d*) 2050 年

对比不同时间节点新建居住建筑节能标准提升、居住建筑改造、新建公共建筑节能标准提升、公共建筑运行节能、农村住宅节能、可再生能源的应用 6 个模块专项工作节能量，可再生能源和新建建筑节能标准提升带来的节能贡献率较大，占比达到 80%以上；公共建筑改造节能贡献率稳步提升，农村节能贡献率逐年降低，既有居住建筑改造节能贡献率稳定在 5%左右。

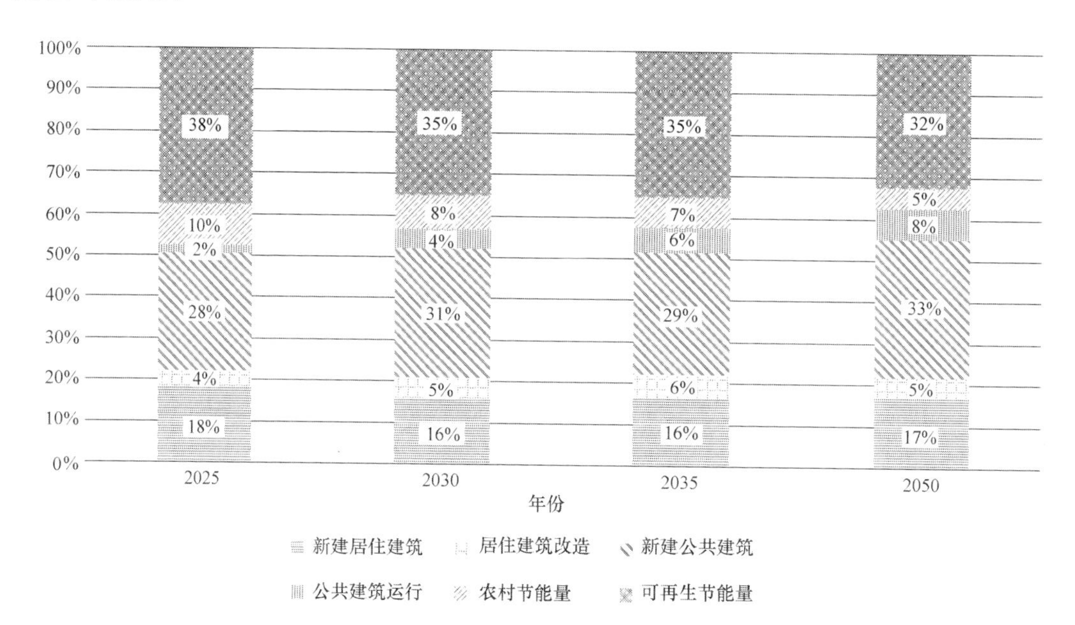

图 3-9　重要时间节点各专项工作节能量占比

2. “十四五”时期专项工作节能量分析

经测算，2021～2025 年，专项工作累计节能量如图 3-10 所示，5 年间专项工作累计节能 2.0 亿 tce，其中可再生能源节能量最大，5 年累计节约 8163 万 tce，占总节能量的 40%；新建公共建筑、新建居住建筑节能量分别占比 28%、18%。

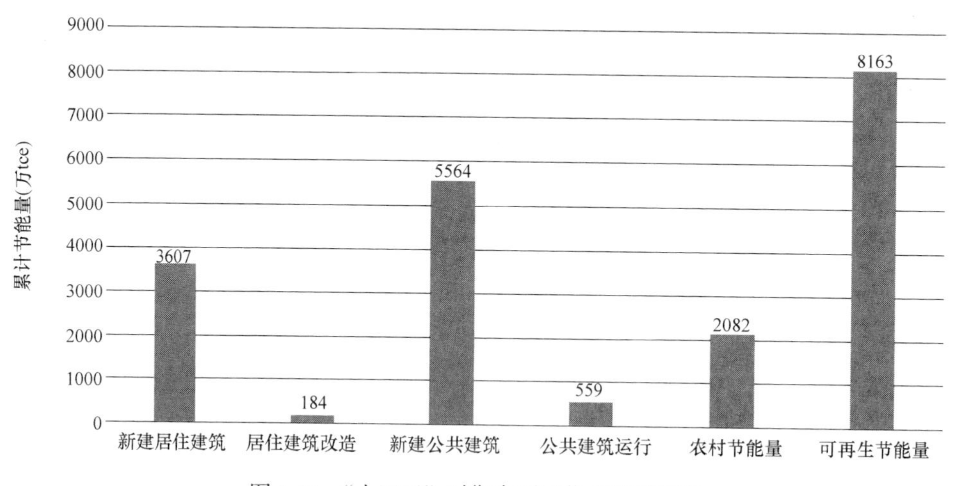

图 3-10　“十四五”时期专项工作累计节能量

3.2.4 小结

1. 建筑部门用能的总目标预测（见表 3-5）

建筑部门用能目标预测 **表 3-5**

指标	2020 年	2025 年	2030 年	2035 年	2050 年
能源消耗(亿 tce)	10.54	12.86	14.72	15.42	12.52
碳排放(亿 t)	22.93	26.32	28.38	28.53	20.45
建筑面积(亿 m^2)	658	716	769	786	794

2. 建筑类型目标预测（见表 3-6）

建筑部门用能目标预测 **表 3-6**

类型	指标	2020 年	2025 年	2030 年	2035 年	2050 年
公共建筑	商品能耗总量(亿 tce)	3.31	3.85	4.36	4.45	3.60
	能耗强度(kgce/m^2)	22.91	22.54	22.23	22.24	17.67
	建筑面积(亿 m^2)	145	171	196	200	204
城镇住宅建筑	商品能耗总量(亿 tce)	2.79	3.85	4.95	5.76	5.39
	能耗强度(kgce/m^2)	10.45	12.46	14.19	15.41	13.21
	建筑面积(亿 m^2)	267	308	346	368	403
农村住宅建筑	商品能耗总量(亿 tce)	2.18	2.54	2.84	3.03	2.29
	能耗强度(kgce/m^2)	8.83	10.71	12.54	14.00	12.25
	建筑面积(亿 m^2)	247	237	227	217	187
城镇集中供热	商品能耗总量(亿 tce)	2.27	2.89	3.14	3.05	2.38
	能耗强度(kgce/m^2)	18.04	16.47	14.89	13.80	10.12
	建筑面积(亿 m^2)	126	175	211	221	236
可再生能源替代量	商品能耗替代量(亿 tce)	0.54	0.813	1.109	1.429	1.674
其中北方采暖地区单位面积能效提升率	相对 2020 年提升百分点	—	6%	12%	19%	40%

3. “十四五”专项工作目标预测（见表 3-7）

2021～2025 年专项工作设定及节能量 **表 3-7**

序号	建筑类型	专项工作	专项工作子类	适应气候区	目标设定	2021～2025 累计节能量（万 tce）
1	城镇居住建筑	新建居住建筑	新建城镇居住建筑	严寒寒冷地区	75%标准保持执行，其中 30%新建建筑节能量提升 2.3kgce/m^2(提升 30%)	2265
				夏热冬冷地区	50%标准保持执行，其中 40%新建建筑进一步提升 0.9kgce/m^2(提升 30%)	843
				夏热冬暖地区	50%标准保持执行，其中 40%新建建筑进一步提升 0.75kgce/m^2(提升 30%)	193

续表

序号	建筑类型	专项工作	专项工作子类	适应气候区	目标设定	2021～2025累计节能量（万 tce）
1	城镇居住建筑	新建居住建筑	新建居住建筑中绿色建筑占比	全部气候区	80%，其中二星级及以上占比 40%	—
		既有居住建筑	既有居住建筑改造	严寒寒冷地区	1.5 亿 m^2 非节能建筑改造完成	828
				夏热冬冷地区	1.5 亿 m^2 非节能建筑改造完成	90
2	公共建筑	新建公共建筑	新建公共建筑设计标准	全部气候区	62%标准保持执行；其中 50%新建建筑进一步提升 4.75kgce/m^2（提升 30%）	5564
			新建建筑中绿色建筑	全部气候区	80%，其中二星级及以上占比 40%	—
		既有公共建筑	公共建筑改造	全部气候区	2 亿 m^2（政策驱动）	351
			公共建筑调试	全部气候区	部分地区（约占 15%面积）开展建筑运行调试	724
3	农村住宅	农村住宅	改造和标准推广	全部气候区	新建建筑中推广节能标准	2082
4	可再生能源替代	太阳能光热		适宜地区	5 年下降 3%并持续放缓，新增光热面积 16413 万 m^2	1876
		太阳能光伏		适宜地区	累计装机容量 4413 万 kWh	5484
		空气热源		适宜地区	5 年提升 5%，新增空气源热泵热水应用面积为 8025 万 m^2	82
		浅层地热		适宜地区	每年新增应用建筑面积 0.4 亿 m^2	720

3.3 构建中长期政策体系的建议

依据建筑节能与绿色建筑总量与强度的控制目标，构建“法律法规＋部门规章＋规范性文件”构成的政策法规体系，并在新建建筑、绿色建筑、既有建筑节能改造、公共建筑能效提升、可再生能源建筑推广应用、农村建筑节能发展等领域加以落实，是实现建筑节能与绿色建筑中长期科学发展的重要保障。为此，提出以下构建中长期政策体系的建议：

1. 加快制定适合新时代高质量发展要求推进机制

结合《民用建筑节能条例》的修订，研究制定以市场发挥决定性作用的建筑节能的推广机制。研究绿色金融、建筑质量再保险、建筑性能再保险等金融手段支持建筑节能的领域、环节和方式。提高建筑用能数据的服务水平，充分释放有关市场主体对建筑节能的需求，并为建筑节能量交易、碳交易提供支撑。研究适应新时代的建筑节能交易、碳交易的机制，并逐步试点示范。加快建立适应“放管服”改革和工程建设项目审批制度改革背景下的建筑节能全过程管理体系，进一步提高建筑业主对建筑节能性能承担的主体责任，提升建筑节能质量水平。进一步提升建筑节能服务产业的水平，构建节能节碳量核定制度，引导科研机构、大专院校及相关企业成立节能节碳量核定机构，并对核定结果承担主体责任。

2. 实施城市能源资源消费总量和强度控制

按照能源资源消费总量控制的战略目标，合理引导各城市根据自身能源资源和生态环境的承载能力，确定城市人口、建设用地、能源资源消费总量、环境保护的中长期控制目标，并在城市布局及功能分区调整和改造、基础设施配置、交通组织规划、城市建筑建设、城市运行管理等工作中严格落实。发布我国建筑能效提升路线图，明确建筑能效提升中长期规划目标。实施建筑能耗总量控制战略，综合分析中长期建筑规模变化趋势和建筑用能强度变化趋势，设定全国建筑能耗中长期控制目标，并分地区、分类别分解落实。

3. 进一步提高新建建筑能效水平，推行建筑能效领跑者计划

加快新建建筑能效提升进程，尽快执行更高水平节能标准。公布建筑能效标准先进城市，鼓励比对。出台以能耗量为约束条件的建筑能耗标准。严格控制超大、超高、超限公共建筑建设，对此类建筑实行用能专项审查。全面推广超低能耗绿色建筑，鼓励规划建设近零能耗社区。推动新建建筑由“建筑节能”向“建筑产能”转变。逐步实现由并跑向领跑转变。

4. 围绕综合推进制定政策，提升既有居住建筑能效水平

总结已有的改造经验，结合城市旧城更新、环境综合整治等工程与建筑节能改造有效衔接，具备整体改造条件，不得单独实施，提高建筑节能改造标准，选择有条件小区进行高标准的节能改造和绿色化改造。结合北方地区清洁取暖工作的推进，进一步提高城镇老旧建筑能效水平，明确改造任务和计划安排。积极推动财政资金投入既有居住建筑节能改造领域，充分发挥能源服务企业、用户和社会、市场的积极性，推动既有居住建筑节能改造持续深入开展。

5. 以释放节能潜力为中心构建政策体系，市场化推动公共建筑能效提升

坚持能耗统计、能源审计、能效公示制度，继续公共建筑节能改造重点城市试点，在总结前期经验的基础上，继续支持公共建筑能效提升综合试点城市。全面推进公共建筑能效比对工作，实行重点用能公共建筑动态管理制度，分地区、分类型公布公共建筑先进能效标准。鼓励合同能源管理、PPP 等市场化模式实施节能改造。在学校、医院等公益性行业开展建筑能效比对试点。

6. 以提升应用效果为重点，推进可再生能源建筑应用

坚持“因地制宜、效率优先、应用尽用、多能互补”原则，推广应用可再生能源。城市应全面做好可再生能源资源条件勘察和利用条件调查，并编制城市可再生能源应用规划。坚持多层次应用。城市能源供应方面，建立可再生能源与传统能源协调互补、梯级利用的综合能源供应体系，具备资源条件和应用条件的，利用海水源、江水源热泵技术等，建立区域可再生能源利用中心。在传统非供暖的夏热冬冷地区，利用太阳能、地热能、生物质能等建立城市微供暖系统。大力推广太阳能光伏等分布式能源，打造城市可再生能源微网系统，实现分布式能源与智能调度充分结合。继续大力推广太阳能光热应用、浅层地

能热泵、空气源热泵等成熟应用技术。做好太阳能供暖、风光互补、城市沼气、垃圾发电等新技术等推广试点工作。总结可再生能源建筑应用的经验和存在问题，坚持效益优先，将可再生能源应用效果与体验与建筑用能特点结合起来，以使用者需求为导向，构建可再生能源建筑应用系统，避免出现为了应用可再生能源而忽略应用效果和体验的现象。

7. 建立健全机制，积极引导农村建筑节能发展

推动将农村建筑纳入建筑节能强制标准管理，分类指导提高新型农村社区、农村公共建筑和一般建筑的节能水平。鼓励农村新建、改建和扩建的居住建筑按《农村居住建筑节能设计标准》GB/T 50824、《绿色农房建设导则（试行）》等进行设计和建造。引导经济发达地区及重点发展区域农村建设节能农房。鼓励政府投资的农村公共建筑、各类示范村镇农房建设项目率先执行节能标准、导则。紧密结合农村实际，分类指导，总结出符合地域及气候特点、经济发展水平、保持传统文化特色的乡土节能技术，编制技术导则、设计图集及工法等，积极开展试点示范。在有条件的农村地区推广轻型钢结构、现代木结构、现代夯土结构等新型房屋。结合农村危房改造稳步推进农房节能改造。加强农村建筑工匠技能培训，发放指南和手册，提高农房节能设计和建造能力。积极引导农村建筑用能结构调整。积极研究适应农村资源条件、建筑特点的用能体系，引导农村建筑用能清洁化、无煤化进程。积极采用太阳能、生物质能、空气热能等可再生能源解决农房供暖、炊事、生活热水等用能需求。在经济发达地区、大气污染防治任务较重地区农村，结合“清洁取暖”工作，大力推广可再生能源采暖。

8. 全面推进绿色建筑发展

实施绿色建筑推广目标管理机制，将绿色建筑发展目标分解到各省级行政区。督促各省（区市）落实本地区年度绿色建筑发展计划，并建立绿色建筑进展定期报告及考核制度。继续重点做好保障性住房、政府投资公益性建筑和大型公共建筑等全面推广强制执行绿色建筑的基础上，在条件成熟地区（省会城市、中东部主要地级城市乃至全省）不断加大绿色建筑标准的强制执行范围；强化对绿色建筑标识和绿色建筑质量的监管，提高绿色建筑工程质量水平。加强《绿色建筑评价标准》GB/T 50378贯彻和实施监督，并动态更新，逐步提高标准。将绿色建筑管理纳入规划、设计、施工、竣工验收等工程全过程管理程序；中央财政支持绿色建筑的激励政策应落实到位，鼓励地方出台配套财政激励、容积率奖励、减免配套费等措施。鼓励一些先进地区结合新区建设和旧区改造，建设绿色建筑集中示范区。加快推进绿色建材认证制度建设，推广装配式建筑，推动住宅装修一体化设计和全装修交房，提高建筑室内环境质量。

9. 加强绿色建筑的制度设计

研究起草《绿色建筑管理规定》等部门规章，启动《民用建筑节能条例》修订工作，增加绿色建筑相关内容，引导城市编制绿色建筑专项规划，将绿色建筑要求纳入土地出让规划条件，鼓励开展绿色建筑全过程咨询。修订发布《绿色建筑评价标识管理办法》，落实各级责任，加强评价标识监管，积极推进绿色建筑评价标识。推动建立绿色建筑建设质量信用体系，对绿色建筑市场主体进行信用评价，逐步建立“守信激励、失信惩戒”的信用环境。积极利用国家生态文明建设目标考核、能源消费总量及强度控制目标考核，组织实施建筑节能与绿色建筑专项检查，督促各地落实绿色建筑目标责任。

10. 完善技术创新体系，推动绿色建筑技术进步

构建市场导向的绿色技术创新体系，组织绿色建筑重点领域关键环节的科研攻关和项目研发，建设一批绿色建筑科技创新基地。推动建造方式转型升级，完善装配式建筑产品、技术及标准体系，开展钢结构装配式建筑推广应用试点，建设一批装配式建筑发展示范城市和生产基地。实施绿色建材产品评价认证，促进新技术、新产品的标准化、工程化、产业化。

3.4 构建中长期技术支撑体系的建议

1. 加快技术性能提升和优化，推动标准不断升级和全面实施

我国建筑节能低碳技术在性能指标方面与发达国家相比仍有差距，在中长期发展中仍需着力提升和优化各项技术性能，支撑我国中长期建筑节能与绿色建筑发展目标。

（1）提升围护结构性能。围护结构性能的提升是我国建筑节能工作的重要指数支撑。从机理上看，围护结构性能应当以降低建筑空调、供暖与采光需求为核心。不同气象条件、使用模式下围护结构的适宜情况存在较大差别。需要结合当地气候特征与使用模式，确定不同建筑类型的围护结构性能需求，制定性能提升方案。同时，门窗作为建筑围护结构节能的薄弱环节，在多数气候区都是围护结构节能的重点，目前我国门窗性能与欧美发达国家相比，仍有不小差距。从全国来看，各个气候区仍应逐步提升围护结构节能性能，加快标准升级以及全面推广应用。

（2）设备系统效率的提升。目前，我国还出现了许多“高能效、高能耗”案例，即在安装了高能效的设备系统之后，能耗也随之增长，这主要是由于设备系统的改变带来了行为模式的变化。因此，对于设备系统的改进，应该更好地与住户行为模式相匹配，以避免设备系统产生“高能效、高能耗”现象，同时应加快建筑调适技术的研究与应用，进而推动设备系统效率进一步提升。

（3）可再生能源利用的优化。可再生能源利用在未来中长期发展中的作用将日益突显，对零能耗建筑等高性能建筑来说，太阳能光伏发电是重要的能源生产方式，可再生能源利用存在一定竞争性，比如太阳能光电与光热对屋顶空间资源的竞争等，需要解决可再生能源优化利用的问题。考虑我国能源系统的转型需求，可再生能源利用需要扩大应用规模、提升应用质量同时综合考虑供给与需求侧的特征，进行系统与运行的优化。

2. 提高科技创新水平，加快开展关键技术研发

基于对建筑节能领域中长期发展总量控制目标的测算，集中攻关一批建筑节能与绿色建筑关键技术产品，重点在净零能耗建筑、公共建筑智慧运维、建筑调适、低成本清洁供暖、基于太阳能光伏发电的建筑直流供电与储能等技术领域取得突破，提升各类技术应用集成水平，健全建筑节能与绿色建筑重点节能技术推广制度，发布技术公告，组织实施科技示范工程，加快成熟技术和集成技术的工程化推广应用。加快推进各气候区净零能耗建筑综合示范，探索区域建筑实现净零能耗的技术体系。加强国际合作，积极引进、消化、吸收国际先进理念、技术和管理经验，增强自主创新能力。

3. 强化市场机制创新，加速技术成果转化

从技术发展到应用是一个极为复杂与漫长的过程。要做好推广各类技术的相关工作，达到发展目标，需要在各个方面给予支持与引导，除了政策强有力的支持外，建立完善的

市场机制也对技术推进有很重要的作用。在国务院印发的《“十三五”国家科技创新规划》中提出要发展支撑科技发展与科技创新的政策体系与市场机制，包括“深入推进科技管理体制改革”“强化企业创新主体地位和主导作用”“落实和完善创新政策法规”“完善科技创新投入机制”“加强规划实施与管理”等。在《能源技术革命创新行动计划（2016—2030年）》中提出要“坚持市场导向”“坚持统筹协调”，强化市场与企业的主体作用，加快政府职能转变，健全各类机制。具体包括完善能源技术创新环境、激发企业技术创新活力等。为了更好地推进建筑节能与绿色建筑技术的全链条发展，需要制定适宜的政策体系予以支撑；同时，市场与企业是技术进步的重要依托，需要完善的市场机制充分发挥市场作用，促进技术的合理、适宜发展。

3.5 构建中长期标准体系的建议

按照住房和城乡建筑部关于工程建设标准化改革要求，“全文强制标准＋政府推荐性标准＋团体标准”三种类型构成了我国建筑节能低碳发展全新的标准体系。

1. 提升建筑节能标准

“十四五”期间将进一步提升建筑节能设计标准水平。对于新建建筑居住建筑，夏热冬冷地区居住建筑节能标准节能率提升至65%，夏热冬暖地区居住建筑节能标准节能率提升至65%；对于新建公共建筑，公共建筑节能设计标准节能率提升到75%。提升既有建筑节能改造标准，“十四五”时期启动对现行建筑节能改造标准的修编工作。引导实施更高要求的节能标准，国家标准《近零能耗建筑技术标准》GB/T 51350已于2019年9月1日实施。

2. 建立建筑节能运行调适技术标准

建筑节能运行调适是指通过在设计、施工、验收和运行维护阶段的全过程监督和管理，保证建筑能够按照设计和用户要求，实现安全、高效的运行和控制的工作程序和方法。“调适”主要包含两个含义：首先是建筑“调试”，指建筑用能设备或系统安装完毕，在投入正式运行前进行的调试工作；其次是建筑“调适”，指建筑用能系统的优化，与用能需求相匹配，使之实现高效运行的过程。“十四五”期间，需要建立相应技术标准，包括政府推荐性标准《公共建筑机电系统调适技术标准》及相应配套的团体标准，推进建筑运行能耗的降低。

3. 修订现行可再生能源建筑应用标准，提升技术应用水平及能效指标

可再生能源与建筑的结合，是发展节能建筑的必然趋势。可再生能源是替代常规能源、调整能源结构的重要方式，可再生能源建筑应用对于促进建筑节能、改善城市环境具有重要意义。随着太阳能光伏、地源热泵、太阳能光热等主要应用技术的不断发展，其不同技术所承担的能源替代比重也将进一步变化，为此可再生能源建筑应用标准体系构建重点以提高应用水平，提高系统综合性能系数，提高组建于建筑一体化程度为主。

3.6 中长期数据信息体系实施路径的建议

1. 建筑面积数据统计中长期实施路径

（1）2020～2025年，制定建筑面积计算标准，并将建筑面积指标纳入人口普查。制

定建筑面积计算标准。基于现有存量面积和竣工面积统计情况，确定一套标准计算方法，满足近期建筑单位能耗计算需求。建议在住房和城乡建设部科技与产业化发展中心、建筑节能协会建筑面积存量计算方法的基础上，通过分析评估、省级建筑存量对比、部分省市建筑面积实际存量数据调研等方式，找到比较合适的计算方法，并形成标准，满足近期建筑面积计算需求。

将建筑面积指标纳入人口普查。完全依靠推算或者迭代的建筑面积存量估算并非长久之计，在没有数据基础的情况下，将建筑面积存量指标纳入人口普查是一种有效途径。例如 2020 年，我国即将开展新一轮人口普查，可将建筑面积指标，包括居住建筑面积、公共建筑面积、农村住宅建筑面积、供暖面积、人均住房面积等指标归入普查范围，摸清各省市普查年份各类建筑面积存量情况，以普查年份数据为基年，通过累加等方式计算逐年的建筑面积存量情况，为单位能耗计算奠定数据基础。

（2）2026～2030 年，基于不动产登记开展分类型建筑面积统计，并将其纳入城乡建设统计指标。我国制定并发布了《不动产登记暂行条例》，该条例的全面实施可以解决建筑面积存量数据来源问题。根据定义，不动产权利登记范围包括集体土地、房屋等建筑物和构筑物所有权等在内的十类不动产将在全国范围内进行统一登记，同时不动产以不动产单元为基本单位进行登记，并按照国务院国土资源主管部门的规定设立统一的不动产登记簿，其中包含不动产的坐落、界址、空间界限、面积、用途等自然状况。根据自然资源部网站消息，从 2020 年开始，用 3 年左右时间能够全面实施不动产统一登记制度，用 4 年左右时间能够运行统一的不动产登记信息管理基础平台，形成不动产统一登记体系。不动产登记的范围包括全国范围内合理合法的商品住宅和农村住宅，不包括小产权房屋，也不包括工业用地配套住宅房屋统计，但是对于现有不同地区不同城市居住建筑存量和不同类型公共建筑存量的统计提供强大的数据支撑。按照自然资源部相关工作安排，到 2026 年基本完成全国不动产统一登记，构建信息管理基础平台。各地区平台数据将对全国建筑面积存量、城镇居住建筑面积、城镇公共建筑面积、农村公共建筑面积、农村住宅面积实施全面统计，保证数据来源问题。在数据来源有保障的基础上，可在住房和城乡建设部《城市（县城）和村镇建设统计报表制度》中增加不同类型建筑面积存量统计指标，及时的反映各类建筑面积存量情况，为单位能耗计算提供数据基础。

（3）2031～2050 年，依据未来数据情况，不断修订建筑面积计算标准，形成数据采集的长效机制。

2. 建筑用能数据统计中长期实施路径

目前建筑能耗没有直接统计数据，专项抽样统计容易存在抽样偏差、数据质量、数据可信度等方面问题，因此考虑近期（2020～2025 年）可以借助现有专项抽样统计数据推算建筑能耗，但是因上述缺点，不能作为长期建筑能耗统计制度。通过前期调研，电力、热力、燃气等建筑运行供能企业对于商业建筑、居住建筑、工业企业的用能价格不同，能源销售量都有相应的台账，这为数据获取提供了数据源。结合上文描述的现有统计制度，电力、燃气（液化石油气、人工煤气、天然气）、热力（集中供热）均已开展了供热企业/相应企业管理部门的能源消耗统计，为全口径统计奠定了基础。因此建议近期、中长期建筑能耗统计制度基于以上思路构建。

（1）2020～2025 年，制定建筑用能、单位能耗计算、碳排放数据计算标准。为配合建筑能耗总量和强度“双控”目标在省级制定和分解，“十四五”期间需要开展建筑能耗计算标准制定。在建筑能耗数据不完善、不成体系的现状下，通过科学的理论分析计算和实地数据调研，形成标准化的建筑用能、碳排放以及单位能耗计算方法，并进行省级试点，为“双控”目标的考核提供数据基础。基于未来“双控”数据信息体系中更加及时准确数据来源，需要协调住房和城乡建设部城乡建设统计部门、电力企业联合会、煤炭工业协会、农村农业部将有关燃气、集中供热、电力、煤炭、农村用能（含可再生能源）数据共享，建立数据共享和采信机制。

（2）2026～2030年，制定基于能源供应企业为核心的数据采集机制（见图3-11）。

图3-11　基于能源供应企业的数据采集机制

1）企业部门提供数据源。从供电企业、供热企业、供气企业、供煤企业直接获取数据可以保障数据的真实性和及时性，更符合总量和强度“双控”的需求。同时，供能企业的能源销售价格区分居民用价格、商业用价格、工业用价格，不同类别因价格不同会分类统计能源消费量，对应城镇居民生活用能、农村居民生活用能和第三产业中商业建筑用能，这为能源统计提供数据支撑，所以从企业管理部门直接采集相关数据。

2）企业管理部门报送数据。通过前期调研结果显示，燃气、电力、热力管理部门有相应数据。燃气（人工煤气、液化石油气、天然气）供应企业归燃气办管理，企业销售情况要上报燃气办。目前燃气办有人工煤气、液化石油气和天然气全口径数据，特别是液化石油气，虽然是罐装，销售使用比较灵活，但因其危险性高，管理上是非常严格的，销售给居民还是销售给餐饮行业都有明细台账。因此，管理部门的数据基础还是很好的；电力部门因经营单位比较单一，省、市、县分级别设置了电力供应子公司，机构管理清晰，数据质量高、数据上报速度快，电力数据基础好；热力（集中供热）而言，多数北方集中采暖地区供热企业数量较少，供热办掌握全部供热数据，包括供热面积数据，都可以很好地被使用。

3）数据统计部门制度修订和增补。电力企业联合会对全国电力消费数据均有统计，住房和城乡建设部对各省份供热和燃气数据有统计，煤炭工业协会对全国煤炭生产和消费有统计，对于建筑数据信息统计系统需要依托现有统计制度，在统计范围、统计指标、统计颗粒度方面进行一些完善，形成与建筑能耗总量和强度配套的统计制度体系。建议分能源品种收集各部门建筑能耗数据，从电力企业联合会、住房和城乡建设部和煤炭工业协会上报数据汇总到住房和城乡建设部。

4）部门之间数据分享及平台数据统计发布。课题研究的前提是住房城乡建设管理部门负责将全国建筑能耗总量和强度“双控”目标分解到各省市，并对其进行考核，因此住房城乡建设管理部门需要通过与其他部门沟通交流，达成统计数据支撑建筑节能工作的共识，并且协调相关部门及时报送现有数据到住房城乡建设管理部门，形成现有数据共享机制，所以建筑能耗总量和强度数据的组织实施机构应该是住房城乡建设管理部门。

各部门相关数据对外发布不及时严重阻碍了数据的统计。为了保证数据信息统计工作的及时性，将各部门统计数据实时传输到住房和城乡建设部的能耗信息统计平台，实现所需要数据的实时分享上传，为能耗总量和强度双控考核和未来指标制定提供数据。

3. 信息统计平台中长期实施路径

2021～2025 年，在“十四五”时期需要建立“双控”数据信息平台，包含各省市目标制定模块、建筑面积计算模块、建筑用能计算模块、建筑单位能耗计算模块、数据校验模块以及绩效评价考核等基本功能，同时预留部分模块为后续平台完善给予空间。2026～2030 年，在前期工作的基础上，分批次实施“双控”考核，2030 年实现全部省区市纳入“双控”考核。省区市可以选择数据基础较好、第三产业较发达、统计数据较好的地区，例如可以选择北京、天津、上海、重庆、江苏、山东、陕西等地区纳入首批“双控”考核。协调住房和城乡建设部城乡建设统计中有关城镇居民燃气和集中供热数据接入平台，协调相关部门将电力和煤炭数据接入平台，建立数据持续、及时共享机制，同时在城乡建设统计制度修订中提出基于“双控”数据需求的建议。基于以上工作需要，建立燃气、集中供热、电力、煤炭数据接入模块；平台增设各省市结果查询模块，同时根据需要应包含数据对比分析、数据多指标查询、可视化图表生成等功能。2031～2035 年，根据指标和数据采集渠道等变化，不断优化系统功能，同时提升可视化。2036～2050 年，根据指标和数据采集渠道等变化，不断优化系统功能，同时提升可视化。

4. 数据发布中长期实施路径

2021～2025 年，在北京、天津、上海、深圳等城市开展公共建筑能耗对标和公示工作，充分借鉴国外经验，建立 GIS 能耗地图开展多场景多模式的能耗信息公示机制，覆盖公共建筑约 10 亿 m^2。2026～2030 年，在更大范围内开展公共建筑能耗对标和公示工作，覆盖约 50 亿 m^2 建筑；2031～2035 年，在更大范围内开展公共建筑能耗对标和公示工作，覆盖约 120 亿 m^2 建筑；2036～2050 年，全部公共建筑实现能耗对标和公示工作，覆盖面积约 170 亿 m^2。

3.7 构建中长期绩效考核与评价的建议

1. 更新具体要求，强化建筑能耗计量工作

能耗计量是准确获取建筑用能数据的基础，2008 年发布的《民用建筑节能条例》对新建和改造的集中供热建筑提出了按照用热计量装置的要求，对新建和改造的公共建筑提出了安装用电分析计量装置的要求。目前一些新建、改造建筑虽然安装了计量装置，但并未使用，还较多老旧建筑尚缺乏必要的计量装置。十多年来，在建筑节能工作推进过程中，建筑节能工作者对何时需要计量装置、安装何种计量装置都有了新的认识。建议有关

部门抓紧研究，对建筑能耗计量提出新的、更加科学明确的要求，并将其纳入建筑节能低碳评价考核指标体系中，予以考核。

2. 优化工作思路，完善建筑能耗统计制度

建筑领域的能源消费统计通常以建筑物为统计对象，而国家能源消费统计以及一些单一能源品种的消费统计是以法人为统计对象，这导致建筑能源统计从这些渠道搜集数据时常常碰到对象不匹配的问题。两种统计方式各有优势，以建筑物为对象的能耗统计有利于深入分析单个建筑的能效水平和节能措施效果，便于同类建筑横向对比和开展限额管理，可用于高耗能建筑和其他重点建筑的节能管理；以法人为对象的能耗统计更容易明确建筑节能责任人，有利于落实建筑节能目标和措施，更适合于建筑用能总量管控。一是建议住房和城乡建设部门可以具体结合工作需求，灵活采用不同的统计方式，以便更好地获得所需数据。二是建议根据公共建筑能耗监测实际需求，调整数据上传细度和频率。三是建议对地方建筑能耗统计相关职能处室和人员的设置提出一定要求，并进行考核。建议“十四五”期间开展全国建筑面积、建筑能源消费总量摸底，并使摸底工作制度化、常规化，如每五年开展一次。

3. 依托法规条例，建立能耗数据共享机制

一是建议有关部门，通过修订《中华人民共和国节约能源法》《民用建筑节能条例》等上位法，明确部门间在不影响各自工作的情况下应积极共享相关能耗数据，避免重复统计，同时提高数据一致性，为尽早建立建筑能耗数据共享机制奠定法律保障。二是建议住房和城乡建设部门研究确立必要的、需要共享的具体能耗数据及其来源。三是建议住房和城乡建设部门抓紧完善城乡建设统计中的能源消费统计制度，使其更好地满足民用建筑能源消费统计的需求，并尽早建立住房城乡建设系统内部能耗统计数据的共享机制，实现统计结果的互联互通。

4. 完善能效测评，开展实际能耗公示

《民用建筑节能条例》要求国家机关办公建筑和大型公共建筑进行能源利用效率测评和标识，并将测评结果公示。当前我国民用建筑能效测评标识制度的执行尚存在一些困难，建议抓紧完善该项制度，并将能效测评改为能耗测评，重点推进实际运行能耗测评标识，扩充能耗测评标识机构队伍。尽快出台《民用建筑能耗信息公示制度》，对建筑实际运行能耗进行公示。

5. 推行限额管理，切实提升能效水平

《民用建筑节能条例》要求确立公共建筑重点用电单位及其年度用电限额；要求制定供热单位能源消耗指标，对超过能源消耗指标的供热单位要制定相应的改进措施。目前我国建筑能耗管理制度尚处于研究和示范阶段，北京市已经实施了公共建筑电耗限额管理，其他地区大多处于制度研究阶段。建议加快推进建筑用能限额管理制度，鼓励各地区针对不同类型公共建筑，出台地方能耗限额标准，对建筑实际运行能耗实施限额管理，并建立能耗强度最低者奖励、超限额加价等配套制度。能耗数据可依托公共建筑能耗在线监测平台获取，提升平台数据的价值。同时超限额加收的能源费可作为平台运行维护基金，覆盖全部或部分平台运行成本，保障平台正常运转。

6. 创新市场机制，挖据能耗数据价值

当前的建筑用能计量、统计、监测、测评、标识等工作大多属于即耗时费力、价值又

不大的工作。因此，相关工作的落实主要依靠行政手段，相关主体缺乏内生动力，导致工作进展情况大多低于预期。这些工作是建筑节能低碳发展的基础性工作，是未来向建筑实际用能管理转变的关键支撑，需要更好地推进。建议有关部门抓紧组织研究行之有效的市场化机制，例如建筑领域的用能权交易、碳交易等，使这些工作获得的能耗数据具有更大的价值，从而激励相关责任人和相关主体更好地推进、落实有关工作。

7. 多方协调合作，创新考核组织方式

建筑节能工作涉及的参与主体非常广泛，一些建筑节能政策措施的落实，单靠建筑节能主管部门较难推进，还需要其他部门的密切配合。未来的建筑节能低碳发展绩效评价考核也面临类似问题。上海市在公共建筑能耗总量和强度“双控”考核的实践中，采用了“谁有抓手，谁负责”的组织方式，将各类公共建筑能耗“双控”目标任务分别下达给各类建筑所有者归属的行业主管部门或区县政府，并对相关部门负责的建筑能耗“双控”工作情况进行考核。建议相关部门借鉴上海经验，研究制定适合新考核体系需求的、可操作的目标分解方式和考核组织方式，更加有效地推进建筑节能低碳发展目标落实。

8. 完善上位法，保障新机制落实

2008 年发布的《民用建筑节能条例》对建筑能耗计量、统计、测评、标识、公示等都提出了相关的要求。但十多年过去了，建筑节能工作出现了新情况，各方主体对建筑节能措施的认识更为深入，条例中的一些要求已经不能满足当前建筑节能低碳工作需要，需要抓紧修订。建议相关部门联合研究出台《建筑运行能耗管理办法》，明确能耗计量、监测、统计、上报、共享等要求，明确实施能耗测评标识、能耗限额管理、能耗信息公示等制度，明确建筑节能主管部门责任、职能、权限等，以及其他相关配合部门的职责。将执行该办法作为条款写入修订的《民用建筑节能条例》或《中华人民共和国节约能源法》相关部分，并明确及时完善更新该办法，推动建筑节能低碳发展关键措施的法制化。

第4章 新建建筑节能

“十三五”以来，我国每年城镇新增居住建筑面积超过 10 亿 m^2，城镇新增公共建筑面积超过 5 亿 m^2，不断提升新建建筑标准水平、强化监督标准执行是促进新建建筑节能工作最重要的手段和措施。

4.1 发展目标

2017 年 1 月，《国务院关于印发“十三五”节能减排综合工作方案的通知》(国发〔2016〕74 号)，对新建建筑节能的要求是实施建筑节能先进标准领跑行动，开展超低能耗及近零能耗建筑建设试点。2017 年 2 月，住房和城乡建设部印发了《建筑节能与绿色建筑发展“十三五”规划》(以下简称《规划》)，提出“到 2020 年，城镇新建建筑能效水平比 2015 年提升 20%，部分地区及建筑门窗等关键部位建筑节能标准达到或接近国际现阶段先进水平。”

4.2 新建建筑强制性标准提升和执行成效

4.2.1 标准提升实现新突破

“十三五”以来，新建建筑节能设计标准得到进一步提升和完善。《规划》明确提出“严寒及寒冷地区，引导有条件地区及城市率先提高新建居住建筑节能地方标准要求，节能标准接近或达到现阶段国际先进水平。夏热冬冷及夏热冬暖地区，引导上海、深圳等重点城市和省会城市率先实施更高要求的节能标准。”从实施成效来看，一是《严寒和寒冷地区居住建筑节能设计标准》JGJ 26—2018 发布并于 2019 年 8 月 1 日起实施，这是在北方地区新建居住建筑率先实现 20 世纪 80 年代提出的“三步走”发展目标的基础上，进一步实现居住建筑能效水平提升近 30%，达到 75%的节能水平。二是《温和地区居住建筑节能设计标准》JGJ 475—2019 发布并于 2019 年 10 月 1 日起实施，填补了我国温和地区新建居住建筑节能标准的空白。三是地方标准水平不断提高，北京、天津、河北等地已经率先全面实施了居住建筑节能 75%标准。新疆发布了居住建筑节能 75%标准，并在乌鲁木齐等城市强制实施。辽宁、黑龙江等严寒、寒冷地区开始执行 75%或 65%+标准，重庆、湖南、湖北、四川等夏热冬冷地区居住建筑开始执行 65%或更高节能标准。

4.2.2 标准执行水平继续提升

根据全国各地上报数据汇总，截至 2018 年年底，我国城镇新建建筑执行节能强制性标准比例基本达到 100%，其中设计阶段执行建筑节能设计标准比例持续保持 100%，竣工验收阶段执行建筑节能标准比例由 2016 年的 98.8%提升至 99.52%，新建建筑节能工作迈上新台阶。

4.2.3 各地主要经验与做法

“十三五”期间，我国新建建筑节能在取得显著成效的同时，各地在政策法规、技术标准、科技支撑、考核管理和宣传推广等方面也积累了宝贵的经验。

1. 政策法规

各地充分利用现有法律法规确定的许可和制度，逐步建立起从设计、施工图审查、施工、竣工验收备案到销售和使用等环节的新建建筑全过程监管机制，效果明显。在设计环节，对施工图进行建筑节能专项审查，部分省市还实行了建筑节能设计审查质量的专项调审；在施工环节，全面执行《建筑节能工程施工质量验收标准》GB 50411—2019，制定专项建筑节能施工方案、建筑节能监理工作导则及工程质量监督要点，规定了严格的节能审查监管工作程序和要求，确保节能工程质量；在竣工验收环节，实施建筑节能专项验收。

北京市重点对设计、施工和竣工验收等环节进行监督管理。一是设计环节实施施工图设计审查制度，以施工图审查为抓手，落实各项节能工作。将绿色建筑、装配式建筑、既有建筑节能改造等节能专项工程纳入施工图审查的监管范围，有效推动了相关政策的落实与执行。二是在施工环节，北京市住房城乡建设委结合日常建设工程安全质量执法抽查工作，开展建筑节能工程质量检查，针对检查过程中发现的违法违规行为，执法人员在依法对相关责任单位和责任人进行行政处理处罚的同时，依据本市企业资质和人员资格动态监管规定，对违法违规企业和相应责任人进行了记分处理。三是竣工验收环节严格执行建筑节能专项验收，按照相关文件规定，建设单位在组织建筑节能专项验收之后，方可办理建设工程项目竣工验收。四是房屋销售环节强化对房屋销售活动进行执法监督，督促市场主体在房屋销售现场明显位置张贴民用建筑节能信息，在售房合同书、质量保证书、使用说明书中按规定标明相关建筑节能的内容。

重庆市在竣工验收阶段增加了强制性的建筑能效测评与标识制度规定，要求所有新建民用建筑项目竣工前均需通过建筑能效测评，未经建筑能效测评，或者建筑能效测评不合格的，不得组织竣工验收，不得交付使用。

2. 技术标准

“十三五”以来，各地非常重视建筑节能标准提升工作，北京、天津、河北、辽宁、山东、青海等 10 省市先后制定并全面实施了 75%节能设计标准，新疆、宁夏等地采用了先试点推动再全面实施方式，加快编制相关标准，随着《严寒和寒冷地区居住建筑节能设计标准》JGJ 26 正式实施，实现了北方地区整体能效水平迈上了一个新的台阶，北京、天津正在编制居住建筑“五步”节能标准，颁布实施后，节能率将达到 80%。此外，重庆、湖北、湖南、四川等夏热冬冷地区也相继制定并执行 65%或更高节能设计标准。

3. 科技支撑

全国各地贯彻创新发展理念，引领建设科技创新。一是开展科技成果登记。如山西省 2018 年积极推动建设科技成果转化推广，准予登记建设科技成果 51 项，企业创新动力和潜力进一步激发，科技创新氛围进一步增强。二是加大推广应用，积极发布节能技术、产品推广目录等。北京、天津、河北、湖南、广西等地发布了新版推广、限制、禁止使用技术和产品目录。三是组织研发新技术。重庆开展了建筑外墙节能技术路线提升研究，启动建筑保温与结构一体化技术研究示范。四川研发了现代夯土技术，引导四川西北部地区的农民摒弃伐木建房习惯。

4.3 超低能耗建筑探索与实践

为应对气候变化，实现可持续发展，发达国家都在积极制定建筑迈向更低能耗的中长期发展目标和政策，建立适合本国气候特点、建筑类型及生活习惯的近零能耗建筑技术标准及技术体系。推动建筑迈向更健康舒适、更低能耗及更安全耐久已成为全球建筑发展的趋势。

我国改革开放以来，城镇化进程持续发展，带动建筑业蓬勃发展。“十三五”期间，年均新增新建建筑总量超过10亿m^2，发展超低能耗及近零能耗建筑已成为我国民用建筑领域应对气候变化、节能减排、实现能源生产和消费革命的重要举措。同时，超低能耗及近零能耗建筑舒适宜居、健康洁净、安全耐久的品质切实提高了人民群众住房品质，改善了人居环境，极大增强了人民群众的获得感和幸福感。另外，超低能耗及近零能耗建筑采用高性能的产品、精细化的建造方式和智慧化的运维模式，更凸显我国城乡建设领域高质量绿色发展的内涵。

《规划》要求：“在全国不同气候区积极开展超低能耗建筑建设示范。结合气候条件和资源禀赋情况，探索实现超低能耗建筑的不同技术路径”“总结形成符合我国国情的超低能耗建筑设计、施工及材料、产品支撑体系。开展超低能耗小区（园区）、近零能耗建筑示范工程试点，到2020年，建设超低能耗、近零能耗建筑示范项目1000万平方米以上。”

从实施成效来看，北京、河北、山东、天津、河南、湖南、江苏、新疆、福建等地积极推进超低能耗、近零能耗建筑试点示范（见图4-1）。截至2019年10月，我国在建及建

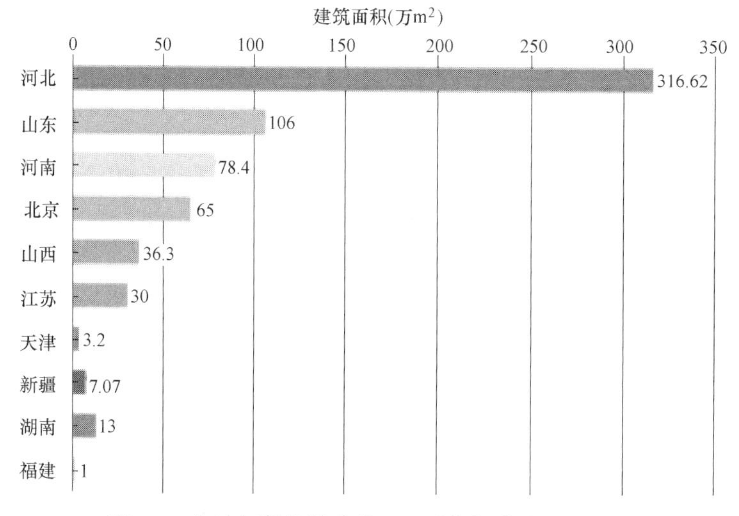

图4-1 各地超低能耗建筑、近零能耗建筑示范情况

成超低能耗建筑面积超过 700 万 m^2，其中河北、北京、山东、河南、江苏等先锋省市成绩瞩目：截至 2019 年 10 月，北京市示范项目总计 32 个，总建筑面积约 65 万 m^2；截至 2019 年 9 月，河北省示范项目总计 67 个，总建筑面积约 316.62 万 m^2；截至 2019 年 12 月，山东省已组织开展 6 批共计 53 个示范项目，总建筑面积达 106 万 m^2；截至 2017 年，江苏省示范项目总计 12 个，总建筑面积达 30 万 m^2；河南省郑州市 2018 年有 12 个项目列为年度超低能耗建筑示范项目，总建筑面积达 78.4 万 m^2。

4.3.1 顶层设计

顶层制度的设计为推动超低能耗建筑的发展提供了宏观导向和法规政策框架。《中共中央 国务院关于进一步加强城市规划建设管理工作的若干意见》中提出："支持和鼓励各地结合自然气候特点，发展被动式房屋等绿色节能建筑"，第一次在国家层面发出了发展超低能耗建筑的信号。同年，《关于印发"十三五"建筑节能减排综合工作方案的通知》及《城市适应气候变化行动方案的通知》中也有明确的政策导向。2017 年，住房和城乡建设部颁布的《建筑节能与绿色发展"十三五"规划》《建筑业发展"十三五"规划》及《建设科技创新"十三五"专项规划》中都明确提出要把发展超低能耗建筑和近零能耗建筑作为未来建筑能效提升的重要途径。2018 年，中共中央国务院对《河北雄安新区规划纲要》的批复意见中也提到："推广超低能耗建筑，优化能源消费结构。"

自 2014 年起至 2020 年 2 月，全国有 23 个省、直辖市和自治区及 13 个地级市累计发布了 82 项法规政策，覆盖地域更广、扶持力度更大、目标更为精准，极大地促进了超低能耗建筑的发展。从发布年份来看，2016 年是转折点，政策发布数量急速攀升，2017 年和 2018 年发布数量最为密集，总计超过 40 个；2019 年全年累计发布相关法规政策 15 个（见图 4-2）。政策体系的建立与完善实现了由宏观导向到规划目标到实施方案的层层递进，极大地推动了超低能耗建筑的实施与落地。

从气候区的分布情况看，寒冷地区发布政策数量总计 58 个，占所有气候区发布总量的 71%，其次是夏热冬冷地区，发布数量总计为 18 个，占比 18%，其他气候区合计占比 11%（见图 4-3）。

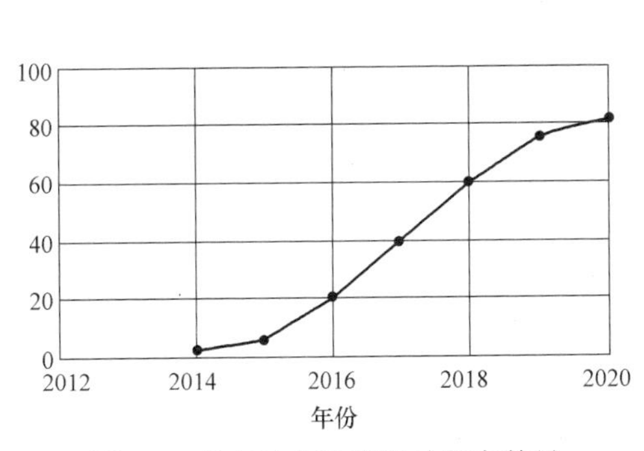

图 4-2 各年法规政策累计发布数量

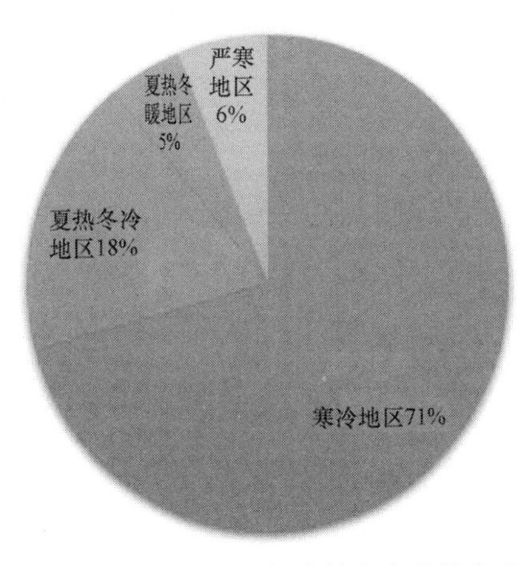

图 4-3 各气候区法规政策发布数量占比

从省份分布情况看，京津冀地区、山东、河南发展速度最快。其中，河北省、河南省及山东省的政策法规发布数量位居前三，远超其他省份（见图 4-4）。

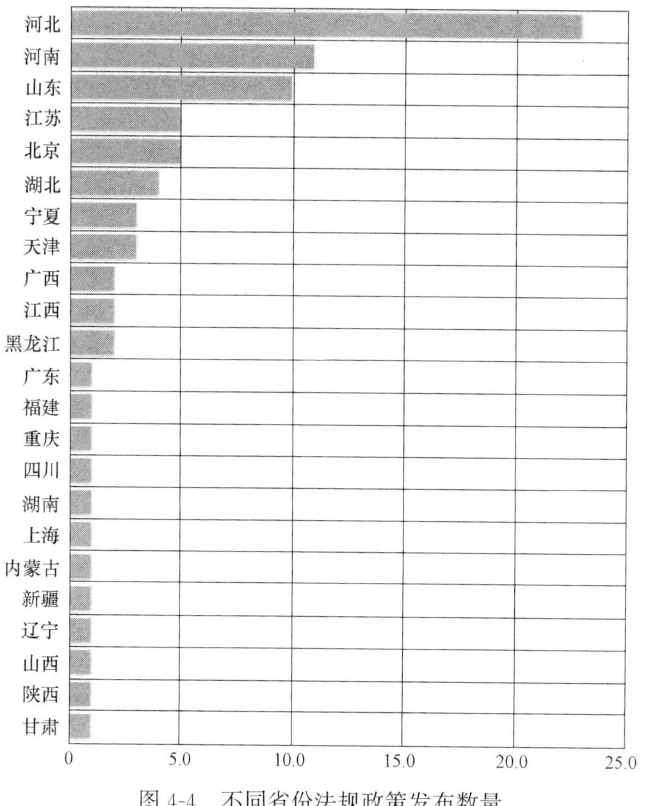

图 4-4　不同省份法规政策发布数量

4.3.2　激励政策

自 2016 年开始，全国有 16 个省、直辖市、自治区和地级市相继出台了经济激励政策，对超低能耗建筑给予资金奖励、容积率奖励、售价上浮等政策支持（见图 4-5），其

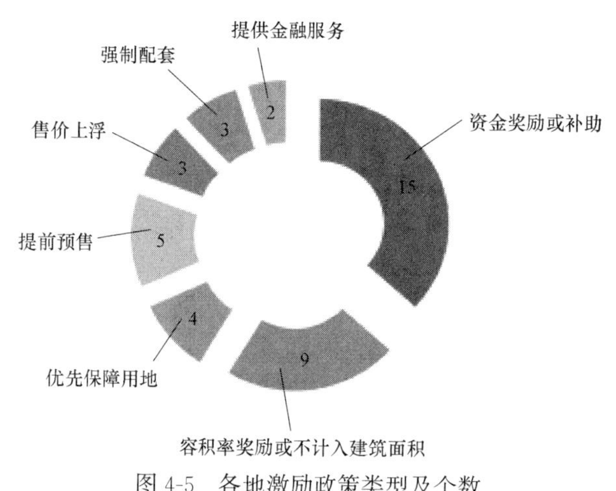

图 4-5　各地激励政策类型及个数

中资金奖励方式的占比最高，补贴力度差异较大，最高为 1000 元/m^2，大部分补贴集中在 200～500 元/m^2（见图 4-6）。北京市 2016～2019 年对超低能耗建筑示范项目的奖励资金总额达 2.23 亿元；河北省在 2014～2018 年省级财政累计给予超低能耗建筑建设补助资金超过 4400 万元；截至 2019 年底，山东省对超低能耗建筑补助资金达 4.2 亿元；2019 年河南郑州对 2018 年第一批超低能耗建筑示范项目奖补资金约为 3.5 亿元。截至 2019 年，江苏省对超低能耗建筑示范项目共计补助 1850 万元。

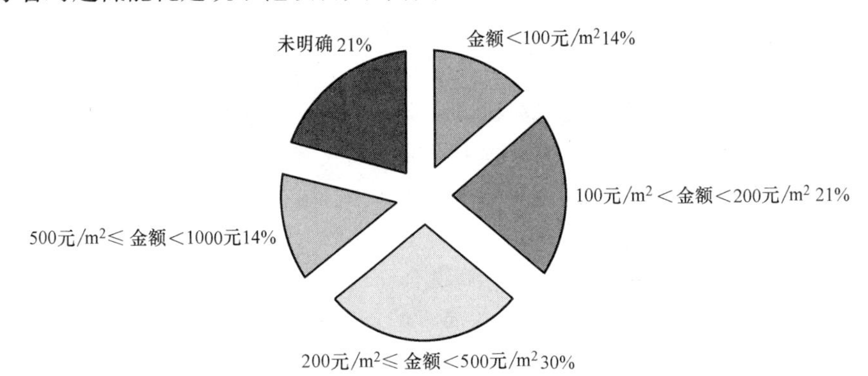

图 4-6　各地激励政策金额分布及占比

容积率奖励政策的占比仅次于资金奖励，河北石家庄、张家口、承德及河南郑州都发布了容积率奖励政策，容积率最高奖励达 9%（见图 4-7）。

除传统的经济激励手段外，我国也正在探索用绿色金融来支持超低能耗建筑发展。

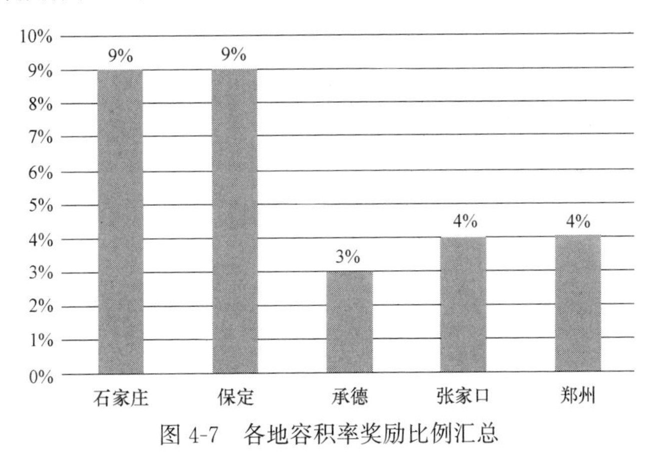

图 4-7　各地容积率奖励比例汇总

4.3.3　标准建设

2015～2019 年，从中央到地方都加快了标准化建设，逐步开展超低能耗建筑的设计、评价、检测、应用等相关标准、技术导则和图集的编制。2015 年，住房和城乡建设部印发了《被动式超低能耗绿色建筑技术导则（试行）（居住建筑）》；2017 年 7 月 1 日，住房和城乡建设部科技与产业化发展中心和中国建筑标准设计研究院有限公司联合主编了标准图集《被动式低能耗建筑-严寒和寒冷地区居住建筑》16J908-8，对工程项目的精细化设计提供了有力支撑；2019 年 1 月 24 日，住房和城乡建设部发布了《近零能耗建筑技术标准》（GB/T 51350—2019），首次确立了我国近零能耗建筑的概念和不同气候区不同类型近零能耗建筑技术指标体系。

2015～2020年，河北、北京、山东、青岛、黑龙江、河南、上海、青海、江苏、湖北都陆续出台了符合当地特点的被动式超低能耗建筑的设计、施工、验收的标准、导则和图集，为快速推动各地被动式超低能耗建筑的示范效果提供了有力的技术支撑。

4.3.4 科研支撑

我国通过国际科技合作专项、国家重点研发计划和地方科研支撑项目等平台和渠道，投入超亿元经费支持近零能耗建筑的基础理论研究、技术创新和工程应用等。2013～2016年，科技部国际合作专项支持开展了“适用我国不同气候区的被动式低能耗建筑技术研究与示范”项目。该项目在三个气候区支持开展被动式低能耗建筑关键技术集成研究与示范，为我国建筑节能标准的进一步提高探索了技术路线。

2014～2018年，科技部中美清洁能源联合研究中心建筑节能合作项目支持开展了“超低能耗建筑技术合作研究与示范”与“净零能耗建筑关键技术研究与示范”两期项目研究。中美双方引进国际高性能技术，建立了一批超低能耗建筑与净零能耗建筑示范工程。

2017～2020年，科技部“十三五”国家重点研发计划项目“绿色建筑与建筑工业化”专项支持开展“技术体系及关键技术开发”项目，该项目将研究建立适用于我国不同区域的近零能耗建筑定义、技术指标体系、关键技术开发与应用示范等内容。

4.3.5 工程示范

1. 国内工程示范概况

2009年，我国开展符合国情的超低能耗建筑和近零能耗建筑示范，示范项目由点及面，逐步扩大，国内示范及认证主要分为以下几类：

中德政府间示范与认证：2008～2019年，在中德两国政府的支持下，住房和城乡建设部科技与产业化发展中心和德国能源署已在全国4个气候区，13个省、直辖市和自治区合作开展认证了34个中德高能效建筑—被动式超低能耗建筑示范项目，总面积逾47万 m^2。

PHI认证项目：截至2020年2月，获得PHI认证的中国“被动房”项目共计28个，总面积约6.85万 m^2。

各省市示范项目：全国有14个省、直辖市和自治区（北京、河北、河南、山东、甘肃、宁夏、黑龙江、辽宁、新疆、湖北、江苏、四川、广西及福建）明确提出超低能耗建筑示范目标，截至2019年10月，我国在建及建成的超低能耗建筑项目超过700万 m^2。

2. 工程示范案例

本节选取了郑州市海马国际商务中心二期（A3地块1号楼）项目，北京市昌平区未来科学城第二小学新建项目和滕州市中房缇香郡二期13号楼项目3个典型的工程示范案例。项目均地处我国超低能耗建筑支持政策最集中、发展规模最大、发展速度最快的寒冷气候区，包括办公建筑、学校建筑、住宅建筑3种具有代表性的建筑类型，涵盖了干挂幕墙体系、装配式钢结构体系以及钢筋混凝土部分框支剪力墙结构3种典型建筑结构体系。

下面将结合案例的特点与难点，介绍项目基本信息、能耗计算结果，以及外围护结构节能技术、热回收技术、供热、空调和生活热水等技术措施。

（1）海马国际商务中心二期（A3 地块 1 号楼）项目

海马国际商务中心二期（A3 地块 1 号楼）项目（见图 4-8）位于河南省郑州市郑东新区普惠路与康宁街交汇处，距郑州东站直线距离 1km，该项目总建筑面积为 8575m^2，主体高度为 17.45m，地上 4 层，地下 1 层，主要包括科研办公室、学术交流区、产品展示厅、多功能厅、商务接待区。该项目由海马投资集团下属青风置业有限公司投资开发建设，由德国能源署与住房和城乡建设部科技与产业化发展中心联合提供技术咨询，2019 年被列为郑州市第一批超低能耗建筑示范项目。

图 4-8　海马国际商务中心二期（A3 地块 1 号楼）项目效果图

该项目采用 PHPP 进行能耗平衡计算：供暖需求为 9kWh/m^2，制冷及除湿需求为 19kWh/m^2，一次能源需求为 104kWh/m^2。项目具体技术措施见表 4-1。

海马国际商务中心二期（A3 地块 1 号楼）项目示范项目技术措施一览表　　表 4-1

技术类型	关键节能技术与措施		性能指标
外围护结构节能技术	外墙	采用干挂幕墙系统，250mm 厚岩棉板保温双层错缝铺设	K=0.156W/(m^2·K)
	屋面	采用 200mm 厚聚氨酯板双层错缝铺设	K=0.115W/(m^2·K)
	地面	采用 250mm 厚挤塑聚苯板双层错缝铺设	K=0.116W/(m^2·K)
	外窗	采用铝包木复合窗，三玻两腔双 Low-E 玻璃，充氩气层，玻璃间设置暖边条开启方式为内开内倒，采用外挂式安装南向和西向外窗采用活动外遮阳	K=0.8W/(m^2·K)
	外门	采用铝包木系列复合门	K=0.8W/(m^2·K)
	天窗	采用三玻双 Low-E 中空充氩气，暖边间隔条，采用内遮阳	K=0.98W/(m^2·K)
	建筑气密性	外墙及屋面内表面全部抹灰，外挂式安装门窗均内侧粘接防水隔汽膜、外侧粘接防水透汽膜。所有出外墙、屋面的管道、卫生间排气道、厨房烟道均做内侧粘接防水隔汽膜、外侧粘接防水透汽膜的气密性处理	
	断热桥措施	对于干挂体系中金属连接件与主体结构的连接，通过采用 10mm 厚的高强度聚氨酯隔热垫块，降低点热桥的影响	

续表

技术类型	关键节能技术与措施		性能指标
热回收技术	新风系统	采用高效热回收新风机组，每层均设有集中送、排风系统	全热回收效率 75%
供热、空调及生活热水	地源（地埋管）热泵机组	机组采用智能控制，随着建筑冷（热）负荷的变化，自动调整输出冷（热）量；建筑空调系统夏季采用温湿度独立控制系统	

（2）昌平区未来科学城第二小学新建项目

昌平区未来科学城第二小学新建项目（见图 4-9）位于北京市昌平区未来科学城核心南区 CP07-0060-0069 地块，总建筑面积为 28447m^2，建筑结构为装配式钢结构，装配率为 57.32%。该项目的教学楼和宿舍楼为超低能耗建筑，总建筑面积为 13244m^2，由北京市昌平区住房和城乡建设委员会负责开发、中国建筑第八工程局有限公司负责建设、住房和城乡建设部科技与产业化发展中心提供技术咨询，该项目在 2018 年被列为北京市第二批超低能耗建筑示范工程项目。

图 4-9　昌平区未来科学城第二小学新建项目效果图

该项目采用 IBE 进行能耗模拟计算。其中宿舍楼建筑综合节能率 79.69%，可再生能源利用率 14.69%，建筑本体节能率 79.69%；教学楼建筑综合节能率 83.18%，可再生能源利用率 3.69%，建筑本体节能率 76.48%。项目具体技术措施见表 4-2。

昌平区未来科学城第二小学新建项目技术措施一览表　　表 4-2

技术类型	关键节能技术与措施		性能指标
外围护结构节能技术	外墙	采用 200mmALC 条板+200mm 厚的岩棉条保温	$K=0.172$ W/(m^2·K)
	屋面	采用 200mm 厚的模塑石墨聚苯乙烯板	$K=0.155$W/(m^2·K)
	首层外墙	地面以上 500mm 部位，采用 200mm XPS	$K=0.149$W/(m^2·K)
	架空楼板	采用 200mm 厚的岩棉	$K=0.225$ W/(m^2·K)
	外窗	采用 PVC 复合窗，三玻两腔双 Low-E 玻璃，充氩气层，玻璃间设置暖边条；教学楼东西南面设置了活动外遮阳	$K=1.0$ W/(m^2·K)
	外门	入口门采用铝合金型材，三玻两腔充氩气中空低辐射玻璃	$K=1.0$ W/(m^2·K)
	天窗	采用三玻双 Low-E 中空充氩气天窗	$K=1.0$ W/(m^2·K)

续表

技术类型		关键节能技术与措施	性能指标
外围护结构节能技术	建筑气密性	关键部位外侧用气密性胶带进行密封处理，同时外墙及屋面内表面采用1mm厚高保水砂浆进行抹灰处理，外挂式安装门窗均内侧粘接防水隔汽膜、外侧粘接防水透汽膜。所有出外墙、屋面的管道、卫生间排气道、厨房烟道均做内侧粘接防水隔汽膜、外侧粘接防水透汽膜的气密性处理	
	断热桥措施	对于阳台采用结构断开的方式减少热桥损失，对于女儿墙采用保温全包覆的方式保证外保温的连续；对于装饰格栅等系统热桥，在锚固件与外墙之间采用高强度聚氨酯隔热材料阻断热桥	
热回收技术	新风系统	采用高效新风-排风全热回收模块和带全热回收功能的组合式空调机组	显热回收效率≥75%，全热回收效率均≥70%
供热、空调及生活热水	燃气蒸汽联合循环冷热电三联供技术	冬季供热采用发电余热经热交换后直接进行供热；夏季供冷利用余热锅炉尾部烟气余热驱动溴化锂吸收式制冷机组制冷，并串联离心式电制冷机组进行深冷	性能系数6.13
	生活热水技术	采用太阳能集热器+空气源热泵进行生活热水供应	太阳能保证率在50%以上，设计温度50℃
可再生能源技术	太阳能光伏	屋面安装180m^{2}单晶硅光伏板，并且可以实现并网	装机量25kW

（3）中房缇香郡二期13号楼项目

中房缇香郡二期13号楼项目（见图4-10）位于山东省滕州市荆和中路777号，总建筑面积为12817m^2，建筑高度52.8m。建筑为地上17层、地下2层的住宅项目，建筑结构为钢筋混凝土部分框支剪力墙结构，由滕州市中房房地产开发有限公司开发建设，由德国能源署与住房和城乡建设部科技与产业化发展中心联合提供技术咨询，该项目为2018年山东省超低能耗建筑示范项目之一。

图4-10　中房缇香郡二期13号楼项目效果图

该项目采用PHPP进行能耗计算：供暖需求为10kWh/m^2，制冷及除湿需求为20kWh/m^2，一次能源需求为120kWh/m^2，可再生能源产量为16kWh/m^2。项目具体技术措施见表4-3。

中房缇香郡二期13号楼项目技术措施一览表　　表4-3

技术类型	关键节能技术与措施		性能指标
外围护结构节能技术	外墙	采用B1级模塑石墨聚苯板薄抹灰保温体系	$K=0.172\text{W}/(\text{m}^2\cdot\text{K})$
	屋面	采用200mm厚的模塑石墨聚苯板	$K=0.149\text{W}/(\text{m}^2\cdot\text{K})$
	首层外墙	侧墙及向下铺设至车库顶板采用220厚挤塑聚苯板	$K=0.149\text{W}/(\text{m}^2\cdot\text{K})$
	外窗	采用充氩气的三玻两腔铝包木复合窗，玻璃间设置暖边条；开启方式为内开内倒，采用外挂式安装	$K=0.91\text{W}/(\text{m}^2\cdot\text{K})$
	外门	地下室分隔被动区及非被动区采用防火被动门	$K=1.2\text{W}/(\text{m}^2\cdot\text{K})$
	建筑气密性	外挂式安装门窗均内侧粘接防水隔汽膜、外侧粘接防水透汽膜。所有出外墙、屋面的管道、卫生间排气道、厨房烟道均做内侧粘接防水隔汽膜、外侧粘接防水透汽膜的气密性处理	
	断热桥措施	对于女儿墙采用保温包覆的做法来保证外保温的连续，对于地下一层用采光井，项目设计阶段通过与采光井与主体结构断开的方式降低热桥影响。对于空调支架等系统热桥，在锚固件与外墙之间采用高强度聚氨酯隔热材料阻断热桥	
新风、供暖制冷	新风、供暖制冷	采用换气、制冷、制热、除霾、除湿五位一体的热泵型新风环境控制一体机	全热交换效率大于75%

4.3.6 成效与挑战

1. 取得的成效

(1) 超低能耗建筑趋向规模化发展

多措并举的推广模式共同促进了各地超低能耗建筑的发展，激发了开发单位建设超低能耗建筑的积极性，单体建筑规模逐年增大，开发面积逐年递增，增量成本逐步降低，建筑类型日益多样，涵盖住宅、公租房、办公楼、学校、农村住宅等多种建筑类型，并涌现出多个10万m^2以上连片开发的超低能耗示范小区，最大面积达百万平方米；与装配式钢结构、装配式混凝土结构和木结构绿色建造方式结合的超低能耗建筑也在不断探索与发展。截至2019年底，全国超低能耗示范项目建筑面积约600万m^2，逐步形成了由点到面、由小到大、由分散到集中并趋向规模化发展的趋势。

(2) 高性能技术和建筑部品广泛应用

超低能耗建筑的示范和推广带动了高性能建筑部品和技术的广泛应用与推广，如高效节能的复合外墙保温系统、高效节能外门窗系统、断热桥的技术与构件、提高建筑气密性的技术与材料、高效热回收新风系统、用于辅助供热（供冷）和生活热水的可再生能源系统等。其非透明围护结构传热系数可控制在$0.1\sim0.2\text{W}/(\text{m}^2\cdot\text{K})$，透明围护结构传热系数可控制在$0.6\sim1.0\text{W}/(\text{m}^2\cdot\text{K})$，建筑各部品性能参数也基本与发达国家水平一致。可再生能源系统，如空气源热泵、太阳能光热系统、地源热泵、生物质锅炉等已广泛用于超低能耗建筑项目的供热、空调及生活热水。

(3) 超低能耗建筑产业逐步壮大

超低能耗建筑产业随着超低能耗建筑的推广普及逐步发展壮大，产业链日趋完善。由住房和城乡建设部科技与产业化发展中心成立的“被动式低能耗建筑产业技术创新联盟”发布的“被动式低能耗建筑产品选用目录”看，供应商从 2016 年的第一批 51 家企业增加到 2019 年 6 月的 136 家，4 年内企业数量翻了一番多。

国内企业占全部供应商总数的 90%以上，其中外门窗及辅材企业、新风与暖通设备供应商发展速度较快。2019 年外门窗系统及型材和辅材企业数量比 2016 年翻了两番。产品供应商主要集中在京津冀、山东、上海、江苏等地，产业布局与上述地区近零能耗建筑的快速发展密切相关。截至 2019 年 10 月，国内共有 70 家企业的产品获得 PHI 组件认证，涵盖外墙系统、外窗、幕墙系统、入户门、推拉门等体系，其中外窗企业数量为 58 家，占 PHI 中国组件认证总量的 80%以上，可见国内外窗行业正在快速转型升级并积极参与国际竞争，逐步提高其国际竞争力。

2. 面临的挑战

（1）基础理论和技术集成研究欠缺

基础理论研究欠缺与超低能耗建筑规模快速发展是我国超低能耗建筑发展面临的一个重要矛盾。我国超低能耗建筑、近零能耗建筑发展主要借鉴了欧洲近零能耗建筑理念、标准和技术体系，但基于我国国情的基础理论研究还比较薄弱，积累不足，例如：建筑在高气密性、超低负荷特性下，有关空间形态特征、热湿传递、热舒适性、新风及能源系统的最优运行模式等各参数间的规律和耦合关系等基础理论研究不足；基于自主知识产权的性能化设计所需的精细化计算工具缺乏；复杂结构形式和特殊功能需求的近零能耗建筑技术集成研究不充分。

（2）第三方认证标识体系尚未建立

目前，国内超低能耗建筑的认证标识体系尚未建立健全，各地示范工程对近零能耗建筑认证标准不统一，造成了超低能耗建筑水平参差不齐、评价效果难以对比等问题。国内现有对超低能耗建筑的认证标识体系主要有四类，除了 PHI 认证标识体系的标准全球统一外，其余的认证标识在认证指标、评价方法和标识模版等方面都有差异，因此其技术指标难以衡量和对比。

（3）可持续的激励机制还未形成

常规的激励手段都有局限性，不能广泛使用，如资金奖励是政府撬动市场的杠杆，受制于政府财政税收而无法长期使用；容积率奖励、售价上浮及提前预售受制于我国住房宏观调控导向，适用区域有限。以需求侧拉动市场的潜力没有得到充分调动，也无法完全调动产业链各环节主体的积极性；绿色金融工具由于涉及部门多、申请程序复杂、标准化缺乏等原因，潜力没有得到充分释放。

（4）产业还不成熟完善

超低能耗建筑产业总体处于发展初级阶段，与国外产业水平相比，我国国产化的产品门类不全、类型单一、规格不丰富、性能参差不齐；高质量系统集成供应商缺乏，产品供应商大多是中小民营企业，供应商数量及其提供产品的规模和能力难以满足市场需求，市场竞争不充分，价格偏高，导致超低能耗建筑建设成本较高，推广有阻碍；部分核心技术和产品，如结构安全的高强度低导热系数的断热桥构件、高性能天窗、建筑气密性膜材料、气密性配套部件、新风系统热交换用的高分子膜材料等，国内处于初级研发水平，与国外产品性能相比仍有较大差距；对于创新技术和产品，标准化建设滞后，导致产品评价和采购依据不足。

（5）专业人才匮乏

我国超低能耗建筑发展起步晚、发展时间短，相关的设计、施工、检测、监理、管理等人才匮乏，行业从业人员缺乏系统性、广泛性的教育培训和资格认证。因此在近零能耗建筑推广过程中，我们发现设计人员不熟悉新的设计理论与计算方法，缺乏精细化节点设计的经验；施工人员适应精细化施工，对新型节点做法缺乏认知；管理人员缺乏施工管理和材料采购的经验，造成交叉施工、工序混乱、采购产品不合格等问题，阻碍了近零能耗建筑的健康发展。

4.4 净零能耗建筑探索与实践

应对气候变化已成为全球性话题，2015 年 12 月第 21 届联合国气候变化框架公约缔约方大会上通过《巴黎协定》，提出了将全球平均气温升幅控制在工业化前水平以上低于 2℃，力争不超过 1.5℃的目标。我国于 2016 年 9 月 3 日加入《巴黎气候变化协定》，成为第 23 个完成批准协定的缔约方，承诺到 2030 年单位 GDP 的二氧化碳排放比 2005 下降 60％～65％，非化石能源比例提升到 20％，二氧化碳排放达到峰值，并争取尽早达峰。建筑领域是能源消耗的三大领域之一，建筑能耗在全球能源消耗总量中约占 30％，实现城市建筑物净零碳排放能够为《巴黎协定》目标提供解决方案。欧美发达国家近年来积极开展近零能耗建筑、零碳建筑、净零能耗建筑等高水平节能建筑的研究，并相继制定了中长期发展目标。很多国际非营利组织和团体也积极采取行动，如在 C40 城市气候领导联盟的倡议下，巴黎、纽约、伦敦、东京等全球 19 座超大城市在伦敦签署了《净零碳建筑宣言》，承诺到 2030 年，所在城市中所有新建筑实现净零碳排放，到 2050 年，所有建筑实现净零碳排放。党的十八大以来，我国已将生态文明建设纳入国家发展总体布局中，推动形成绿色发展方式和生活方式是贯彻新发展理念的必然要求。自 2016 年，中美两国研究团队在中美清洁能源联合研究中心建筑节能联盟（以下简称“CERC-BEE”）合作框架下，围绕实现“净零能耗建筑”目标，系统开展了关键技术研究和集成应用示范。

4.4.1 发展动力

我国发展净零能耗建筑是建筑领域顺应时代发展要求、实现新建建筑高质量发展的重要领域，其发展驱动力主要有以下三个方面：

一是发展净零能耗建筑是应对气候变化的重要途径。目前我国已成为全球碳排放量最大的国家，承受较大的减排压力。建筑领域是能源消耗的三大领域之一，建筑能耗在全球能源消耗总量中约占 30％。伴随城镇化进程的不断加快，城市进入后工业时期，随着服务业对经济的贡献比例不断提升，城乡居民生活水平不断提高，建筑部门在我国碳排放增长驱动因素中的占比将不断提升。目前，全球发达国家已基本达成共识，将发展零能耗建筑作为实现城市建筑零碳排放、助力建筑领域实现《巴黎气候变化协定》目标的重要解决方案。

二是发展净零能耗建筑顺应了“四个革命、一个合作”的能源发展战略需求。实现能源结构根本性转变，提升可再生能源比重、提高能源效率以及逐步淘汰化石能源，是我国能源转型的主要方向，也是建筑领域能源革命的主要方向。发展净零能耗建筑是助推建筑领域调整能源结构、提高可再生能源比重的重要载体。

三是发展净零能耗建筑符合新时代高质量绿色发展的基本要求。零能耗建筑以进一步改善人居环境为前提，通过技术集成，集中实现智慧、健康、绿色、低碳等理念，符合住房和城乡建设领域推动高质量发展、创造高品质生活、不断满足人民对美好生活需要的发展方向。

4.4.2 科研探索

自2016年，基于实现“净零能耗建筑”目标，中美双方研究团队以企业为主体，以示范工程为载体，以实现“净零能耗建筑”为主线，开展了“净零能耗建筑”技术产品、数据挖据和推广机制等研究，主要包括：

（1）合作研究净零能耗建筑一体化设计、施工和装配式建造方法；

（2）针对CERC-BEE已建成超低能耗建筑示范项目开展持续监测，研究数据挖掘与建筑调适方法，探索建筑节能领域大数据应用方式；

（3）合作研究直流建筑与智能微网技术，开展工程示范，将建筑能源供应与消费模式结合，优化建筑能源供应与保障系统；

（4）开展室内环境营造目标和方式研究与示范，系统解决室内环境营造所涉及的建筑物设计、通风方式和评价指标等问题；

（5）开展针对“净零能耗建筑”发展目标和路径的政策与市场机制研究，对比中美双方在资源、建造形式、用能方式和技术优势等方面的异同；

（6）在寒冷、夏热冬冷、夏热冬暖三个气候区开展了净零能耗建筑技术集成研究及综合性示范工程建设。

截至目前，合作研究工作在适合我国国情的净零能耗建筑定义内涵和发展路线图、直流建筑与智能微网应用技术、基于人行为响应模型的预测控制策略、绿色金融创新机制以及不同气候区净零能耗建筑综合示范建设等方面取得了重要进展，中美两国研究团队关注的焦点也反映出净零能耗建筑发展逐步呈现出单一技术研究向技术集成应用发展、独立式能源系统向智能微网系统扩展以及单体净零能耗建筑向净零能耗区域延伸的趋势。

1. 单一技术研究向技术集成应用发展

自2010年起先后启动了“中美清洁能源联合研究中心建筑节能合作项目”和“中美超低能耗建筑技术合作研究与示范项目”，合作重点从研究解决建筑围护结构技术体系、关键节能设备、新能源和可再生能源应用等单项科学技术问题，逐步发展为以超低能耗建筑为目标开展关键技术突破与集成示范，取得了一系列成果。“净零能耗建筑”目标的实现，除了合理选用适宜技术外，更是一项系统性工程，需要基于目标进行各类技术的优化集成研究，研究重点也不断向针对不同气候区特点开展的集成应用技术研究发展，具体开展设计阶段室内环境目标控制，施工建造阶段的装配式建造，运维中直流式建筑与智能微网集成，以及建筑调适等全过程实现“净零能耗建筑”的集成技术体系。

2. 独立式能源系统向智能微网系统扩展

从全球已建成净零能耗建筑案例可知，太阳能光伏发电系统主要以自发自用形式为主，当建筑现场可再生能源产能难以满足建筑能源消耗时，建筑不得不采用传统化石能源

（石油、天然气等）维持建筑运行。当建筑现场可再生能源产能大于建筑能源消耗时，多余的能源希望被储存至蓄能系统或输出至公共电网。由于当前蓄能技术水平有限，通过连接建筑智能微网，以接收多余的可再生产能并对建筑能源平衡进行调节显得十分必要。智能微网是指由分布式电源、蓄能装置、能量转换装置、相关负荷和监控、保护装置等集成的小型发配电系统，同时具有并网和独立运行能力，在促进可再生能源发电的同时还能起到能源存储、需求响应及电网平衡的作用，是净零能耗建筑发展的重要趋势。

3. 净零能耗建筑概念向区域层面延伸

现阶段，净零能耗建筑尚未进入商业化阶段，受资源条件、技术产品和建造成本等诸多因素影响，短时间内很难进行大规模推广。净零能耗建筑概念的核心是通过场地内的可再生能源系统供能满足建筑用能需求。为了实现建筑领域节能减排的终极目标，在实现能源供需平衡的基础上，净零能耗建筑物理边界由单体建筑持续向区域范围进行延伸。2015年美国能源部发布了《零能耗建筑定义》，提出了零能耗建筑园区、零能耗建筑群以及零能耗建筑社区概念。“零能耗建筑园区”为单栋建筑连成的片区，且共享的可再生能源系统归一个组织所有；“零能耗建筑群”允许分散的单栋建筑，但建筑必须同属一个组织所有；“零能耗建筑社区”允许分散的单栋建筑，同时建筑可以分属不同组织所有，但社区应包含一个或多个大型可再生能源系统。从经济角度考虑，大型可再生能源系统的单位产出相对小型独立的系统成本更为低廉，更易灵活调配，而对建筑本体的性能要求也不需要为了实现供需平衡而一味追求最大化降低建筑用能需求，不论是“零能耗建筑园区”“零能耗建筑群”还是“零能耗建筑社区”，这些由单栋建筑组合而成的建筑集合通过共享一个或多个大型的可再生能源系统，将进一步减少实现净零能耗建筑的成本，更有利于净零能耗建筑的规模化推广。

4.4.3 工程示范

截至目前，基于中美清洁能源联合研究中心建筑节能合作项目，综合考虑气候分区、经济发展、示范引领作用和复制推广性，我国已在深圳、成都、长沙、兰州和北京 5 个典型城市建设了 6 项净零能耗建筑综合示范工程，在寒冷、夏热冬冷和夏热冬暖 3 个气候区实现净零能耗建筑示范的零突破。示范工程验证了净零能耗建筑技术路线的可行性，引领了各地区高性能建筑的发展方向，在设计理念和方法、产品研发、技术集成，高效运维等方面均有较大突破，树立了新标杆。本章选取其中两个示范项目进行简要介绍。

1. 深圳未来大厦 R3 办公楼

深圳未来大厦 R3 办公楼净零能耗建筑示范项目为夏热冬暖地区净零能耗建筑综合性示范，总建筑面积约 6915m^2，建筑高度 37.7m，地上 8 层，地下 2 层，地上约 5462m^2，地下约 1453m^2，其中地下两层为停车场及设备用房，一层为城市公共空间，二层为实验室，三～八层为研发办公区。该示范项目是世界第一个走出实验室、规模化应用的全直流建筑（见图 4-11）。建筑采用低压直流配电技术，±375/48V 的系统拓扑构架，实现覆盖照明、空调、办公等全部用电设备装置的直流化。与传统交流系统相比，装机容量降低 80%，系统能效提高 10%～20%。该项目作为中美建交四十周年科技合作成果在华盛顿中国驻美国大使馆进行了展示，引起了社会各界人士的高度关注（见图 4-12）。

综合考虑夏热冬暖地区的气候条件、建筑特点、能耗特点及技术经济水平，项目主要

图 4-11　未来大厦示范工图程效果图

图 4-12　参展中国驻美国大使馆开放日活动

采用以下技术路线：

（1）以目标为导向的性能化设计。以建筑能耗指标为约束目标，以建筑功能需求与室内环境品质要求、场地资源与限制条件、用能模式与生活习惯等为约束条件，对建筑场地规划与布局、建筑设计参数、围护结构性能参数、能源系统设备性能参数、可再生能源系统性能、运行模式与控制策略进行循环迭代优化，最终达到预定能耗目标要求。

（2）采用被动式建筑节能技术，尽可能降低用能需求。深圳处于夏热冬暖地区南区，建筑节能设计以夏季空调为主，可不考虑冬季供暖。该项目建筑设计中从自然通风、自然采光、建筑遮阳、隔热等方面开展气候适应性设计，营造健康舒适的室内环境的同时，降低建筑终端用能负荷需求。

（3）采用主动式建筑节能技术，满足建筑功能和使用者要求。侧重从适应末端用能负荷需求的不确定性和个性化需求考虑，采用了适应负荷需求的变频多联式空调系统、基于人体视觉舒适性的高效 LED 照明系统、自适应调节的安全高效建筑低压直流配电系统、基于弱感知监测的人行为预测与能源系统联动优化控制系统。

（4）太阳能光伏、蓄能与市政配电系统耦合设计与优化。该项目设计中充分考虑了可再生能源产能与建筑用能在时间尺度的不同步性，通过对太阳能光伏、蓄能与市政配电系统的耦合设计与优化，利用蓄能系统来平抑光伏发电的波动性和不确定性，并通过需求响应措施充分调动建筑自身的灵活性与可调性（建筑柔性负载），尽可能得到相对连续稳定的电力负荷需求曲线，从而与电网进行友好交互，实现全社会节能减排效益和经济效益最大化。

2. 中建·滨湖设计总部净零能耗建筑示范项目

中建·滨湖设计总部净零能耗建筑示范项目是位于夏热冬冷地区的综合性示范，位于成都市天府新区兴隆湖北侧，规划建设用地面积 26192.5m^2（见图 4-13）。总建筑面积 78335.3m^2，地上 3 层，地下 2 层，其中净零能耗示范面积 2000m^2，预期实现建筑年综合能耗≤65kWh/(m^2·a)，光伏发电装机容量 80kW，年发电量 5.6 万 kWh，实现净零能耗目标。

综合夏热冬冷地区气候特点，采用气候适宜性净零能耗建筑设计优化，采用以下技术路线：

（1）采用被动式高性能围护结构，如三银双中空玻璃幕墙、种植屋面、墙体储能材料等。

（2）结合主动式策略，采用低能耗照明设备、高性能供热制冷设备、新风预冷相变蓄热和智能化控制技术，实现建筑能耗（包含供暖、供冷、通风、生活热水和照明，不包含电气设备负荷）降低，实现建筑本体节能率在30%以上。

（3）通过太阳能光电、智能微电网及蓄能技术联合应用，实现办公建筑中户用型光伏发电系统和直流微电网的一体化应用设计与优化，保证可再生能源利用率在10%以上。

图4-13　中建·滨湖设计总部建筑效果图

4.4.4　挑战分析

相比欧美国家，我国在净零能耗建筑方面的研究起步较晚。截至“十二五”末期，我国在提升新建建筑标准、实施既有建筑改造和规模化推广可再生能源应用方面已经取得了巨大成效，建筑节能工作发展也逐步由提高建筑能效转向以降低建筑实际能耗为主要目标的建筑能耗总量和强度“双控”。推动建筑高质量发展、创造高品质生活环境、不断满足人民对美好生活的需要是目前住房和城乡建设行业的发展方向，开展超低能耗建筑、近零能耗建筑和净零能耗建筑等高性能、低能耗、低排放的建筑技术产品研究已逐渐成为政府、科研机构和企业关注的热点方向。然而在我国发展净零能耗建筑需要切实做到因地制宜，既要符合我国国情，又要重视所在地区的气候特点、经济技术发展水平、资源分布情况以及用户用能习惯等方面的现实问题。

1. 气候差异大

我国幅员辽阔，地形复杂，各地气候相差悬殊，主要划分为严寒、寒冷、夏热冬冷、夏热冬暖和温和地区5大气候区，对净零能耗建筑技术体系的探索需要考虑不同气候区的特点和用能需求，对欧美国家的现有技术体系和设备产品本着“拿来主义”是不可行的。

2. 地区间资源条件与经济技术发展不平衡

由于不同地区社会经济、政治、文化等发展的不平衡性，使得在净零能耗建筑技术遴选和集成应用方面具有浓厚的地方特色。另外，我国经济技术发展与自然资源分布不平衡是必须重点考虑的现实问题，是制约现阶段净零能耗建筑发展和推广的关键要素，如云南、青海、内蒙古等地区，一方面从能源供应侧考虑，太阳能、风能等自然资源丰富，但人口密度低、经济发展相对落后、社会生产活动不活跃，国家鼓励建设的光伏电站、风力发电站或水力发电站均存在电力消纳不足的问题，根据《国家发展改革委 国家能源局关于印发〈清洁能源消纳行动计划（2018-2020年）〉的通知》（发改能源规〔2018〕1575号），国家层面也正积极探索清洁能源消纳的长效机制。另一方面从用户侧考虑，上述地区太阳能资源丰富，发展净零能耗建筑具有天然优势，生活品质有待进一步改善，但对发展净零能耗建筑的高额增量成本难以负担。而我国东南部沿海地区经济发达、人民对生活品质的需要相对较高，对推广净零能耗建筑来说具有较好的经济技术基础，然而该地区人口稠密，高层、超高层建筑比比皆是，太阳能等自然资源条件一般，仅通过建筑本体安装太阳能光伏发电系统满足建筑最低用能需求难度很大。

3. 用能习惯差异大

我国的建筑用能习惯和用能特点与欧美国家差异较大（见表4-4），主要体现在建筑形式和室内环境影响两大方面。一是建筑形式差异大，特别是城镇居住建筑，我国目前新建居住建筑以高层住宅居多，建筑密度较高，户型面积以80～100m^2为主。而欧美国家以三层以下别墅居多，2017年美国居民中居住在单体别墅住宅的比例约为70%，单元户面积以150～250m^2为主，约为我国的2倍。二是居民用能习惯不同导致室内环境营方式差异大。美国居民习惯于采用全自动机械密闭系统全时、全空间开启相应设备营造全年恒定温湿度。而我国居民习惯于通过开窗进行自然通风，并根据室内环境温度变化间歇、部分空间开启相应设备按需营造适宜的温湿度，二者对室内环境的需求以及控制方式差别较大。即使同为我国居民，不同气候区居民对开窗通风或冬季取暖的习惯也各不相同。在开展净零能耗建筑技术体系研究时，应充分因地制宜考虑当地居民的用能习惯和用能需求，才能切实满足人民对美好生活的需要。

中美用能习惯差异 **表4-4**

差异		中国(城镇)	美国
建筑形式	居住形式	公寓为主	别墅为主
	单元户面积	80～100m^2	150～250m^2
	外窗能否开启	可开,追求自然通风效果良好	不可开或不常开
室内环境营造	室内环境营造理念	居民主动使用各种设备进行环境控制和实现功能	居民被动接受全自动机械密闭系统营造的室内环境
	室内环境控制目标	按照居民需求将所在房间内的温湿度保持在舒适范围内	全年恒定温湿度
	空调供暖设备形式	独立分散为主,各房间独立的空调供暖设备	户式集中为主
	空调供暖的使用模式	间歇、部分空间开启空调供暖	空调、供暖季一直开启全部房间的空调供暖,从不关闭
	新风获取方式	自然通风为主,开启供暖空调时关窗	机械系统送排风,全年恒定新风量

4.5 展　　望

1. 继续推进新建建筑强制性标准提升和执行

尽管我国在新建建筑节能领域已经取得了瞩目成绩，强制性标准已大幅提升，但在部分性能指标方面仍与发达国家存在差距，且各地方标准制定与执行方面存在不平衡性，在下一阶段，特别是“十四五”期间，仍应重点做好新建建筑强制性标准的提升工作，并做好建筑监管工作，确保标准的执行效果。

2. 加速超低能耗建筑规模化推广

（1）强化顶层设计。随着超低能耗单体建筑规模逐年增大，开发面积逐年递增，技术日益成熟、增量成本逐步降低，建筑类型日益多样，超低能耗建筑将在寒冷和夏热冬冷地区率先由单体示范逐步迈向规模化发展，形成由点到面、由小到大、由分散到集中的趋势。需要进一步强化超低耗建筑发展的顶层设计，根据不同地区经济发展水平、技术发展水平和产业成熟度的差异，制定分区域推进的规划、目标与实施路径，在有条件的地区要提出超低能耗建筑强制性发展比例，进一步加快超低能耗建筑发展速度。同时将超低能耗建筑的理念、技术与城市更新、老旧小区改造、新农村建设相结合，既为超低能耗建筑推广拓宽市场，又为改善人居环境、促进经济转型、提供社会就业提供契机。

（2）加强理论研究、技术创新和标准化建设。加强基于我国国情的超低能耗建筑基础理论研究，研究开发精细化设计所需的具有知识产权的工具软件。进一步加强关键技术研发、技术集成创新，建立健全以市场为导向、企业为主体、产学研深度融合的技术创新体系。加大力度开发研究制约我国超低能耗建筑发展的关键技术和产品。强化标准引领超低能耗建筑的发展，加大创新技术的标准化建设，鼓励企业和团体标准引领新技术、新产品发展。建立健全超低能耗建筑技术和产品认证、公示和准入机制。鼓励利用产业联盟和产业创新平台，加强产业合作，完善产业链，培育龙头企业。

（3）建立第三方超低能耗建筑认证标识体系。加快建立我国统一的标准化、系统化、规范化的超低能耗建筑认证标识制度，确定统一的认证标准、标识类型和形式；出台《超低能耗建筑认证标识管理办法》，对政府主管部门、咨询机构、认证机构等市场主体的职责进行明确的界定与区分，对咨询机构和认证机构的资质做出规定，对认证流程、监督管理明确相关的管理要求；大力培育中介服务机构，通过完善的认证标识制度规范超低能耗建筑的质量，推动超低能耗建筑的规模化发展。

（4）加强人才培养和教育宣传。加强超低能耗建筑设计、施工、监理、检测等相关专业人员的培训，建立专业资格认证制度，提升我国建筑行业从业人员技术水平；鼓励普通高校、职业院校开设超低能耗建筑专业或课程，鼓励高校、职业院校或企业建立教育培训基地，定期开展教育培训，建立健全职业人才的培训体系；鼓励引进和聘用海外高端技术人才，建立人才引进的优惠政策；通过国际合作，加大人才培训与交流；利用公众交流平台、技术产业联盟、行业大会等平台扩大宣传，加强公众教育和专业知识普及。

3. 加快净零能耗建筑集成技术研发与示范推广

目前全球主要发达国家已将“零能耗建筑”作为建筑节能未来的发展方向，提出了明确的发展目标和发展路径。我国目前在该领域还处于探索阶段，近零能耗建筑、净零能耗建筑等高性能建筑将是我国建筑节能中长期发展的重要方向，不同环境、不同阶段、不同地域关注的重点不同，应从以下三个方面入手：

（1）摸清推广地区用能需求和现状。我国不同气候区净零能耗建筑技术体系尚在不断探索和完善过程中，应在充分了解推广应用地区的气候特点、自然资源、建筑特点、用能需求、用能习惯、能耗水平等实际情况后，充分考虑当地美好生活需求（用能习惯、舒适性和健康性等），确定室内环境的营造目标，做好净零能耗建筑的技术遴选和集成工作。

（2）以结果为导向，鼓励技术集成。净零能耗建筑现阶段因建造成本较高，尚未进入商业化推广阶段，在探索和推广过程中应抓住推动建筑实现净零化石能源消耗这个根本目标，以实际结果为导向，处理好能源供应与需求、增量成本与收益两个关键问题。因此，实现净零能耗建筑的技术方法和技术手段绝不唯一，而是寻求最优平衡点，应鼓励百花齐放，激活建筑行业的创新动力。

（3）因地制宜探索路径，全面带动跨越式发展。我国经济技术发展水平与自然资源分布不平衡的现状难以在短时间得到改变，因此不同地区推广净零能耗建筑时，应因地制宜探索技术路径。如对太阳能资源丰富、经济相对不发达的地区，可适当鼓励建筑本体能效水平进一步提升，更多可从区域发展角度推动净零能耗建筑园区、社区或建筑群的探索与示范，具有更好的经济效益和社会效益。而对经济相对发达、太阳能资源相对不丰富的地区，可重点提升本体建筑能效水平，探索多能互补的智能微网系统实现区域供能，带动建筑节能相关产业升级，为推动整体建筑节能高质量发展和建筑行业低碳发展找到根本出路。

第5章　既有居住建筑节能

我国非节能的老旧住宅占有很高的比例，这类住宅室内舒适性差、能耗高，在北方供暖地区，供热矛盾还比较突出。2007年，为改善老旧建筑室内舒适度、降低建筑能耗、提高供热能效、缓解供热矛盾，国务院印发了《节能减排综合性工作方案》(国发〔2007〕15号)，正式启动了北方供暖地区既有居住建筑供热计量及节能改造工作，经过“十一五”中后期和“十二五”时期的努力，我国既有建筑节能改造快速推进阶段。“十三五”时期，由于中央和地方事权进一步明确，中央财政专项奖补资金逐步取消并纳入转移支付总盘子，我国既有居住建筑节能改造工作呈现了新的发展态热。

5.1　发展成效

5.1.1　发展历程

2007年以前，我国既有居住建筑节能改造工作是以试点示范为主进行探索性推进。随着技术的成熟和体制的完善，2007年以来，我国逐步开展由北至南的既有居住建筑节能规模化改造，其特点是中央政府确定了改造任务目标，并辅以财政奖励资金。在经历试点示范、规模化探索和全面推进阶段之后，“十三五”期间既有居住建筑节能改造进入了深化推进阶段（见图5-1）。

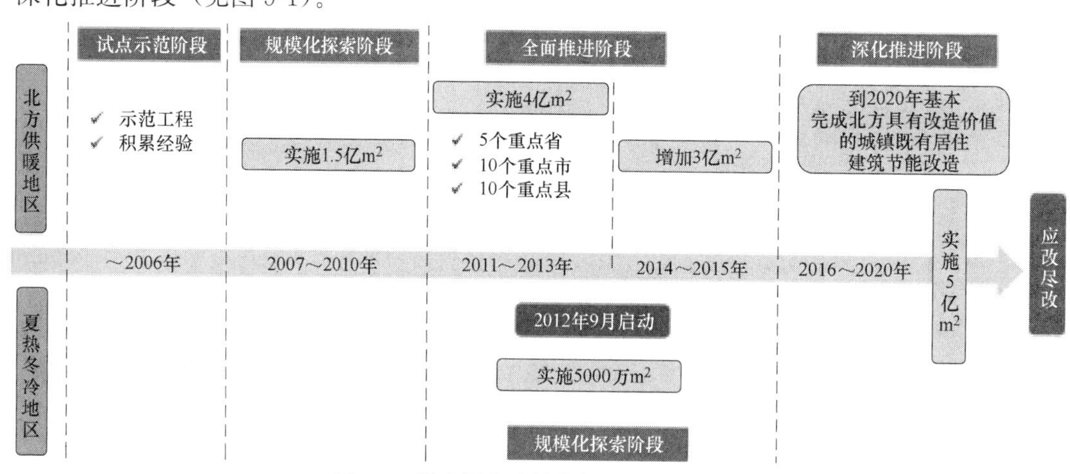

图5-1　既有居住建筑节能改造推进历程

5.1.2　目标要求

在“十二五”期间规模化实施既有居住建筑节能改造的基础上，2016年，《国务院关于印发“十三五”节能减排综合工作方案的通知》（国发〔2016〕74号），强调“强化既有居住建筑节能改造，实施改造面积5亿m^2以上，2020年前基本完成北方采暖地区有改造价值城镇居住建筑的节能改造”。同年，《“十三五”全民节能行动计划》（发改环资〔2016〕2705），强调“深入推进既有居住建筑节能改造，因地制宜提高改造标准，开展超低能耗改造试点。在夏热冬冷地区，积极推广以外遮阳、通风、绿化、门窗及兼顾保温隔热功能为主要内容的既有居住建筑节能和绿色化改造。积极探索夏热冬暖地区既有居住建筑节能和绿色化改造技术路线”。

《住房城乡建设部关于印发建筑节能与绿色建筑发展“十三五”规划的通知》（建科〔2017〕53号），明确提出“到2020年，完成既有居住建筑节能改造面积5亿m^2”的推进目标（见表5-1），并提出实现这一发展的目标的任务措施：“严寒及寒冷地区省市应结合北方地区清洁取暖要求，继续推进既有居住建筑节能改造、供热管网智能调控改造。完善适合夏热冬冷和夏热冬暖地区既有居住建筑节能改造的技术路线，并积极开展试点。积极探索以老旧小区建筑节能改造为重点，多层建筑加装电梯等适老设施改造、环境综合整治等同步实施的综合改造模式。研究推广城市社区规划，制定老旧小区节能宜居综合改造技术导则。创新改造投融资机制，研究探索建筑加层、扩展面积、委托物业服务及公共设施租赁等吸引社会资本投入改造的利益分配机制。”

住房和城乡建设部建筑节能与绿色建筑发展“十三五”规划中既有居住建筑节能改造的重点任务 　　**表5-1**

既有居住建筑节能改造重点工程	既有居住建筑节能改造。在严寒及寒冷地区，落实北方清洁取暖要求，持续推进既有居住建筑节能改造。在夏热冬冷及夏热冬暖地区开展既有居住建筑节能改造示范，积极探索适合气候条件、居民生活习惯的改造技术路线。实施既有居住建筑节能改造面积5亿m^2以上，2020年前基本完成北方供暖地区有改造价值城镇居住建筑的节能改造
	老旧小区节能宜居综合改造试点。从尊重居民改造意愿和需求出发，开展以围护结构、供热系统等节能改造为重点，多层老旧住宅加装电梯等适老化改造，给水、排水、电力和燃气等基础设施和建筑使用功能提升改造，绿化、甬路、停车设施等环境综合整治等为补充的节能宜居综合改造试点

5.1.3 完成情况

“十三五”以来，由于中央财政的逐步退坡，北方采暖地区既有居住建筑供热计量及节能改造年度任务完成量迅速下降。截至2018年年底，北方采暖地区已完成既有居住建筑节能改造1.57亿m^2，2019年度计划完成3417万m^2，“十四五”期间，预计北方采暖地区实施可完成既有居住建筑节能改造2.2亿～2.3亿m^2（见图5-2）。

从夏热冬冷地区推进既有居住建筑节能改造来看，“十三五”期间进展依然缓慢，“十二五”期间中央财政奖补资金已经停止，夏热冬冷地区有关省、自治区、直辖市（计划单列市）依据自身实际推进既有居住建筑节能改造工作。截至2018年年底，夏热冬冷地区已完成既有居住建筑节能改造5825.7万m^2，2019年度计划完成1554.42万m^2，“十四五”期间，预计夏热冬冷地区实施可完成既有居住建筑节能改造9225.15万m^2（见图5-3）。

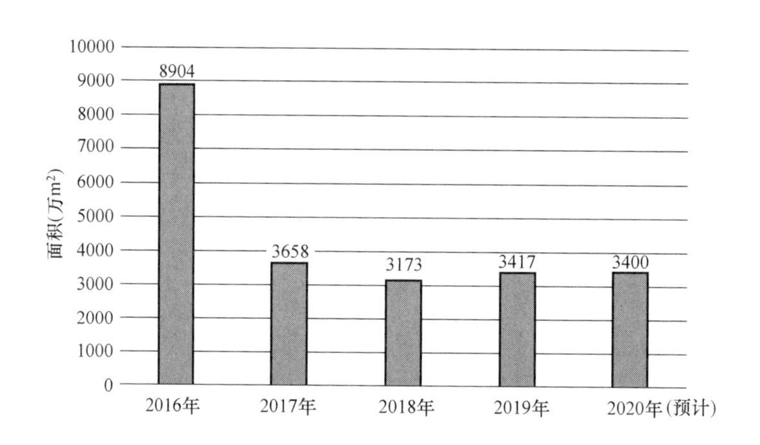

图 5-2　北方采暖地区既有居住建筑节能改造任务完成情况

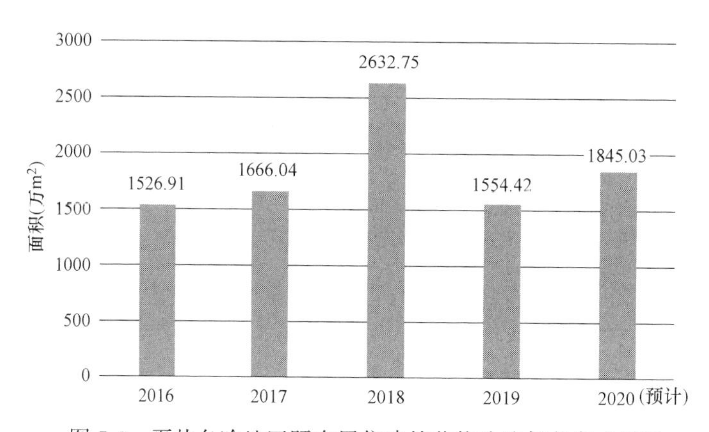

图 5-3　夏热冬冷地区既有居住建筑节能改造任务完成情况

除此之外，我国云南、广西、广东和海南等地也开展了少量的既有居住建筑节能改造工作，主要是少量的试点示范，总体实施量不大。因此，“十三五”期间，我国既有居住建筑节能改造总实施量 3.1 亿～3.3 亿 m^2 之间，与“十三五”确定的“实施既有居住建筑节能改造面积 5 亿 m^2 以上”的约束性目标仍有差距。

5.1.4　推进路径

与“十二五”时期相比，既有居住建筑节能改造的推进路径发生了重大变化。“十二五”期间，无论北方采暖地区还是夏热冬冷地区均以中央财政奖补资金作为引导，实现了较为快速的推进既有居住建筑节能改造工作。进入“十三五”时期，中央财政奖补资金全面退坡，既有居住建筑节能改造的推进路径由中央政策引导下推动转变依靠强化地方的组织领导，协调地方财政支持政策，运用市场化改造方式，持续对具备改造价值的既有居住建筑实施节能改造。并在推进过程中注重引导和鼓励能源服务公司、供热企业等发挥改造的市场主体作用。在夏热冬冷及夏热冬暖地区推进既有居住建筑节能改造，更加注重试点与示范，积极探索适合气候条件、居民生活习惯及舒适度改善需求的改造推进模式。

5.1.5 改造效果

从改造的成效上看，既有居住建筑节能改造效果十分明显。在北方采暖地区通过实施围护结构改造、管网热平衡改造和供热计量改造，显著提高了外门窗、外墙、屋面的保温隔热性能，解决了供热管网不平衡问题，同步实施流量动态调节，降低管网输配能耗，提高管网输送效率，并为供热体制改造提供基础条件。实施改造后的项目在民生、节能和拉动经济方面效果突出。一是改善民生效益突出。实施既有居住建筑节能改造的对象主要是城镇中低收入者，改造后房屋保温隔热性能和室内热舒适性明显提高，墙体发霉结露现象明显改善，冬季室内温度普遍提升3～5℃，夏季降低2～3℃，门窗气密性显著增强，隔声防尘效果提升，居民生活条件显著改善，践行了以人民为中心的发展思想，增强了人民群众的获得感。二是节能环保效益明显。“十三五”期间已实施的既有居住建筑供热计量及节能改造工程，形成节能能力可达110万tce/a，减排二氧化碳能力275万t/a，并减少了$PM_{2.5}$的一次排放、抑制了$PM_{2.5}$的二次形成，缓解了环境污染问题，践行了绿色青山就是金山银山的发展理念。三是显著拉动经济与拉动产业。从节能改造的静态回收期看，15～20年可收回节能改造的全部投资，完全在房屋使用寿命期内。从产业拉动来看，建筑业每增加1元的投入，就可带动相关产业投入2.1元左右，“十三五”期间已实施北方既有建筑改造的投资拉动效应，就将带动相关产业投入500亿元，提供劳动就业岗位达25万个，并带动新型建材、仪表制造、建筑施工等相关产业发展，加快产业结构调整的步伐。与北方采暖地区的节能改造相比，夏热冬冷地区既有居住建筑节能改造由于其本身能耗水平相对较低，改造后节能量体现较少，但通过对遮阳和门窗的节能改造，室内噪声明显降低，采用空调夏季制冷和冬季制热室内降温和升温时间明显缩短，制冷季或供暖季运行时间明显减少，居民舒适性明显提高。

5.2 主要经验与做法

5.2.1 国家层面

“十三五”以来，除中央财政支持既有居住建筑节能改造的奖补政策发生了明显变化外，在中央层面其他支撑既有居住建筑节能改造的有关支撑保障基本稳定在“十二五”时期的政策体系架构上。

1. 法律支撑

既有居住建筑节能改造工作是依据《民用建筑节能条例》相关制度来推进的，《民用建筑节能条例》专设既有建筑节能一章，旨在“改造存量”、提高既有建筑能效水平。并建立了改造原则、责任主体、技术要求和资金筹措等制度性规定。一是确立改造原则。根据当地经济、社会发展水平和地理气候条件等实际情况，有计划、分步骤地实施分类改造。二是明确责任主体。明确县级以上地方人民政府建设主管部门应当制定既有建筑节能改造计划，明确节能改造的目标、范围和要求，报本级人民政府批准后组织实施。三是明确技术要求。实施既有居住建筑节能改造，应当符合民用建筑节能强制性标准。四是确立资金方式。居住建筑和公益事业使用的公共建筑的节能改造费用，由政府、建筑所有权人共同负担。并依托上述制度制定了政策体系。

2. 政策体系

按照2016年国务院印发的《关于推进中央与地方财政事权和支出责任划分改革的指导意见》（国发〔2016〕49号）中“逐步将社会治安、市政交通、农村公路、城乡社区事务等受益范围地域性强、信息较为复杂且主要与当地居民密切相关的基本公共服务确定为地方的财政事权。将有关居民生活、社会治安、城乡建设、公共设施管理等适宜由基层政府发挥信息、管理优势的基本公共服务职能下移，强化基层政府贯彻执行国家政策和上级政府政策的责任。”等要求，推进既有居住建筑节能改造已明确为地方事权，政府的出资责任应由地方财政负担。原印发的《关于推进北方采暖地区既有居住建筑供热计量及节能改造工作的实施意见》（建科〔2008〕5号）、《财政部住房城乡建设部关于进一步深入开展北方采暖地区既有居住建筑供热计量及节能改造工作的通知》（财建〔2011〕12号）、《北方采暖地区既有居住建筑供热计量及节能改造项目验收办法》（建科〔2009〕261号）、《关于推进夏热冬冷地区既有居住建筑节能改造的实施意见》（建科〔2012〕55号）、《北方采暖区既有居住建筑供热计量及节能改造奖励资金管理暂行办法》（财建〔2007〕957号）、《夏热冬冷地区既有居住建筑节能改造补助资金管理暂行办法》（财建〔2012〕148号）等财政激励体系逐步停止执行。

3. 技术标准

“十三五”以来，既有居住建筑节能改造的技术标准仍执行《北方采暖地区既有居住建筑供热计量及节能改造技术导则》（建科〔2008〕126号）、《夏热冬冷地区既有居住建筑节能改造技术导则》（建科〔2012〕173号）等技术文件，继续保障既有居住建筑节能改造的工程质量。

4. 管理与考核

在管理方面，“十三五”期间，未进一步印发相关的指导意见，重点在《住房城乡建设部关于印发建筑节能与绿色建筑发展“十三五”规划的通知》（建科〔2017〕53号）中提出了相关的推进要求（见表5-2）。

启动实施老旧小区节能宜居综合性改造　　表5-2

加强城镇老旧小区基础信息及居民改造意愿调查，逐步建立老旧小区改造信息数据库
以城市为平台，以建筑节能改造为重点，助老设施改造、环境综合整治等其他相关改造为补充，因地制宜开展建筑节能宜居城市综合改造试点工作
研究探索住房公积金和房屋维修基金用于改造的管理办法。创新改造投融资机制，研究吸引社会资本投入节能宜居改造的利益分配模式，探索建筑加层、扩展面积、委托物业服务及公共设施租赁等措施与改造结合的可行性，并选择项目进行试点

在考核方面，既有居住建筑节能改造，特别是北方供暖地区的既有居住建筑节能改造纳入年度省级人民政府能源消耗总量和强度“双控”考核指标的建筑节能目标完成考核，同时纳入了住房和城乡建设部年度建筑节能和绿色建筑年度考核内容。

5.2.2　地方层面

随着中央财政奖补资金的退坡，一方面各地，特别是北方供暖地区继续按照原有政策体系推进，并积极利用地方财政各资金实施改造。另一方面，各地也逐步探索适合本地的既有居住建筑节能改造推进模式。在法律法规、政策激励和推动方式上不断探索。

1. 法律层面

“十三五”以来，地方颁布执行有关绿色建筑和建筑节能条例对既有居住建筑节能改造推进提供了法律支撑，并逐步支撑了既有居住建筑绿色化改造。但受经济条件、气候条件等因素制约，部分地区既有居住建筑节能和绿色化改造也展现出的弱化趋势。

2015年7月1日，《江苏省绿色建筑发展条例》施行，其中第三十二条规定：县级以上地方人民政府应当推进既有建筑节能改造，制定既有建筑节能改造计划，分步骤实施。居住建筑纳入政府改造计划的，节能改造费用由政府和建筑物所有权人共同负担。2016年5月1日，《浙江省绿色建筑条例》颁布执行，其中第二十五条规定：县级以上人民政府应当推动既有民用建筑按照绿色建筑标准进行改造，编制改造计划，并组织实施。居住建筑纳入政府改造计划的，改造费用由政府和建筑物所有权人共同负担，具体负担比例由设区的市、县（市）人民政府确定。使用财政资金进行节能改造的项目，项目实施前应当委托民用建筑节能评估机构进行建筑节能量核定。2018年9月1日，《宁夏回族自治区绿色建筑发展条例》颁布执行，其中第二十七条规定：国家机关办公建筑的绿色改造费用，由县级以上人民政府纳入本级财政预算；居住建筑和教育、科学、文化、卫生、体育等公益事业使用的公共建筑纳入政府改造计划的，改造费用由政府和建筑物所有权人共同负担。2019年9月1日，《内蒙古自治区民用建筑节能和绿色建筑发展条例》施行，其中第十六条规定：县级以上人民政府住房和城乡建设行政主管部门应当对本行政区域内既有建筑的建设年代、结构形式、用能系统、能源消耗指标、寿命周期等组织调查统计和分析，制定既有建筑节能改造计划，明确节能改造的目标、范围和要求，报本级人民政府批准后实施。既有建筑节能改造应当根据当地实际情况，与城市基础设施改造、旧城改造、居住小区综合改造相结合，有计划、分步骤地实施。国家机关办公建筑、政府投资和以政府投资为主的公共建筑应当率先进行节能改造。居住建筑和其他公共建筑的节能改造应当在征得多数建筑所有权人同意的基础上依法逐步实施。2019年1月1日施行的《河北省促进绿色建筑发展条例》施行，2019年2月1日施行的《辽宁省绿色建筑条例》均未将既有居住建筑绿色化或节能改造列入。2017年1月1日起施行的《广西壮族自治区民用建筑节能条例》也未明确提出既有居住建筑节能或绿色化改造的内容。

2. 政策激励层面

在中央财政退坡的背景下，北方采暖地区部分省市利用省级资金继续推动既有居住建筑节能改造。2016年，在取消中央财政奖补资金的情况下，河北省财政安排了3827万元专项资金奖补综合既改项目。内蒙古根据2016年财政收支情况，安排了44000万元的既有居住建筑供热计量及节能改造资金。河南省财政安排“以奖代补，先建后补”既改资金3000万元。2016年，宁夏结合旧城改造和老旧小区综合整治，下达年度计划500万m^2，自治区财政补助资金1亿元，重点对既有居住建筑外墙和屋面进行保温改造。随着中央财政奖补资金政策的废止，地方财政资金支持既有居住建筑节能改造的力度也在不断弱化，有关省市的资金支持力度和任务完成量也持续下滑。在北方部分地区继续利用地方财政资金撬动改造的同时，夏热冬冷地区也通过引导资金等形式，推动既有居住建筑节能改造工作。例如，江苏通过省级建筑节能专项引导资金支持既有居住建筑节能改造，2016 年共下达了 384 万元。

3. 推进方式层面

北方采暖地区继续利用原有的推进机构推动既有居住建筑节能改造。北京市依托老旧小区综合改造继续推动既有居住建筑的节能改造，探索了经验和做法，成效显著。内蒙古推动既有居住建筑节能改造坚持与老旧小区综合改造相结合，整合项目资金，更好地发挥节能改造效益。项目安排坚持由近及远、先易后难、集中连片原则，综合考虑项目的连续性和紧迫性，强化对以往已改造小区的遗留部分优先安排改造。在综合考虑各盟市城区建设规划、居民改造意愿、小区综合整治、改造资金筹措、以往改造效果等多方面因素，确定安排改造项目。改造内容包括外墙保温改造、屋顶保温改造、外窗节能改造、单元门及楼梯间保温改造、室内供暖系统温控装置改造、室外管道保温及计量装置等。山西省太原市由太原市热力公司组建独立法人的能源管理公司，作为“既改”工作实施主体，负责项目立项、设计、招标、施工等工作。并由市热力公司担保，市本级配套资金作为资本金，能源管理公司承贷，向银行贷款解决“既改”项目资金缺口。太原市住房城乡建设主管部门根据《太原市建筑节能改造实施方案》，印发《太原市既有居住建筑节能改造工程质量监督管理实施细则》《太原市既有居住建筑节能改造技术导则》《太原市既有居住建筑节能改造工程资金使用管理办法》，进一步完善规章制度，并积极筹措市级财政 2 亿元大力推进节能改造。夏热冬冷地区有关省市也积极探索推进既有居住建筑节能改造的方式。江苏将既有居住建筑节能改造任务下达分解到各省辖市，各省辖市再进一步分解到区、县（市）实施。居住建筑节能改造以屋面外墙保温、更换节能窗、增加外遮阳为主，结合老旧小区整治、出新，采取平改坡、外墙刷反射隔热涂料、统一安装太阳能热水器、楼道照明系统节能改造等多种形式。鼓励推广合同能源管理模式，推进既有建筑节能改造。重庆结合旧城区综合改造、城市市容整治，着力推动具备条件的既有居住建筑同步更换节能门窗、加装遮阳系统和采用围护结构保温隔热措施。夏热冬暖地区也积极通过试点示范推动既有居住建筑节能改造。

浙江结合全省开展的“五水共治”“三改一拆”和“小城镇环境综合整治”等重点工作，积极采用建筑外墙外保温、活动外遮阳、隔热屋面、太阳能、地源热泵等节能技术，稳妥推进浙江省既有建筑节能改造工作。安徽发挥中央改造补贴资金杠杆撬动作用，推动合肥、池州、铜陵、滁州等市结合旧城改造和老旧小区综合整治开展既有居住建筑试点示范改造。湖南省加大对市州居住建筑节能改造调度力度，并将其列入市州政府相关考核体系。

湖北突出工作创新，积极整合政策资源、社会资源，统筹推进居住建筑节能改造工作，各地结合旧城改造、棚户区改造、沿街建筑立面整治等，把资金用活、政策用足，将建筑节能专项资金与其他市政建设资金结合运用，把节能改造纳入政府招标工程要求，抓住工作机遇，完成了多个地区既有居住建筑集中连片改造。广东以抓试点为手段，通过合同能源管理等模式，采取政府发动、社会参与等多种方式，在各级主管部门的共同努力下，有效推进了既有建筑节能改造工作。深圳市依据《深圳市绿色物业管理导则（试行）》，对前海花园、大南山紫园、高新北生活区等项目开展了既有住宅区建筑节能改造工作，实施了包括照明、电梯节能等在内的多种节能措施，实行节约能源管理制度。

4. 其他政策措施方面

内蒙古、宁夏、江苏、重庆等地不断完善技术标准支撑既有居住建筑节能改造。内蒙古印发《既有居住建筑节能改造技术规程》DBJ 03-71—2016、宁夏颁布《建筑节能门窗工程技术规程》（宁建（科）发〔2017〕1 号）。江苏颁布了《既有建筑节能改造技术规程》地方标准，为各类项目改造方案制定提供了依据。重庆市编制了《既有居住建筑节能改造技术规程》DBJ50/T-248—2016、《铝木复合门窗应用技术规程》DBJ50/T-239—2016 等技术标准 10 余项，为居住建筑节能改造提供了技术支撑，有效确保了改造项目的实施质量。为了进一步提升居民参与改造的积极性，各地也不断加强既有居住建筑节能改造的宣传力度。天津市通过现场实物对比摆放，组织各区居民进行参观，了解改造内容和优点。积极推动市电台、电视台、报纸等各大媒体报道既有居住建筑改造工作。

5.2.3 典型案例

1. 北京市推进老旧小区综合改造的主要做法

为进一步提高城市发展的宜居性，持续改善老旧小区中居民的生活，北京市探索了老旧小区综合改造模式，积累了有关的经验和做法。

（1）改造内容

北京市老旧小区综合改造分为四个方面。一是对 1990 年（含）以前建成的进行节能改造、热计量改造和平改坡；对水、电、气、热、通信、防水等老化设施设备进行改造；对楼体进行清洗粉刷；根据实际情况，进行增设电梯、空调规整、楼体外面线缆规整、屋顶绿化、太阳能应用、普通地下室治理等内容的改造。二是 1980 年（含）以前建成的老旧房屋进行抗震鉴定，对不达标的老旧房屋进行结构抗震加固改造。以前的不符合抗震标准的建筑，实施抗震加固改造。三是针对小区公共部分。进行水、电、气、热、通信等线路、管网和设备改造；进行无障碍设施改造；进行消防设施改造；进行绿化、景观、道路、照明设施改造；更新补建信报箱；根据实际情况，进行雨水收集系统应用、补建机动车和非机动车停车位、建设休闲娱乐设施、完善安防系统、补建警卫室、修建围墙等内容的改造。四是针对简易楼房采用保障性住房安置等方式实施腾挪搬迁改造（见图 5-4～图 5-6）。

（2）经验与做法

1）形成了组织保障。北京市建立了由有关市政府委办局参加的老旧小区综合整治工作联席会制度，联席会议办公室设在市重大工程建设指挥部，由市政府分管副秘书长任主任，市重大工程建设指挥部办公室、市住房城乡建设委、市市政市容委、市财政局任副主任。联席会下设办公室和资金统筹组、房屋建筑抗震节能综合改造组、小区公共设施综合整治组 3 个工作组，工作组由市重大工程建设指挥部办公室、市财政局、市住房城乡建设委、市政市容委等部门牵头组成。各区县政府参考市级机关的设置模式，也建立了各区县的老旧小区综合整治工作推进机构，有力保证了老旧小区综合整治工作的开展（见表 5-3）。

图 5-4　北京市西城区黑窑厂西里老旧小区综合改造（原有阳台拆除）

图 5-5　北京市西城区黑窑厂西里老旧小区综合改造（抗震加固改造）

图 5-6　北京市西城区黑窑厂西里老旧小区综合改造（改造后）

老旧小区综合整治工作联席会制度 **表 5-3**

名称	组成	职责
北京市老旧小区综合整治办公室	市重大办牵头	全面统筹协调解决相关问题，组织汇总本市老旧小区综合整治总体规划及年度计划并监督实施；组织研究制定多渠道筹集资金的相关措施；依据综合整治工作需要，研究提出制定或修订本市相关地方性法规、政府规章、规范性文件的建议；组织汇总各单项技术标准，组织汇总施工流程和技术指南并监督实施；负责组织宣传动员工作，组织社会各界参与相关工作；指导、协助、督查各区县开展工作，协调中直管理局、国管局、驻京部队同步展开整治工作；承办市委、市政府交办的其他工作任务
资金统筹组	由市财政局牵头	负责研究确定财政资金来源，明确市财政补助的比例、规模、方式及对应项目，落实综合整治年度市级补助资金计划
房屋建筑抗震节能综合改造组	由市住房城乡建设委牵头	负责房屋建筑本体部分工程的组织管理，负责编制老旧小区房屋建筑抗震节能综合改造总体计划、年度计划以及简易住宅楼拆改工作计划，组织制定房屋建筑抗震加固、节能改造、附属设施改造、平改坡标准，会同市质监局、市公安局消防局组织制定增设电梯标准，会同市规划委、市残联制定无障碍设施改造标准
小区公共设施综合整治组	由市市政市容委牵头	负责老旧小区公共部分工程的组织管理，组织供热计量与温控改造，开展环境整治，组织绿化、美化、亮化和道路改造，组织机动车和非机动车停车位改造，协调相关部门和单位进行配电设施、安防系统、消防设施的改造
各区县政府	设立专门机构	负责本行政区域内综合整治工作的组织实施和监督管理

2）明确标准与实施程序。北京市老旧小区综合改造有效推进是建立在明确标准、程序和责任的基础上的。特别是推动老旧小区的抗震加固与节能改造两项内容，都借鉴了新建建筑的基本建设程序，在规划审批、施工图设计、质量监管等方面借力新建建筑监管环节和能力优势，形成有利于推动老旧小区综合改造的机制。

北京市先后发布《北京市政府关于印发北京市老旧小区综合整治工作实施意见的通知》（京政发〔2012〕3 号）、《北京市房屋建筑抗震节能综合改造工作实施意见》（京政发〔2011〕32 号）、《北京市既有非节能居住建筑供热计量及节能改造项目管理办法》（京建发〔2011〕27 号）等文件，明确提出改造工程目标，使改造有标准可依。抗震加固改造、围护结构改造和热计量改造标准如表 5-4 所示。

改造标准 **表 5-4**

类型	改造目标
抗震加固改造	改造后抗震标准达到现行标准要求
围护结构节能改造	改造后围护结构部位达到现行北京市《居住建筑节能设计标准》对传热系数限值的要求
室内供热系统计量及温控改造	达到《供热计量技术规程》JGJ 173 和《北京市供热计量应用技术导则》（京政容发〔2010〕115 号）的要求

同时，为了便于管理部门和实施主体开展有关工作，北京市明确了项目组织实施的步骤和程序，使其有章可循。其中，抗震节能综合改造是由区县建委组织实施抗震鉴定和加

固价值评估，将鉴定、评估结果书面通知实施责任主体。实施主体向区县政府提供综合改造申请。区县政府编制改造计划，经审批后纳入年度重点工程。被确定为当年改造的房屋建筑，其实施责任主体组织工程设计报规划部门审定后，按基本建设程序组织施工。区县住房城乡政府做好工程质量、施工安全的监督管理工作。针对供热计量及节能改造项目，由实施主体向区县住房城乡建委申报供热计量及节能改造综合实施方案。区县住房城乡建委会同市政市容委对申报的实施方案进行审核，审核同意的项目，区县财政局预拨财政补助资金。改造项目按有关规定办理规划、施工图设计审查、节能设计验收备案和施工许可手续。区县建设工程主管部门按照属地原则，实施施工安全和施工质量监督责任。改造项目完成后，实施单位向区县住房城乡建设委员会提交《专项验收备案登记表》，经现场核定后，给予办理节能专项验收备案，并拨付剩余补助资金。

上述要求既明确实施程序也明确了不同阶段不同主体的责任，并借力原有监督管理机构和管理方式，形成了有力工作的推进机制。

3）建立稳定融资渠道

北京市综合改造工作得以顺利推进，其以政府投资为主体的稳定的融资渠道是关键。

从改造成本来看，抗震加固改造成本依不同改造技术有所不同，主要采用的技术方案为外套式混凝土加固、拆除重建或圈梁加构造柱的形式；另外，既有建筑在实施抗震加固改造前，需进行抗震加固检测，费用为 10 元/m^2，由市财政单独列支（见表 5-5）。

抗震加固技术类型及成本 **表 5-5**

加固技术类型	技术方案	成本(市政府统一概算)	是否搬迁	搬迁补贴标准	检测费用
外套式	现浇混凝土加固、拆除重建	3100 元/m^2 (4000 元/m^2)	是	100 元/(m^2·月)	10 元/m^2
圈梁加构造柱		900 元/m^2	是	100 元/(m^2·月)	10 元/m^2

既有建筑节能改造项目改造成本主要包括室内供热系统计量及温度调控改造、热源及供热管网热平衡、建筑围护结构节能改造三项，其中建筑围护结构依住宅结构和不同保温材料有所不同。

从融资渠道上看，政府投资占老旧小区综合改造投入的绝大部分。北京市规定老旧小区综合整治工作中热计量与节能改造资金，实现财政专户管理。市级和各区县财政按照市区 1∶1 的比例将资金拨付至"资金主管部门"开设的老旧小区综合整治资金归集账户。同时规定，各区县的配套资金打入"归集账户"后，即可使用本区县的配套资金与相同数额的市财政资金。市财政按一定比例提前拨付市级补助资金，当市区负担资金比例达到 95%时，预留 5%资金待工程验收合格和财政决算评审后再行拨付。水、电、气、热配套设施的改造费用由产权单位和专业供应公司等负担，市发展改革委和市财政按有关规定另外给予补助。各项改造资金与节能改造的资金分开，不得混用。

从居民受益看，实施抗震加固改造增加面积产权可以转移给个人，并变更房本面积。在改造工程竣工后或房产交易环节，按照北京市统一规定缴纳 4000 元/m^2 的建安成本，抗震加固增加的面积即可计入房本面积，居民财富有明显增加，群众积极性很高。

（3）主要挑战

1）群众工作既容易又困难。群众工作容易指的是抗震加固改造、节能改造等"规定动作”居民没有意见，部分没有改造的用户甚至积极要求改造。例如，老旧小区中直管公房、央产房较多。在同一个小区，由于央产房不属北京市支持的老旧小区综合改造范围，出现有的改造，有的不能改造的情况，未改造居民呼声大、意见大。但是群众工作又十分困难，原因是居民需求多样，难以全部满足，部分居民存在“没实惠不行，实惠少也不行”的观念。例如，在老旧建筑中室内给排水管道年久失修，存在破损隐患，管线承压能力差，楼层较高时上水困难，排水管径小，容易发生堵塞，其修复与更换需求甚至比节能改造还迫切，然而这些改造内容并不在市财政支持范围内。又如，在增设电梯的调查中，底层居民没有实惠，且由于采光、噪声和挤占公共空间的影响，不愿意甚至阻碍改造。再如，老旧小区私搭乱建、开墙打洞现象较多，实施改造将使得部分居民丧失已获得的不合理既得利益，进而阻碍改造工程的实施。

2）规划、土地以及标准更新等相关问题限制老旧建筑改造的方式和效果。从成本上看，老旧小区抗震加固的成本与原址原样重建的成本基本相当。但随着标准不断更新和拆除重建应按现行标准要求建设，其受土地、规划标准提高和周边已有建筑的影响，原址拆除重建困难，在限制了改造措施选择的同时，也使得老旧建筑房间原有功能布局无法更改，造成居室功能改善需求无法满足；另一方面，增设电梯、停车位涉及规划、土地等问题相对复杂。增设电梯、停车位均涉及小区公共利益，其占有的土地属于小区公共土地，涉及权益人意见和公摊土地面积的变更，必须经过双 2/3 权益人（建筑物总面积 2/3 以上的业主且占总人数 2/3 以上的业主）同意后才能实施，而在在实际执行过程中，一位权益人不同意，其执行难度也非常大。同时，增设电梯还受到消防间距、楼周边管线和电力增容等条件制约。

3）老旧小区综合改造后管理机制亟待建立。老旧小区管理多数无人管理或只有简单卫生清扫工作。老旧小区实施改造后，建筑和公共设施的服务水平均明显提高，原有小区和建筑的管理方式不能适应更新后小区管理需求，特别是增设了电梯和停车位后，其管理应由专业人员承担，亟待研究建立有关管理机制，建立与老旧小区物业管理相适应的服务机制，承接老旧小区综合改造后的管理问题。

（4）思考与建议

北京是老旧小区综合改造工作突出的城市，在充分学习发展经验，识别障碍的同时，也对全国老旧小区综合改造有了思考。当前，我国正处于全面建设小康社会关键时期，中央城市工作会议对提高城市发展的宜居性，开展老旧小区综合整治工作提出了明确要求。应该抓住历史机遇，加大工作力度，推动老旧小区综合改造工作，做实、做好。

1）扩展改造重点内容。老旧小区改造产权复杂，形式多样，综合考虑改造实施难易程度、投融资渠道、居民改造需求迫切程度和工作基础等因素，应实施“规定动作＋自选动作”的方式，以节能改造为主体，提高老旧建筑的保温隔热性能。同时，认真回应群众关切，实施加装电梯、无障碍坡道等适老化改造内容，实施针对小区道路、照明、绿化、停车设施等环境综合整治改造内容，实施针对小区燃气、供热、给水、排水等老化设备装置更新改造，特别是针对抗震加固等有条件搬离居民的改造，更需要厘清居民的迫切需求，实施房屋功能布局、室内给水、排水和供暖设施更新等改造内容，并推动户型菜单式改造，实施改造后精装修，提高老旧小区的宜居性。

2）拓展激励政策。老旧小区综合改造能够明显提高节能性、宜居性。同时，在拉动经济方面效应十分明显，除改造的直接投资外，居民改造后的建筑实施装修、购买家具、家电等活动，带动了建材、施工和家电等行业，拉动产业链增长，吸纳就业人口多。特别是在抗震加固改造后，居民重新装修的比例更高，实地参观的黑窑厂西里的改造项目也体现了这一点。据测算，全国31个省、自治区、直辖市共有老旧小区近16万个，涉及居民超过4200万户，建筑面积约40亿m^2。如果能够引导中央财政资金拓展激励政策，覆盖节能宜居改造的内容，并提高补贴比例，撬动地方政府、所有权人实施改造，将为拉动经济做出重要贡献。

3）研究解决一系列重点问题。老旧小区综合改造尚属新生事物，各地不断探索形成了有关经验，但仍然十分有限。在法律法规、建设标准、实施程序、激励政策和运行管理方面都有大量需要尽快研究破解的重点问题。在法律法规方面，应针对老旧小区的实际情况，开展规划红线外产权明晰研究，破解老旧小区红线内基础设施产权与维护权分离、管理权扯皮等问题；研究老旧小区原则重建容积率突破，增设电梯、绿地和停车场土地权益再分配等问题。在标准体系方面，应研究建立老旧小区综合改造适用标准体系，解决老旧小区原址重建适用标准问题以及老旧小区综合能源、绿化、车位、庭院管网统筹规划、协同改造等问题。在激励政策方面，研究老旧小区投资链与收益链；研究政府补贴为基础，市场化运作的改造方式，以市场之手寻找老旧小区综合改造的效益和商机。例如，增加面积产权与收益、小区停车位规划建设运营与收益、小区屋顶可再生能源（光伏）应用建设与运营收益、小区公共建筑与设施建设与运营（幼儿园、养老院）等综合收益问题。在建设程序方面，研究分析改造工程与新、改、扩建工程的异同点，找准现有建设程序中的障碍及问题，缩减审批手续及费用，着力打造规范化、标准化、科学化的改造项目建设管理模式。在运行管理方面，研究建立专业物业管理公司提前介入改造方案，统筹谋划小区停车位、屋顶资源、绿地布置、公共空间应用、庭院管线建设的综合布置，为后期建立物业管理制度，实现居民、物业公司和政府多方长期受益的机制提供基础与支撑。

2. 青岛市探索政府与市场结合模式推动改造

青岛市在推进既有居住建筑节能改造过程中，探索了政府撬动、市场服务为主的改造推进模式。

（1）实施背景

随着青岛城市建设步伐的加快，实施节能改造已成为当地政府高度重视的民生工程。青岛具备改造价值的建筑存量约6400万m^2，多数位于主城区，建设年代早，设计标准低，供暖能耗高，居住舒适度差，许多建筑在供暖季室内温度不足18℃，同时存在结露霉变、建筑物破损等现象，严重影响了城市品质和市民的居住条件。自2008年以来，为切实改善人居环境质量，着力提升城市品质形象，青岛不断加快和推动节能改造，成效显著。2008年至2017年十年间，青岛主要采用政府投资模式完成改造1700万m^2，受益居民21万户。根据青岛市办实事和城市品质改善提升攻势要求，2018～2022年，青岛市还要持续加大工作力度，每年实施节能改造至少500万m^2。节能改造作为民生保障和公共服务项目，群众需求广、资金投入大是其主要特点。据统计，青岛居民的实际改造需求每年近千万平方米，而在传统的政府投资模式下，政府仅能提供每年不足200万平方米的改造量，政府供给与群众需求之间差距较大，供需矛盾突出。实际上，综合考虑青岛财政收支水平、政府负债风险等情况，现有财力投入基本已达上限，单纯依靠政府财力已无法推动节能改造的高速发展，资金不足是改造工作的主要瓶颈和短板。政策创新是解决资金短缺和供需矛盾的唯一出路。

（2）政策做法

2018年，按照“市场化、规范化”原则，青岛市住房城乡建设局联合市财政局出台了《关于推进既有居住建筑节能保暖工作的通知》（青建办字〔2018〕57号），改变了以往的政府作为唯一投资和组织主体的模式，通过政府与企业合作的方式，创新采用市场化手段加快改造进程，从而实现改造惠民和城市绿色发展。政策要点主要包括：

一是政府引导，激发节能改造市场活力。由于老旧建筑供暖能耗高，同时能源成本不断提升，此类建筑冬季供热成本高于居民缴纳的供暖费用，由此产生的亏损部分主要由财政承担。进行节能改造后，建筑能耗和供热成本显著下降，财政不再需要提供补贴。政府把补贴拿出来作为奖励资金，市财政每年奖励改造实施企业每平方米10元、奖励期限10年，利用财政资金“四两拨千斤”的导向作用，引导、撬动社会资本投入改造市场，激发居民参与改造的意愿，为节能改造引来源头活水。另外，区财政自行配套奖励资金。目前，市内三区一般是每年奖励10元、连续奖励5年。

二是先干后奖，提升节能改造发展水平。通过“企业先行投资改造，政府后期逐年奖励”的方式，改造前期投入大部分由企业承担，政府所承担比例较少，从而可有效降低政府投入，减轻财政当期支出压力，推动更多建筑的改造，实现更快的发展速度。同时，政府由一次性投入变成分期付款，对于企业而言，如果改造质量不好，达不到预期节能效果，就无法足额拿到财政奖励，从而督促企业做好做优，达到“奖优罚劣”的目的，在政策层面为改造质量设置好防火墙。

（3）取得的成效

2018～2019年，通过市场化改造模式，青岛完成改造1280万m^2，平均年度改造规模提升近4倍；惠及居民约16万户，冬季室内温度提升3～5℃，夏季降低2～3℃，居住舒适度大幅改善；从根本上解决墙体结露霉变及破损等问题，城市环境变得更加整洁美丽；降低建筑能耗约40%，每年可节省燃煤约6.5万t，减少碳排放约17.2万t，同步推进大气污染防治。市场化改造模式提速增效、改善民生效果显著，受到了住房和城乡建设部的好评，得到了企业和群众的一致认可，现已成为青岛的主导改造模式。

（4）下一步设想

虽然青岛已经初步建立了市场化运作机制，但是目前节能改造主要依赖于政府财政补助的支持。按照现有改造存量约3420万m^2、财政补助每平方米150元计算，政府还需投入约51亿元才能完成全部改造，财政压力仍然较大。今后，为逐步减少财政补贴，青岛将继续研究培育更具活力的市场化融资机制，从政府驱动的改造模式向商业和资本驱动的模式转变，进一步克服资金限制，减少融资风险，确保节能保暖改造的健康可持续发展，打造“开放、现代、活力、时尚”的国际城市。

5.3 展　　望

5.3.1 面临挑战

既有居住建筑节能改造实施以来，在取得显著成效的同时，也存在挑战。特别是中央财政退坡后，现行资金筹措制度发挥作用不充分、市场化措施不多等问题显著制约了既有居住建筑节能改造工作的持续推进。同时，在坚持以人民为中心的要求下，如何回应统筹推进节能改造与老旧小区综合提升改造、城市有机更新面临挑战。

（1）中央财政退坡后，《民用建筑节能条例》规定的制度落实不到位

中央财政奖补资金取消后，地方财政也逐步退坡，既有居住建筑节能改造的数量大幅下降。其中，北方供暖地区 2017 年度仅完成改造面积 3658 万 m^2，2018 年度完成 3173 万 m^2，与“十二五”期间年均实施接近 2 亿 m^2 相距甚远。夏热冬冷地区既有居住建筑节能改造基本停滞。

分析原因，一是居住建筑改造费用由政府、建筑所有人共同负担制度未有效落实，资金筹措渠道过分依赖中央财政奖补资金，地方财政支出不足、履责不到位。《民用建筑节能条例》（以下简称《条例》）要求既有居住建筑节能改造的费用由政府和建筑所有人共同负担。从政府层面看，按照 2016 年印发的《国务院关于推进中央与地方财政事权和支出责任划分改革的指导意见》（国发〔2016〕49 号）中“逐步将社会治安、市政交通、农村公路、城乡社区事务等受益范围地域性强、信息较为复杂且主要与当地居民密切相关的基本公共服务确定为地方的财政事权。将有关居民生活、社会治安、城乡建设、公共设施管理等适宜由基层政府发挥信息、管理优势的基本公共服务职能下移，强化基层政府贯彻执行国家政策和上级政府政策的责任。”等要求，推进既有居住建筑节能改造已明确为地方事权，政府的出资责任应由地方财政负担。地方财政应按相关要求承担起支出责任，不应将中央财政奖补资金作为地方财政列支的前提条件，更不应该将中央财政奖补资金的退坡作为未完成既有建筑节能改造任务的理由。从所有权人看，问卷调研表明 68%的居民愿意为了改善建筑舒适性而承担外墙、门窗等部位的部分节能改造费用，说明多数居民有意愿出资改善节能和舒适性要求（见图 5-7）。二是既有居住建筑改造的计划和实施制度未有效落实，特别是中央财政奖补资金退坡后，《条例》所规定的制度执行不到位。《条例》明确了县级以上地方人民政府建设主管部门应当对本行政区域内既有建筑的建设年代、结构形式、用能系统、能源消耗指标、寿命周期等组织调查统计和分析，制定既有建筑节能改造计划，明确节能改造的目标、范围和要求，报本级人民政府批准后组织实施。中央财政奖补资金退坡之前，地方政府依据既有居住建筑节能改造任务需求和奖补资金下达计划制定改造规划和计划。中央财政奖补资金退坡后，绝大多数地区的改造规划和计划也逐步停止了编制或执行缓慢。未根据本地实际继续做好既有居住建筑节能改造的调查统计与分析、做好规划和计划的调整和编制，阻碍了既有居住建筑的节能改造推进。三是社会资金投资既有居住建筑节能改造的制度未有效落实。多元投资机制尚未有效建立，市场化投入改造的措施和办法不多。从市场主体看，既有居住建筑节能改造基本没有收益，需要探索建立多元化的投资收益渠道补贴市场主体对既有居住建筑节能改造的投资。从受益主体看，供热企业等居住建筑能源服务公司实际获得了部分节能收益，但未作为投资主体或参与方投入节能改造。

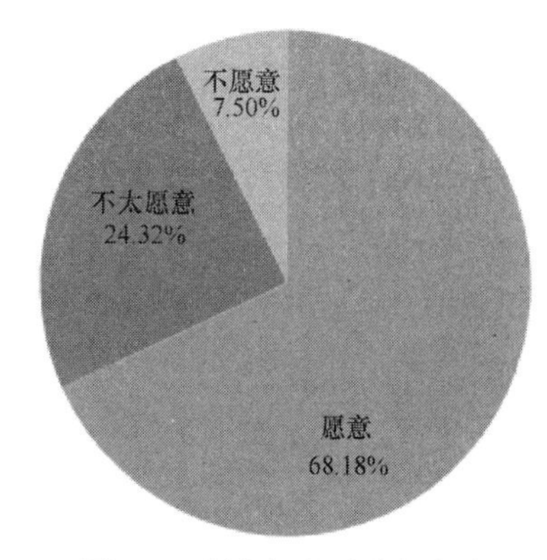

图 5-7　所有权人对分担部分改造费用的态度

(2) 单纯节能改造难以满足居民改造需求。

一是不同气候区节能改造效果和积极性差异较大。北方供暖地区以室内供热系统计量及温度调控改造、热源及管网热平衡改造、围护结构节能改造为主，改造后室内温度上升和节能效果明显，老百姓普遍支持，推动节能改造的积极性高；夏热冬冷地区以门窗、外遮阳和建筑屋顶改造为主，老百姓能够直接感受到的节能效果不明显，对节能改造的积极性不高。二是居民对老旧居住建筑所提供的舒适性和功能性要求越来越高，单纯推进节能改造难以满足居民对住宅的需求。我们在问卷调研过程中设立了“您是否愿意为提高舒适性而增加日常能源开销?”这一问题，结果表明 72.52%的人员愿意为了提高舒适性而增加日常能源开销，说明居民将房屋提供舒适性摆在首位，节能工作应该满足居民更高舒适性要求（见图 5-8）。当询问“您在改善住房品质方面有哪些需求?”时，结果表明老百姓改善住房品质的需求是多样的，改善自然通风效果（80.73%）、减少房间空气污染物（74.55%）和提高房间隔声性能（68.18%）的需求超过 50%，增加遮阳、改善采光、提高冬季供暖温度、增强隔声、提高智能化水平等需求也在 50%左右（见图 5-9）。老旧建筑因为建设年代较早、标准较低，普遍存在结构、功能、基础设施和周边配套等方面的不足，特别是近年新建建筑所提供的合理空间布局、良好的起居生活功能以及隔声、适老、节能、环境、活动等功能性和舒适性条件更加符合居民需求，使得生活在老旧建筑中的居民对现有住宅的舒适性和功能性存在诸多不满意。这种不满意不仅对节能性能，还包括对房屋起居分隔不合理、适老等功能性缺失、基础设施老化或不足、隔声与噪声、小区环境、甬路照明、绿化等均有明确的改造需求，这也是既有居住建筑改造的所展现的一个新的趋势，即以综合改造满足小区居民的提升改造需求，代替单项改造，避免多次施工、反复扰民。

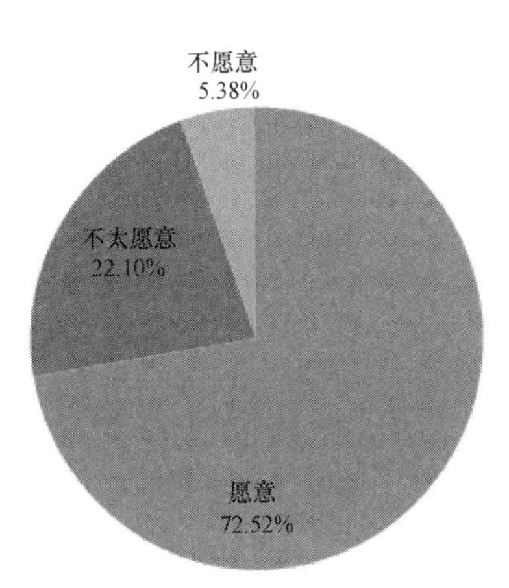

图 5-8 所有权人对是否愿意为提高舒适性而增加日常能源开销

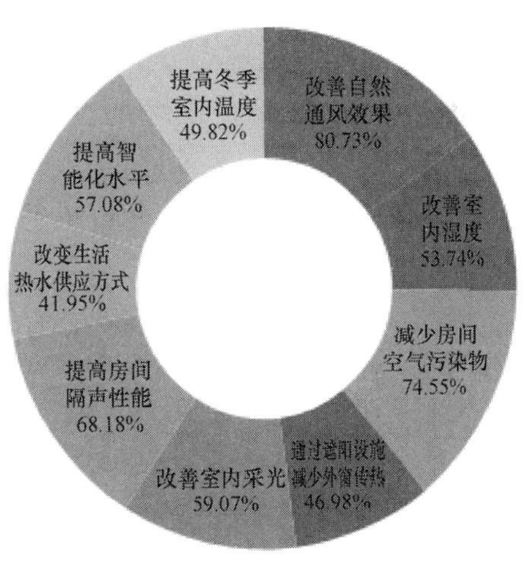

图 5-9 老百姓对住房品质改善的需求调查

5.3.2 存量与趋势

经过十余年的既有居住建筑节能改造，目前无论北方采暖地区还是夏热冬冷地区均有较大的存量亟待改造。

目前，北方采暖地区共实施既有居住建筑供热计量及节能改造 13.29 亿 m^2。截至 2018 年年底，北方采暖地区尚有具备改造的既有居住建筑存量约 7.35 亿 m^2。同时，执行原《严寒和寒冷地区居住建筑节能设计标准》JGJ 26—1995 节能标准的既有居住建筑在严寒地区约有存量 18.82 亿 m^2，寒冷地区约有存量 16.07 亿 m^2。执行了《严寒和寒冷地区居住建筑节能设计标准》JGJ 26—2010 严寒地区约有存量 13.58 亿 m^2，寒冷地区约有存量 19.86 亿 m^2。夏热冬冷地区，截至 2018 年年底具备改造价值的既有居住建筑面积约 28 亿 m^2。

从节能潜力看，北方采暖地区既有非节能既有居住建筑按照 JGJ 26—1996 节能标准实施改造每平方米节约 12.1kgce，按照 JGJ 26—2010 节能标准实施改造可节约 15.7kgce。夏热冬冷地区实施节能 50%标准改造（墙体、屋面、外窗、遮阳等）能够使夏热冬冷地区居住建筑采暖空调能耗下降 6.2kWh/(m^2 · a)。由 50%标准的门窗更换为 65%标准的门窗，节能率为 6%～9%，约节约 2.3kWh/(m^2 · a)。总节能潜力尚有待挖掘，居民舒适度水平亟待提高。

从趋势上看，实施老旧小区综合改造，将节能改造与小区的功能、安全、节能、环境、基础设施等综合改造是发展趋势。应围绕满足人民美好生活向往，构建新时代既有居住建筑节能改造政策体系。将建筑节能改造纳入老旧小区综合改造、城市更新等制度内容。

5.3.3 工作建议

1. 进一步落实已有制度安排

一是严格执行居住建筑改造费用由政府、建筑所有人共同负担制度。明确既有居住建筑节能改造工作为地方事权，由地方财政履行政府出资责任。继续强化所有权人出资责任，调动其参与改造工程方式和实施过程中监管的积极性，促进其对改造部分的维护和保护，增强其改造的参与感和获得感。二是严格执行县级以上地方人民政府建设主管部门应当对本行政区域内既有建筑的建设年代、结构形式、用能系统、能源消耗指标、寿命周期等组织调查统计和分析，制定既有建筑节能改造计划，明确节能改造的目标、范围和要求，报本级人民政府批准后组织实施的制度要求，并依据规划和计划推动既有居住建筑节能改造。

2. 完善社会投资既有居住建筑节能改造制度

既有建筑节能改造制度经过 10 余年的实践，在中央财政补资金为主撬动改造的同时，也探索了一定市场化改造机制，部分成熟的改造机制可以上升为制度，部分实践可以进一步研究完善，结合政府投入，一定程度解决既有居住建筑节能改造的市场失灵因素。一是加快建立受益者投入改造的机制，引导鼓励能源服务公司、供热企业等收益主体投入既有居住建筑节能改造，打通节能收益链条。二是进一步完善鼓励社会资金投资既有建筑节能改造的措施。以供热管理权、小区车位管理权、小区共有产权等特许经营权引入 PPP 或合同能源管理等方式，破解既有居住建筑节能改造资金不足的障碍。三是充分发挥政府财政资金的引导作用，将青岛市探索的“先改造，逐年奖补”的市场化推广机制完善上升为制度。

3. 将建筑节能改造纳入老旧小区综合改造、城市更新等同步改造

随着北方采暖地区既有居住建筑节能改造的基本完成，以及居民对舒适性和功能性要求越来越高，单纯节能改造难以满足居民改造需求。另一方面，老旧小区综合改造和城市有机更新成为新的推动建筑和社区环境的改造方式。应建立建筑节能改造纳入老旧小区综合改造、城市更新等制度内容，鼓励在摸清底数的基础上一次厘清建筑和小区存在的问题，并统筹协调不同部门实施对老旧建筑和小区的功能、安全、节能、环境、基础设施等进行系统、综合的改造，将节能改造纳入强制改造内容，结合城市有机更新开展有计划、有步骤地实施改造，通过综合改造实现原有节能改造的内容，减少多次改造对居民的影响，降低改造成本，并通过综合改造创造较好的节能改造施工条件，满足更高的节能标准要求，实现更大的综合效益。

第6章　公共建筑能效提升

6.1　发展成效

“十三五”期间，公共建筑节能工作取得显著成效，能耗统计、能源审计、能效公示、能耗监测、能耗限额管理、节能改造工作稳步推进。截至2019年年底，全国公共建筑能耗统计累计完成35.23万余栋，能耗监测2.9万栋，能源审计1.67万栋，能耗公示4.02万栋，公共建筑能效提升重点城市完成节能改造面积4673万m^2，带动全国公共建筑节能改造面积超过1.64亿m^2。

6.1.1　公共建筑能效提升发展历程及用能现状

1. 发展历程

2007年，《国务院关于印发节能减排综合性工作方案的通知》（国发〔2007〕15号），提出开展大型公共建筑节能运行管理与改造示范。为贯彻落实相关任务，住房和城乡建设部会同财政部、教育部等部委启动了公共建筑节能监测体系建设和省级公共建筑能耗监测平台建设试点示范。2011年，《国务院关于印发“十二五”节能减排综合性工作方案的通知》（国发〔2011〕26号），提出加强公共建筑节能监管体系建设，完善能源审计、能效公示，推动节能改造与运行管理，完成公共建筑节能改造6000万m^2，住房和城乡建设部会同财政部、教育部启动了两批批公共建筑节能改造重点城市。2016年，《国务院关于印发“十三五”节能减排综合性工作方案的通知》（国发〔2016〕74号），提出完成公共建筑节能改造面积1亿m^2以上（见图6-1）。

住房和城乡建设部发布的《建筑节能与绿色建筑发展“十三五”规划》，对公共建筑用能管理明确提出了要求。主要目标：一是要建立健全能耗信息公示机制；二是要加大城市级监测平台的建设力度，强化监测数据的分析应用；三是要开展公共建筑节能重点城市建设；四是推动节约型学校、医院、科研院所建设，完成公共建筑节能改造1亿m^2以上。根据住房和城乡建设部建筑节能与绿色建筑专项检查数据显示，截至2019年底，全国完成公共建筑节能改造1.63亿m^2，提前超额完成“十三五”规划目标。

2. 用能现状

根据住房和城乡建设部建筑节能与绿色建筑专项检查有关数据显示，截至2018年底，我国城镇既有建筑中公共建筑面积91.62亿m^2，其中大型公共建筑（单体面积2万m^2以上）12.51亿m^2。根据有关研究数据统计，2018年，我国建筑的总商品能耗和生物质共计10.9亿tce，民用建筑建造能耗5.2亿tce，约占全国能耗的11%，城镇住宅、农村住宅、公共建筑分别占比为42%，14%和44%，公共建筑面积占建筑总面积比例不到

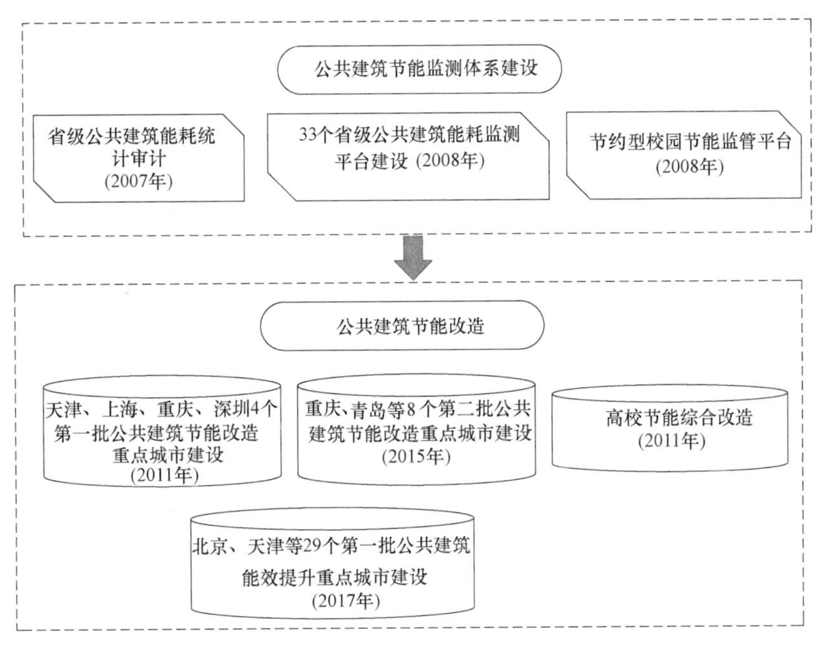

图 6-1　公共建筑能效提升工作发展历程

20%，而能源消耗占建筑总能耗却超过 30%。

公共建筑主要类型指政府机关办公建筑、商业办公建筑、宾馆酒店建筑、商场建筑等量大面广的公共建筑，根据建筑的功能和能耗特征，将公共建筑分为办公、酒店、商场、医院、学校和其他公共建筑，其中前五类建筑的总面积占到我国总公共建筑面积的 70%以上，其他类型的公共建筑包括交通枢纽、文体设施等未纳入前五项的全部非住宅民用建筑。近来通过能耗统计、能源审计以及能耗监测平台等途径，已持续收集了大量的能耗数据。在前期对这些重要类型公共建筑能耗数据统计分析的基础上，2016 年颁布实施的《民用建筑能耗标准》GB/T 51161—2016 针对这些重要类型公共建筑能耗强度给出约束值和引导值。大型公共建筑能耗密度高，除供暖外能耗折合用电量在 70～300kWh/(m^2·a)，其他一般公共建筑，除了供暖外能耗在 30～60kWh/(m^2·a) 之间（除餐厅、计算机房等特殊功能建筑）。

根据清华大学、上海建筑科学研究院、深圳市建筑科学研究院等对北京、上海、深圳、青岛等地部分大型办公楼单位面积能耗调查结果（折合为用电量，北京的公共建筑能耗数据除去了供暖能耗），大型公共建筑平均单位面积能耗均值在 110kWh/(m^2·a) 左右，一般公共建筑平均单位面积电耗在 50kWh/(m^2·a) 左右（见图 6-2～图 6-4）。

6.1.2　公共建筑能耗监测体系发展成效

《建筑节能与绿色建筑发展“十三五”规划》提出：深入推进公共建筑能耗统计、能源审计工作，建立健全能耗信息公示机制。加强公共建筑能耗动态监测平台建设管理，逐步加大城市级平台建设力度。强化监测数据的分析与应用，发挥数据对用能限额标准制定、电力需求侧管理等方面的支撑作用。引导各地制定公共建筑用能限额标准，并实施基于限额的重点用能建筑管理及用能价格差别化政策。“十三五”期间，公共建筑节能监测体系中，能耗统计、能源审计、能耗监测、能效公示等稳步推进，并积累了大量的数据，为公共建筑能效提升工作奠定了数据基础。

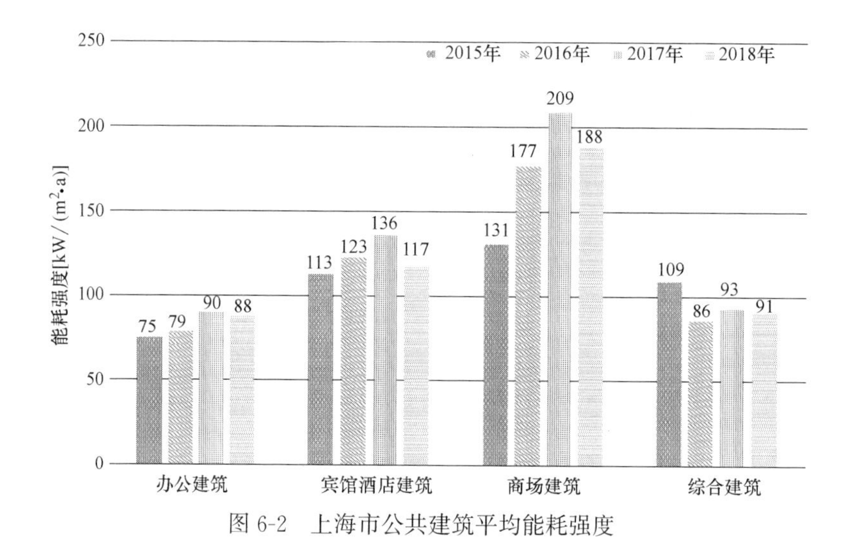

图 6-2　上海市公共建筑平均能耗强度

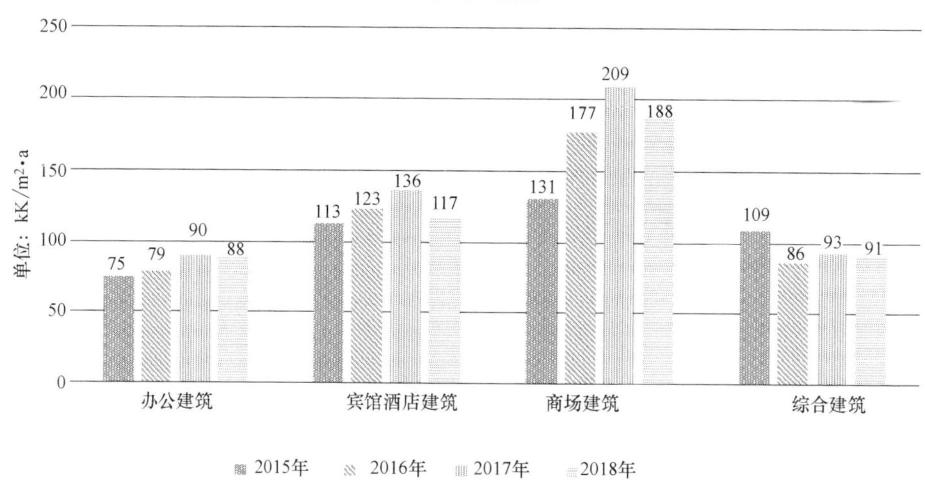

图 6-3　深圳市公共建筑平均能耗强度

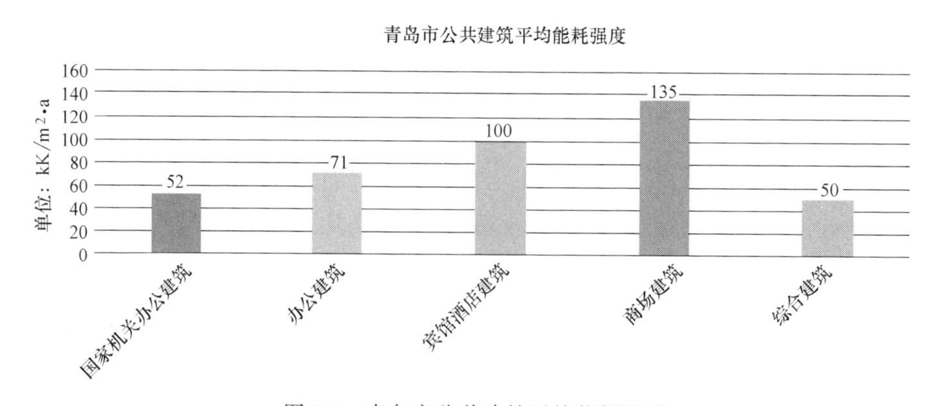

图 6-4　青岛市公共建筑平均能耗强度

（1）能耗统计。根据住房和城乡建设部建筑节能与绿色建筑专项检查统计数据，截至2019年底全国累计完成公共建筑能耗统计35.23万栋，总面积45.8亿m^2（见图6-5、图6-6）。通过能耗统计，对公共建筑能耗信息有了比较系统全面的掌握，为推动公共建筑能效提升奠定了坚实数据基础。

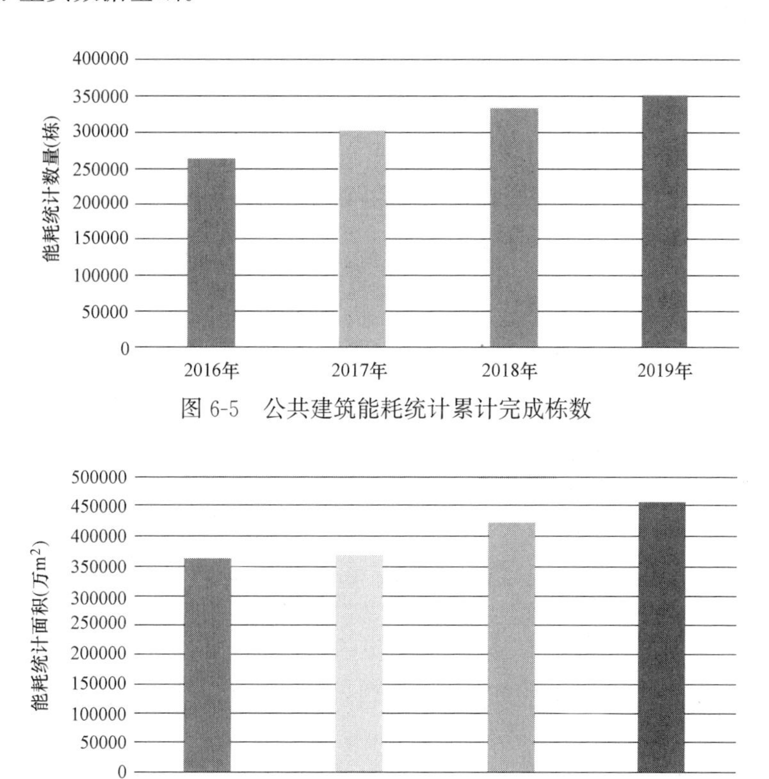

图6-5　公共建筑能耗统计累计完成栋数

图6-6　公共建筑能耗统计累计完成面积

（2）公共建筑能耗监测。能耗监测系统是指通过对公共建筑安装分类分项能耗计量装置，采用远程传输等手段及时采集能耗数据，实现重点建筑能耗的在线监测和动态分析功能的硬件系统和软件系统的统称。通过建立规范的公共建筑能耗动态监测系统，可以用来实时监测各个分项的能耗水平，实现在线运行管理与监测，与同类建筑、设计标准等进行横向对比，辅助节能诊断，并衡量节能改造的实际效果，从而最终实现降低能源消耗，减少碳排放目标。截至2019年底，全国累计实施能耗监测建筑数量2.9万栋，监测总面积6.29亿m^2（见图6-7、图6-8）。

（3）公共建筑能源审计。公共建筑能源审计是指通过对公共建筑进行文件审查和调研测试，对用能单位能源利用状况进行定量分析，对建筑能源利用效率、消耗水平、经济效益和环境效果进行监测、诊断和评价，从而发现建筑节能潜力，提出节能运行调适和改造建议。据统计，截至2019年底全国累计完成公共建筑能源审计1.67万栋，总面积3.66亿m^2（见图6-9、图6-10）。通过公共建筑能源审计，对公共建筑能耗数据信息、能源系统运行状况、节能重点环节及潜力有了系统全面的掌握，为推动公共建筑节能改造奠定了基础。

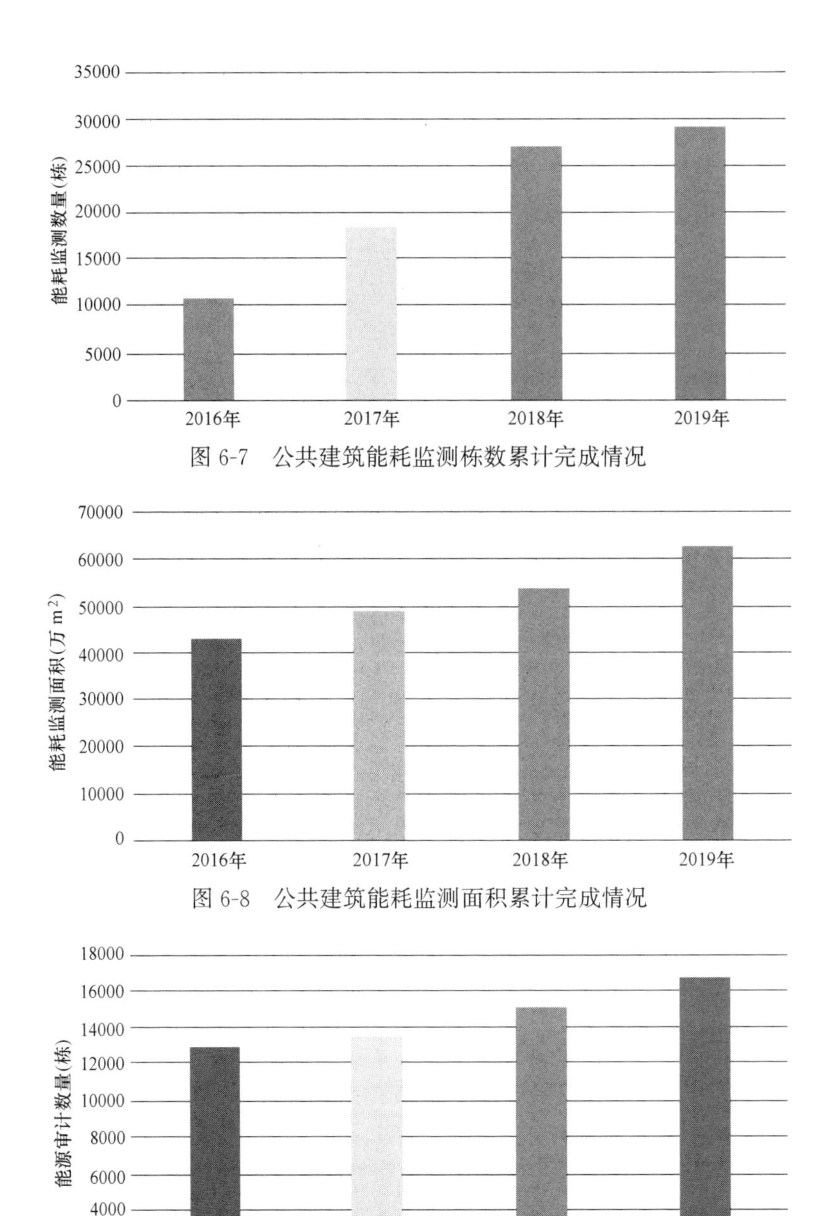

图 6-7　公共建筑能耗监测栋数累计完成情况

图 6-8　公共建筑能耗监测面积累计完成情况

图 6-9　公共建筑能源审计栋数累计完成情况

（4）公共建筑能效公示。公共建筑能效公示是指以一定的方式对通过能耗统计、能源审计等活动获得的公共建筑能耗信息向社会进行公示的行为。公共建筑能耗公示具有多重作用；首先，方便建筑业主及运营商持续跟踪建筑的能效表现，与自身历史同期的能源消耗进行比较；其次，通过对能耗数据的归一化处理，还为同类建筑相互比较提供基准，有助于引起相互竞争，促使业主及运营商主动寻找降低建筑能耗、提高能效的机会，采取节能运行和节能改造的切实措施。截至 2019 年年底，全国累计完成能耗公示栋数 4.02 万栋，公示总建筑面积 7.36 亿 m^2（见图 6-11、图 6-12）。

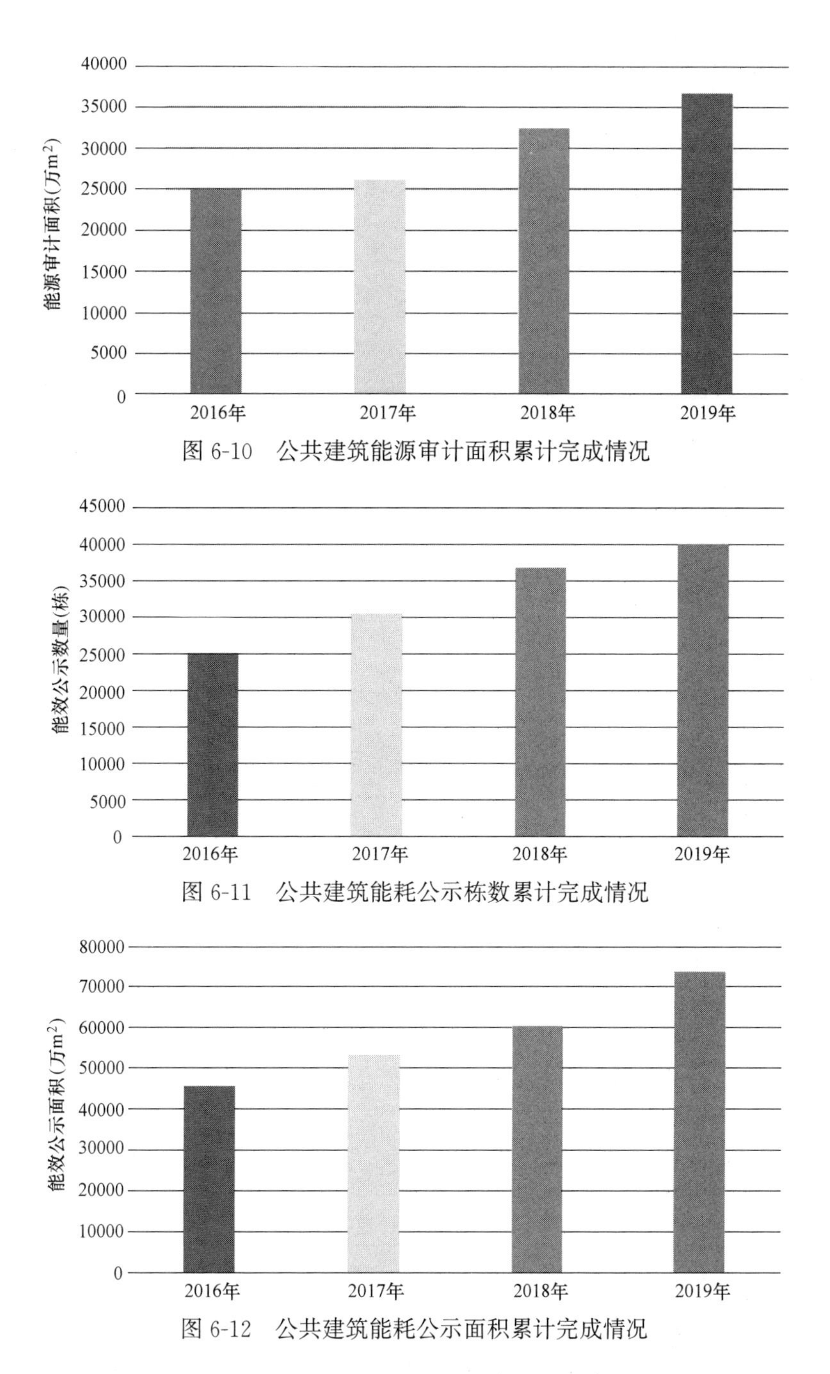

图 6-10　公共建筑能源审计面积累计完成情况

图 6-11　公共建筑能耗公示栋数累计完成情况

图 6-12　公共建筑能耗公示面积累计完成情况

2017 年，住房和城乡建设部修订完成了《省级公共建筑能耗监测系统数据上报规范》，进一步规范数据上报的内容和要求，并给出了示例。目前省级公共建筑能耗监测平台在能耗数据统计、建筑能耗排名和分项能耗查询等方面取得显著发展成效，并对公共建筑能效提升工作形成了支撑。公共建筑能效提升的开展需要有能耗数据作为支撑，特别是公共建筑能耗强度指标是开展公共建筑能效提升的基础，在具体实践中，往往需要识别出高耗能建筑以及建筑的高能耗系统，有针对性地开展节能改造，提升公共建筑能效水平，同时数据的深入挖掘应用还能够促进管理节能。

1. 用能强度指标应用

用能强度一般为单位面积建筑能耗，时间颗粒度可能为月或者年，如上海市平台对接各类型建筑的逐月用电强度会发布平均值报告，并将年能耗强度与国家标准进行对标分析（见图 6-13）。部分平台还会计算出主要分项能耗的单位面积之比。平台会对能耗指标进行逐年的纵向同比，以及建筑与建筑之间、分项与分项之间的横向环比，以便对高能耗公共建筑实施节能改造（见图 6-14）。

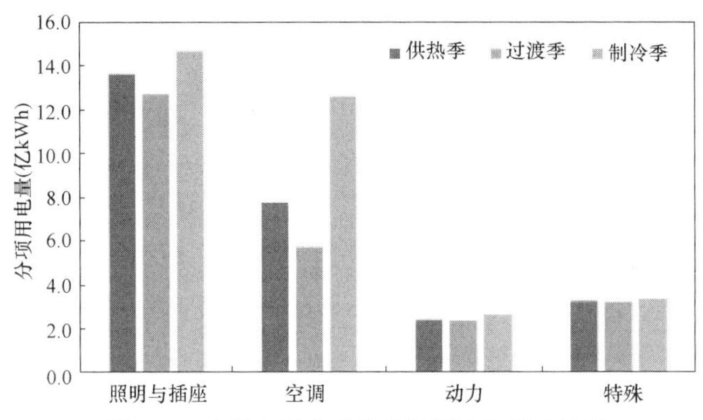

图 6-13　上海市平台建筑能耗同比与环比比较

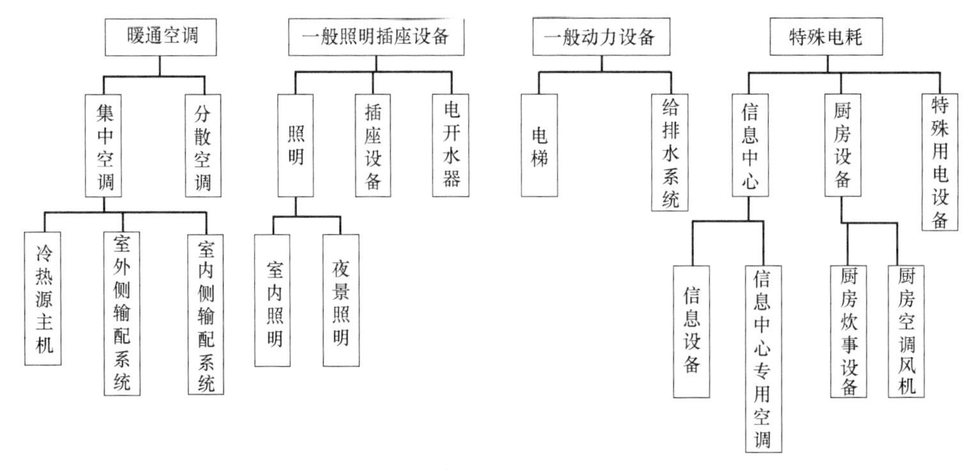

图 6-14　青岛市民用建筑能耗监测平台监测分项模型

2. 识别建筑不合理用能系统

平台将建筑内各支路采集的能耗数据计算并输入能耗模型的各分项节点中，用户登录平台即可以查看所有监测建筑任一分项的能耗历史变化，从而作为分析建筑用能状况的参考，进而发现建筑存在的问题。用户也可以直接查看各用能支路的原始数据。

3. 基于用能报告完善相关管理办法

上海市、深圳市每年都会基于平台监测的用能数据，发布当年的建筑用能分析报告，依据报告中的各类型建筑用能强度，可参考制定当地的能耗限额。如上海市已在建筑能耗监测平台采集数据的基础上完成 8 册建筑合理用能指南的编制工作。

4. 能耗数据分析应用

一是峰谷平电耗量统计。上海市能耗监测平台对采集的耗电数据根据电价峰谷平时段进行分类统计，得到平台内监测建筑的峰谷平电耗量统计，可以帮助建筑用能的需求侧管理，进行适当地削峰填谷尝试。二是建筑昼夜间用电对比分析。青岛市民用建筑能耗监测平台具有建筑昼夜间用电对比分析的功能，可以衡量建筑昼夜用电量的差异，管理人员可根据建筑类型与实际建筑运行情况，判断其昼夜差异是否合理，是否存在夜间不合理用电。

6.1.3 公共建筑节能改造发展成效

《国务院关于印发“十三五”节能减排综合工作方案的通知》（国发〔2016〕74 号）提出“十三五”期间，完成公共建筑节能改造 1 亿 m^2。《建筑节能与绿色建筑发展“十三五”规划》提出：开展公共建筑节能改造重点城市建设，引导能源服务公司等市场主体寻找有改造潜力和改造意愿的建筑业主，采取合同能源管理、能源托管等方式投资公共建筑节能改造，实现运行管理专业化、节能改造市场化、能效提升最大化，带动全国完成公共建筑节能改造面积 1 亿 m^2 以上。住房和城乡建设部建筑节能与绿色建筑专项检查相关资料显示，截至 2019 年年底，全国公共建筑节能改造面积累计完成 2.44 亿 m^2（见图 6-15～图 6-19）。

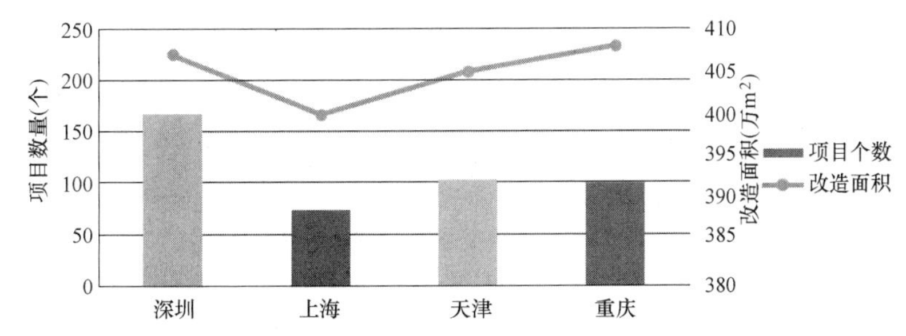

图 6-15　第一批公共建筑节能改造重点城市改造面积完成情况

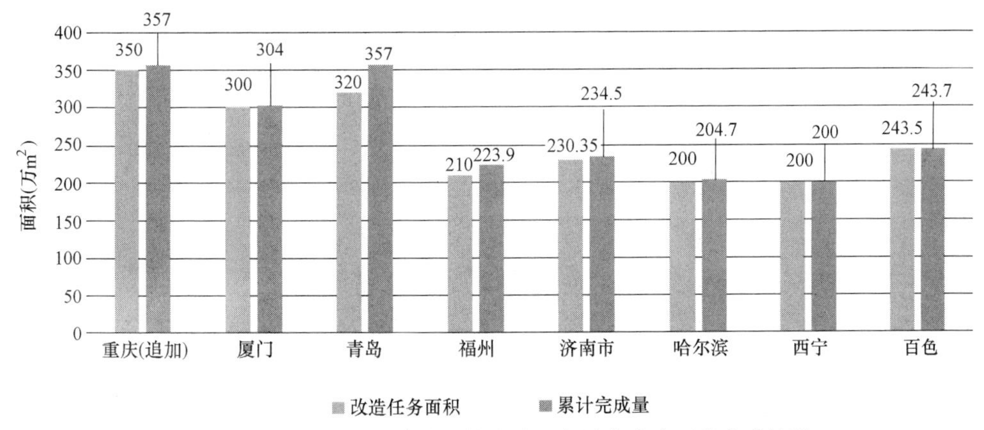

图 6-16　第二批公共建筑节能改造重点城市改造面积完成情况

目前我国既有公共建筑节能改造技术主要包括围护结构节能改造技术、冷热源设备改造技术、生活热水改造技术、照明系统改造技术、特殊用能系统节能改造技术等。其中冷热源设备改造技术包括更换冷水机组、热泵机组等，改造后可实现 30～150kgce/kW 的节能量，生活热水改造技术主要包括空气源热泵替代锅炉，改造后可实现 150～900kgce/kW 的节能量，照明系统改造技术主要包括对建筑既有的白炽灯、荧光灯等更换为 LED

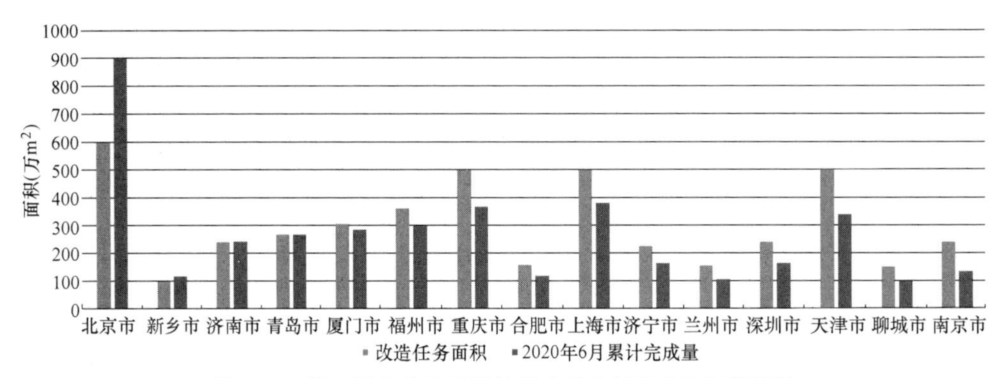

图 6-17　第一批公共建筑能效提升重点城市改造面积情况

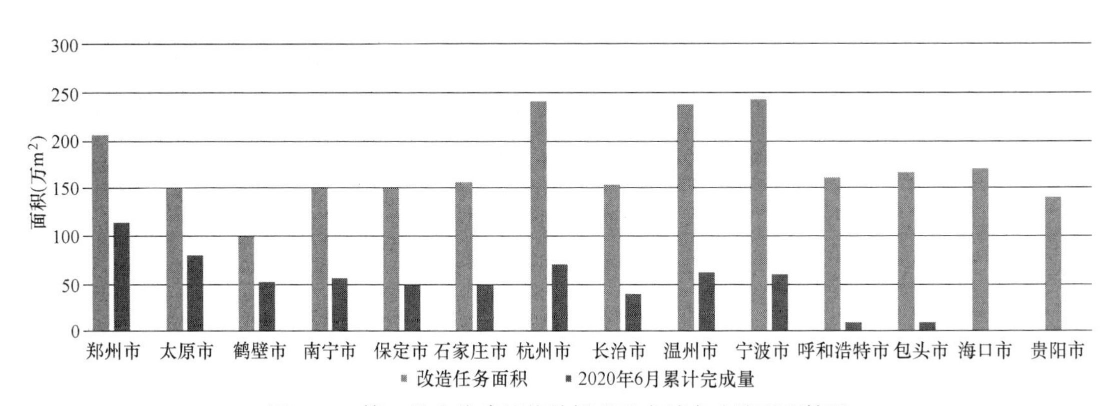

图 6-18　第一批公共建筑能效提升重点城市改造面积情况

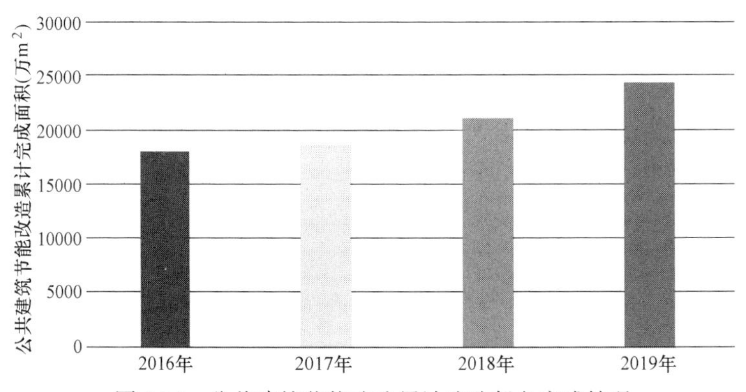

图 6-19　公共建筑节能改造累计改造任务完成情况

光源，改造后能耗强度下降 30%～70%。目前以照明插座系统、空调系统改造为核心，供配电系统、动力系统、特殊用能系统改造为辅助，整体实现 10%左右的总节能率，我国累计完成公共建筑节能改造 2.44 亿 m^2，可实现减排约 0.5 亿 tce。

6.2　经验与做法

为推动公共建筑节能改造工作，国家和地方出台了一系列推进政策和标准，本节将梳理国家层面和地方层面经验与做法，包括政策标准体系构建及实施情况、考核评价与验收情况、支撑能力建设情况、市场机制的应用情况、公共建筑节能关键技术情况等。

6.2.1 公共建筑能耗监测体系经验与做法

1. 建立健全公共建筑节能监管法规体系

除《建筑节能与绿色建筑发展“十三五”规划》明确提出健全公共建筑监管体系外，各地通过立法推进公共建筑节能监管体系建设，《浙江省绿色建筑条例》第十一条规定：“新建国家机关办公建筑和总建筑面积一万平方米以上的其他公共建筑，建设单位还应当安装建筑用能分项计量及数据采集传输装置，设计单位应当在设计文件中明确相应的设计内容”；第十二条规定：“新建民用建筑项目节能评估和审查的内容应当包括相应等级绿色建筑的技术要求。节能评估按照建筑面积实行分类管理”等。《青海省促进绿色建筑发展办法》（省政府令第116号）第二十四条规定：“县级以上人民政府住房城乡建设主管部门和经济和信息化主管部门应当建立公共建筑能耗监测平台，实施建筑能耗动态监测和信息共享。建设单位应当将建筑用能分项计量及数据采集传输装置接入监测平台，并保证运行正常”；第二十五条规定：“县级以上人民政府住房城乡建设主管部门会同有关部门建立健全建筑能耗统计、能源审计和能效公示制度。未安装用能分项计量和数据采集传输装置的既有公共建筑所有权人或者使用权人，以及供电、供气、供水、供热等能源供应单位，应当每年将建筑能耗数据报所在地县级人民政府住房城乡建设主管部门。”

2. 完善公共建筑节能监管技术标准体系

2016年，住房和城乡建设部印发了《公共建筑能源审计导则》，将建筑能源审计按照审计等级分为一级、二级、三级；审计的程序分为审计准备阶段、审计实施阶段和审计报告阶段。审计方法方面主要规定了计算各分项指标所需参数的计算方法，包含建筑面积、空调面积、供暖面积、建筑分项面积、能耗总量的计算方法以及分项能耗指标的计算方法。2017年，住房和城乡建设部修订完成了《省级公共建筑能耗监测系统数据上报规范》，指导各省（市）级监测系统的数据上传工作，规范部级监测系统和省（市）级监测系统之间数据传输的内容、方式和格式，保证数据的统一性、完整性和准确性。

各省市也出台一系列配套政策标准，有效确保了工作实施，如吉林、河南、湖南等编制了《公共建筑能源审计导则》；重庆、江苏等编制了《公共建筑能耗监测系统技术规程》；河南省出台了《河南省能效公示管理办法》；重庆市开展了公共建筑能耗定额及超定额加价政策研究，编制完成了《建筑能耗定额标准》；吉林省、广东省分别试行了《吉林省公共建筑能耗限额标准（试行）》；《广东省宾馆和商场能耗限额（试行）》；上海市编制了《既有公共建筑节能改造技术规程》等，为推进公共建筑的节能设计、能耗监测平台建设、能耗统计、能源审计、能效公示、定额管理等工作提供了技术支撑。上海市建立适宜上海的建筑节能改造技术库，覆盖了节能设备、技术、系统优化和综合节能整个技术体系，其核心技术支撑为能耗识别流向分析技术、基准能耗模拟技术、自适应控制技术、暖通空调连续调试技术、动态能源管理技术等，创建了适合快速规模化拓展的整体节能技术体系和标准化流程，能在具有资金、资源的优势模式下快速规模化发展。

3. 开展公共建筑监测体系关键技术研究

住房和城乡建设部2017年开展“基于全过程的公共建筑能效调试技术研究要点”、2018年开展“公共建筑节能信息服务平台建设指南编制”“建筑节能与绿色建筑数据统计及发布”等系列研究课题。各地方也积极开展相关科研课题，浙江组织开展了“浙江省公共建筑节能监管平台运行和维护对策研究”，河南省先后编制了《河南省公共建筑能耗监测系统技术规程》DBJ41/T 135—2014，从能耗数据分区及编码、能耗监测系统设计、能耗监测系统施工、能耗监测系统验收、能耗监测系统维护等方面进行详细的规定，为其公共建筑能耗监测工作提供技术支撑。

4. 全面拓展平台功能

公共建筑节能监管平台建立后，各地也不断拓展功能，发挥最大适用功效。青岛市财政投入2000多万元在全省率先建立青岛市民用建筑能耗监管平台，采集公共建筑能耗数据。目前，已有700余栋公共建筑纳入青岛市能耗监测体系，总建筑面积800多万m^2，监测范围包括政府机关办公建筑、大型公共建筑、可再生能源示范项目、太阳能光伏发电示范项目、节约型校园等。基于平台出具能源审计报告50余份，近170个项目进行能效公示。青岛市充分发挥平台的数据作用，结合建筑的实际用能情况，掌握各种建筑的用能规律，通过数据分析和挖掘，给出部分类别建筑的能耗指标，供节能改造参考。浙江省率先将节能评估和审查工作中的申报、审批等相关工作纳入国家机关办公建筑和大型公共建筑节能监管平台，基本实现了网上审批，实现“最多跑一次”的工作目标，让信息多跑路，让群众少跑腿，提高了办事效率；浙江省“两市六县一镇”国家可再生能源建筑应用区域的示范项目，积极探索研究可再生能源监测管理模块，实现了可再生能源示范项目实施情况在线监测，实时监管可再生能源建筑应用示范区域的实施成效。

6.2.2 公共建筑节能改造经验与做法

1. 健全政策法规制度

2017年住房和城乡建设部会同银保监会印发了《关于深化公共建筑能效提升重点城市建设有关工作的通知》(建办科函〔2017〕409号)，启动了第一批公共建筑能效提升重点城市。

北京市2017年印发《北京市公共建筑节能绿色化改造项目及奖励资金管理暂行办法》(京建法〔2017〕12号)，包括总则、改造项目申报及组织实施、奖励资金拨付与使用、监督管理及附则共五章、二十三条内容，并将“北京市公共建筑节能绿色化改造技术指南”“改造项目申报书”“改造项目方案”“改造项目奖励资金拨付申请表”“北京市公共建筑节能改造节能量（率）核定方法”作为附件，从技术、流程方面全面规范公共建筑节能绿色化改造。2016年，青岛市出台了《青岛市公共建筑节能改造重点城市示范项目和资金暂行管理办法》（青建城字〔2016〕119号)，该文件明确了“先注册、再实施、严审计、后奖励”的项目流程，率先采用两次审计模式，进行改造前审计和改造后审计。

2. 完善技术标准体系

2017年，住房和城乡建设部印发了《公共建筑节能改造节能量核定导则》，对公共建筑节能改造节能量核定的原则、核定方法的选用、节能量的计算及具体节能量核定方法账单法和测量计算法进行了明确的规定，为规范全国公共建筑节能量核定提供了依据。

部分城市将公共建筑节能改造技术体系上升为地方性标准。如上海编制发布《公共建筑能源审计标准》《既有公共建筑节能改造技术规程》，天津市发布了《天津市民用建筑能耗监测系统设计标准》重庆市发布了《公共建筑节能改造应用技术规程》。厦门市发布了

《公共建筑节能改造节能率测评标准》《公共建筑能耗定额》《公共建筑能源管理系统应用技术规程》等地方标准。其中厦门市的《公共建筑节能改造节能率测评标准》为全国第一本节能量测评标准，现已升级为福建省地方性标准。

3. 探索创新激励机制

部分城市实施差别化奖补政策引导合同能源管理模式节能改造和高节能率改造。如北京市对于普通公共建筑节能率不低于15%、大型公共建筑节能率不低于20%的项目，市级财政按每平方米30元的奖励标准执行，而对于实际节能率大于10%且小于15%的普通公共建筑或大于15%且小于20%的大型公共建筑，可依据折算面积按30元/m^2的标准申请奖励资金。重庆市对节能率在25%以上的项目给予每平方米40元补贴，对于节能率为20%～25%的项目给予每平方米30元补贴。青岛市对于一般公共建筑节能率在15%以上的项目按每平方米35元补贴，节能率在20%以上的大型公共建筑按每平方米30元补贴，节能率在25%以上的大型公共建筑按每平方米35元补贴。福州市对于节能率15%～20%的项目按每平方米30元补贴，节能率在20%以上的项目按每平方米40元补贴。重庆、青岛等城市还对合同能源管理模式改造项目节能服务公司和业主分享补贴做了明确规定，即合同能源管理模式改造项目所获奖补资金，节能服务和业主单位按8∶2分享。青岛市明确规定采用合同能源管理模式进行节能改造的政府机关、事业单位，按照合同支付给节能服务公司的费用可作为单位的能源费用列支。

4. 积极培育市场机制

为了加快推动公共建筑节能改造市场化发展，盘活金融市场资金，部分城市大力推进合同能源管理模式，出台了激励政策，初步形成了以市场机制为主、政府引导为辅的公共建筑节能改造模式。重庆、上海、深圳等城市70%以上的示范项目都是采用合同能源管理模式。其中重庆市在全国率先采用了“节能效益分享型”的合同能源管理模式，规模化推动既有公共建筑节能改造，推动节能服务公司与银行等金融机构合作，搭建形成了“政府—企业—银行”三位一体的融资平台，建立实施了建设领域节能服务企业备案管理制度，培育发展了近30家专业化的节能服务公司，并对其开展节能咨询、诊断、设计、改造、运行管理等服务活动实行动态监管（见图6-20）。

上海市建立健全节能改造的多元化融资模式，引入政府与社会资本合作的PPP模式、中美绿色基金、银行绿色信贷和地方财政支持等多元化融资模式，同时政府主管部门将为此建立保障金融机制，提供节能改造项目信息共享机制、建立节能评估技术体系、第三方节能效益核定和技术风险评估等融资保障措施，建立健全多元化绿色融资的保障支持体系，促进节能改造项目绿色融资的多元化、规模化市场运作。

深圳市积极推广合同能源管理模式，根据改造项目情况，灵活采用“节能效益分享型”“节能效益保证型”和“项目托管型”等多种合同能源管理模式实施节能改造。目前深圳市已有155家备案的专业化节能服务公司，从事建筑节能咨询、诊断、设计、改造和运行管理等，形成规模达数十亿元的节能服务产业链，涌现出达实智能、紫衡技术、嘉力达节能等一大批具有代表性的深圳节能服务企业。

5. 加大配套支撑能力建设

各公共建筑节能改造重点城市全部通过招投标等形式确定了本城市的节能量审核机构，并出台了节能量核定办法。如上海确定了8家单位为节能量审核机构。重庆市发展了

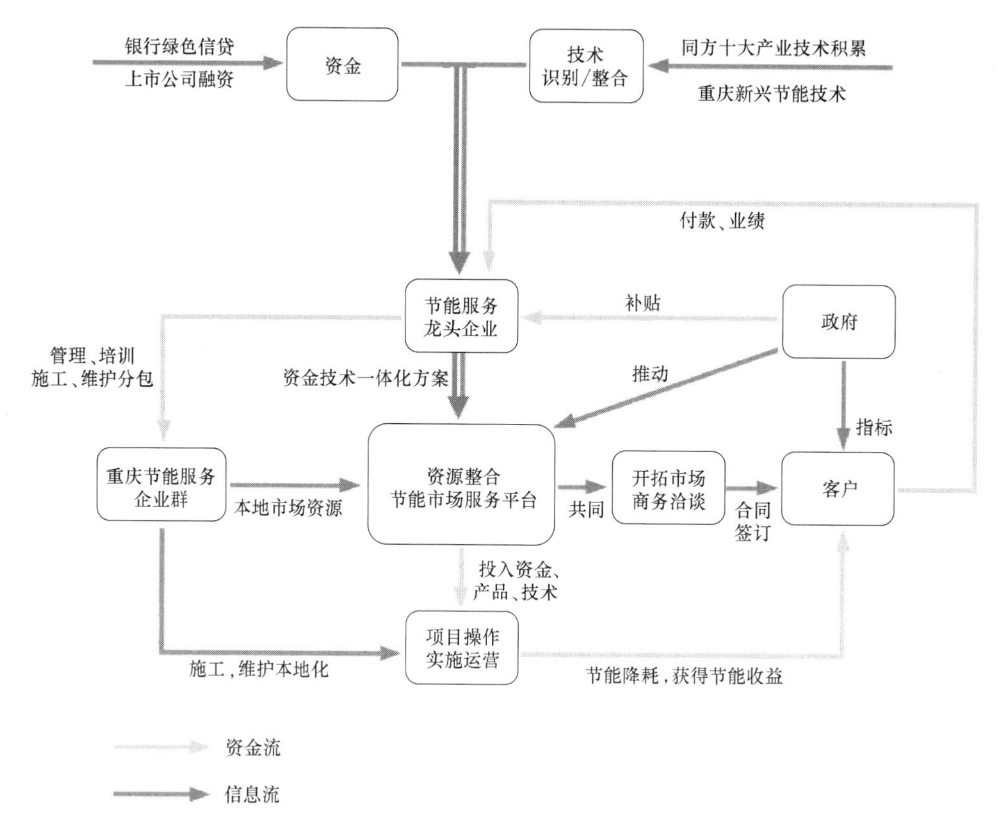

图 6-20　重庆市合同能源管理项目运作流程图

近 30 家专业化的节能服务公司，开展节能咨询、诊断、设计、改造、运行管理等服务，培育了 3 家技术水平高、责任意识强的第三方节能量核定机构。深圳市培育了 155 家专业化节能服务公司，形成规模达数十亿元的节能服务产业链。厦门市向社会公布符合要求的节能服务机构 47 家，公开招标选定 3 家单位为第三方能效测评机构。

6. 宣传推广机制

各省市也积极开展公共建筑节能宣传推广工作。一是将重点工作成果总结编制成册，印刷后免费向社会发放，如《北京市公共建筑节能绿色化改造案例详解》等。二是利用现代媒体进行宣传，利用政府的微博、微信公众号、官网等平台进行宣传，组织建筑节能宣传周系列活动，如广东省在每年 6～7 月组织建筑节能与绿色建筑优秀项目及先进技术成果展、建筑节能与绿色建筑走进民众等系列活动，向全省各级建筑节能与绿色建筑相关主管部门、有关单位、社会团体以及学校、社区等人员开展形式多样的宣传活动，开展建筑节能与绿色建筑民意调研，对社区贫困居民实施建筑节能公益微改造等，取得了良好的社会评价。三是开展节能专项培训，通过提高节能管理人员、节能服务企业的专业技术水平，来提升节能工作开展的成效。

6.2.3　典型案例

通过对“十三五”期间全国公共建筑能效提升重点城市进展情况的梳理，本节从公共建筑能耗监测平台、公共建筑节能改造市场化机制、绿色金融应用等方面出发，梳理了上海市、重庆市、青岛市三个典型城市在相关方面的优秀做法和经验，也代表了我国公共建筑能效提升工作的发展趋势。

1. 上海市

截至2019年年底，上海市既有公共建筑总量为3.8亿m^2，其中40%以上是按照建筑节能设计标准进行建造的。为在保证舒适度的前提下，降低能源使用和提高能源使用效率，上海市陆续发布实施了机关办公建筑、星级饭店建筑、大型商业建筑、市级医疗机构建筑、大型公共文化设施建筑、综合建筑、高等学校建筑、大中型体育场馆建筑等合理用能指南，以指导各类建筑实践。

（1）公共建筑节能监管体系建设进展情况。

上海市自2007年开始对重点用能建筑进行能耗统计和能源审计，对公共建筑开展能耗监测系统的试点和示范。通过近年来的努力，相关工作取得了一定成效：一是围绕制度建设、管理需求、技术保证等方面提出了民用建筑能耗统计的方式和措施。连续12年完成民用建筑能耗统计工作，并上报住房城乡建设部。二是通过综合评审，公布16家通过认定的建筑能源审计机构名单。三是在实践的基础上编制上海市工程建设规范《公共建筑能源审计标准》DG/TJ08-2114—2012，规范国家机关办公建筑、医疗卫生建筑、旅游饭店建筑、商业建筑、高等院校建筑等建筑类型的能源审计工作流程与质量。四是在能源审计工作的基础上，上海市对相关建筑进行了能耗公示，并且对全市市级机关用能情况进行季度通报。五是按期发布公共建筑能耗监测情况报告。一方面介绍上海市年度建筑能耗监测工作进展情况；另一方面按照区域、建筑功能、建筑面积等分类分别报告监测对象数量、占比、单位面积能耗情况以及典型建筑类型的建筑能耗对标情况。

（2）公共建筑节能监管平台建设情况。

2010年，上海市被住房和城乡建设部列为国家机关办公建筑和大型公共建筑能耗监测平台建设示范城市（第三批），由此正式展开公共建筑能耗监测平台建设和能耗监测分项计量工作。2012年，上海市发布了《关于加快推进本市国家机关办公建筑和大型公共建筑能耗监测系统建设实施意见的通知》（沪府发〔2012〕49号），构建“全市统一、分级管理、互联互通”的建筑能耗监测系统。自2013年起上海市加大建筑能耗监测工作力度，大规模、全方位地开展公共建筑能耗监测系统扩容建设。扩容后平台具备以下功能：一是针对数据，具有采集、监测管理、分析整合、交换和共享、上报等功能。二是面向各行业主管部门的门户网站，具有各领域建筑的用能状况监测和分析；提供各相关行业主管部门在各自的权限范围内进行建筑能耗数据查询及其他应用功能。三是具有能耗统计、综合评价、对标分析、行业监测等功能，将能耗统计、能源审计、能耗监测、能耗公示4大模块进行集成管理。四是开发了区级分平台软件并编制数据标准化和数据传输协议。截至目前，上海市累计共有近1800栋公共建筑完成用能分项计量装置的安装并实现与能耗监测平台的数据联网，覆盖建筑面积超过8000万m^2。

（3）公共建筑能耗平台应用效果显著。

一是依托平台数据，每年发布《上海市国家机关办公建筑和大型公共建筑能耗监测数据情况报告》，介绍上海市建筑能耗监测工作进展情况，从全市篇、区域篇、行业篇等多角度、多层面解读用能数据，进行用电及分项用电情况的专题分析；二是面向行业主管部门、区级主管部门及建筑业主，及时推送能耗监测数据质量情况报告、楼宇能耗情况报告等；三是相继推出了机关办公建筑、星级饭店建筑、大型商业建筑、综合建筑、医疗卫生建筑、教育建筑 9 类建筑的合理用能指南，并据此开发行业用能对标系统，为行业用能管理提供有效工具；四是筛选节能改造项目，基于能耗监测数据，通过对相同建筑类型能耗排序，筛选行业高能耗建筑，并形成各行业建议能源审计名单。

2. 青岛市

随着青岛市城乡建设的快速发展，公共建筑大量增加，其能耗较高的问题日益突出，公共建筑节能工作已成为建筑节能工作的重要方面。做好公共建筑节能改造工作，有利于推进建筑节能，改善人居环境，对促进和带动全社会节能，实现节能减排目标任务意义重大。青岛市前期借助国家公共建筑节能改造重点城市的示范作用，积极引导社会资金进入建筑节能改造领域，充分发挥了国家和地方财政资金的杠杆作用，有效促进了青岛市公共建筑节能改造工作良性发展，情况如下：

（1）工作开展情况

2015 年 6 月，经财政部、住房城乡建设部批准，青岛市被列为公共建筑节能改造重点示范城市，改造任务 320 万 m^2。通过建立“先注册、再实施、严审计、后奖励”的项目流程，引入第三方审计机制，通过改造前审计和改造后审计的差值来确定节能量，在全国首次探索资金“以奖代补”的新模式，奖励资金达 7415 万元。目前，已完成示范项目 48 个，总示范面积 414.11 万 m^2，占任务总量的 129%，超额完成计划。通过示范项目的带动，已经初步在青岛形成了特有的公共建筑节能改造模式。

（2）市场驱动

青岛市公共建筑约有 3270 万 m^2，约占全市建筑面积的 27%，但公共建筑能耗约占全市建筑能耗的 45%，年耗电量约 41 亿 kWh。大型公共建筑用电能耗指标为居住建筑的 8～18 倍，按 10%的节能潜力估算，每年将节约 4.1 亿元。随着青岛市城乡建设的快速发展，公共建筑大量增加，其能耗较高的问题日益突出，公共建筑节能工作已成为建筑节能工作的重要方面。做好公共建筑节能改造工作，有利于推进建筑节能，改善人居环境，对促进和带动全社会节能，实现节能减排目标任务意义重大。同时，借助国家和地方财政资金的杠杆作用，积极引导社会资金进入建筑节能改造领域，将有效促进青岛市公共建筑节能改造工作良性发展，带动青岛市一批节能服务企业规范化经营，拉动相关产业技术进步，增加居民就业机会。

（3）要素驱动

近年来，青岛市先后被选为国家第一批民用建筑能效测评标识示范城市，国家居住建筑和中小型公共建筑能耗统计示范城市，国家可再生能源建筑应用示范城市，国家公共建筑监管体系建设示范城市，国家可再生能源建筑应用增量任务示范城市，中德技术合作“公共建筑（中小学校和医院）节能项目”试点城市。通过这一系列的示范，取得了很好的效果。在这种背景下，青岛市结合城市自身要素特点，推进了一系列的研究工作，包括平台建设、能耗统计、审计、节能潜力评估、用能咨询、项目预申报等。主要包括以下几个方面：

一是搭建平台，实时监控。2008 年，市财政投入 2000 多万元在全省率先建立青岛市民用建筑能耗监管平台，采集公共建筑能耗数据。目前，已有 700 余栋公共建筑纳入青岛市能耗监测体系，总建筑面积 800 多万 m^2，监测范围包括政府机关办公建筑、大型公共建筑、可再生能源示范项目、太阳能光伏发电示范项目、节约型校园等。基于平台出具能源审计报告50余份，近170个项目进行能效公示。青岛市充分发挥平台的数据作用，结合建筑物的实际用能情况，掌握各种建筑的用能规律。通过数据分析和挖掘，给出部分类别建筑的能耗指标，提供节能改造的大体目标。

二是全面调查，分析筛选。为全面掌握青岛市公共建筑能耗情况，找出具备改造价值的建筑，2015年7月，青岛市对市辖区公共建筑开展了能耗统计工作，先后投入40多人次，历时6个月，对全市近400栋、3000万m^2的公共建筑进行了排查，并选择能耗较高的174余栋、660万m^2的公共建筑进行能耗统计，对其中公共建筑能耗进行摸底，形成了统计分析报告。经过排查，具有一定节能潜力的公共建筑总量达到660万m^2，而单位面积总能耗约为180kWh/m^2。

三是开展评估，量化指标。为从统计分析结果中筛选有示范意义的改造项目，青岛开展了公共建筑节能改造潜力评估工作，通过分析确定了50栋具有较大节能改造潜力的项目，其中包括21栋办公建筑，8栋商场建筑，4栋宾馆饭店建筑，2栋医疗卫生建筑，9栋文化教育建筑，4栋综合建筑，2栋其他建筑。并通过比较不同建筑类型下总能耗强度及各分项能耗强度，对单位面积能耗强度高于约束值的18栋公共建筑做了具体计算，得出节能潜力估算总值1515.7万kWh/a，节能率约为23.4%。

四是选择重点，确定技术。根据青岛市气候条件和公共建筑用能特点，选择适合青岛市公共建筑节能的改造技术，通过软件建模和现场调研的方式，选取部分项目进行技术咨询分析，对全面诊断青岛公共建筑用能系统普遍问题及指导节能改造方向起到了关键作用。通过分析，对新建的7个项目可以降低初投资约1.6亿元，总计降低运行费用约10.1亿元，降低一次能源消耗32万tce，减排二氧化碳83万t。

（4）创新驱动

经过一系列的前期准备，在科学分析公共建筑节能改造工作的基础上，青岛市还改革传统管理模式，主要采用市场化运作，重点推动合同能源管理机制。2016年8月1日，青岛市出台了《青岛市公共建筑节能改造重点城市示范项目和资金暂行管理办法》（青建城字〔2016〕119号），该文件明确了“先注册、再实施、严审计、后奖励”的项目流程，率先采用两次审计模式，进行改造前审计和改造后审计。同时制定节能量审核办法，依据办法确定最终结果，并在全国首次探索公共建筑节能改造国家奖励资金“以奖代补”的新模式。引入第三方机制，摆脱政府或管理部门既当运动员、又当裁判员的现象，在工作中体现客观、科学的工作方法，实现科学分工、扬长避短。

（5）资金驱动

通过前三个驱动，青岛市基本完成了公共建筑节能改造的准备工作，为了放大中央财政下达的补助资金效果，青岛市财政安排7415万元进行配套。主要用于项目补贴、项目评测、能力建设和项目管理等方面。同时通过政策引导，鼓励优先采用合同能源管理模式实施公共建筑节能改造，采用合同能源管理模式实施的示范项目，补助资金按8∶2的比例分配给合同能源管理公司和建筑物所有权人。

目前青岛市已完成示范项目48个，总示范面积414.11万m^2，占任务总量的129%，公共建筑节能改造超额完成计划。年节约2.35万tce、减少碳粉尘排放235.68t、二氧化碳排放6.21万t、二氧化硫排放471.36t。

3. 重庆市

（1）基本情况介绍

重庆市位于中国内陆西南部、长江上游，辖区东西长 470km，南北宽 450km，总面积 8.24 万 km^2，为北京、天津、上海三市总面积的 2.39 倍，是我国面积最大的城市。截至 2016 年 7 月重庆市采用合同能源管理模式推动实施了 145 个、580 余万 m^2 公共建筑节能改造项目，其中 99 个、408 万 m^2 示范项目已改造完成并通过住房城乡建设部专项验收。经第三方机构核定，验收通过的示范项目的整体节能率在 21.52%以上，全部投入使用后每年可节电 7130 万 kWh，节约 2.85 万 tce，减排二氧化碳 7.11 万 t，节约能源费用 5867 万元，节能效果显著。

（2）科学实施引导，着力培育公共建筑节能改造市场要素

一是实施政府引导。由市城乡建委牵头，会同市财政局、市机关事务管理局、市卫生局和市旅游局等相关行业主管部门建立形成了公共建筑节能改造工作协调机制，并积极调动区县城乡建设主管部门和节能服务公司的主观能动性，统筹协调解决公共建筑节能改造实施过程中的困难和问题。二是实施技术引导。充分发挥重庆市国家机关办公建筑和大型公共建筑能耗监测平台作用，在对重庆市各类公共建筑能耗实时监测数据以及节能改造潜力进行系统分析的基础上，明确了公共建筑节能改造以空调系统、照明插座系统和能耗监测与节能控制系统等为主，围护结构、动力系统、热水系统、燃气设备和特殊用电节能改造为辅的技术路线，引导公共建筑实施低成本、高回报的节能改造。三是实施舆论引导。着力发挥电视、网络、报纸、杂志等媒体的宣传作用，加强对重点行业和区县的专项技术培训，通过组织典型工程案例推介会和观摩会等方式，广泛宣传公共建筑节能改造的政策、技术、模式和效果，增强了全行业对推动公共建筑节能改造的积极性，全面打开了酒店、医院和商场建筑的节能改造市场。

（3）创新工作机制，充分激发公共建筑节能改造市场活力

一是创新改造方式。率先采用了“节能效益分享型”的合同能源管理模式规模化推动既有公共建筑节能改造，既确保了改造项目实施质量和节能效果，又充分调动了项目业主单位和节能服务公司的积极性。二是创新激励措施。全面落实市级财政 1∶1 配套中央财政补助资金进行补贴的激励政策，并根据改造主体和效果的不同，实施差异化的激励措施。一方面实行补助资金标准与节能率挂钩，对单位建筑面积能耗下降 25%（含）以上的示范项目，按 40 元/m^2 进行补助，对单位建筑面积能耗下降 20%（含）至 25%的示范项目，按 35 元/m^2 进行补助；另一方面对采用合同能源管理模式的示范项目，按 8∶2 的比例将补助资金拨付给节能服务公司和项目业主单位，既充分调动了各方主体的改造意愿，又有力撬动了节能改造市场。三是创新融资平台。积极推动节能服务公司与银行等金融机构合作，搭建形成了“政府—企业—银行”三位一体的融资平台，重点支持运用合同能源管理模式推动既有公共建筑节能改造。四是创新培育市场主体。建立实施了建设领域节能服务企业备案管理制度，培育发展了近 30 家专业化的节能服务公司，并对其开展的节能咨询、诊断、设计、改造、运行管理等服务活动实行动态监管。

（4）强化监督管理，有效保障公共建筑节能改造实施效果

一是强化项目管理。市城乡建委会同市财政局先后发布了《重庆市公共建筑节能改造重点城市示范项目管理暂行办法》（渝建发〔2012〕111 号）和《重庆市公共建筑节能改

造示范项目和资金管理办法》（渝建发〔2016〕11号），明确了改造示范项目实施流程以及项目申报、方案评审、施工实施、过程监管、工程验收、效果核定、补助资金拨付等环节的具体管理要求，并创设了涵盖四阶段的全过程质量控制制度。在项目申报阶段，建立了改造项目专家审查制度，即在业主单位提交申报资料之后，组织专家组对申报项目的节能诊断报告、改造技术方案以及施工图设计进行评审，评审通过后列为示范项目，确保项目改造技术方案的可行性和可操作性；在项目实施阶段，要求项目所在地区县城乡建设主管部门建立并实施对改造项目施工进度、质量和安全的监管制度，确保施工质量符合改造技术方案和施工图设计的要求；在项目验收阶段，建立并实施改造项目专项验收制度，要求在项目所在地区（县）城乡建设主管部门的监督下，由项目业主单位组织对改造项目进行竣工验收，确保实际改造内容符合改造设计要求；在效果评价阶段，建立实施了公共建筑节能改造效果第三方核定制度，在示范项目施工完毕并通过验收后，由市城乡建设主管部门委托第三方节能量核定机构对示范项目实际改造面积和改造效果进行核定，并将第三方节能量核定机构核定结果作为拨付财政补助资金的依据，保障财政补助资金使用的科学合理性和安全可靠性。二是强化行业管理。指导重庆市建筑节能协会成立了既有建筑节能改造和服务分会，切实加强重庆市建设领域节能服务公司市场行为自律和管理，着力搭建既有建筑节能改造技术交流、推广和共享平台，并为既有建筑节能改造示范项目提供融资担保和保险团购等服务工作。

（5）突出能力建设，着力完善公共建筑节能改造支撑体系

一是组织制定发布了重庆市《公共建筑节能改造应用技术规程》，作为指导重庆市公共建筑节能改造示范项目节能诊断、方案设计、施工管理和竣工验收的主要技术依据。二是制定发布了《重庆市公共建筑节能改造示范项目审查要点》，统一示范项目的审查原则、审查内容和审查深度，保障示范项目改造技术方案的编写质量。三是制定发布了《重庆市公共建筑节能改造技术及产品性能规定》，对重庆市公共建筑节能改造项目采用的主要技术措施及产品的技术性能作出了明确规定，防止伪劣产品用于示范项目，保障改造示范项目实施质量。四是在全国率先编制发布了《公共建筑节能改造节能量核定办法》和《公共建筑节能改造节能量核定指南》，作为重庆市公共建筑节能改造示范项目节能效果核定的主要依据；并遴选培育了重庆大学、重庆市建筑节能中心和重庆市设计院3家技术水平高、责任意识强的第三方节能量核定机构，建立了改造项目节能率核定质量互审机制，加强对节能量核定机构的监督管理，保证改造面积和改造效果核定工作的规范性、客观性和公正性。五是组织编制并广泛推广了《公共建筑节能改造项目合同能源管理标准合同文本》，切实规范节能服务公司与项目业主单位间的市场行为，保障合同能源管理模式在公共建筑节能改造项目中广泛应用，推动重庆市公共建筑节能改造服务市场持续健康发展。

6.3 展　　望

“十三五”期间，我国公共建筑能效提升工作虽然取得了显著的成效，但是还存在公共建筑能耗监测平台数据不全不准，对节能改造工作的支撑不够，节能改造技术相对单一，绿色化改造较少，合同能源管理、绿色金融、碳排放权交易等市场机制尚缺乏应用等问题，从以下三方面对提升我国公共建筑能效加以展望。

6.3.1 充分发挥公共建筑能耗监测平台作用

公共建筑能耗监测平台功能不断优化，监测数据的分析与应用进一步深化，数据对用能限额标准制定、电力需求侧管理、能效交易等方面的支撑作用明显增强。部分地区将整合电力、燃气、学校、医院等行业数据，优化升级公共建筑能耗监测平台。一方面，制定各行业的能耗限额，基于能耗限额推进能源审计，节能改造工作；另一方面构架面向政府、市场、业主、金融机构、社会团体等利益相关方的城市级公共建筑节能信息服务平台，并基于平台定期向金融机构公开公共建筑节能改造项目的业主信息、实施计划等，推动节能改造项目与金融机构的对接。

6.3.2 深入推进公共建筑节能改造

不断完善既有公共建筑节能改造技术标准，扩大能源环境监测、可再生能源应用、屋面和墙体绿化、中水和雨水利用等绿色技术的应用范围和深度。结合公共建筑节能改造的需要，整合节能改造项目，建立项目库，引导企业开展节能改造。进一步完善合同能源管理、PPP 模式、绿色金融、碳排放权交易等市场机制和政策措施，拓展应用范围。

6.3.3 不断完善信用体系建设

针对公共建筑节能改造项目以及融资情况的信用评价存在市场主体信用行为认识不一、评价内容和方法各异的现状，科学界定信用行为，进一步明确统一的信用评价内容、方法及信用等级划分，实现公共建筑节能改造与融资信用信息互通共享，消除因信用评价不同造成的市场壁垒，加快建立公共建筑节能改造和金融市场统一的诚信体系。加快建立节能服务公司、节能量第三方审核机构诚信“白名单”和“黑名单”制度，并建立整合统一、互联共享的信用信息监管平台，通过该平台对各相关企业、从业人员及工程项目的各环节进行实时数据采集、统计分析和跟踪管理，实现信息资源共享互联。

第7章 可再生能源建筑应用

7.1 发展成效

面对国际能源供需格局新变化、国内能源需求发展新趋势，我国高度重视能源生产与安全。坚持“节约、清洁、安全”的能源战略方针，坚决控制能源消费总量，加快清洁能源发展，大力发展可再生能源。

根据《国务院办公厅关于印发能源发展战略行动计划（2014—2020年）的通知》，到2020年，我国一次能源消费总量控制在48亿tce左右，其中，非化石能源占一次能源消费比重达到15%，天然气比重达到10%以上，煤炭消费比重控制在62%以内。到那时力争常规水电装机达到3.5亿kW左右，风电装机达到2亿kW，风电与煤电上网电价相当，光伏装机达到1亿kW左右，光伏发电与电网销售电价相当；地热能利用规模达到5000万tce。

我国《能源生产和消费革命战略（2016～2030）》提出：到2030年，能源消费总量控制在60亿tce以内，非化石能源占能源消费总量比重达到20%左右；到2050年，占比超过50%。

“十二五”期末，我国可再生能源在建筑中的应用得到较快增长。全国城镇太阳能光热应用面积超过30亿m^2，浅层地能应用面积超过5亿m^2，可再生能源替代民用建筑常规能源消耗比重超过4%，为推进节能减排工作做出一定贡献。

“十三五”期间，根据《建筑节能与绿色建筑发展“十三五”专项规划》，深入推进可再生能源建筑应用，一方面扩大可再生能源建筑应用规模，另一方面提升可再生能源建筑应用工程质量。到2020年，实现城镇建筑中可再生能源替代常规能源比例超过6%。其中，可再生能源建筑应用重点工程如表7-1所示。

可再生能源建筑应用重点工程 **表7-1**

太阳能光热建筑应用。结合太阳能资源禀赋情况，在学校、医院、幼儿园、养老院以及其他有公共热水需求的场所和条件适宜的居住建筑中，加快推广太阳能热水系统。积极探索太阳能光热采暖应用。全国城镇新增太阳能光热建筑应用面积20亿m^2以上
太阳能光伏建筑应用。在建筑屋面和条件适宜的建筑外墙，建设太阳能光伏设施，鼓励小区级、街区级统筹布置，“共同产出、共同使用”。鼓励专业建设和运营公司，投资和运行太阳能光伏建筑系统，提高运行管理，建立共赢模式，确保装置长期有效运行。全国城镇新增太阳能光电建筑应用装机容量1000万kW以上
浅层地热能建筑应用。因地制宜推广使用各类热泵系统，满足建筑供暖、制冷及生活热水需求。提高浅层地能设计和运营水平，充分考虑应用资源条件和浅层地能应用的冬夏平衡，合理匹配机组。鼓励以能源托管或合同能源管理等方式管理运营能源站，提高运行效率。全国城镇新增浅层地热能建筑应用面积2亿m^2以上

续表

空气热能建筑应用。在条件适宜地区积极推广空气热能建筑应用。建立空气源热泵系统评价机制，引导空气源热泵企业加强研发，解决设备产品噪音、结霜除霜、低温运行低效等问题

7.1.1 太阳能光热建筑应用技术

太阳能作为清洁、可持续的可再生能源，是在建筑中应用的主流技术，是最为成熟，也是应用规模最大的技术类型。太阳能热利用逐步成为我国能源体系的主力能源之一。

1. 热水层面

2020年前太阳能热水系统的应用仍是主流应用方式，约60%的建筑安装太阳能热水系统。但近年来太阳能系统逐渐出现下滑趋势，主要是因为太阳能产品体验问题、政策放松、城镇化推动等方面造成的（见图7-1、表7-2）。

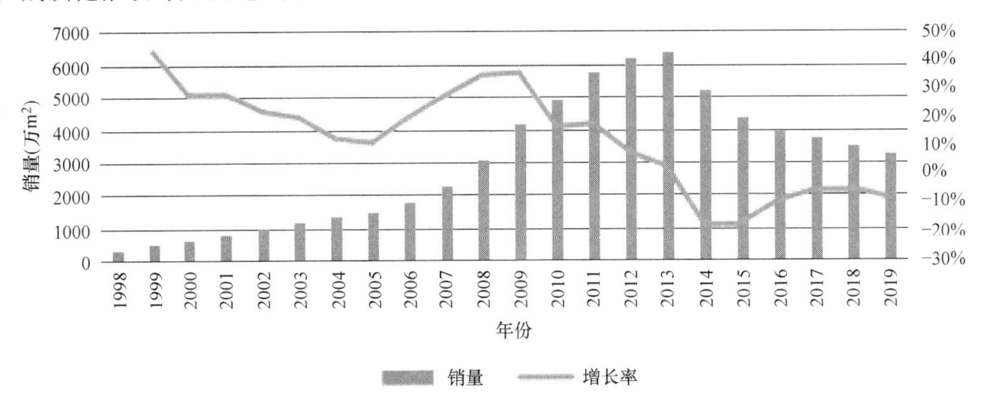

图7-1 太阳能热水系统增长情况[①]

太阳能热水系统增长率　　表7-2

年份	1998	1999	2000	2001	2002	2003	2004	2005	2006	2007	2008
销量(万 m^2)	350	500	640	820	1000	1200	1350	1500	1800	2300	3100
增长率		42.9%	28.0%	28.1%	22.0%	20.0%	12.5%	11.1%	20.0%	27.8%	34.8%
年份	2009	2010	2011	2012	2013	2014	2015	2016	2017	2018	2019
销量(万 m^2)	4200	4900	5760	6200	6360	5240	4350	3950	3730	3543	3250
增长率	35.5%	16.7%	17.6%	7.6%	2.6%	−17.6%	−17.0%	−9.2%	−5.6%	−5.0%	−8.3%

据统计，建筑热水应用仍然是主要的市场应用形式，占到太阳能热利用市场的96%左右，在建筑中又以住宅建筑热水比例较大。供暖及工农业应用领域占到4%。

2. 供暖层面

供暖以区域供热和零能耗建筑的实施推动而发展，区域供热主要集中在以藏区为爆发点向外快速扩展，预计接下来的5～10年形成爆发性增长。以西藏为例，大约有78个县城，若每个县城4万 m^2，未来将有300万 m^2 的市场容量，青海、四川、云南、甘肃等地也有大量的市场空间。随着国内零能耗建筑和超低能耗建筑的发展，建筑能效提高的同时负荷降低，对太阳能热利用的意义重大。

① 数据来源：行业逐年汇总数据。

综上，截至 2018 年年底，全国累计太阳能光热应用集热面积达到 5 亿 m^2，约合应用建筑面积 50 亿 m^2。与建筑结合的太阳能光热利用技术中，制取生活热水仍占绝大多数，占到约 84%，全年太阳能保证率普遍在 60%左右，太阳能光热系统单位建筑面积年常规能源替代量为 5.2kgce/m^2。截至 2018 年年底，全国累计太阳能光热应用建筑面积近 50 亿 m^2，太阳能光热系统建筑应用可实现年常规能源替代量约 2600 万 tce。

根据《建筑节能与绿色建筑发展“十三五”专项规划》，相比“十二五”期末，全国城镇太阳能光热应用面积超过 30 亿 m^2，“十三五”期间，已提前完成“全国城镇新增太阳能光热建筑应用面积 20 亿 m^2”的目标（见表 7-3）。

太阳能光热建筑应用目标任务完成情况　　表 7-3

太阳能光热建筑应用。结合太阳能资源禀赋情况，在学校、医院、幼儿园、养老院以及其他有公共热水需求的场所和条件适宜的居住建筑中，加快推广太阳能热水系统。积极探索太阳能光热供暖应用。全国城镇新增太阳能光热建筑应用面积 20 亿 m^2 以上	已完成

7.1.2 太阳能光电建筑应用技术

近十年来，太阳能光伏电池转换效率不断提高，光伏组件成本不断下降。光伏组件降低了近 80%，有的标准光伏组件价格甚至降到了 1.5 元/W。随着单位装机量不断提高，国内太阳能光伏电站 1m^2 装机能够达到 200Wp 及以上，即国内太阳能光伏电站电池部分的成本可以低于 300 元/m^2。光伏的度电成本已实现用户侧全面平价，大大提高了光伏组件集成到建筑构件中的可能性，为太阳能光伏发电在建筑中应用提供了坚实基础和有力支撑。

根据国家能源局统计数据，截至 2019 年年底，我国太阳能光伏发电累计并网量达到 204.56GW，同比增长 17.1%；全年光伏发电量 2242.6 亿 kW/h，同比增长 26.3%，占我国全年总发电量的 3.1%，同比提高 0.5%。

根据国家能源局统计的“分布式光伏”应用数据，截至 2019 年年底，国内光伏累计装机 204.56GW，包括 141.75GW 集中式电站、62.81GW 分布式电站。逐年新增装机情况如图 7-2 所示。

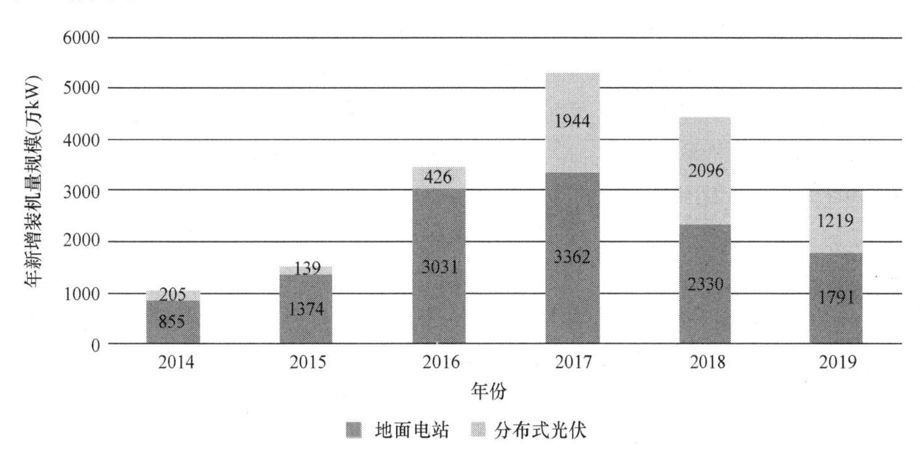

图 7-2　国内历年光伏年新增装机量规模

光伏建筑一体化（简称 BIPV）是与新建筑物同时设计、同时施工和同时安装并与建筑形成完美结合的光伏发电系统，是建筑物必不可少的一部分，既发挥建筑材料的功能（如遮风、挡雨、隔热等），又发挥发电的功能，使建筑物成为绿色建筑。这与附着在建筑物上的太阳能光伏发电系统（简称 BAPV）不同，BIPV 的电池作为建筑物外部结构的一部分，既具有发电功能又具有建筑材料的功能，BAPV 为依附于建筑的太阳能光伏系统应用形式，实际项目以屋顶光伏电站为主，本书中的建筑应用包含了 BIPV 和 BAPV 两种形式。

经问卷调研，行业内 17 个领头企业（这些企业的市场份额占比约为 15%），2019 年度 BIPV/BAPV 装机容量为 952.10MWp，经测算，2019 年度全国 BIPV/BAPV 新增总装机容量约为 6.35GWp，约占 2019 年度分布式光伏电站的 50%。根据国家能源局统计的相关累计数据，截至 2019 年，太阳能光电建筑应用装机累计约为 30GW。

综上，截至 2019 年年底，全国累计太阳能光电建筑应用装机约为 30GW。按照 1kW 年发电量 1500kWh、每度电耗 0.338kgce 计算，1kW 装机太阳能光伏发电系统的年常规能源替代量约为 500kgce/kW。所以截至 2019 年年底，全国累计太阳能光电建筑应用可实现年常规能源替代量约 1500 万 tce。

根据《建筑节能与绿色建筑发展“十三五”专项规划》，相比“十二五”期末应用数据，“十三五”期间，目前已提前完成“全国城镇新增太阳能光电建筑应用装机容量 1000 万千瓦以上（10GW）”的日标（见表 7-4）。

太阳能光热建筑应用目标任务完成情况 **表 7-4**

太阳能光伏建筑应用。在建筑屋面和条件适宜的建筑外墙，建设太阳能光伏设施，鼓励小区级、街区级统筹布置，“共同产出、共同使用”。鼓励专业建设和运营公司，投资和运行太阳能光伏建筑系统，提高运行管理，建立共赢模式，确保装置长期有效运行。全国城镇新增太阳能光电建筑应用装机容量 1000 万 kW 以上	已完成

7.1.3 浅层地热能建筑应用技术①

浅层地热能是指 200m 以浅的地热资源，主要用于建筑物供暖制冷。根据中国地质调查局有关资料显示，我国 336 个地级以上城市浅层地热能资源年可开采量折合标准煤 7 亿 t，可实现建筑物供暖制冷面积 320 亿 m^2。我国中东部的北京、天津、河北、山东、河南、辽宁、上海、湖北、湖南、江苏、浙江、江西、安徽共 143 个地级以上城市，是最适宜开发利用浅层地热能的地区。上述地区浅层地热能资源年可开采量折合标准煤 4.6 亿 t，可实现建筑物供暖制冷面积 210 亿 m^2。其他地区不适宜大规模集中开发利用，宜采用分散式小规模单体建筑开发利用模式。

2006～2018 年，我国浅层地热能建筑应用规模从 0.27 亿 m^2 增长至 6.25 亿 m^2，平均每年新增 0.50 亿 m^2。其中，2009～2014 年间（2009～2012 年批复 93 个示范市、198 个示范县，建设期为两年）浅层地热能建筑应用增长速度最快，最多每年新增达 1.0 亿 m^2。“十三五”期间，随着补贴政策退出，浅层地热能建筑应用增长速度趋于平稳，平均每年增长约 0.4 亿 m^2，如图 7-3 所示。其中，京津冀及周边地区和长江流域浅层地热能

① 本节中的数据未统计我国台湾、香港和澳门。

建筑应用规模最大，北京、天津、河北、山东、河南、江苏、安徽、湖北、湖南、重庆10个省份年均新增面积占全国总新增面积的62%～73%，与资源分布情况基本一致。

31省（区、市）浅层地热能资源一览表 **表7-5**

序号	省份	地源热泵系统可换热功率(万 kW)		地源热泵可供暖和制冷面积(万 m^2)		可开采量折合标准煤(万 t)
		夏季制冷		冬季供暖		夏季制冷
1	安徽	26900	14600	372000	297000	6350
2	湖南	15500	11200	228000	327000	6310
3	上海	6890	6990	46400	145000	5810
4	江苏	22100	16600	231000	259000	4700
5	北京	8640	4330	160000	95900	3970
6	辽宁	13400	7900	155000	125000	3740
7	甘肃	4440	1730	71300	24800	3690
8	天津	10100	6700	126000	134000	3580
9	内蒙古	13900	5760	215000	128000	3220
10	山东	11700	8630	258000	229000	3050
11	山西	51000	3240	118000	62000	2800
12	福州	1030	1060	12800	21100	2790
13	陕西	5490	3210	66500	54100	2760
14	河南	8210	6800	112000	130000	2630
15	浙江	8360	5800	83600	82900	1800
16	河北	5460	3430	63500	59900	1630
17	新疆	3550	2030	57500	33000	1610
18	四川	4170	3700	51700	61600	1490
19	江西	14300	11500	244000	256000	1310
20	湖北	8270	6760	103000	116000	1290
21	广西	7600	0	33500	0	1280
22	广东	25700	47300	19800	73600	1060
23	吉林	5940	2240	74300	28500	866
24	重庆	21500	23300	215000	389000	675
25	贵州	4470	2930	63900	58600	611
26	宁夏	2150	691	31200	14700	575
27	黑龙江	1540	566	25600	9010	314
28	云南	1040	1020	15300	18000	305
29	海南	247	0	2750	0	78
30	青海	345	140	6230	1880	52
31	西藏	0	119	0	2000	26
合计		313937	210475	3257494	3226767	70400

数据来源：我国《地热能开发利用“十三五”规划》。

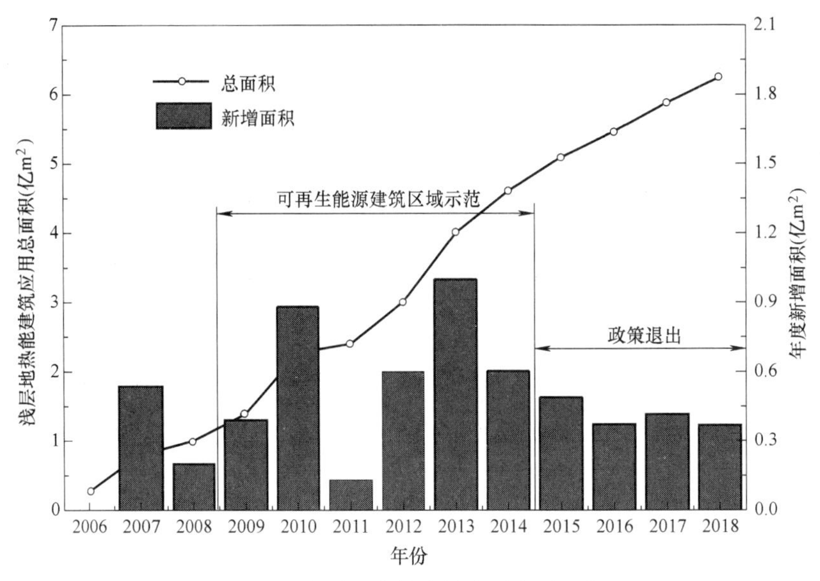

图 7-3　浅层地热能建筑应用发展现状

综上，截至2018年年底，全国累计浅层地热能建筑应用面积约6.2亿m^2。按相关实际运行项目测评结果，单位建筑面积的平均年常规能源替代量折算为12.7kgce/m^2。所以截至2018年年底，全国累计浅层地热能建筑应用可实现年常规能源替代量约790万tce。

根据我国《建筑节能与绿色建筑发展“十三五”专项规划》，相比“十二五”期末，全国城镇浅层地热能应用面积超过5亿m^2，“十三五”期间，平均每年增长约0.4亿m^2，能够完成“全国城镇新增浅层地热能建筑应用面积2亿平方米以上”的目标（见表7-6）。

浅层地热能建筑应用目标任务完成情况　　**表 7-6**

浅层地热能建筑应用。因地制宜推广使用各类热泵系统，满足建筑供暖制冷及生活热水需求。提高浅层地能设计和运营水平，充分考虑应用资源条件和浅层地能应用的冬夏平衡，合理匹配机组。鼓励以能源托管或合同能源管理等方式管理运营能源站，提高运行效率。全国城镇新增浅层地热能建筑应用面积2亿m^2以上	完成

7.1.4　空气热能建筑应用技术

空气热能与地热能一样，来源于太阳能。要把空气热能变成较高温度的热能使用，一定要消耗一定数量的高品位能，如电能或高温热能。这是利用空气热能的必要条件和热力学依据。贮存在大气中的热能，能够被热泵装置转换利用，形成高于环境温度，以满足建筑供暖和供热水需求。

国际上，在考虑空气热能纳入可再生能源时，现行做法大多是将空气源热泵热水器纳入可再生能源利用技术范畴。我国已有部分地方考虑将空气热能纳入可再生能源，其纳入的利用技术也是多限于空气源热泵热水器。同时，考虑到我国发展清洁能源要求及南方地区供暖需求上升带来的供暖能耗升高压力，本书重点对空气源热泵热水器及空气源热泵供暖机进行阐述与分析。

1. 空气源热泵热水器

空气源热泵热水器产业近年一直呈现稳定增长态势，结合产业在线等市场监测机构对其他几种家用热水器的销量数据，从图 7-4 可以看出，热水市场主流仍是电热水器，空气源热泵热水器市场份额为 3%～9%。

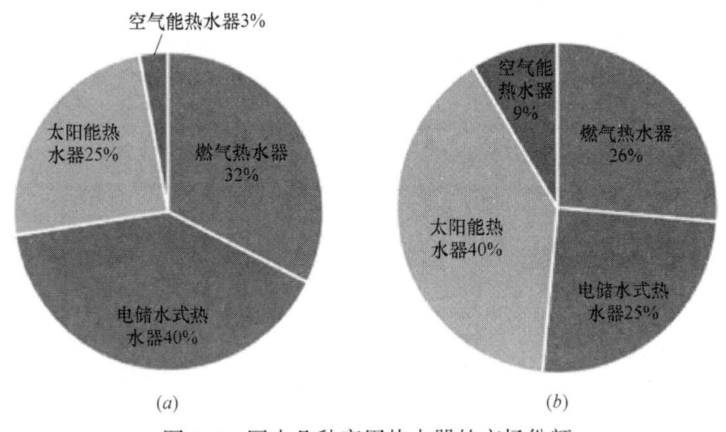

图 7-4 国内几种家用热水器的市场份额

数据来源：产业在线。

（a）台数；（b）金额

空气源热泵热水器的近年来销售台数如图 7-5 所示，可以看出，2018 年空气源热泵热水器销售 178 万台，按照 3000W/台（家用）计算，则 2018 年空气源热泵热水应用规模为 534 万 kW，折合应用建筑面积约 1.07 亿 m^2。

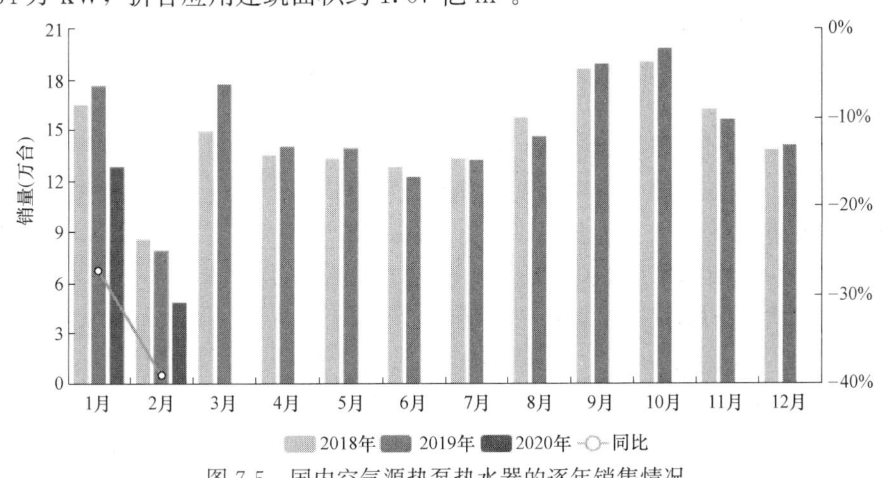

图 7-5 国内空气源热泵热水器的逐年销售情况

数据来源：产业在线。

2. 空气源热泵供暖机

近年来，由于清洁取暖政策的影响，空气源热泵供暖的应用呈现大幅波动，直到 2017 年都呈大幅增长趋势，2018 年开始出现负增长，具体变化情况如图 7-6 所示。

空气源热泵供暖形式分为空调、热泵和其他，近几年来占比情况如图 7-7 所示。2018 年空调形式仍占大多数，主要分布在夏热冬冷没有集中供暖的地区，占比 51.7%；热泵占比 35.5%。

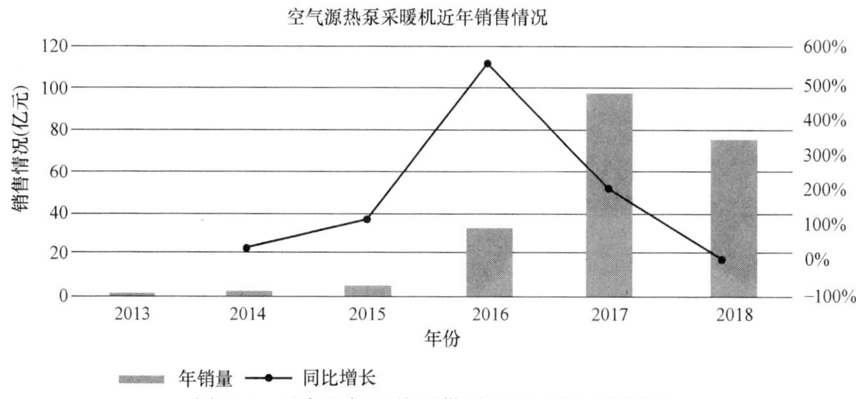

图 7-6　国内空气源热泵供暖机的近年销售情况

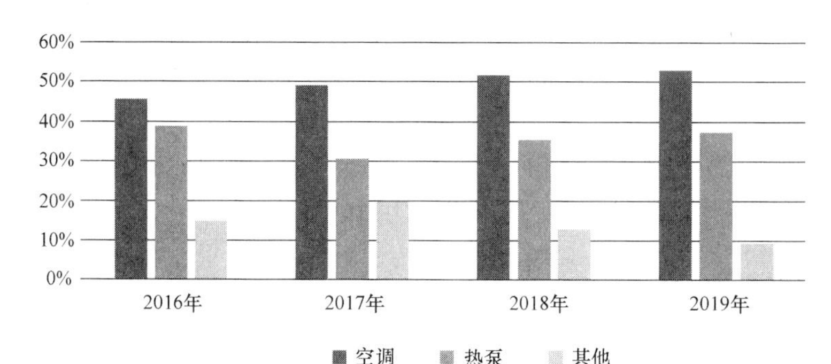

图 7-7　空气源热泵供暖形式的占比情况

从上文可以看出，2018 年空气源热泵供暖机销售 75.2 亿元，按照 3000W/台/6000 元（家用）计算，则 2018 年度空气源热泵供暖应用规模为 376 万 kW，折合应用建筑面积约 7500 万 m^2。

综上，空气源热泵制取生活热水，比较适用于我国南方地区，目前在南方地区的学校、酒店、医院、办公建筑和住宅楼盘等各类建筑中得到大规模应用。根据 2018 年空气源热泵热水器的销售情况，折合年度应用建筑面积约 1.07 亿 m^2。综合考虑产业发展情况，截至 2019 年，全国累计热水应用建筑面积约达 5 亿 m^2。

在我国北方地区清洁取暖推进和南方地区自供暖需求提升过程中，空气源热泵供暖应用规模不断扩大。根据 2018 年空气源热泵供暖机销售情况，折合应用建筑面积约 7500 万 m^2。综合考虑产业发展情况，截至 2019 年，全国累计供暖应用建筑面积约达 2 亿 m^2。

按照平均运行能效水平、每平方米建筑耗能 50W 计算，单位建筑面积空气源热泵年常规能源替代量约 2.14kgce/m^2。所以截至 2019 年年底，全国累计空气热能建筑应用可实现年常规能源替代量约 150 万 tce。

根据我国《建筑节能与绿色建筑发展“十三五”专项规划》，“十三五”期间，“在条件适宜地区积极推广空气热能建筑应用”，目前已完成目标（见表 7-7）。

空气热能建筑应用目标任务完成情况　　**表 7-7**

空气热能建筑应用。在条件适宜地区积极推广空气热能建筑应用。建立空气源热泵系统评价机制，引导空气源热泵企业加强研发，解决设备产品噪声、结霜除霜、低温运行低效等问题	完成

7.1.5 发展成效综述

“十三五”期间，可再生能源建筑应用稳步发展，规模不断扩大。总的来说，太阳能光热建筑应用趋缓，太阳能光伏发电发展较快，浅层地热能建筑应用发展理性，空气热能建筑应用不断扩展。其中，太阳能光热、浅层地热能和太阳能光伏发电建筑应用规模逐年发展情况如图 7-8、图 7-9 所示。

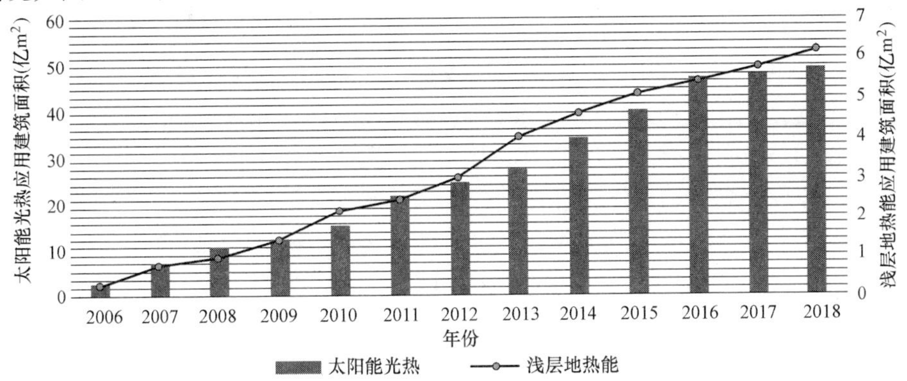

图 7-8 太阳能光热和浅层地热能建筑应用逐年发展规模

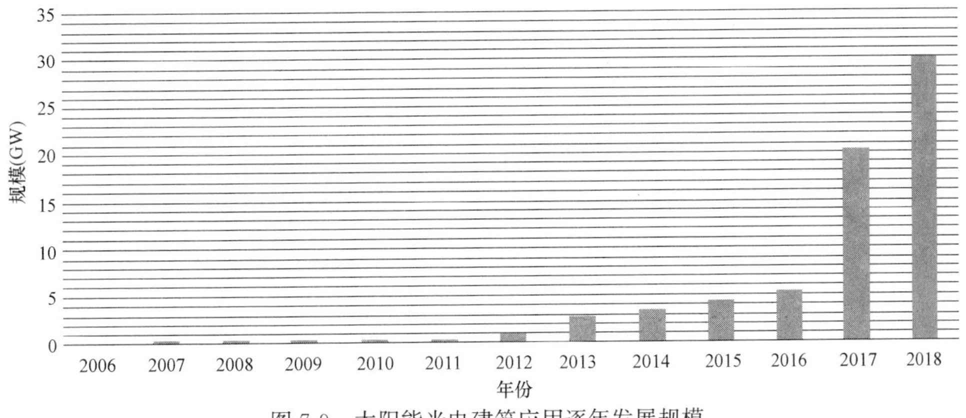

图 7-9 太阳能光电建筑应用逐年发展规模

经过测算，“十二五”期末我国可再生能源建筑应用方面主要包括：太阳能光热、太阳能光伏发电和浅层地热能建筑应用技术，其可再生能源替代民用建筑常规能源消耗比重超过 4%。

“十三五”期间，经过以上技术应用的测算汇总，截至 2018 年，以上技术应用形成年常规能源替代量共计约 5000 万 tce。预计至 2020 年，以上可再生能源技术应用形成年常规能源替代量共计约 6000 万 tce，可再生能源替代民用建筑常规能源消耗比重将超过 6%。

7.2 经验与做法

7.2.1 法律规划方面

1. 国家层面

2019 年底，全国人大常委会执法检查组发布关于检查《中华人民共和国可再生能源法》实施情况的报告，指出：执法存在的8大问题、6大建议。其中问题之一是相关规划尚未充分衔接，比如，地方规划目标远超国家规划目标、可再生能源规划与电网规划之间缺少衔接等；问题之二是：可再生能源非电应用支持政策存在短板。

2020年4月，国家能源局发布关于《中华人民共和国能源法（征求意见稿）》公开征求意见的公告，向社会广泛征求意见。其中明确提出：国家调整和优化能源产业结构和消费结构，优先发展可再生能源，安全高效发展核电，提高非化石能源比重，推动化石能源的清洁高效利用和低碳化发展。国家支持农村能源资源开发，因地制宜推广利用可再生能源，改善农民炊事、取暖等用能条件，提高农村生产和生活用能效率，提高清洁能源在农村能源消费中的比重。国家将可再生能源列为能源发展的优先领域，制定全国可再生能源开发利用中长期总量目标以及一次能源消费中可再生能源比重目标，列入国民经济和社会发展规划以及年度计划的约束性指标，并分解到各省、自治区、直辖市实施。国务院能源主管部门会同国务院有关部门监测各省、自治区、直辖市实施情况，并进行年度考核。另外，对可再生能源消纳保障、可再生能源激励政策、可再生能源开发等方面均做出相关条文规定。

《能源生产和消费革命战略（2016～2030）》明确提出，到2030年，能源消费总量控制在60亿tce以内，非化石能源占能源消费总量比重达到20%左右；到2050年，能源消费总量基本稳定，非化石能源占比超过一半。

截至2018年年底，我国可丙生能源发电装机达到7.28亿kW，同比增长12%；其中，水电装机3.52亿kW、风电装机1.84亿kW、光伏发电装机1.74亿kW、生物质发电装机1781万kW，分别同比增长2.5%，2.4%，34%和20.7%。可再生能源发电装机约占全部电力装机的38.3%，同比上升1.7个百分点，可再生能源的清洁能源替代作用日益突显。

2. 地方层面

各地积极制定本地区的相关行政法规。北京、江苏、浙江、上海、安徽、山东、湖北、湖南、深圳、海南等地出台建筑节能条例或办法，强制太阳能热水系统或政府投资的公共建筑应当至少利用一种可再生能源。

河北2018年出台地方法规《河北省促进绿色建筑发展条例》，自2019年1月1日起施行。其中提出：新建住宅、宾馆、学生公寓、医院等有集中热水需求的民用建筑，应当结合当地自然资源条件，按照要求设计、安装太阳能、生物质能等可再生能源或者清洁能源热水系统。鼓励工业余热的有效利用。

2016年以来，各地相继发布《建筑节能与绿色建筑“十三五”发展规划》，北京、天津、河北、山西、内蒙古、上海、江苏、浙江、福建、江西、山东、青岛、湖北、广东、深圳、广西、海南、四川、重庆、陕西、贵州均发布了相应专项规划。从具体目标制定方式来看，有“十三五”新增面积指标、节煤量、面积比例和占建筑能耗比例等几种形式。

从面积比例、占建筑能耗比例的目标来看，如北京市提出“十三五”期末可再生能源建筑应用面积比例达到16%，河北省提出到2020年可再生能源建筑应用消费比例占到9%，详见表7-8。

从新增面积和节煤量目标来看，湖北提出“十三五”期间新增可再生能源建筑应用面积8000万m^2；广西提出“十三五”期间可再生能源建筑应用形成的节能量折合为24万tce，详见图7-10。

“十三五”建筑节能相关规划中提出的比例指标 **表 7-8**

占建筑能耗比例指标	面积比例指标
到 2020 年年底，天津提出可再生能源消费量占建筑能耗总量的比例达到 10%； 到 2020 年，河北提出达到 9%； 到 2020 年，浙江提出达到 10%； 到 2020 年，新疆提出达到 15%	到 2020 年年底，北京全市使用可再生能源的民用建筑面积比例达到 16%； 到 2020 年年底，河北提出达到 49%； 到 2020 年年底，江西提出达到 6%； 到 2020 年年底，山东提出达到 50%

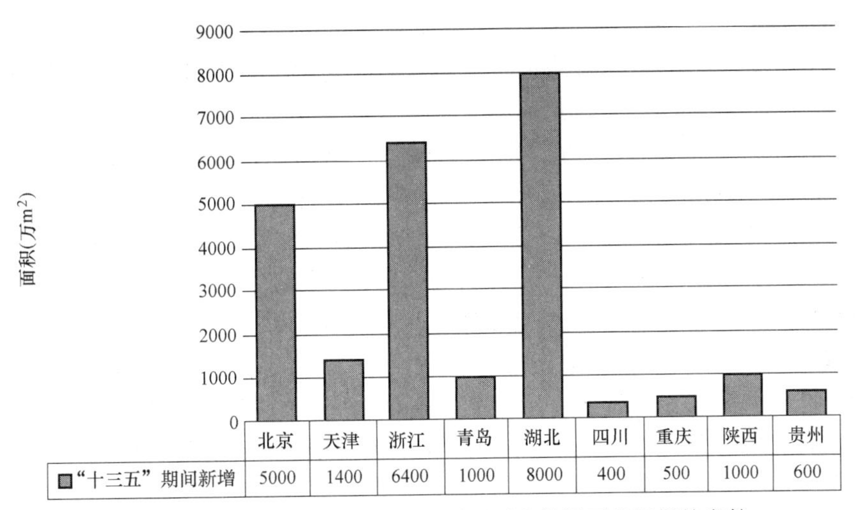

图 7-10 提出“十三五”期间新增可再生能源面积目标的省份

《北京市总体规划（2016—2035 年）》提出：到 2020 年，全市能源消费控制在 7650 万 tce，到 2035 年力争控制在 9000 万 tce。努力构建以电力和天然气为主，地热能、太阳能和风能等为辅的优质能源体系。到 2020 年新能源和可再生能源占能源消费总量比重由现状的 6.6%提高到 8%以上，到 2035 年达到 20%。

7.2.2 政策方面

1. 国家层面

2017 年中央财经领导小组第十四次会议指出，推进北方地区冬季清洁取暖，要按照企业为主、政府推动、居民可承受的方针，宜气则气，宜电则电，尽可能利用清洁能源，加快提高清洁供暖比重。推动了可再生能源在建筑中尤其广大农村建筑中的应用。

2018 年，六部委联合发布《关于加快浅层地热能开发利用 促进北方采暖地区燃煤减量替代的通知》，提出因地制宜推进地热供暖。以京津冀及周边地区等北方采暖地区为重点，到 2020 年，浅层地热能在供热（冷）领域得到有效应用，应用水平得到较大提升，在替代民用散煤供热（冷）方面发挥积极作用，区域供热（冷）用能结构得到优化，相关政策机制和保障制度进一步完善，浅层地热能利用技术开发、咨询评价、关键设备制造、工程建设、运营服务等产业体系进一步健全。

2. 地方层面

2019 年，北京市发展改革委会同市规划自然资源委、市城市管理委、市住房城乡建设委、市生态环境局、市水务局、市科委、市统计局联合制定了《关于进一步加快热泵系统应用推动清洁供暖的实施意见》。提出：将可再生能源应用纳入分区规划，将热泵等作为北京清洁能源发展的重要方向。《北京市人民政府办公厅关于印发〈北京2022年冬奥会和冬残奥会可持续性承诺工作任务分解清单（北京部分）〉的通知》（京政办字〔2017〕4号）中提到，到2022年，全市可再生能源占能源消费总量比重达到8%以上。

甘肃省在2017年印发了《甘肃省人民政府关于印发甘肃省“十三五”节能减排综合工作方案的通知》（甘政发〔2017〕54号），提到：全面推动能源结构优化。控制煤炭消费总量，稳步推进生物质能、地热等清洁能源开发利用。到2020年，煤炭占能源消费总量比重下降到56.1%，电煤占煤炭消费量比重提高到62%，非化石能源占能源消费总量比重达到25.8%，天然气消费比重提高到5%。

江苏省在《江苏省政府关于推进绿色产业发展的意见》（苏政发〔2020〕28号）中提出：到2022年，非化石能源占一次能源消费比重13%左右。围绕高效光伏制造、海上风能、生物能源、智能电网、储能、智能汽车等重点领域，培育一批引领绿色产业发展的新能源装备制造领军企业。到2022年，全省能源消费总量控制在国家下达的目标范围以内，清洁能源装机超过6500万kW，城镇绿色建筑占新建建筑比例达98%。注重宣传推广。开展全民绿色教育，通过新闻媒体和互联网等渠道，加大绿色产品、绿色技术宣传力度，鼓励社会各界积极参与绿色产业发展工程项目建设，支持社会主体开展绿色社区、绿色医院、绿色家庭、绿色学校、绿色饭店、绿色商场、绿色建筑等系列绿色创建活动，在全社会形成健康文明的绿色文化风尚。

广西加强运营管理，印发《可再生能源建筑应用后期监管工作指导意见》（桂建科〔2018〕32号），进一步加强可再生能源建筑应用项目质量管理；贵州研究建立新建建筑工程可再生能源应用专项论证制度，鼓励可再生能源、生物质能在农村地区规模化应用；海南以太阳能热水应用为主，针对太阳能热水系统应用现状开展调研，并开展《海南省太阳能热水系统建筑应用管理办法》（省政府令第227号）的修订工作。

（1）太阳能光热利用

据不完全统计，迄今为止，北京、江苏、安徽、山东、山西、浙江、宁夏、海南、湖北、吉林、上海、宁波、赤峰、巴彦淖尔、福州、南京、深圳、广州、深圳、珠海、东莞等地出台了强制在新建建筑中推广太阳能热水系统的相关法规或政策，强制推广的地区主要集中在东、中部地区，大部分规定为12层，其中个别城市规定在18层或100m。河北、山东、湖北、青海等继续加强政策实施力度。河北省住房和城乡建设厅2014年下发《关于规模化开展太阳能热水系统建筑应用工作的通知》（冀建科〔2014〕24号），决定在全省规模化开展太阳能热水系统建筑应用工作，明确到2016年底，新建建筑太阳能热水系统应用面积接近或力争达到50%；山东省实施太阳能光热强制推广政策，12层及以下住宅建筑及集中供应热水的公共建筑全部同步设计、安装太阳能热水系统，积极推动高层建筑应用太阳能热水系统，济南、菏泽等市将强制推广范围扩大到100m以下住宅建筑；青海省借助住房城乡建设部大力发展被动式太阳能暖房的契机，结合本省实施被动式太阳能供暖项目经验和技术，在各地政府配合下，2013年实施农牧区被动式太阳能暖房项目面积达110万m^2，惠及全省两市五州11000户农牧民住户，逐步在农牧地区被动式供暖民居建设中形成了具有本省地域特点的“门源模式”，受到了广大农牧区群众的欢迎；湖北省武汉市明确在全市范围内新建、改建、扩建 18 层及以下住宅（含商住楼）和宾馆、酒店、医院病房大楼、老年人公寓、学生宿舍、托幼建筑、健身洗浴中心、游泳馆（池）等热水需求较大的建筑，应统一同期设计、同步施工、同时投入使用太阳能热水系统；北京市 2012 年 3 月 1 日颁布了强制安装太阳能政策《北京市太阳能热水系统城镇建筑应用管理办法》，规定本市所有新建建筑强制安装太阳能热水系统，新建、改建工程的建设单位、设计单位应当按照国家标准和北京市地方标准的要求进行太阳能热水系统的设计，太阳能热水系统建筑应用的经济技术指标和设计安装要求纳入本市地方标准，重要指标和要求作为强制性条款，对擅自取消太阳能热水系统的建设项目，责令限期整改。

从政策出台的时间上看，以上专门针对太阳能热水系统建筑应用的强制政策主要集中在 2014 年以前。2014 年济南市出台太阳能热水系统建筑应用“百米强装”政策，太阳能热水系统建筑应用政策再一次迈向新台阶。此后，太阳能热水系统建筑应用政策未见突破性进展，尤其是自 2015 年以来，仅有江苏省淮安市、泰州市，安徽省马鞍山市，山东省枣庄市、德州市及济宁市，海南省三亚市及云南省发布了专项的太阳能热水系统建筑应用政策。

（2）太阳能光伏发电

自 2009 年住房城乡建设部、财政部开展“太阳能屋顶计划”以来，光电建筑应用项目示范有效地开拓了国内光伏应用市场。

2018 年，国家发展改革委发布《关于 2018 年光伏发电项目价格政策的通知》（发改价格规〔2017〕2196 号），下调光伏电价：降低 2018 年 1 月 1 日之后投运的光伏电站标杆上网电价，Ⅰ类、Ⅱ类、Ⅲ类资源区标杆上网电价分别调整为每千瓦时 0.55 元、0.65 元、0.75 元（含税）。2018 年 1 月 1 日以后投运的、采用“自发自用、余量上网”模式的分布式光伏发电项目，全电量度电补贴标准降低 0.05 元，即补贴标准调整为每千瓦时 0.37 元（含税）；采用“全额上网”模式的分布式光伏发电项目按所在资源区光伏电站价格执行。村级光伏扶贫电站（0.5MW 及以下）标杆电价、户用分布式光伏扶贫项目度电补贴标准保持不变。

除国家部委出台政策外，地方也根据实际发展需要，制定相关省、市、县级补贴政策，具体如表 7-9 所示。

全国各地分布式光伏发电补贴电价政策汇总表 **表 7-9**

序号	省	市	区县	补贴项目条件	度电补贴(元/kWh)					补贴期限
					国家	省级	市级	县级	合计	
1	北京	北京	北京	2015 年 1 月 1 日至 2019 年 12 月 31 日期间并网的分布式光伏项目	0.37	0.3			0.67	5 年
2	山西	晋城	晋城	农户自建的家庭光伏项目	0.37		0.2		0.57	
				新型农业经营主体建设的与现代农业设施相结合的光伏项目	0.37		0.2		0.57	
3	上海	上海	上海	本市 2016～2018 年投产发电的新能源项目，工商企业用户	0.37	0.25			0.62	5 年
				本市 2016～2018 年投产发电的新能源项目，学校用户	0.37	0.55			0.92	5 年

续表

序号	省	市	区县	补贴项目条件	度电补贴(元/kWh)					补贴期限
					国家	省级	市级	县级	合计	
3	上海	上海	上海	本市2016～2018年投产发电的新能源项目,个人、养老院等享受优惠电价用户	0.37	0.4			0.77	5年
4	江苏	盐城	盐城	市内范围的分布式光伏项目	0.37		0.1		0.47	2年
5	浙江	杭州	杭州市	在杭注册的光伏企业在杭州市于2016～2018期间建成并网的分布式项目(含全额上网模式)	0.37	0.1	0.1		0.57	5年
			萧山	验收合格、装机容量30kW以上的分布式项目	0.37	0.1	0.1	0.2	0.77	5年
			余杭	在余杭注册的光伏企业在市区于2017年1月1日～2019年年底建成并网的分布式项目(含全额上网模式)	0.37	0.1	0.1	0.2	0.77	自并网至2020年年底
				居民住宅单独建设的光伏项目	0.37	0.1			0.47	
		温州	温州市	在温州注册的光伏企业在市区于2017年1月1日～2019年年底建成并网的分布式项目(含全额上网模式)	0.37	0.1	0.1		0.57	5年
				2017年1月1日～2019年年底建成并网的居民家庭屋顶光伏项目	0.37	0.1	0.3		0.77	5年
				2017年1月1日～2019年年底建成并网的屋顶所有者(屋顶租赁)	0.37	0.1	0.05		0.52	5年
			鹿城	居民家庭自建屋顶光伏项目	0.37	0.1	0.3		0.77	
			瑞安	在瑞安注册的光伏企业在瑞安于2017年1月1日～2019年年底建成并网的单位屋顶光伏项目	0.37	0.1		0.3	0.77	5年
				2017年1月1日～2019年年底建成并网的居民家庭屋顶光伏项目	0.37	0.1		0.3	0.77	5年
				2017年1月1日～2019年年底建成并网的屋顶所有者(屋顶租赁)	0.37	0.1		0.05	0.52	5年
			永嘉	县内注册的企业以及居民,在县域范围内于2017年1月1日～2019年年底建成并网的企业和居民家庭屋顶光伏项目	0.37	0.1		0.3	0.77	5年
			文成	2018年底前建成并网的分布式项目	0.37	0.1		0.2	0.67	5年
				2018年底前建成并网的居民个人投资光伏项目	0.37	0.1		0.3	0.77	5年
			泰顺	2015～2018年年底前低收入农户家庭屋顶	0.37	0.1			0.47	
				2015～2018年年底前安装的分布式光伏项目	0.37	0.1		0.3	0.77	5年

续表

序号	省	市	区县	补贴项目条件	度电补贴(元/kWh)					补贴期限
					国家	省级	市级	县级	合计	
5	浙江	温州	平湖	2000m^2 以下工业企业屋顶，装机 150kW 以下光伏，建成并网的前两年	0.37	0.1		0.25	0.72	2年
				2000m^2 以下工业企业屋顶，装机 150kW 以下光伏，建成并网的第 3～5 年	0.37	0.1		0.2	0.67	
				鱼塘、大棚等农业光伏，并网的前两年	0.37	0.1		0.3	0.77	
				鱼塘、大棚等农业光伏，并网的第 3～5 年	0.37	0.1		0.2	0.67	
				居民屋顶成片 100kW 以上光伏项目	0.37	0.1			0.47	3年
		嘉兴	海盐	建成并网屋顶分布式，并网的前三年	0.37	0.1		0.35	0.82	
				建成并网屋顶分布式，并网的后两年	0.37	0.1		0.2	0.67	
				只提供屋顶、由其他方投资的分布式，对屋顶提供方	0.37	0.1			0.47	
			嘉善	2020 年底前在县注册的光伏企业在县域投资建的分布式和自投自用的分布式项目	0.37	0.1		0.1	0.57	3年
				2020 年底前各镇村利用两创中心等集体物业的屋顶自投自建的分布式项目	0.37	0.1		0.2	0.67	3年
				2020 年底前居民家庭屋顶光伏项目	0.37	0.1			0.47	
		宁波	市区	2020 年底前在市区经过备案认可且在 9 万户目标内并网发电的家庭屋顶光伏项目	0.37	0.1	0.15		0.62	3年
				2021 年前建成并网的市区居民屋顶光伏项目	0.37	0.1		0.18	0.65	5年
				2021 年前建成并网以及 80%以上采用市区生产光伏组件等关键设备的项目	0.37	0.1			0.47	
		湖州	长兴	居民住宅光伏项目	0.37	0.1			0.47	
				新能源小镇规划内的居民屋顶光伏项目	0.37	0.1			0.47	
				县内注册的光伏企业在县域内企业屋顶实施的光伏项目	0.37	0.1		0.1	0.57	2年
			安吉	2021 年前安装居民屋顶光伏的业主	0.37	0.1		0.2	0.67	5年
				2021 年前县内注册的光伏企业在县域内企业屋顶实施的非居民屋顶光伏及农渔地面项目	0.37	0.1		0.1	0.57	2年
				2021 年前对企业等安装光伏等新能源产品	0.37	0.1			0.47	

续表

序号	省	市	区县	补贴项目条件	度电补贴(元/kWh)					补贴期限
					国家	省级	市级	县级	合计	
5	浙江	绍兴	市区	家庭屋顶光伏项目	0.37	0.1	0.2		0.67	5年
			滨海新城及诸暨	新城区域内的居民家庭、企业利用屋顶、空地、荒坡等投资建的分布式，于2018年底前并网发电	0.37	0.1		0.2	0.67	5年
		金华	市区	2018年底前，在市区注册的光伏企业，在市区建的分布式项目	0.37	0.1	0.2		0.67	3年
				2018年底前市区的居民家庭屋顶光伏项目	0.37	0.1	0.3		0.77	3年
			永康	本市注册的企业在市域范围新建光伏，2017、2018年年底前建成并网	0.37	0.1		0.15	0.62	5年
				本市注册的企业在市域范围新建光伏，2019、2020年年底前建成并网	0.37	0.1		0.1	0.57	5年
				居民屋顶或农业主体利用设施新建光伏，2020年年底建成并网	0.37	0.1		0.3	0.77	5年
			磐安	对列入集中连片居民光伏试点计划的居民光伏项目	0.37	0.1			0.47	
				对未列入上述的2018年底前建成项目	0.37	0.1		0.2	0.67	3年
				2018年底前，对列入县光伏年度计划的分布式、农光、地面电站	0.37	0.1		0.2	0.67	3年
			浦江	2018年底前，在县域注册的光伏企业在县域立项并建设的分布式和居民家庭光伏项目	0.37	0.1		0.2	0.67	3年
		台州	玉环	在本市投资并网的分布式，当年或跨年度投资额达30万元且年发电量达5万kWh电	0.37	0.1		0.05	0.52	5年
			仙居	2019年底前建成并网的分布式项目	0.37	0.1		0.1	0.57	3年
				2019年底前建成并网的未享受装机补贴的家庭屋顶分布式项目	0.37	0.1		0.2	0.67	3年
6	安徽	合肥	合肥市	注册的光伏企业在本市新建光伏或本市居民投资建设家庭光伏，全部使用推广目录中组件逆变器，2016～2018期间并网分布式项目	0.37		0.25		0.62	15年
				光伏企业采用合同能源管理租用其他企业、单位屋顶投资建设分布式，对装机超过0.1MW且建成并网的屋顶光伏	0.37				0.37	
				对使用《合肥市光伏产品推广目录》的光伏构件产品替代建筑装饰材料、建成光伏一体化项目	0.37		0.25		0.62	

续表

序号	省	市	区县	补贴项目条件	度电补贴(元/kWh)					补贴期限
					国家	省级	市级	县级	合计	
6	安徽	淮南	淮南	新建的屋顶分布式项目	0.37		0.25		0.62	10年
		淮北	淮北	市内注册的光伏企业新建光伏,同时在市投资5000万以上光伏产业项目,或70%以上使用我市企业生产的光伏产品	0.37		0.25		0.62	
		马鞍山	马鞍山	市内注册的企业在市新建光伏且全部使用本市企业生产的组件	0.37		0.25		0.62	
7	江西	南昌	南昌	本市行政区域内新建光伏的企业列入本市年度建设计划的项目(万家屋顶除外)	0.37		0.15		0.52	5年
		上饶	上饶	本市行政区域内新建列入市年度计划的屋顶发电	0.37		0.15		0.52	5年
8	湖北	宜昌	宜昌	2014年5月以后在本市范围内的光伏项目	0.37		0.25		0.62	10年
		黄石	黄石	市内投资建设、具备独立核算,手续齐备且已通过供电公司验收并网的所有光伏项目	0.37		0.1		0.47	
				在市内投资建厂生产光伏组件且投资额在1亿元以上的光伏项目	0.37		0.2		0.57	
				使用本市本地产品和劳务的光伏项目	0.37		0.1		0.47	
9	湖南	全省	全省	2014年至2019年10月31日已经纳入国家可再生能源电价附加资金补助目录已并网运行且经过现场审核,未享受过中央及省相关补贴的分布式项目	0.37	0.2			0.57	
		长沙	长沙	市内注册企业、机构、社区和家庭投资新建并于2014至2020年期间建成并网的分布式项目	0.37	0.2	0.1		0.67	5年
10	广东	广州	广州市	纳入市2014~2020分布式整体规模的居民家庭、行政机关、建筑附属空地或废弃土地、农业大棚、滩涂、垃圾填埋场、鱼塘等建设的项目	0.37		0.15		0.52	6年
				建筑屋顶建的光伏项目的建筑物权属人、项目建设单位	0.37				0.37	
		东莞	东莞市	2017年1月1日~2018年年底取得市发改备案且经市供电部门并网验收的分布式,装机在120MW以内对建设的建筑业主	0.37				0.37	

续表

序号	省	市	区县	补贴项目条件	度电补贴(元/kWh)					补贴期限
					国家	省级	市级	县级	合计	
10	广东	东莞	东莞市	2017年1月1日～2018年年底取得市发改备案且经市供电部门并网验收的分布式，装机在120MW以内对机关事业单位、工厂、交通站点、商业、学校、医院、农业大棚等非自有住宅建设的各类投资者	0.37		0.1		0.47	5年
				2017年1月1日～2018年年底取得市发改备案且经市供电部门并网验收的分布式，装机在120MW以内对利用自有住宅建设的居民分布式的自然人投资者	0.37		0.3		0.67	5年
		佛山	市区	2016～2018年年本市利用工业、农业、商业、交通场站、学校、医院等分布式的业主	0.37				0.37	
				2016～2018年本市利用个人家庭提供自有建筑达1kW及以上的业主	0.37				0.37	
				2016～2018年投资建设分布式的投资者	0.37		0.15		0.52	3年
			禅城	2017～2018年区内建成并网验收的分布式光伏投资者、项目业主	0.37				0.37	
11	海南	三亚	三亚	2020年前在本市行政区内建成的符合条件的分布式光伏项目	0.37		0.25		0.62	5年
12	福建	泉州	泉州	村集体或村企合作，利用闲置土地、企业厂房或租用村民屋顶等，建设的村级光伏，给予村集体每瓦一次性2元，封顶100万元	0.37				0.37	

（3）浅层地热能开发利用

2013年1月，国家能源局、财政部、国土资源部、住房和城乡建设部出台《关于促进地热能开发利用的指导意见》（国能新能〔2013〕48号），其中明确提出："到2015年，全国地热供暖面积达到5亿平方米，地热发电装机容量达到10万千瓦，地热能年利用量达到2000万吨标准煤，形成地热能资源评价、开发利用技术、关键设备制造、产业服务等比较完整的产业体系。到2020年，地热能开发利用量达到5000万吨标准煤，形成完善的地热能开发利用技术和产业体系。"其中在推广浅层地热能开发利用方面指出，"在做好环境保护的前提下，促进浅层地热能的规模化应用。在资源条件适宜地区，优先发展再生水源热泵（含污水、工业废水等），积极发展土壤源、地表水源（含江、河、湖泊等）热泵，适度发展地下水源热泵，提高浅层地温能在城镇建筑用能中的比例。重点在地热能资源丰富、建筑利用条件优越、建筑用能需求旺盛的地区，规模化推广利用浅层地温能。鼓励具备应用条件的城镇新建建筑或既有建筑节能改造中，同步推广应用热泵系统，鼓励政府投资的公益性建筑及大型公共建筑优先采用热泵系统，鼓励既有燃煤、燃油锅炉供热制冷等传统能源系统，改用热泵系统或与热泵系统复合应用。”

2019 年，北京市发展改革委会同有关单位印发了《关于进一步加快热泵系统应用推动清洁供暖的实施意见》，提出将热泵等作为北京清洁能源发展的重要方向。

陕西省住房城乡建设厅联合发改委、财政厅等 6 个厅委联合发布《关于印发〈关于发展地热能供热的实施意见〉的通知》，提出：因地制宜发展浅层地热能供热制冷，加快推广、较大规模地发展中深层地热能供热。到 2020 年，地热能供热市场和工程技术体系健全完善，关中区域地热能成为城镇供热的重要方式，建设地热能供热规模化应用试点示范区 3～5 个，发展地热能供热 800 万 m^2 以上。

（4）空气热能建筑应用

2015 年，住房和城乡建设部立项，重点研究了空气热能纳入可再生能源范畴的技术路径。空气热能具备可再生能源的属性，综合考虑产业、相关政策、计算方法的发展成熟度，建议将空气热能纳入可再生能源范畴的技术路径中，优先将空气源热泵热水器（机）纳入。同年，《国务院关于印发“十三五”节能减排综合工作方案的通知》（国发〔2016〕74）中要求在强化建筑节能方面，推进利用太阳能、浅层地热能、空气热能、工业余热等解决建筑用能需求。

空气热能经过热泵技术利用与开发，成为城镇满足供热需求的能源形式。空气源热泵技术是空气热能利用的主要技术方式，也是目前最普遍利用方式，实现了供暖和制取生活热水。

浙江省率先为可再生能源开发利用立法，在《浙江省可再生能源开发利用促进条例》（2012 年 5 月 30 日通过）中明确提出：本条例所称可再生能源，是指风能、太阳能、水能、生物质能、地热能、海洋能、空气能等非化石能源。但对空气能没有给出具体释义。通过《浙江省可再生能源核算标准》DB33/1105—2014 指出，明确其特指为空气源热泵热水器。

全国各地积极探索新的热水热源形式，除了浙江省通过地方法规确认空气能列为可再生能源范畴，其他地方在标准方面积极推动空气日热能建筑应用。福建省在《福建省居住建筑节能设计标准》DBJ 13-62—2019 中将空气源热泵热水机组写入“可再生能源建筑应用”一章，并明确规定了其最低性能系数（*COP*）。重庆市发布《空气源热泵应用技术标准》DBJ 50/T-301—2018，详细规定了空气源热泵在设计、设备与材料、施工与安装、调试与验收、效益评估、运行与维护阶段的技术要点。上海市发布《太阳能与空气源热泵热水系统应用技术标准》DG/T J08-2316—2020，在建筑规划和设计、系统设计、安装与施工、工程验收、性能检测、运行管理与维护等方面做出明确规定。

北京市在无集中供热条件的地区，如远郊区县的住宅、独立式住宅、其他建筑中的局部区域、市中心文保区住户的供热改造等，采用空气源热泵和采用以空气源热泵为辅助热源的太阳能制备生活热水的分户独立系统，与燃煤供热和用电直接供热相比较，对北京地区的环境保护和节能方面都有显著优势。北京市住房和城乡建设委员会在 2013 年发布了《住宅户式空气源热泵供热和太阳能生活热水联合系统应用技术导则》，同时，适用于分户独立供暖的民用建筑工程采用低温空气源热泵技术也纳入了《北京市推广、限制和禁止使用建筑材料目录（2014 年版）》。根据“煤改电”补贴政策相关统计信息，2014 年，北京郊区县“煤改电”补贴政策实施期间，空气源热泵供暖补贴用户 5300 户；2015 年，空气源热泵供暖补贴用户已经达 11335 户；2016 年完成 22.6 万户农户“煤改电”供暖替代。郊区县农居以独栋住宅为主，按照平均每户住宅面积 $100m^2$ 计算，则空气源热泵供暖面积至少达到 170 万 m^2。

天津、河北、山西、青岛等地方为改善大气质量，提高环境保护力度，也在积极推进“煤替代”“煤改电”等工作，空气热能在建筑上的应用规模将不断扩大。深化应用形式，成为清洁取暖、可再生能源利用的重要组成部分。相关地方政策详细内容如表 7-10 所示。

空气源热泵技术应用的相关文件及内容 **表 7-10**

省市	相关文件	发布单位	发布时间	主要内容	技术类型
浙江	《浙江省可再生能源开发利用条例》	浙江省人大	2012-5-30	将“空气能”纳入可再生能源范围	空气源热泵热水器
	《民用建筑可再生能源应用核算标准》DB33/1105—2014	省住房与城乡建设厅、省质量技术监督局	2014-12-19	明确了其纳入可再生能源范围的技术利用方式为空气能热泵热水系统，且浙江空气能热泵热水系统年平均能效比约为 2.5；规定了可再生能源利用量的核算方式	
福建	《福建省居住建筑节能设计标准》DBJ/T 13-62—2014	福建省住房和城乡建设厅	2014-12-1	将空气源热泵热水机组写入“可再生能源建筑应用”一章，并明确规定了其最低性能系数(*COP*)	空气源热泵热水器
北京	《北京市推广、限制和禁止使用建筑材料目录(2014 年版)的通知》(京建发〔2015〕86 号)	北京市住房和城乡建设委员会	2014-11-4	将低温空气源热泵，适用于分户独立供暖，列入该目录的“可再生能源”一类	(低温型)空气源热泵供暖
青岛	《关于印发青岛市加快清洁能源供热发展若干政策的通知》(青政办发〔2014〕24 号)	青岛市人民政府办公厅	2014-12-15	鼓励多种清洁能源供热方式联合使用和能源梯级利用，其中包括：因地制宜发展土壤源热泵、空气源热泵、太阳能、生物质能等供热，试点高效、洁净燃煤供热技术应用	空气源热泵供暖

7.2.3 技术标准方面

1. 国家层面

2019 年，国家标准《近零能耗建筑技术标准》GBT 51350—2019 颁布实施，其中要求充分利用可再生能源，以最少的能源消耗提供舒适室内环境。提出近零能耗建筑可再生能源利用率≥10%。这将势必推动可再生能源技术在建筑中普及化应用，引导建筑逐步实现零能耗甚至正能量，为建设领域节能减排做出更大贡献。

2019 年，国家标准《地源热泵系统工程技术规范》GB 50366 开始修订，增加了中深层地热利用技术及设计施工要点。2018 年，国家标准《民用建筑太阳能热水系统应用技术标准》GB 50364—2018 发布，自 2018 年 12 月 1 日起实施。

目前国家已出台关于太阳能光热、光伏建筑应用和地源热泵的标准达 10 余部，如

《民用建筑太阳能热水系统应用技术标准》GB 50364—2018、《太阳热水系统设计、安装及工程验收技术规范》GB/T 18713—2002、《太阳能供热采暖工程技术标准》GB 50495—2019、《民用建筑太阳能空调工程技术规范》GB 50787—2012、《地源热泵系统工程技术规范（2009 版）》GB 50366—2005、《建筑光伏系统技术标准》GB/T 51368—2019、《光伏建筑一体化系统运行与维护规范》JGJ/T 264—2012、《太阳能光伏玻璃幕墙电气设计规范》JGJ/T 365—2015、《可再生能源建筑应用工程评价标准》GB/T 50801—2013 等，基本涵盖太阳能光热、光伏建筑应用和地源热泵的设计、施工、验收及评价等方面。同时，全国大部分省市的地方标准体系也在不断完善，基本涵盖设计、施工、验收和运行管理各环节。

2. 地方层面

北京市自 2017 年开始修订《居住建筑节能设计标准》（75%），目前已形成修订后的报批稿。该标准进一步提高了建筑节能目标，节能水平将达到 83%节能。修改了太阳能生活热水设置的判定条件，增加了设置太阳能光伏发电的强制性规定。其中强制性条文第 3.1.8 条规定：新建居住建筑应设置太阳能光伏发电系统或太阳能热利用系统，并应符合下列规定：12 层以上的建筑，应有不少于全部屋面水平投影面积 40%的屋面设置太阳能光伏组件；12 层及以下的建筑，应设计供全楼用户使用的太阳能生活热水系统或有不少于全部屋面水平投影面积 40%的屋面设置太阳能光伏组件；建筑物上安装太阳能热利用或太阳能光伏发电系统，不得降低本建筑和相邻建筑的日照标准；太阳能光伏发电系统和太阳能生活热水系统必须与建筑设计、施工和验收统一同步进行。另外，新修订的标准还对可再生发电、地源热泵做出相应规定：利用可再生能源发电的建筑，且其发电量能够满足直接电热供暖用电量需求，可以采用直接电加热设备作为居住建筑供暖的主体热源，并应分散设置。当选择地源热泵系统作为居住区或户用空调（热泵）机组的冷热源时，应确保地下水资源不被破坏和不被污染，且地源热泵机组的能效等级应达到现行国家标准《水（地）源热泵机组能效限定值及能效等级》GB 30721 的 1 级。

天津、河北、黑龙江、辽宁、吉林、上海、江苏、浙江、安徽、福建、山东、河南、湖南、重庆、广西、新疆等地方标准体系涵盖面广，针对太阳能光热/光伏利用、地源热泵等技术基本建立相应标准规范与图集。在以上地方已发布的地源热泵技术方面的标准中，天津市以地埋管和污水源系统为主，黑龙江省以地下水源和污水源热泵为主，吉林省以地源与低温余热水源热泵系统为主，辽宁省、上海市新编《地源热泵系统工程技术规程》和《可再生能源建筑应用测试评价标准》，修编《民用建筑太阳能应用技术规程（热水系统分册）》，山东省则分别以海水源热泵和太阳能—地源热泵复合系统为亮点，重庆市以地表水源为主，厦门市以海水源热泵为主，新疆以土壤源和地下水源热泵为主。

山东、安徽、江苏、浙江、内蒙古、广东、陕西、甘肃、宁夏等地方标准体系以太阳能光热/光伏应用技术为主。其中，山东省正在研究编制《高层建筑太阳能热水系统一体化应用技术规程》《太阳能光伏建筑一体化技术规程》《太阳能采暖工程技术规程》等标准；广东省正在编制《广东省太阳能光伏系统与建筑一体化设计施工标准》《广东省太阳能热水与建筑一体应用图集》《广东省太阳能光伏与建筑一体应用图集》；江苏省出台了太阳能热水系统、太阳能光伏与建筑一体化等方面的多项标准；浙江省除了编制太阳能热水系统相关规范以外，还编制了《太阳能结合地源热泵空调系统设计、安装及验收规范》；

宁夏除了制订太阳能热水、光伏发电系统相关标准外，还发布了《宁夏农村被动式太阳能暖房技术图解》。同时，关注农村太阳能利用的除了宁夏，还有北京、天津、陕西、青海等已经发布相关标准。福建省正在编制《空气源热泵热水供应系统技术规程》。

另外，安徽、广东、吉林、陕西、四川、重庆已经发布可再生能源建筑应用检测、监测、验收、评价等方面相关标准，如安徽省发布了《民用建筑太阳能热水系统工程检测与评定标准》《可再生能源建筑能耗在线监测技术导则》；广东省发布了《广东省太阳能热水系统检测标准》；吉林省正在编制《吉林省可再生能源施工质量验收规程》；陕西省正在编写《陕西省可再生能源建筑应用项目验收规程》；四川省正在编写《民用建筑太阳能热水系统评价标准》；重庆市 2014 年发布《可再生能源建筑应用项目系统能效检测标准》DBJ50/T-183—2014 和《区域能源供应系统能效检测与评价技术导则》等。广西 2018 年组织制定《可再生能源建筑适宜性技术应用导则》。河南编制发布《河南省绿色农房建设技术导则》，鼓励新能源、可再生能源在农村建筑中的应用。

7.2.4 产业发展方面

目前，我国已形成以江苏、河北、河南、浙江、江西、上海、广东等地区的太阳能光伏产业聚集布局，形成以江苏、浙江、山东、广东等地区的太阳能光热产业聚集布局，形成以山东、北京、天津、上海等地区的热泵产业聚集布局。

1. 太阳能热利用产业

从产品结构来看，真空管型集热器仍是我国太阳能热利用市场的主流产品。近年来随着建筑一体化发展，平板型太阳能集热器因其安全性更好，更易与建筑结合，在集热器市场中所占比例逐年加大，保持着 20%左右的增长趋势，而真空管型集热器出现了负增长。我国太阳能热利用市场结构正逐步由零售市场向工程市场发展。2017 年，工程建设的比重占总市场份额的 71%，而零售市场则由 2014 年的 62%下降至 29%。

截至 2019 年，生活热水应用仍然是太阳能光热建筑应用的主要形式，占到太阳能热利用市场的 96%左右，供暖及工农业应用领域占比 4%。

目前，太阳能光热行业虽然企业数量减少，但集中度在不断提高。国内生产企业达到亿元及以上规模的主要包括：日出东方太阳能、山东力诺瑞特新能源、天普新能源、北京清华阳光、山东沐阳太阳能等。

2. 太阳能光伏发电产业

2009～2019 年，随着国内“光伏屋顶”“金太阳”等示范工程的实施，政府补贴力度加大，国内太阳能光伏发电应用规模不断扩大，分布式装机量从不到 0.8GW 发展到 190GW。近几年，技术得到不断发展，单平方米的组件可以达到 200W 及以上，意味着同样装机容量下所需要的安装面积更小。太阳能光伏发电组件效率不断提高的同时，而成本逐年降低，至 2019 年，光伏发电“平价时代”已然来到，使得太阳能光伏发电走入百姓家成为可能。太阳能光伏发电建筑应用系统的各部分成本占比如表 7-11 所示。

太阳能光伏发电建筑应用系统成本占比 **表 7-11**

<table>
<tr><td rowspan="2">组件 45.11%</td><td>其他设备 24.04%</td><td>建筑工程 9.56%</td></tr>
<tr><td>安装工程 13.64%</td><td>其他工程 5.69%</td></tr>
</table>

在近十年发展时间内，我国太阳能光伏发电产业发展历经几次较大调整，但生产规模自 2007 年以来连续 12 年世界第一，应用规模后来居上也是居世界第一。太阳能光伏发电技术的产业链总体上分为三个层次：上游产业是以硅矿石和高纯度硅料的开采、提炼和生产为代表的原材料生产行业，包括硅矿石开采与冶金硅提纯、多晶硅提纯、单晶/多晶硅片加工与切割等环节；中游产业是技术核心环节，设计各类专用设备的研发制造等，包括单晶/多晶硅电池片、电池组件生产与组装；下游产业是包括太阳能并网发电工程、太阳能电池组件的生产及安装、光伏集成建筑等在内的光伏产品系统集成与安装。

各个产业链发展不均衡，尤其上游产业对高纯度硅料生产仍存在壁垒。中游产业中，晶硅太阳能电池是发展速度最快、技术最成熟、产业化规模最大的一种太阳能电池。全球光伏发电中的太阳能电池仍以硅基太阳能电池为主，约占市场份额的 90%，大面积商品化电池效率单晶硅至 22.5%、多晶硅至 21.5%。此外，非晶硅薄膜太阳能电池如碲化镉（CdTe）电池、铜铟镓硒（CIGS）电池等实现商业化，与建筑结合较易实现，市场份额仍相对较小，但发展迅速。

太阳能电池组件生产企业，具有一定规模的主要包括：晶科、英利、晶澳、天合光能、隆基、正泰、阿特斯等；产业链相关配套企业，具有一定规模的主要包括：特变电工、华为、阳光电源、浙江昱能等。

3. 地源热泵产业

目前地源热泵热源形式应用较多的为土壤源、污水源、地表水源，有少量的工业余热利用形式。

经历了前几年的黄金发展，地源热泵市场空间遭进一步压缩，下滑趋势明显。与 2018 年同期相比，2019 年水地源热泵机组市场下滑 10.85%（见图 7-11）。市场需求转变，小型化成为增长比较快的方向。水地源热泵小型机组配套使用的毛细管系统在近几年发展很快。依靠辐射空调的小温差均匀散热，其体感、舒适感和节能性均比较高，也将是未来市场发展的一个趋势。

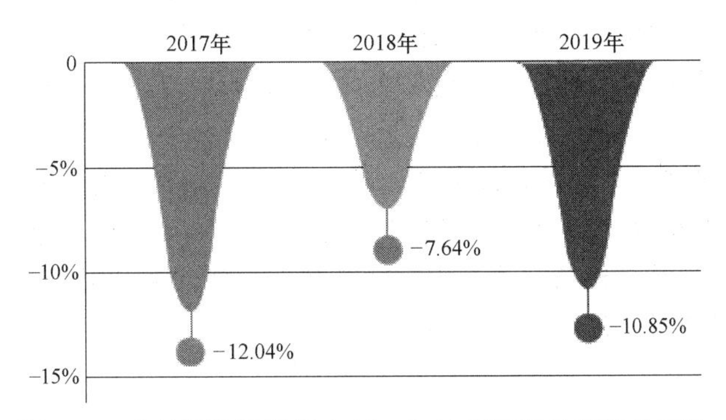

图 7-11　水地源热泵机组 2017～2019 年市场份额增长情况

4. 空气源热泵产业

得益于北方清洁取暖需求，空气源热泵机组产品近三年一直保持增长态势（见图 7-12），随着技术的不断提升，产品适用范围更加宽广，能够在－30℃左右的低温环境下运行。因此在北方“煤改电”市场，低温空气源热泵产品得到较快的发展，有的推出了变频

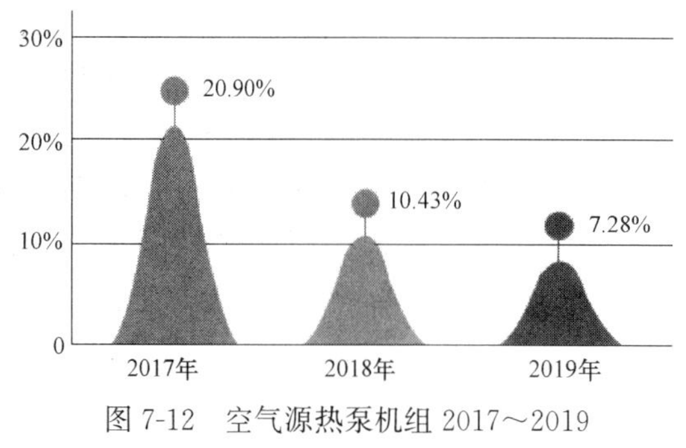

图 7-12 空气源热泵机组 2017～2019 年市场份额增长情况

空气源热泵机组，得到了较好的应用。不过，由于北方地区气候条件不一，产品技术实力差异化严重等问题，有些厂家生产的低温模块产品不能实现较好的制热效果。

其中，空气源热泵热水器在南方地区建筑中的应用规模不断扩大。空气源热泵企业数量不断增加，集中度也不断提高。国内生产企业主要包括：传统空调企业、专业空气源热泵热水器企业、电热水器企业、太阳能热水器企业和燃气热水器企业。其中，美的和格力是最主要的生产企业，两家产值合计约占到全行业的30%以上。亿元规模以上的企业还有中广欧特斯、广东纽恩泰、华天成、AO史密斯、长菱、海尔、芬尼科技等。

空气源热泵冷热水机组企业数量不断增加，但集中度不高。国内外企业主要是格力、美的和麦克维尔。另外，规模以上的企业还有江森自控约克、天加、海尔、盾安、开利、特灵等。

7.2.5 应用模式方面

各地在大力推进可再生能源建筑应用的同时，因地制宜，创新推广模式。江苏省利用省级建筑节能专项引导资金并通过支持建设区域集中冷站方式，发挥区域能源规划作用，创新项目建设和运营模式，实现规模经济效应。山东省阳信县采用合同能源管理的方式，实施地源热泵系统为新城商务中心建筑群供暖、供冷，既减少了建设单位资金、技术和运营管理水平的制约，又保证了工程质量和应用效果，推动了可再生能源建筑应用示范工作的开展，为其他市、县提供了很好的借鉴。湖南省通过建设江水源大型集中式能源站试点，促进可再生能源技术从单体向连片地区发展。湖北省采用合同能源管理方式推广应用地源热泵系统和集中集热分户供热太阳能热水系统，由住宅开发商或设备供应商投资建设，用户按计量分期付费，市场反映效果不错。在高校中以合同能源管理模式大规模推广应用太阳能热水系统，学校不需要投入，合同能源管理公司还有收益。重庆市推进可再生能源区域集中供冷供热项目建设，以特许经营模式进行可再生能源区域集中供冷供热应用的示范。河南省鹤壁市率先制定了《鹤壁市地源热泵供热特许经营管理暂行办法（试行）》《鹤壁市地源热泵供热特许经营企业考核办法》和《地源热泵供热维修基金管理管理和使用办法》，这些配套政策的出台有利于项目建设完成后的规范化管理和后期的运营质量。

7.3 展 望

2020年既是“十三五”收官之年，也是“十四五”开局之年，以建设“清洁低碳、安全高效”的现代化能源体系为目标，从化石能源向可再生能源转型，机遇与挑战并存。可再生能源建筑应用，是建设资源节约型、环境友好型社会，实现城市可持续发展的重要战略措施，对优化能源结构、提高能源利用效率、保护和改善生态环境具有重要作用。

可再生能源建筑应用要发挥作用，首先应提高建筑能效。随着国内超低能耗建筑、近零能耗建筑甚至产能建筑的不断发展，可再生能源应用比例将不断提升。

在经济激励和补贴政策刺激下，可再生能源建筑应用得到较大规模发展，但仍然存在产业低迷、施工质量不佳、运行水平较低等问题。“为了装而去装”，而不是“为了用而去装”，市场不成熟、技术不融合，建筑与可再生能源存在“两张皮”现象，既不利于行业健康发展，也造成了严重的资源浪费。需要在体制机制建设、成本有效控制等方面不断优化升级。

1. 从用户侧需求出发，做好体制机制创新

随着市场环境不断完善，发挥市场在资源配置中的决定性作用，可再生能源系统解决建筑用能需求，真正做到从用户需求出发，提出功能要求、评价指标和奖惩措施，提出导向性更加明确的管理举措。避免低价竞争，建立质量全过程追溯机制。考虑老百姓使用“体验”，兼顾多方收益分配，建立收益保障机制。

2. 加强科研投入，做到成本有效控制

投资成本高、投资回收期长仍然是多数可再生能源系统的现状，在政府补贴退坡、激励政策趋弱的影响下，可再生能源建筑应用进一步发展受到制约。随着技术不断发展、建筑能效不断提高，可再生能源建筑应用迎来利好机遇期。应加大科研投入，多专业融合，解决关键技术、核心设备逐步自主化问题，从而降低系统成本，扩大市场应用规模。

第8章　农村建筑节能与清洁取暖

由于农村地区住宅分散，建造方式主要依靠农民自建，能源供应以“自给自足”方式为主，而且在很多人的观念中，农村地区收入水平和用能水平相对较低，因此农村建筑节能和清洁取暖工作长期以来没有得到足够重视。进入21世纪以来，随着乡村振兴等专项工作的全面开展，我国农村地区进入一个关键的发展时期，农村建筑节能和清洁取暖工作也进入加速发展的快行线。本章详细介绍了农村建筑节能和清洁取暖的发展历程和经验做法，总结了发展成效，并对下一步工作进行了展望。

8.1　农村建筑节能

8.1.1　发展成效

“十三五”以来，我国农村建筑节能工作稳步推进，节能绿色农房建设得到试点推广，农村建筑用能结构得到不断优化，在法律法规、政策措施、技术标准等方面得到不断完善和优化，探索了一系列富有农村特色的建筑节能技术路径。在节能绿色农房建设中，部分试点示范工程在农房新建、改造和扩建的居住建筑中开始按照《农村居住建筑节能设计标准》GB/T 50824、《绿色农房建设导则（试行）》等进行设计和建造。其中，北京市还积极推进农村建筑节能的高质量发展，探索并打造了全国首个超低能耗农房项目。结合农村实际，山东、河南等地区总结出了符合地域及气候特点、经济发展条件水平、保持文化特色的乡土绿色节能技术体系，相继编制了《河南省绿色农房建设技术导则》《山东省绿色农房建设技术导则》等地方标准；京津冀大气污染传输通道“2＋26”城市以及汾渭平原11城市大力推进既有农宅节能改造工作，探索出了保温吊顶、保温窗帘、太阳能暖房等多种技术路径，并编制了《河南省既有农房能效提升技术导则（试行）》《山东省农村既有居住建筑围护结构节能改造技术导则（试行）》，规范农村建筑节能改造工作的实施。在农村用能结构调整方面，随着大气污染防治工作的深入开展，太阳能、空气热能、生物质能等可再生能源开始应用于农村地区，满足农房供暖、炊事、生活热水等需求，上述能源已成为北方地区替代传统燃煤的重要方式。特别是对于空气源热泵技术在北京、鹤壁、商河等地区的推广应用，取得较好的成效，已成为北方地区“煤改电”工程中的重要技术路径，也得到其他北方城市的规模推广。根据《建筑节能与绿色建筑发展“十三五”规划》要求，“十三五”期间经济发达地区及重点发展区域农村建筑节能取得突破，采用节能措施比例超过10％。截至2018年年底，上述区域已累计实施农房节能改造规模达到0.4亿m^2以上。

8.1.2 经验与做法

1. 法律体系

随着建筑节能相关法律体系的建立健全，《中华人民共和国节约能源法》《中华人民共和国可再生能源法》等法律法规相继颁布施行，从不同角度对农村建筑节能工作提出了要求。其中，《中华人民共和国节约能源法》在第四章中明确要求“县级以上各级人民政府应当按照因地制宜、多能互补、综合利用、讲求效益的原则，加强农业和农村节能工作，增加对农业和农村节能技术、节能产品推广应用的资金投入。国家鼓励、支持在农村大力发展沼气，推广生物质能、太阳能和风能等可再生能源利用技术，按照科学规划、有序开发的原则发展小型水力发电，推广节能型的农村住宅和炉灶等。”《中华人民共和国可再生能源法》在第四章中明确提出“国家鼓励和支持农村地区的可再生能源开发利用。县级以上地方人民政府管理能源工作的部门会同有关部门，根据当地经济社会发展、生态保护和卫生综合治理需要等实际情况，制定农村地区可再生能源发展规划，因地制宜地推广应用沼气等生物质资源转化、户用太阳能、小型风能、小型水能等技术。县级以上人民政府应当对农村地区的可再生能源利用项目提供财政支持。”《中华人民共和国能源法》于2020年开始向社会征求意见，其也在总则、能源开发与加工转换、能源供应与使用等章节中，明确提出“国家支持农村能源资源开发，因地制宜推广利用可再生能源，改善农民炊事、取暖等用能条件，提高农村生产和生活用能效率，提高清洁能源在农村能源消费中的比重。国家鼓励城镇和农村就地开发利用可再生能源，建设多能互补的分布式清洁供能体系。”

上述法律法规的颁布实施，为农村地区建筑节能工作的实施提供了法律基础，也为各地相关立法工作的开展提供了指导和支持。目前，北京、山西、吉林、宁夏、上海、安徽、湖南和重庆等地通过民用建筑节能条例或管理办法，天津、河北、黑龙江、河南、陕西、甘肃、福建和广东等地通过节约能源条例，内蒙古、辽宁、江苏、浙江和江西等地通过绿色建筑条例，均对农村建筑节能工作提出了相关要求，如表8-1所示。从法律层面上看，现阶段我国农村建筑节能工作主要以引导为主，组织对农村建筑设计、施工人员进行节能材料、节能技术知识的应用培训，对农村村民自建住宅，鼓励结合地域特点、气候条件、经济发展水平等因素，因地制宜采用新型墙体材料、外墙保温技术、节能门窗和太阳能、生物质能、空气能、地热能等绿色建筑技术产品，引导按照农村建筑节能相关标准进行设计和建造，部分地区还给予一定财政资金的支持。此外，北京等部分地区还对农村集体组织统一规划、统一建设的建设项目，要求执行建筑节能设计标准。

部分地区法律法规对农村建筑节能工作的要求 **表8-1**

地区	法律法规	施行时间	相关内容
北京	《北京市民用建筑节能管理办法》	2014年8月1日	由农村集体组织统一规划、统一建设的三层以上建设项目应当执行本市建筑节能设计标准。农村村民自建住宅的，鼓励其采用建筑节能设计，使用新型建筑材料和清洁能源。经住房城乡建设行政主管部门认定，农村村民自建住宅符合本市农村村民住宅节能标准、采用清洁能源的，市和区县财政部门可以按照规定给予补贴

续表

地区	法律法规	施行时间	相关内容
天津	《天津市建筑节约能源条例》	2012年7月1日	鼓励建筑节能科学研究和技术开发，推广建筑节能新技术、新工艺、新材料、新设备，促进可再生能源在建筑中的应用；鼓励农村村民个人建房采用建筑节能措施
河北	《河北省节约能源条例》	2017年5月1日	县级以上人民政府住房城乡建设主管部门应当在农村推广节能建筑，引导农村个人自建自用住宅按照农村建筑节能相关标准进行设计和建造
山西	《山西省民用建筑节能条例》	2008年12月1日	鼓励农民自建住宅和农村集中连片的民用建筑，使用建筑节能材料，采取建筑节能措施
内蒙古	《内蒙古自治区民用建筑节能和绿色建筑发展条例》	2019年9月1日	旗县级以上人民政府应当推动农村牧区的建筑节能工作，加强城乡接合部既有建筑节能改造和新建建筑能效提升。 鼓励农村牧区房屋建设项目执行节能及绿色建设标准，推广和使用分布式光伏和节能灶具，引导农村牧区建筑用能清洁化、无煤化
辽宁	《辽宁省绿色建筑条例》	2019年2月1日	住房城乡建设、农业农村等部门应当加强对农村民用建筑节能技术的指导和服务，鼓励采用国家推广的绿色建筑技术，制定建设标准和免费提供相关的参照方案，并向社会公布
吉林	《吉林省民用建筑节能与发展新型墙体材料条例》	2010年9月1日	城市和镇应当分期分批推进民用建筑节能与新型墙体材料应用，农村逐步推进民用建筑节能与新型墙体材料应用。具体期限、批次和步骤按照国家和省规定执行
黑龙江	《黑龙江省节约能源条例》	2009年2月1日	县级以上人民政府应当加强对农村建筑使用节能材料和节能技术知识的推广和宣传，组织对农村建筑设计、施工人员进行节能材料、节能技术知识的应用培训，为农民新建住宅提供节能技术咨询服务
山东	《山东省绿色建筑促进办法》	2019年3月1日	鼓励农村民用建筑结合地域特点、气候条件、经济发展水平等因素，因地制宜采用新型墙体材料、外墙保温技术、节能门窗和太阳能、生物质能、空气能、地热能等绿色建筑技术产品
河南	《河南省节约能源条例》	2006年6月1日	各级人民政府应当采取措施，推进城乡能源消费结构调整，鼓励因地制宜开发、利用风能、水能、太阳能、生物质能等可再生能源和新能源。农村推广使用型煤和省柴节煤炉灶，发展户用沼气
陕西	《陕西省节约能源条例》	2006年12月1日	县级以上人民政府应当制定农村地区可再生能源发展规划，组织农村节能技术研究。结合当地实际，推广利用省柴节煤炉灶、新型高效燃料技术以及沼气、秸秆气化、太阳能、小型风能、小水电等其他成熟的可再生能源
甘肃	《甘肃省节约能源条例》	2016年6月1日	加强在农村地区推广应用规模化沼气、秸秆、薪柴等生物质能和太阳能、风能、地热能、微水能等可再生能源和新能源；推广使用符合农村生产生活特点的节约能源设施和节约能源产品
宁夏	《宁夏回族自治区民用建筑节能办法》	2010年8月1日	县、乡(镇)人民政府应当组织建设农村节能示范房屋，鼓励农民使用建筑节能技术和节能材料，促进农村房屋节能。统一新建的农村房屋，应当采用建筑节能技术和材料。建设、农业、科技、民政等主管部门，应当为农村房屋建筑节能提供指导、帮助

续表

地区	法律法规	施行时间	相关内容
上海	《上海市建筑节能条例》	2011年11月1日	鼓励农村村民个人建设住房和临时建筑采用建筑节能措施
江苏	《江苏省绿色建筑发展条例》	2015年7月1日	农民自建低层住宅参照本条例实施
浙江	《浙江省绿色建筑条例》	2016年5月1日	鼓励农村民用建筑因地制宜，采用乡土材料和传统工艺，推广应用建筑墙体保温和太阳能光热、光伏等绿色建筑技术
安徽	《安徽省民用建筑节能办法》	2013年1月1日	鼓励农村房屋建设使用太阳能、沼气等可再生能源
江西	《江西省民用建筑节能和推进绿色建筑发展办法》	2016年1月16日	引导农民自建住宅和农村集中连片的民用建筑执行民用建筑节能标准，鼓励在农民自建住宅和农村集中连片的民用建筑建设过程中使用民用建筑节能和绿色建筑发展新技术、新工艺、新材料、新设备
湖南	《湖南省民用建筑节能条例》	2010年3月1日	民用建筑节能以城镇为重点，逐步向农村推广
重庆	《重庆市建筑节能条例》	2008年1月1日	鼓励临时性房屋建筑和农民自建自用住宅建筑采用建筑节能措施
贵州	《贵州省民用建筑节能条例》	2015年10月1日	鼓励民用建筑节能科学技术研究和开发，推广民用建筑节能新技术、新工艺、新材料、新设备，推动可再生能源在建筑中的应用；鼓励农村个人建房采取节能措施
福建	《福建省节约能源条例》	2012年12月1日	县级以上地方人民政府应当加强农村能源建设，推广农村户用沼气，发展新型、高效的大中型沼气池，推广省柴灶、节煤灶，发展风能、太阳能及农作物秸秆气化集中供气系统
广东	《广东省节约能源条例》	2010年7月1日	加强农村能源建设，推广农村户用沼气，发展新型、高效的大中型沼气池，推广省柴节煤灶，发展风能、太阳能及农作物秸秆气化集中供气系统
广西	《广西壮族自治区民用建筑节能条例》	2017年1月1日	县级以上人民政府建设主管部门应当为农村居民建房采取节能措施提供技术支持

2. 政策体系

为加快农村建筑节能工作的实施，原建设部于1995年制定的《建筑节能“九五”计划和2010年规划》中就对农村建筑节能提出相关要求，即“在村镇中推广太阳能建筑，到2000年累计建成1000万 m^2，至2010年累计建成5000万 m^2；村镇建筑通过示范倡导，力争达到或接近所在地区城镇的节能目标。”2012年，住房和城乡建设部印发《“十二五”建筑节能专项规划》，进一步推进农村建筑节能工作，明确提出“鼓励农民分散建设的居住建筑达到节能设计标准的要求，引导农房按绿色建筑的原则进行设计和建造，在农村地区推广应用太阳能、沼气、生物质能和农房节能技术，调整农村用能结构，改善农民生活质量。支持各省（自治区、直辖市）结合社会主义新农村建设一批节能农房。支持40万农户结合农村危房改造开展建筑节能示范。”截至2015年年底，严寒及寒冷地区结合农村危房改造，对117.6万户农房实施了节能改造，在青海、新疆等地区农村开展了被动式太阳能房建设示范。2017年，随着《建筑节能与绿色建筑“十三五”规划》的发布，要求“到2020年底，经济发达地区及重点发展区域农村建筑节能取得突破，采用节能措施比例超过10%”，同时在节能绿色农房建设和农村建筑用能结构调整上提出工作任务，如表8-2所示。另外，在《北方地区冬季清洁取暖规划（2017-2021）》中，对北方地区农村建筑节能提出具体要求，规定2017～2021年间实施农村农房节能改造5000万m^2。

“十三五”期间农村建筑节能工作任务 **表8-2**

类别	具体内容
积极引导节能绿色农房建设	鼓励农村新建、改建和扩建的居住建筑按《农村居住建筑节能设计标准》GB/T 50824、《绿色农房建设导则（试行）》等进行设计和建造。鼓励政府投资的农村公共建筑、各类示范村镇农房建设项目率先执行节能及绿色建筑标准、导则。紧密结合农村实际，总结出符合地域及气候特点、经济发展水平、保持传统文化特色的乡土绿色节能技术，编制技术导则、设计图集及工法等，积极开展试点示范。在有条件的农村地区推广轻型钢结构、现代木结构、现代夯土结构等新型房屋。结合农村危房改造稳步推进农房节能改造。加强农村建筑工匠技能培训，提高农房节能设计和建造能力
积极推进农村建筑用能结构调整	积极研究适应农村资源条件、建筑特点的用能体系，引导农村建筑用能清洁化、无煤化进程。积极采用太阳能、生物质能、空气热能等可再生能源解决农房供暖、炊事、生活热水等用能需求。在经济发达地区、大气污染防治任务较重地区农村，结合“煤改电”工作，大力推广可再生能源供暖

为加快农村建筑节能工作目标的实现，住房和城乡建设部等部门在农村危房改造、绿色（宜居）农房建设、农房节能改造等方面积极完善配套政策，引导地方相关工作的开展。

在农村危房改造方面，住房和城乡建设部于2009年印发《关于2009年扩大农村危房改造试点的指导意见》（建村〔2009〕84号）、《关于扩大农村危房改造试点建筑节能示范的实施意见》（建村函〔2009〕167号）等，对成立技术指导小组、制定技术方案、用好补助资金、加强巡查指导、做好宣传推广等方面提出实施要求。同时，印发《农村危房改造试点建筑节能示范工作省级年度考核评价指标（试行）》《扩大农村危房改造试点建筑节能示范监督检查工作要求》，加强农村危房改造试点建筑节能示范的监督考核，加快农村危房改造项目建筑节能水平的提升。在国家层面政策措施的要求和指导下，北京、天津等地区相继出台相关政策措施，落实农村危房改造试点建筑节能示范工作。其中，北京市于2017年印发《北京市农村危房改造实施办法（试行）》，明确提出农村危房改造应参照北京市《居住建筑节能设计标准》DBJ/11-602—2006全面执行65%节能设计标准，其中屋顶传热系数K值不大于0.45W/(m^2·K)、外墙传热系数K值不大于0.45W/(m^2·K)、外窗传热系数K值不大于2.7W/(m^2·K)；新建翻建和实施抗震加固及节能两项改造的市级财政按照2万元/户的标准对各区给予奖励；建设超低能耗农宅的农户，按照《北京市超低能耗建筑示范工程项目及奖励资金管理暂行办法》（京建法〔2017〕11号）规定的标准和期限享受奖励政策。天津市于2018年印发《关于做好2018年农村危房改造提升工作的通知》(津建村镇〔2018〕253号),要求农房建筑节能与农村危房改造充分结合,实施节能改造,对墙体、屋顶、门窗和门斗中两个以上部位进行改造的,即可认为达到建筑节能示范标准,按照节能改造实施部位给予每户最高1万元中央奖补资金。河北省印发《河北省农村危房改造试点建筑节能示范工程实施方案》,对建筑布局节能和能源利用、供暖通风方式等进行规定,要求危房改造建筑节能示范工程的围护结构应采取相应的保温措施,应采用适合农村现有经济和应用条件的保温节能材料和施工工艺,改造后围护结构的热工性能要适应当地气候条件。山东省于2012年印发《关于继续推进农村住房建设与危房改造的意见》(鲁政发〔2012〕21号),提出:在农房集中建设改造项目中,禁止使用实心黏土砖,积极推广应用秸秆气化、秸秆型煤、大中型沼气、节能门窗、太阳能建筑一体化、地源热泵等节能环保适用技术,提倡应用墙体保温产品,鼓励使用散装水泥、预拌混凝土、预拌砂浆。吉林省于2012年印发《吉林省农村危房改造管理暂行办法》,要求农村危房改造设计应突出地方特色和民族风格,遵循"安全、节能、环保、适用"的原则,符合国家工程建设强制性标准,并达到抗震设防要求;开展典型建筑节能示范房节能技术检测;建筑节能示范户录入信息系统的"改造中照片"必须反映主要建筑节能措施施工现场情况。黑龙江省印发《黑龙江省农村危房改造补助资金管理办法》,规定农村危房改造可采取旧房修缮、翻(新)建节能住房、置换或购买闲置旧砖房或集中建设农村公租房(幸福大院)等多种方式;采取翻(新)建节能住房方式改造的,按照基本标准给予补助;翻(新)建节能住房应原址重建,因特殊情况确须重新选址的,应经所在行政村同意,并履行宅基地调整确权手续后方可实施。

在绿色(宜居)农房建设方面,住房和城乡建设部、工业和信息化部于2013年印发《关于开展绿色农房建设的通知》(建村〔2013〕190号),提出"推广应用节能门窗、轻型保温砌块(砖)、陶瓷薄砖、节水洁具、水性涂料等绿色建材产品。经济条件较好的农村地区可推广使用轻钢结构的新型房屋;政府投资的农村地区公共建设项目、有政府资金补助支持的农房建设、各类村镇绿色农房建设示范点和示范村要率先执行建设导则,农村危房改造要努力执行建设导则,建筑节能示范要基本达到建设导则要求。"2015年,工业和信息化部、住房和城乡建设部印发《促进绿色建材生产和应用行动方案》,在绿色建材下乡行动中,明确提出支持绿色农房建设,引导各地因地制宜生产和使用绿色建材,编制绿色农房用绿色建材产品目录,重点推广应用节能门窗、轻型保温砌块、预制部品部件等绿色建材产品,提高绿色农房防灾减灾能力。2019年12月,全国住房和城乡建设工作会议召开并确定2020年九大重点任务,明确提出"总结推广钢结构装配式等新型农房建设试点经验,提升农房品质和农村生活条件"的要求。其中,黑龙江、湖北、安徽等地区相继出台绿色(宜居)农房的实施方案,明确工作目标和重点任务。黑龙江省印发《黑龙江省农村住房建设试点工作实施方案》,提出到2020年,各试点县(市)建成一批可复制可推广的示范农房,农房设计服务、工匠培训管理等农房建设管理体系初步建立,形成可复制可推广的农房设计和建设管理经验;到2022年,多数县(市、区)建成示范农房,试点经验得到推广应用,农房设计服务、工匠培训管理等农房建设管理机制初步健全;到2035年,农房建设普遍有管理,农民居住条件和乡村风貌普遍改善,农民基本住上适应新的生活方式的宜居型农房。湖北省印发《湖北省农村住房建设试点方案》,要求在尊重农民意愿和农房建设实际的基础上,通过2年左右农村住房建设试点工作,提升农房设计、建设和服务管理水平，建设一批功能现代、风貌乡土、成本经济、结构安全、绿色环保、体现各地特色的宜居型示范农房，改善农民居住条件和居住环境，提升乡村风貌。安徽省印发《关于开展农村住房设计和管理试点工作的通知》，旨在通过农村住房设计和管理试点，建成一批具有结构安全、功能合理、成本经济、风貌乡土、绿色环保的宜居型示范农房，打造生态宜居美丽乡村；到 2022 年，多数县（市、区）建成示范农房，试点经验得到推广应用，农房设计服务、工匠培训管理等农房建设管理机制初步健全；到 2035 年，农房建设普遍有管理，农民居住条件和乡村风貌普遍改善，农民基本住上适应新的生活方式的宜居型农房。

在农房节能改造方面，以清洁取暖为契机，以北方地区为重点，财政部、住房和城乡建设部、国家能源局和生态环境部于 2017 年发布《关于开展中央财政支持北方地区冬季清洁取暖试点工作的通知》《北方地区冬季清洁取暖规划（2017—2021 年）》、《关于推进北方采暖地区城镇清洁供暖的指导意见》等一系列政策措施，探索推进农村建筑节能改造工作，并将试点城市相关任务完成情况列为绩效评价指标予以监督考核。北京、天津、唐山、淄博、滨州、运城、西安等大部分北方地区冬季清洁取暖试点城市均出台相关农房节能改造要求，并给予财政资金支持。其中，北京市印发《北京市抗震节能农宅建设工作方案（2018—2020 年）》，要求同时实施门窗和外墙两项改造的农宅，市级财政按照 1 万元/宅的标准对各区给予奖励；实施门窗或外墙一项改造的农宅，市级财政按照 0.5 万元/宅的标准对各区给予奖励；墙体和屋面外保温材料防火等级不应低于 B1 级。唐山市印发《唐山市北方地区冬季清洁取暖试点城市财政补助资金管理办法》，提出农村地区建筑节能改造补助资金不超过建筑面积 160 元/m^2，市和县（市、区）各承担 50%。淄博市印发《关于印发淄博市 2019 年冬季清洁取暖实施方案的通知》，因地制宜对实施清洁取暖的用户采用内墙保温、外墙保温、吊顶、连廊封厦、更换门窗、增设保温门窗帘等方式进行差异化改造，对农房能效提升项目按照不超过 8500 元/户的标准进行补贴。滨州市印发《滨州市 2019 年清洁取暖建设推进实施方案》，开展既有农房节能改造试点，提高清洁取暖改造效果，改善农村居住环境；对农村建筑围护结构改造每户按取暖面积 60m^2，每平方米补助 80 元，市、县（市、区）按 2：8 分担。运城市印发《运城市 2019 年冬季清洁取暖工作实施方案》，对平原地区农村围护结构改造用户由市级财政一次性改造补助 40 元/户。西安市印发《西安市清洁取暖试点城市建设工作方案》，要求针对农村地区居住建筑，按照整村推进、示范带动的原则，实施建筑围护结构综合节能改造；其余农户依据实际情况实施建筑围护结构局部节能改造，提升农村清洁取暖建筑的热工性能；同时，针对农村地区公立的乡镇政府办公建筑、幼儿园、中小学、村委会、养老院等，进行围护结构综合节能改造示范。《咸阳市冬季清洁取暖试点城市实施方案》提出科学合理推动农村既有农房节能改造，每个镇建设一个示范村，每个村建设 15 个示范户；优先对乡镇政府办公建筑、卫生院、养老院、中小学等其他公共建筑和新型农村社区进行建筑节能改造；积极推动礼泉白村建筑节能探索推广工作。《郑州市清洁取暖试点城市示范项目资金奖补政策》中对农村既有建筑节能改造项目按照 1 万元/户进行奖补。

3. 标准体系

为规范农村建筑节能工作的实施，提升工程质量，近年来农村建筑节能相关标准体系逐步得到建立健全。国家和地方层面农村建筑节能相关标准出台情况如表 8-3 所示。

农村建筑节能相关技术标准情况（部分） **表 8-3**

序号	类别	名　　称
1	国家	《严寒和寒冷地区农村住房节能技术导则(试行)》
2	国家	《农村居住建筑节能设计标准》
3	北京	《北京市超低能耗农宅示范项目技术导则》
4	河北	《河北省农村住房建筑设计导则》
5	山东	《山东省绿色农房建设技术导则》
6	山东	《山东省农村既有居住建筑围护结构节能改造技术导则(试行)》
7	河南	《河南省绿色农房建设技术导则》
8	河南	《河南省既有农房能效提升技术导则(试行)》
9	青海	《青海省农村被动式太阳能暖房建设技术导则》
10	陕西	《陕西省农村建筑节能技术导则》
11	黑龙江	《黑龙江省农村居住建筑节能设计标准》
12	吉林	《吉林省农村建筑节能技术导则》
13	宁夏	《农村住宅节能设计标准》

在国家层面，住房和城乡建设部于 2009 年印发了《严寒和寒冷地区农村住房节能技术导则（试行）》，对农村建筑气候分区、室内热环境和节能指标、建筑布局节能指标、能源利用和供暖通风方式、围护结构保温技术、供暖和通风节能技术、既有住房节能改造技术、照明和炊事节能技术以及太阳能利用技术提出了具体技术要求，指导严寒和寒冷地区农村建筑节能工作的开展。《农村地区建筑节能设计标准》GB/T 50824 于 2013 年实施，它是规范农村建筑节能工作的一项重要标准，对我国农村居住建筑的平立面节能设计和围护结构的保温隔热技术，农村居住建筑室内供暖、通风、照明等用能设备的能效提升等均进行了明确要求，对改善室内热舒适性，促进适合农村居住建筑的节能新技术、新工艺、新材料和新设备在全国范围内推广应用有重要意义。

在地方层面，北京、陕西、黑龙江、吉林和宁夏等地区陆续出台农村建筑节能技术导则，规范新建农房建筑节能工作的开展，山东、河南等地区相继出台绿色农房建设技术导则，提升农房的综合性能，山东、河南等地区还出台既有农房能效提升技术导则，试点实施既有农房节能改造工作。其中，为引导和规范北京市超低能耗农宅的建设，提高农宅建筑质量，延长农宅使用寿命，改善农村居住建筑环境，同时大幅度降低农宅的供暖、制冷能耗，北京市出台了《北京市超低能耗农宅示范项目技术导则》，其是在广泛调查研究和参考国内外相关标准、认真总结国内超低能耗建筑推广经验的基础上而制订的，从热工性能、通风和空调系统技术、关键材料和产品性能、关键部位施工做法、验收评价与运行管理等方面提出了具体技术指标和要求。为试点实施既有农宅节能改造工作，提升工程质量，山东省出台了《山东省农村既有居住建筑围护结构节能改造技术导则（试行）》，分别提出 30％、50％和 65％农村既有居住建筑节能改造的方案参考表；河南省根据鹤壁市等农村建筑能效提升的实践经验，总结并出台了《河南省既有农房能效提升技术导则（试行）》，引导各城市选用用户干扰小、工期短、工艺简单的技术路径进行改造，提高建筑节能水平；青海省编制《农村被动式太阳能暖房建设技术导则》，指导对农牧区分散农户的节能改造，提升农牧区居民的建筑节能水平，提高建筑室内热舒适性。

4. 技术体系

《农村居住建筑节能设计标准》GB/T 50824—2013 提出“农村居住建筑的节能设计应结合气候条件、农村地区特有的生活模式、经济条件，采用适宜的建筑形式、节能技术措施以及能源利用方式，有效改善室内居住环境，降低常规能源消耗及温室气体排放。”不难看出，由于农村居住建筑的特殊性，受到气候、经济、文化等因素的影响，决定了农村居住建筑节能的技术体系与城镇建筑之间会存在部分差别。在上述标准中，也介绍了火炕、火墙、沼气池、秸秆气化、被动式太阳房、重力循环热水供暖系统等适宜农村特点的技术体系。

为做好农村建筑节能工作，北京、鹤壁、商河、青海等地针对当地农村的特点，在充分尊重农户意愿的基础上，开展了一系列农村建筑节能技术体系的探索，取得一定成效。

其中，北京市在新建节能农房和农房节能改造上均进行了积极的探索。在新建节能农房方面，北京市于 2006 年就启动了农村住宅建筑节能墙改示范项目，按照每套补贴 2 万元的标准试点建设新型节能农房，其中每户建筑面积不超过 $300m^2$、执行标准符合新建居住建筑节能 65%标准中对围护结构的传热系数要求；2010 年北京市修订了《北京市抗震节能型农民住宅建设项目管理办法》，对新农房项目的定义、内容与标准等提出了更加明确的要求；随着北京市农村建筑节能工作的深入开展，北京市于 2017 年在昌平沙岭建成了全国首个超低能耗农房项目，该项目占地面积 30 余亩，建筑面积超过 $7200m^2$，新居整村搬迁涉及约 36 户，建筑节能率达到 92%。根据北京市农村的经济、气候和生活习惯等特点，北京市在农村建筑节能工作推进过程中，主要采用围护结构性能提升为主的技术体系，如外墙外保温（山墙保温）、更换门窗等，改造后房屋保温性能和气密性均得到显著提升，如图 8-1 所示。在农房节能改造方面，北京市于 2008 年启动 1500 户既有农村住宅节能保温改造示范项目，每户住房（建筑面积约 $80\sim100m^2$ 的正房）保温改造奖励 8500～11000 元。与城镇居住建筑类似，考虑到改造项目的复杂性，启动阶段改造执行标准为 50%标准中对围护结构保温做法的要求，低于新建节能农房 65%标准的有关要求。在试点示范的基础上，2011 年北京市将补贴标准统一调整至 1 万元/户，并对农宅节能改造的围护结构性能进行了明确，要求外墙传热系数不大于 $0.45W/(m^2 \cdot K)$、外窗传热系数不大于 $2.7W/(m^2 \cdot K)$。与北京市相关标准相比，上述传热系数指标介于建筑节能 65%与 75%标准之间，如图 8-2 所示。

图 8-1　北京市新建节能农房工程

图 8-2　北京市既有农房节能改造工程

鹤壁市结合清洁取暖试点城市的建设，对既有农宅节能改造的技术体系进行探索和试点。在实施既有农宅节能改造前，鹤壁市专门委托相关专业机构，针对辖域内平原、丘陵、山区等多种地形，设计了平房、瓦房、楼房、联排农房等 30 余种节能改造模型，最终确定了一层农房主要实施北墙、东西山墙外保温改造模型；坡屋顶农房试装“节能吊顶＋保温窗帘”；平房选择效果明显的倒置式屋顶保温改造方式；两层及多层农房只改一层常用生活区域；传统古村落及山区石头农房则采用符合防火规范的室内保温改造方式的技术体系，农宅节能保温改造后能效提升超过 30％，如图 8-3 和图 8-4 所示。2018 年 5 月 29 日，全国北方地区农村清洁取暖用户侧能效提升鹤壁现场经验交流会在鹤壁市召开，北方地区 15 个省（自治区、直辖市）相关负责同志参观学习了鹤壁推广模式，深入到村民家中实地调研“用户侧”建筑能效提升情况，如图 8-5 所示。

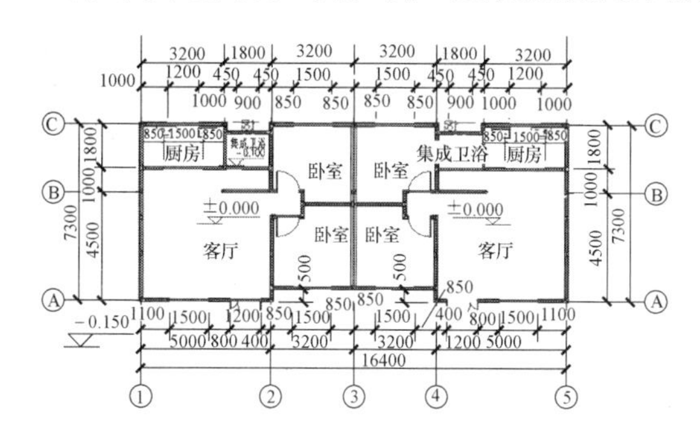

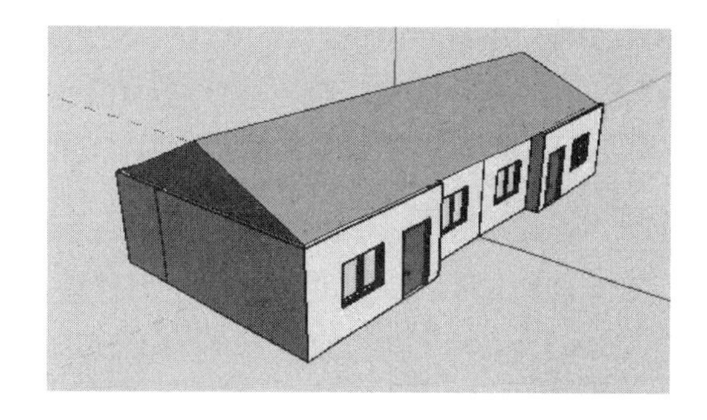

图 8-3　鹤壁市典型既有农房建模

图 8-4　鹤壁市既有农房节能改造工程

图 8-5　全国北方地区农村清洁取暖用户侧能效提升鹤壁现场经验交流会

坚持“重点考虑经济型方案、常用房间改造优先、围护结构内保温为主、南向充分利用阳光能量、薄弱北向外墙优先、减少室内层高”等基本原则，济南市商河县试点实施既有农房节能改造工作。其中，对于坡屋顶、层高较高且无保温的建筑，可采用 2～4cm 防火等级 A 级带饰面的高分子树脂吊顶保温材料，也可采用约 10cm 厚玻璃纤维袋对已有吊顶的屋顶进行保温；对于墙体表面较为平整且表面无损坏的，在北墙上，可采用 1～2cm 可装饰墙面的壁纸贴保温，也可采用 2～4cm 防火等级 A 级的带饰面的高分子树脂内保温；对于外窗，可采用 EVA 材质的内保温帘，其可根据用户个人喜好调整不同颜色，具有防风保暖、防水防尘等特点，且基本不影响采光；对于外门，可采用磁性 PVC 自吸门帘，降低冷风渗透带来的热量损失；对于建筑南向，可充分利用住宅的前厦，改造为阳光暖廊，拓展活动空间以及增加进入室内的缓冲空间，如图 8-6 所示。

(*a*)

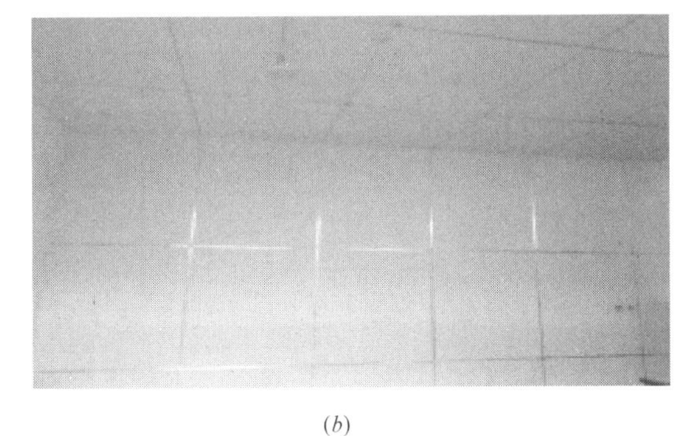

(*b*)

(*c*)

(*d*)

图 8-6　商河县农房节能改造工程

(*a*) 保温吊顶；(*b*) 外墙内保温；(*c*) 门帘；(*d*) 阳光暖廊

青海省积极开展农村建筑节能工作的试点与推广，陆续开展了一系列关键技术、标准体系研究以及工程建设。相继开展了“青藏农牧区民居建设中被动式太阳能采暖方式比较性研究与示范研究”“基于太阳能炕的主被动结合的采暖方式的研究与示范”等课题，围绕城镇和农牧区民居建设中被动式太阳能供暖方式，并针对青海省不同地区、不同技术类型的被动式太阳房，包括直接受益型、附加阳光间型、集热蓄热墙型等，进行温度实测、数据收集及分析。结合居民的实际舒适性体验，对青藏农牧区民居建设中不同被动式太阳能供暖方式的适应性做出评价。此外，“被动式太阳能建筑应用测试与评价体系”研究课题还对被动式太阳能建筑应用测试与评价体系进行了研究，建立了青海省被动式太阳能建筑测试和评价指标体系，完成了《青海省被动式太阳能采暖技术标准》《青海省被动式太阳能采暖建筑标准图集》的编制工作。在前期研究的基础上，综合当地实际情况，青海省依托农村节能示范户和危旧房改造，提出了 4 种主要被动式太阳能暖房技术类型。其中，针对已有阳光间的既有居住建筑，实施围护结构节能改造和加装太阳能热水器；针对新建农村节能住宅，建设阳光间和太阳能热水器；针对新建农村居住（含公建）建筑，建设直接受益窗、集热蓄热墙和太阳能热水器；针对农牧区新建居住建筑，实施主动式太阳能炕、双效集热器、集热蓄热墙和阳光间，如图 8-7 所示。根据相关测算，青海省已实施的近 11000 户被动式太阳能暖房项目，增量投资回收期约 10 年，每年可替代常规能源 3.50 万 tce，减少二氧化碳排放 8.66 万 t，减少二氧化硫排放 0.07t，减少粉尘排放 0.04t，节约能源支出 1822.55 万元。通过项目的建设，不仅改变了原有农牧区群众“摸黑走路”“冷水洗脸洗菜”的生活方式，还提高了老百姓的生活品质，如“火炕变水暖炕”“不花钱的热水”等。

图 8-7　青海省农房建筑节能工程

8.2 农村清洁取暖

8.2.1 工作背景

北方地区约占我国国土面积的 70%，主要包括东北、华北和西北地区。上述地区累年日平均室外温度低于或等于 5℃的天数，一般都在 90 天以上，最长超过 200 天，极端最低气温可达−40℃以上，冬季取暖已成为当地居民的刚性需求。随着城镇化进程的加快以及人民生活水平的提高，我国城乡建筑取暖规模呈快速增长的态势，截至 2016 年年底，北方地区城乡建筑取暖总面积已达 206 亿 m^2，取暖能耗超过 3 亿 tce，约占建筑能耗总量的 30%以上。其中，清洁取暖规模约 69 亿 m^2，不足 34%。

目前，燃煤取暖特别是散煤取暖（主要应用于农村地区），仍是上述地区冬季最主要的取暖方式。根据相关研究，与燃煤电厂相比，1t 散煤燃烧排放的污染物约为等热量情况下电厂排放 SO_2、NO_x 和烟粉尘的 5 倍、2 倍和 66 倍。伴随着大量高污染的散煤在冬季取暖时的集中燃烧，众多污染物被排放至大气环境中。特别是对于 $PM_{2.5}$ 的排放，年均浓度贡献可达 7.2～9.2$\mu g/m^3$。虽然冬季取暖对年均 PM_{2}.5 浓度的贡献率仅为 10%，但是冬季散煤取暖对大气环境 $PM_{2.5}$ 的贡献率却高达 48%，其具有很强的集中性、周期性特点，上述排放均出现在当年的 11 月至次年的 3 月左右，排放强度相对较高。相关数据显示，冬季取暖如此大量、高强度的煤炭燃烧排放出来的 SO_2、NO_2、$PM_{2.5}$ 和 PM_{10} 等污染物，其浓度分别相当于非供暖季 2.4 倍、1.4 倍、1.8 倍和 1.4 倍，并以年为单位呈现规律性波动。2013 年以来，由于冬季大气环境中 $PM_{2.5}$ 浓度的增高，引发了一系列持续性、大范围的雾霾天气，特别是 2016 年年底持续一周的重度雾霾天气更是席卷了我国 11 个省（市、区）近 142 万 km^2。目前，大气污染问题已受到社会各界的高度重视。

另一方面，需要注意的是，虽然取暖能耗高、污染排放多，但是受到建筑结构、保温性能等因素的影响，农村建筑室内舒适性远远不及城镇建筑。其中，对北京市 77 户农宅进行调研显示，平均室内温度约 18.11℃，最低温度仅为 12℃左右，远低于集中供热的平均温度。同时，由于农宅取暖主要以散煤为主，加之劣质炉具的使用，也对城镇家庭室内造成严重的污染。根据相关数据显示，其冬季室内 $PM_{2.5}$、PM_{10}、CO 和 NO_x 的平均浓度分别超标达 3.9 倍、1.8 倍、0.6 倍和 0.6 倍，若是考虑最高浓度，则超标将达 27.1 倍、19 倍、15 倍和 4.5 倍。同时，散煤取暖的方式还增加了居民起夜填火等工作，进一步降低了居住的舒适性。

2016 年 12 月中央财经领导小组第十四次会议研究“十三五”规划纲要确定的 165 项重大工程项目进展和解决好人民群众普遍关心的突出问题等工作，并听取了国家能源局关于推进北方地区冬季清洁取暖等专题汇报。会议强调，推进北方地区冬季清洁取暖等 6 个问题，都是大事，关系广大人民群众生活，是重大的民生工程、民心工程。推进北方地区冬季清洁取暖，关系北方地区广大群众温暖过冬，关系雾霾天能不能减少，是能源生产和消费革命、农村生活方式革命的重要内容。要按照企业为主、政府推动、居民可承受的方针，宜气则气，宜电则电，尽可能利用清洁能源，加快提高清洁供暖比重。本次会议上，北方地区冬季清洁取暖的概念被首次提出并得到高度重视，为下一步北方地区冬季清洁取暖的启动奠定了坚实的基础。随后，在 2017 年国务院政府工作报告中，明确提出要坚决打好蓝天保卫战，全面实施散煤综合治理，推进北方地区冬季清洁取暖，完成以电代煤、以气代煤 300 万户以上，全部淘汰地级以上城市建成区燃煤小锅炉。这标志着北方地区冬季清洁取暖工作正式启动。

8.2.2 发展成效

根据《中国建筑节能年度发展报告（2020 年）》，截至 2018 年年底，京津冀及周边地区、汾渭平原共完成清洁取暖改造 1372.65 万户，如表 8-4 所示。从采用的技术方案来看，试点城市主要采用的清洁取暖方式以“煤改气”“煤改电”为主，其他形式如“煤改热”“煤改生物质”等仅有少量试点。

北方 7 省（市）完成清洁取暖情况（截至 2018 年年底） **表 8-4**

序号	地区	完成情况（万户）		
		煤改气	煤改电	合计
1	北京	17.5	68.4	85.9
2	天津	40.5	19.7	60.2
3	河北	448.3	56.2	504.5
4	山西	76.6	15.5	92.1
5	山东	92.8	88.4	181.2
6	河南	15.1	287.1	302.2
7	陕西	133.32	13.23	146.55
合计		824.12	548.53	1372.65

北方地区冬季清洁取暖中期评估结果显示，截至 2018 年年底，北方地区冬季清洁取暖率已达 50.7%，相比 2016 年提高了 12.5%，农村地区清洁取暖率约 24%。其中，“2+26”城市总体清洁取暖率达到 72%，农村地区清洁取暖率达到 43%，超额完成中期目标。经测算，自清洁取暖实施以来，农村散煤使用量减少了 3000 余万吨，对改善大气环境做出了实质性贡献。2018 年，京津冀和汾渭平原地区平均 $PM_{2.5}$ 浓度分别为 60μg/m^3 和 58μg/m^3，比 2017 年各下降 11.8%和 10.8%。同时，全国 337 个城市 $PM_{2.5}$ 浓度也出现了明显下降，近 6 年来全国重污染天数持续减少，2018 年全年首次无持续 3 天及以上的重污染过程。

根据《关于重点区域 2019-2020 年秋冬季环境空气质量目标完成情况的函》，2019 年 10 月至 2020 年 3 月，“2+26”城市 $PM_{2.5}$ 平均浓度最低的 3 个城市依次是北京、廊坊、长治（并列第二），分别为 47μg/m^3、55μg/m^3、55μg/m^3；浓度最高的 3 个城市依次是安阳、濮阳和石家庄，分别为 94μg/m^3、84μg/m^3 和 81μg/m^3。重污染天数最少的 3 个城市依次是阳泉、长治和晋城，分别为 3 天、4 天和 6 天；天数最多的城市依次是安阳、濮阳和石家庄（并列第二），分别为 33 天、25 天和 25 天。从改善幅度看，“2+26”城市中除太原和济宁外，26 个城市完成了 $PM_{2.5}$ 浓度改善目标。28 个城市 $PM_{2.5}$ 平均浓度均同比下降，其中保定、开封和郑州降幅最大，同比分别下降 25.0%、21.6%和 20.2%。26 个城市完成重污染天数减少目标，其中减少最多的 4 个城市为保定、郑州、开封和邢台，同比分别减少 16 天、16 天、15 天、15 天；德州和天津重污染天数同比分别增加 3

天和 1 天。汾渭平原 $PM_{2.5}$ 平均浓度最低的 3 个城市依次是吕梁、晋中和铜川，分别为 45μg/m³、56μg/m³ 和 58μg/m³；浓度最高的 3 个城市依次是咸阳、运城（并列第一）和西安，分别为 84μg/m³、84μg/m³ 和 78μg/m³。重污染天数最少的 3 个城市依次是吕梁、铜川和晋中（并列第二），分别为 1 天、4 天和 4 天；天数最多的城市依次是咸阳、运城和临汾，分别为 26 天、23 天和 22 天。从改善幅度看，汾渭平原 11 个城市中，除运城外 10 个城市完成了 $PM_{2.5}$ 浓度改善目标。10 个城市 $PM_{2.5}$ 平均浓度同比下降，降幅最大的 3 个城市依次为吕梁、咸阳和临汾，同比分别下降 18.2%、16.0%和 15.4%；运城同比上升 1.2%。除运城外 10 个城市完成了重污染天数下降目标，其中减少天数最多的 3 个城市为洛阳、咸阳和渭南，同比分别减少 20 天、17 天和 12 天，运城市同比增加 2 天。

8.2.3 经验与做法

为保障北方地区冬季清洁取暖的快速、平稳推进，各级政府及相关行政管理部门相继出台了一系列政策措施，促进相关清洁取暖工作的实施与推进。

1. 国家层面

国家高度重视北方地区冬季清洁取暖工作，财政部、国家发展改革委、住房城乡建设部、生态环境部等多个部门相继出台了《关于开展中央财政支持北方地区冬季清洁取暖试点工作的通知》（财建〔2017〕238 号）、《关于推进北方采暖地区城镇清洁供暖的指导意见》（建城〔2017〕196 号）、《关于印发北方地区清洁供暖价格政策意见的通知》（发改价格〔2017〕1684 号）、《关于印发北方地区冬季清洁取暖规划（2017-2021 年）的通知》（发改能源〔2017〕2100 号）、《关于印发北方地区冬季清洁取暖试点城市绩效考核评价的通知》（财建〔2018〕253 号）和《关于扩大中央财政支持北方地区冬季清洁取暖城市试点的通知》（财建〔2018〕397 号）等数个政策文件，分别从试点示范、规划引导、取暖价格、绩效考核、城镇供热等角度，指导和支持相关地区冬季清洁取暖工作的推进，如图 8-8 和表 8-5 所示。

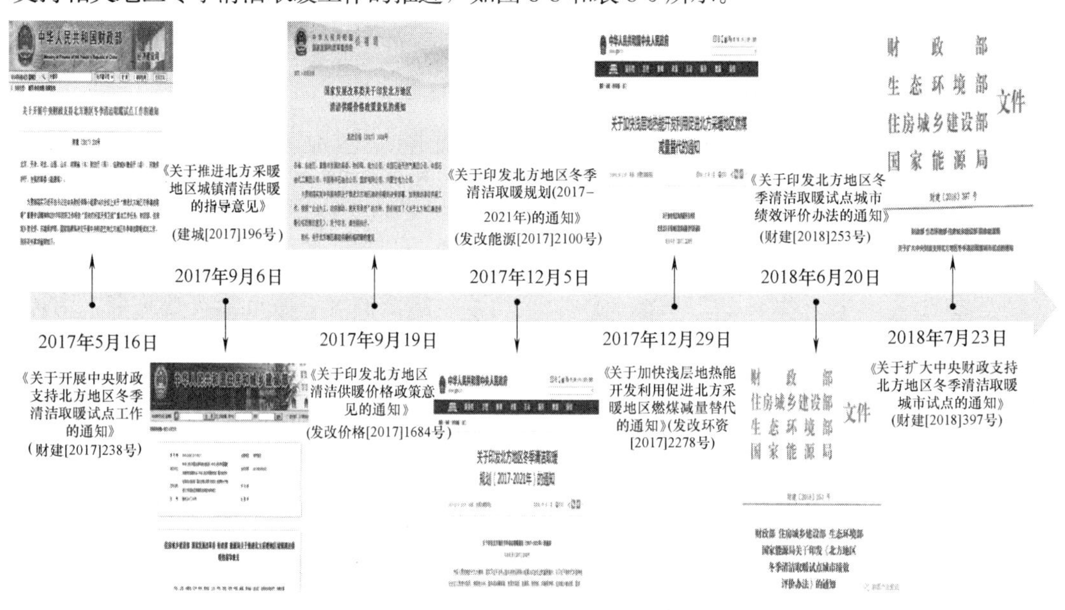

图 8-8　国家层面冬季清洁取暖政策发展历程

国家层面冬季清洁取暖相关政策措施要点（部分） **表 8-5**

序号	文件名称	文号	主要内容
1	《财政部 住房城乡建设部 环境保护部 国家能源局关于开展中央财政支持北方地区冬季清洁取暖试点工作的通知》	财建〔2017〕238 号	➢试点范围：京津冀及周边地区大气污染传输通道“2＋26”城市 ➢支持政策： 直辖市每年安排 10 亿元； 省会城市每年安排 7 亿元； 地级城市每年安排 5 亿元 ➢试点目标：实现试点地区散烧煤供暖全部“销号”和清洁替代 ➢试点周期：三年
2	《住房城乡建设部 国家发展改革委 财政部国家能源局关于推进北方采暖地区城镇清洁供暖的指导意见》	建城〔2017〕196 号	➢基本要求：京津冀及周边地区“2＋26”城市重点推进“煤改气”“煤改电”及可再生能源供暖工作，加快推进“禁煤区”建设。 ➢重点工作： 编制专项规划； 加快推进燃煤热源清洁化； 因地制宜推进天然气和电供暖； 大力发展可再生能源供暖； 有效利用工业余热资源； 全面取消散煤取暖； 加快供暖老旧管网设施改造； 大力提高热用户端能效
3	《国家发展改革委关于印发北方地区清洁供暖价格政策意见的通知》	发改价格〔2017〕1684 号	➢电价政策： (1)完善峰谷分时价格制度 推进上网侧峰谷分时电价政策； 完善销售侧峰谷时段划分； 适当扩大销售侧峰谷电价差 (2)优化居民用电阶梯价格政策 合理确定居民采暖电价； 鼓励叠加峰谷电价； 明确村级“煤改电”电价政策 (3)大力推进市场化交易政策 推动可再生能源就近直接消纳； 促进跨省跨区电力交易； 探索市场化竞价采购政策； 合理制定电采暖输配电价 ➢气价政策： 明确“煤改气”门站价格政策； 完善销售价格政策； 灵活运用市场化交易机制 ➢热价政策： 完善集中供热价格政策； 试点推进市场化原则确定区域清洁供暖价格； 加强供热企业成本监审和价格监管

续表

序号	政策名称	文号	主要内容
4	《关于印发北方地区冬季清洁取暖规划(2017-2021年)的通知》	发改能源〔2017〕2100号	➢规划范围:北京、天津、河北、山西、内蒙古、辽宁、吉林、黑龙江、山东、陕西、甘肃、宁夏、新疆、青海14个省(区、市)以及河南省部分地区 ➢总体目标: 到2019年,北方地区清洁取暖率达到50%; 到2021年,北方地区清洁取暖率达到70%; 供热系统平均综合能耗降低至15kgce/m^2以下; 北方城镇地区既有节能居住建筑占比达到80% ➢具体目标: (1)京津冀大气污染传输通道的"2+26"个重点城市 2019年,城区清洁取暖率达到90%以上,县城和城乡接合部(含中心镇,下同)达70%以上,农村地区达40%以上; 2021年,城市城区全部实现清洁取暖,35蒸吨以下燃煤锅炉全部拆除;县城和城乡接合部清洁取暖率达80%以上,20蒸吨以下燃煤锅炉全部拆除;农村地区清洁取暖率60%以上 (2)其他地区 城区:2019年,清洁取暖率达到60%以上;2021年,清洁取暖率达到80%以上,20蒸吨以下燃煤锅炉全部拆除。新建建筑全部实现清洁取暖; 县城和城乡接合部:2019年,清洁取暖率达到50%以上;2021年,清洁取暖率达到70%以上,10蒸吨以下燃煤锅炉全部拆除; 农村:2019年,清洁取暖率达到20%以上;2021年,清洁取暖率达到40%以上
5	《财政部 住房城乡建设部 生态环境部 国家能源局关于印发〈北方地区冬季清洁取暖试点城市绩效考核评价办法〉的通知》	财建〔2018〕253号	➢评价内容:试点城市清洁取暖目标实现程度、政策成效、奖补资金管理使用情况,以及为实现目标制定的制度和采取的措施等 ➢评价依据:绩效目标、实施方案、专项规划,以及其他相关政策、制度、行业标准及规范等 ➢量化评分:优(90-100分)、良(80-89分)、中(60-79分)、差(0-59分)
6	《财政部 生态环境部 住房城乡建设部 国家能源局关于扩大中央财政支持北方地区冬季清洁取暖城市试点的通知》	财建〔2018〕397号	➢试点范围: 京津冀及周边地区大气污染传输通道"2+26"城市; 汾渭平原11城市; 张家口 ➢支持政策: (1)京津冀及周边地区大气污染传输通道城市以及张家口; 直辖市每年安排10亿元; 省会城市每年安排7亿元; 地级城市每年安排5亿元; (2)汾渭平原城市每年3亿元 ➢试点目标: 城区清洁取暖率达100%,平原地区基本完成取暖散煤替代; 新建居建执行节能标准水平较现行国家水平提高30%; 城市城区具有改造价值的既有建筑全部完成节能改造,城乡接合部及所辖县要完成80%以上 ➢试点周期:三年

续表

序号	政策名称	文号	主要内容
7	《关于加快浅层地热能开发利用促进北方采暖地区燃煤减量替代的通知》	发改环资〔2017〕2278号	➢工作重点：京津冀及周边地区等北方采暖地区 ➢主要任务： 科学规划开发布局； 因地制宜开发利用； 提升运行管理水平； 创新开发利用模式 ➢保障措施： 完善支持政策； 加强示范引导和技术进步； 建立健全承诺和评估机制； 加强监督检查
8	《关于进一步做好清洁取暖工作的通知》	发改能源〔2019〕1778号	➢因地制宜，科学选择供暖方式 ➢明确标准，把握清洁供暖范围 ➢多措并举，全力保障清洁能源供应 ➢统筹城乡，切实降低取暖能耗 ➢科学管理，严守安全供暖底线 ➢加大力度，认真落实支持政策 ➢协同推进，确保工作落到实处

截至2019年年底，财政部、住房和城乡建设部、国家能源局和生态环境部累计批准3批北方地区冬季清洁取暖试点城市，主要包括天津、石家庄、保定、廊坊、唐山、衡水、邯郸、邢台、沧州、张家口、济南、聊城、德州、滨州、菏泽、济宁、淄博、太原、阳泉、吕梁、晋中、临汾、运城、晋城、长治、郑州、安阳、鹤壁、洛阳、三门峡、焦作、濮阳、新乡、开封、西安、咸阳、宝鸡、铜川、渭南市等城市。根据《2019年中国散煤综合治理调研报告》，2017年中央财政奖补资金投入60亿元，12个试点城市地方政府共投入226.29亿元（含省级补助资金）；2018年，试点城市扩大到35个，中央财政奖补资金投入139.2亿元，35个试点城市共投入328.8亿元（含省级补助资金）。2019年，试点城市扩大到43个，中央财政奖补资金达152亿元。

2. 地方层面

在国家政策的引导和支持下，北方地区特别是京津冀大气污染传输通道"2+26"城市、汾渭平原11城市等地区纷纷制定相关冬季清洁取暖实施方案、专项规划等文件，推动清洁取暖工程的实施与建设。

(1) 工作目标

根据北方地区冬季清洁取暖试点城市有关要求，财政部、生态环境部、住房和城乡建设部以及国家能源局分别对试点城市的工作目标、实施方案和专项规划进行了批复。按照批复文件有关要求，试点城市如天津、济南、郑州、鹤壁、阳泉、运城、洛阳等以及其他省（市、区）如青海、甘肃等纷纷出台了当地冬季清洁取暖的实施方案、指导意见等政策措施，明确总体目标，积极推进试点工程的建设，如表8-6所示。

北方地区及试点城市冬季清洁取暖实施方案（部分） **表 8-6**

序号	地区	名称	文号	主要内容和总体目标
1	天津	《天津市居民冬季清洁取暖工作方案》	津政发〔2017〕38 号	实施居民煤改清洁能源取暖 121.3 万户(不含山区约 3 万户),其中城市地区 12.9 万户(含棚户区和城中村改造 4.3 万户);农村地区 108.4 万户
2	济南	《济南市北方地区冬季清洁取暖试点城市三年实施方案》	济政办字〔2017〕77 号	清洁取暖改造面积为 1.53 亿 m^2,其中城区 1 亿 m^2;城乡接合部及县城 2314 万 m^2;农村 3000 万 m^2,既有建筑节能改造 2110.5 万 m^2
3	郑州	《郑州市清洁取暖试点城市建设工作方案》	郑政文〔2018〕92 号	城区、县城和农村清洁取暖率均达到 100%; 完成 800 万 m^2 既有建筑改造; 完成农宅改造 1 万户,约 200 万 m^2; 完成国家制定的郑州 $PM_{2.5}$ 目标
4	鹤壁	《鹤壁市冬季清洁取暖试点城市实施方案》	鹤政〔2017〕20 号	城区、城乡接合部、所辖县及农村清洁取暖率达到 100%; 新建居建执行标准较国标再提高 30%; 除农村外,具备改造价值既有建筑完成改造; 推动新建节能农房及既有农房改造; 完成国家 $PM_{2.5}$ 目标,确保散煤不复烧,取暖问题不再成为影响区域空气质量重要因素
5	阳泉	《阳泉市 2017-2019 年冬季清洁取暖工作指导意见》	阳政发〔2017〕11 号	2017～2019 年,完成全市范围内 960 个村 258267 户的清洁取暖工程,实现全面禁止原煤散烧
6	运城	《运城市冬季清洁取暖实施方案》	运政办〔2018〕6 号	清洁取暖改造:完成改造面积 5077 万 m^2,平原地区完成取暖散煤全替代; 建筑节能改造:完成城市及县城既有建筑节能改造 411 万 m^2。城市新建居建执行标准较国家标准水平再提高 30%,示范一批超低能耗居住建筑
7	洛阳	《洛阳市冬季清洁取暖工作实施方案(2018-2020 年)》	洛政办〔2018〕76 号	热源侧:城区和所辖县、平原地区农村清洁取暖率达到 100%。城区、临近城区所辖县城集中供热比例力争达到 80%,具备集中热源的山区和边远地区所辖县集中供热比例达到 60%。 用户侧:新建居住建筑执行节能标准水平较现行国家标准水平提高 30%。城区具备改造价值既有建筑完成节能改造,城乡接合部及所辖县城完成 92%,农村开展 2 万户能效提升示范。新建超低能耗建筑示范 10 万 m^2
8	聊城	《关于印发聊城市冬季清洁取暖工作实施方案的通知》	—	热源端:到 2020 年冬季供暖季前,全市完成 65 万户清洁取暖改造任务。按照示范带动、面上推广、分步实施的原则,2017～2020 年清洁取暖改造任务按 10 万户、20 万户、20 万户、15 万户进行分解,实现主城区清洁取暖覆盖率达到 100%,县城清洁取暖覆盖率达到 85%,农村地区清洁取暖覆盖率达到 75% 用户端:到 2020 年底,全市完成既有建筑节能改造 450 万 m^2,其中既有公共建筑节能改造 150 万 m^2,节能率不低于 15%;既有居住建筑节能改造 300 万 m^2,节能率不低于 20%

续表

序号	地区	名称	文号	主要内容和总体目标
9	青海	《关于推进冬季城镇清洁供暖的实施意见》	青建燃[2018]5号	设市城市城区优先发展热电联产、大型区域锅炉房为主的集中供暖，集中供暖暂时难以覆盖的，加快实施各类分散式清洁供暖。2019年，清洁取暖率达到60%以上；2021年，清洁取暖率达到80%以上。 县城和城市城乡接合部构建以集中供暖为主、分散供暖为辅的基本格局。2019年，清洁取暖率达到50%以上；2021年，清洁取暖率达到70%以上
10	甘肃	《甘肃省冬季清洁取暖总体方案(2017-2021年)》	甘发改能源[2018]337号	城市城区：优先发展集中供暖，加快发展各类分散式清洁供暖。到2021年，20蒸吨以下燃煤锅炉全部拆除；力争清洁取暖率达到80%以上；集中供热不能覆盖的，全部完成气代煤、电代煤或其他清洁能源替代。 城郊及县城：以集中供热为主，分散供热为辅，着力推进气代煤、电代煤和各种可再生能源供暖。到2021年，10蒸吨以下燃煤锅炉全部拆除；力争清洁取暖率达到70%以上。其中，城区周边、城乡接合部等有条件的地区清洁集中供热延伸覆盖20%左右。 农村地区：优先利用生物质、太阳能、沼气等多种清洁能源供暖，农房节能改造启动示范，节能取暖设施得到推广。到2021年，农村取暖能源消费结构趋于优化，取暖效率明显提升，基本形成洁净煤、秸秆固化炭化燃料、太阳能、沼气和生物质天然气、电能互为补充的能源供给和消费新格局

(2) 支持政策

从目前清洁取暖试点的实际投入来看，补贴的内容主要包括“煤改气”“煤改电”、可再生能源供暖以及建筑节能改造的一次投入和运行补贴。部分地区对低收入家庭的取暖支出进行补贴。

1)“煤改气”补贴

目前，试点城市均出台了明确的“煤改气”补贴政策，包括设备购置补贴以及使用补贴。在设备购置补贴方面，补贴比例普遍在50%以上，最高补贴上限为2000～8000元，各城市差异相对较大，如表8-7所示。此外，大部分试点城市还制定了阶梯价格优惠政策。在阶梯气价方面，天津等城市取消了“煤改气”用户供暖季阶梯气价，鹤壁等城市增加了供暖期阶梯气价一档气量。

试点城市“煤改气”补贴政策 **表8-7**

批次	省份	试点城市	设备补贴		运行补贴		
			设备补贴比例(%)	最高补贴金额(元)	气价补贴(元/m^3)	最高补贴量(m^3)	最高补贴价(元/户)
第一批	天津	天津	—	6200	1.2	1000	1200
	河北	石家庄	70	2700	1.4	1200	1680
		唐山	70	2700	1	1200	1200
		保定	70	2700	1	1200	1200

续表

批次	省份	试点城市	设备补贴		运行补贴		
			设备补贴比例（%）	最高补贴金额(元)	气价补贴（元/m^3）	最高补贴量（m^3）	最高补贴价（元/户）
第一批	河北	廊坊	70	2700	1	1200	1200
		衡水	70	2700	1	1200	1200
	山西	太原	1台26kW及以下的燃气壁挂炉		1.1	2182	2400
	山东	济南		2000	1	1200	1200
	河南	郑州	100	3500	1	600	600
		开封	70	2000	1	900	900
		鹤壁	50	2500*	1	600	600
		新乡	70	3500	1	600	600
第二批	河北	邯郸	70	2700	0.8	1200	960
		邢台	70	2700	0.8	1200	960
		张家口	70	2700	0.8	1200	960
		沧州	70	2700	0.8	1200	960
	山西	阳泉		2000	0.5	900	450
		长治		3000			2400
		晋城	最高6500元				
		晋中		4000	1	1120	1120
		运城	一次性补贴2000元				
		临汾		7500	1	900	900
		吕梁		8000	1	2400	2400
	山东	淄博		2700			1200
		济宁	80	最高6000元			
		滨州		5000	1	1200	1200
		德州		4000			1000
		聊城		5000			1000
		荷泽		4000	1	1000	1000
	河南	洛阳	50	2000			400
		安阳	60	3500	1	600	600
		焦作		4500	—	—	—
		濮阳	70	3500	—	—	—
	陕西	西安	60	3000	1	1000	1000
		咸阳		5000	—	—	—

* 数据来源于《2019年中国散煤综合治理调研报告》。

2）“煤改电”补贴

试点城市均出台了明确的“煤改电”补贴政策，包括设备购置补贴以及使用补贴。在设备购置补贴方面，“煤改电”设备补贴比例普遍在50%以上，最高补贴额为2000～27000元；在运行补贴方面，电价补贴为0.1～0.3元/kWh，最高约400～2400元，第二批试点城市的焦作、濮阳、咸阳均制定了“不补运行费用”的政策，第一批试点城市的鹤壁从示范第二年起也不再对运行费用进行补贴，如表8-8所示。此外，大部分试点城市还制定了阶梯价格和峰谷价格优惠政策。在阶梯电价的基础上，12个试点城市在供暖季均叠加了峰谷电价，绝大部分城市还适当延长了谷段时间（不超过2h）；太原市扩大销售侧峰谷电价差，将谷段价格下调了0.03元/kWh。

试点城市“煤改电”补贴政策　　表8-8

批次	省份	试点城市		设备补贴			运行补贴	
				补贴比例（%）	最高补贴额（元/户）	电价补贴（元/kWh）	最高补贴量（kWh）	最高补贴价（元/户）
第一批	天津	天津	空气源热泵	—	25000	0.2	8000	1600
			蓄热式电暖器	2/3	4400	0.2	8000	1600
			直热式电暖器	2/3	—	0.2	8000	1600
	河北	石家庄		85	7400	0.2	10000	2000
		唐山		85	7400	0.2	10000	2000
		保定		85	7400	0.2	10000	2000
		廊坊		85	7400	0.2	10000	2000
		衡水		85	7400	0.2	10000	2000
	山西	太原	空气源热泵	93	27000	0.2	12000	2400
			蓄热式电暖器	88	14000	0.2	12000	2400
	山东	济南			2000	0.2	6000	1200
	河南	郑州		100	3500	0.2	3000	600
		开封		70	2000	0.3	3000	900
		鹤壁		50	2500*	0.2	3000	600
		新乡		70	3500	0.2	2100	420
第二批	河北	邯郸		85	7400	0.12	10000	1200
		邢台		85	7400	0.12	10000	1200
		张家口		85	7400	0.12	10000	1200
		沧州		85	7400	0.12	10000	1200
	山西	阳泉			2500	0.1	10000	1000
		长治			20000	0.2	12000	2400
		晋城		最高6500元				
		晋中		无				
		运城		一次性补贴2000元				
		临汾			10500	0.18	5556	1000
		吕梁			24000			2000

续表

批次	省份	试点城市	设备补贴			运行补贴	
			补贴比例（%）	最高补贴额（元/户）	电价补贴（元/kWh）	最高补贴量（kWh）	最高补贴价（元/户）
第一批	山东	淄博		5700			1200
		济宁	80	最高 6500 元			
		滨州		4600	0.2	6000	1200
		德州		4000			1000
		聊城		6500			1000
		荷泽		4000			1000
	河南	洛阳	50	2000			400
		安阳	60	3500	0.2	3000	600
		焦作		4500	—	—	—
		濮阳	70	3500	—	—	—
	陕西	西安	60	3000	0.25	4000	1000
		咸阳		5000	—	—	—

* 数据来源于《2019 年中国散煤综合治理调研报告》。

3）可再生能源供暖补贴

试点城市中，天津、邯郸和沧州等城市明确指出可再生能源供热补贴主要参考“煤改气”或“煤改电”补贴政策。石家庄、衡水、太原、郑州、鹤壁、菏泽、洛阳、焦作、濮阳、西安、咸阳等试点城市制定了明确的可再生能源供热补贴政策。其中，石家庄市对本辖区内使用生物质成型燃料替代散煤的农户或单位，每吨给予600 元补贴；太原市对深层地热利用项目给予建设补助，补贴标准为 120 元/m^2，对“太阳能＋热泵辅热”的供暖试点给予全额补贴；郑州市对实施区域集中供热的可再生能源供暖、多能互补供暖等清洁能源供暖工程项目给予直接建设补贴，依据可供热面积按 40 元/m^2 给予奖补，且单个项目不超过 5000 万元和项目总投资的 30%；另外，部分省份还出台了省级补贴政策，如河北省的太阳能取暖试点的补贴标准暂按现行的电代煤、气代煤的补贴标准执行。

4）低收入家庭补贴

目前，多数试点城市针对低收入家庭给予额外补贴。其中，鹤壁市针对“低保户”和“五保户”实施电费减免，多人口家庭每月每档电量在上述电价政策基础上可以继续增加100kWh；对于城镇低收入群体和农村建档立卡的贫困户，减免居民付费，相关费用由县区财政承担。长治市低保、特困人员的改造费由市、县两级财政按 1∶1 的比例补贴，个人不出资；洛阳市“特困户”和“五保户”“双替代”改造后应自行承担的费用由各县（市、区）统筹解决；太原市低保户等特殊困难群体在享受市县两级财政补贴的基础上，按照一次性投资全部免费、供暖运行费补贴适当增加的原则，由县（市、区）民政部门根据具体情况，另行制定补贴办法。

（3）推进模式

北方农村清洁取暖作为一项新的重点工作，为落实“企业为主、政府推动、居民可承受”的要求，北方地区各城市积极开展相关试点示范，探索成功可复制的经验模式，其中鹤壁、北京、雄县、商河、阳信、青海、张家口等地区最具代表性。鹤壁市采用外墙保温、保温吊顶、保温窗帘等技术降低建筑热负荷的同时，结合当地气温较高、取暖需求不强、经济条件不佳等特点，利用空气源热泵热风机、生物质等技术进行取暖，实现改造前后供暖成本基本不变的目标；北京市从 2007 年开始就在农村推广节能农房的建设和节能改造，广泛宣传建筑节能的重要性，在农房建筑性能普遍提升的基础上，于 2016 年开始规模化推进平原地区农房热源清洁替代，并探索推进山区农房清洁取暖工作；雄县根据当地牛驼镇地热田丰富的地热资源，在大营镇 10 余个村推广农村地热清洁取暖试点示范，并试点对部分住户的供暖设备冲洗、建筑外窗密封，使建筑室内温度得到明显提升；商河利用亚洲开发银行贷款推进农村清洁取暖，利用建筑内保温、阳光房等技术，结合生物质炉具、空气源热泵等技术实现清洁取暖；阳信县利用当地丰富的生物质资源，推广生物质炉具进行农村热源清洁替代，并对已改造的农户逐步实施建筑节能改造，进一步降低居民的取暖费用；青海根据农牧区实际，充分利用太阳能资源好、建筑热惰性高、居民热舒适性要求不高等特点，推广阳光房、太阳能炕等被动式取暖技术，在基本不花费运行费用的情况下，大幅度提升了农牧区居民的生活水平；张家口市根据当地风力资源丰富、可再生能源电力充足的特点，利用四方机制推广清洁取暖，取得较好成效。针对试点示范的经验做法和典型工程案例，部分地区和机构还相继出台了相关农村清洁取暖案例集，指导相关工作的规模化推进。其中，河北省住房城乡建设厅等部门编制《河北省清洁取暖典型案例集》，总结生物质、太阳能、空气热能、地热能、核能等近 100 个典型案例；中国建筑科学研究院编制《北方清洁取暖技术高峰论坛暨最佳实践案例》，基于实际运行监测数据，剖析不同技术、不同建筑保温性能对清洁取暖实际效果的影响。

8.3 展　　望

目前，我国农村建筑节能与清洁取暖工作虽然已经取得了一定成效，但是总体上看仍处于起步阶段。随着我国乡村振兴战略的持续深入开展，我国农村建筑节能与清洁取暖工作还将面临更多的挑战，针对目前相关工作存在的问题，还需在体制机制、推广模式等方面进一步探索和完善。

1. 建立机制，提升乡村现代化治理能力

首先，在管理体系上，研究将农村建筑节能等相关工作统一纳入政府监管的范畴，明确部门和权责，探索适宜于农村特点的审批、管理、监督等机制，因地制宜编制相关发展规划，突出重点、分类实施。其次，在技术体系上，因地制宜地研究农村建筑节能和清洁取暖等相关技术体系，在技术可行、经济合理的前提下，提出农村建筑相关性能的基本要求和建设标准。最后，在政策体系上，将其与厕所革命、污臭水体治理等专项相结合，整合碎片化政策资源，提高财政资金的利用效率，实现精准施策。

2. 多策并举，完善乡村投入保障机制

进一步完善政府投资机制，充分利用绿色金融等政策措施，引导社会资本有序进入农村，形成政府优先保障、社会积极参与的多元化农村建筑节能与清洁取暖的投入格局。同时，按照《关于构建更加完善的要素市场化配置体制机制的意见》等文件精神，充分利用农村土地征收制度等改革契机，进一步探索和创新农村建筑节能与清洁取暖的投融资模式。

3. 因地制宜，做好相关宣传培训

首先，加强宣传，充分发挥微信、微博、广播、电视和报纸等媒体作用，宣传农村建筑节能与清洁取暖相关政策措施、技术产品、使用效果等内容，营造良好的社会氛围。其次，强化培训，针对农村建筑建设的特点，采用较为通俗易懂的方式开展从业人员培训，培育一批技艺精湛、扎根农村、热爱乡土的乡村工匠。

4. 共同缔造，探索多元主体参与的推进模式

进一步厘清在农村建筑节能与清洁取暖中政府、市场和农村居民等主体的关系与特点，充分激发各方主体的创造性和能动性，提升农村多元主体协同的共治能力，探索形成基层党组织、村民委员会、村务监督委员会、社会组织、农村居民等多元主体共同推进农村建筑节能与清洁取暖的良好格局。

第9章 绿色建筑

9.1 发展成效

发展绿色建筑既是转变我国城乡建设模式，破解能源资源瓶颈约束的重要途径，也是贯彻落实“五大发展理念”，以及“适用、经济、绿色、美观”建筑方针的具体实践。住房和城乡建设部印发的《建筑节能与绿色建筑发展“十三五”规划》对绿色建筑提出了发展目标：到2020年城镇绿色建筑占新建建筑比重超过50%。为了实现这个目标，各地投入了大量人力、物力和财力，在政策、经济和技术上均给予了绿色建筑发展有力的支撑，“十三五”期间，绿色建筑推动工作取得了重要进展，成效明显。

1. 发展规模不断扩大，发展效益初步显现

截至2018年年底，全国城镇累计建设绿色建筑面积32.78亿m^2，其中有13828个建筑项目获得绿色建筑评价标识，建筑面积超过14亿m^2，如图9-1所示。地下空间开发利

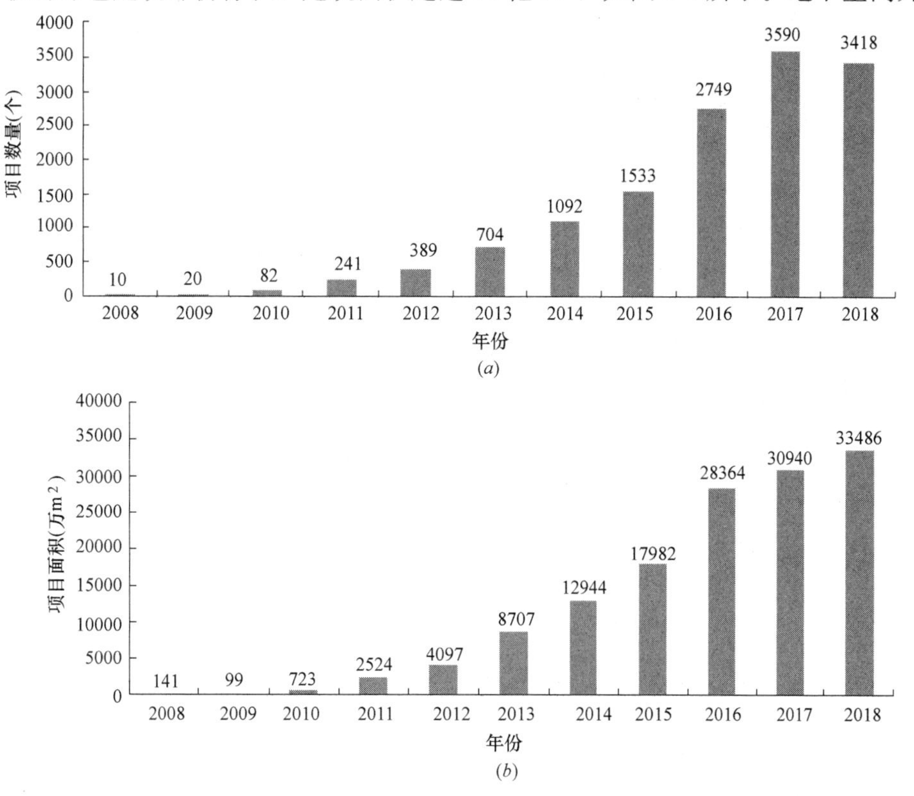

图9-1 逐年绿色建筑评价标识项目情况

（a）按项目数统计；（b）按面积统计

用面积占全部建筑面积的比例平均超过 20%，建筑平均节能率比常规建筑节能 16%，非传统水源平均利用率为 15.2%，可再循环材料平均利用率约 7.7%，住区平均绿地率达到 38%。绿色建筑在节地、节能、节水、节材和环境友好等方面的综合效益已初步显现。

从标识类型上来看，全国评出设计标识总计 13280 项，建筑面积约 13.10 亿 m^2；运行标识 620 项，如图 9-2 所示。

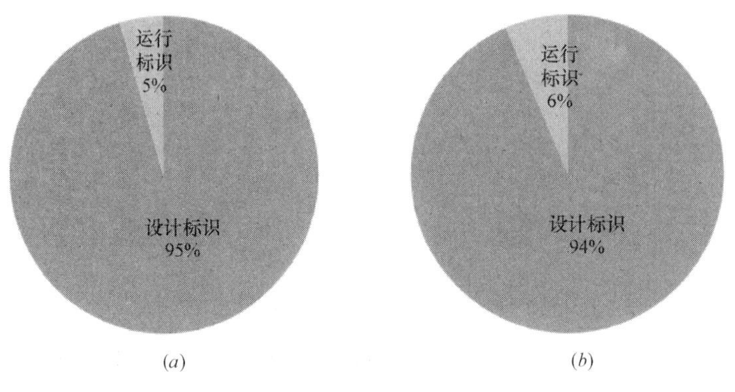

图 9-2 不同标识类型分布情况

（a）按项目数统计；（b）按面积统计

从项目星级上来看，一星级总计 7611 项，建筑面积为 72338.36 万 m^2；二星级总计 5124 项，建筑面积为 57593.06 万 m^2；三星级总计 1093 项，建筑面积为 10076.12 万 m^2，如图 9-3 所示。

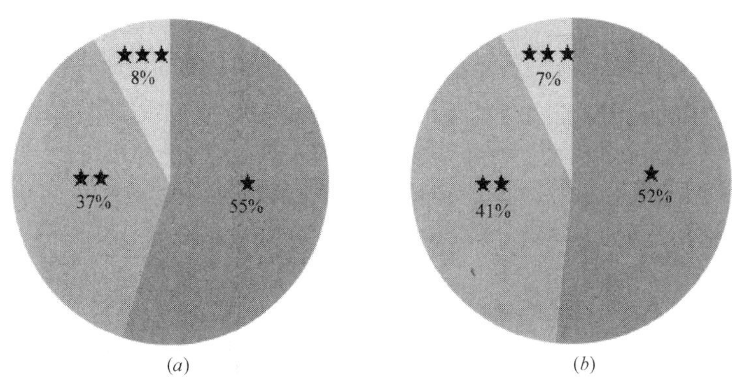

图 9-3 不同星级分布情况

（a）按项目数统计；（b）按面积统计

全国省会以上城市保障性住房、政府投资公益性建筑以及大型公共建筑全面执行绿色建筑标准。北京、天津、上海、重庆、江苏、浙江、山东等地进一步加大推动力度，已在城镇新建建筑中全面执行绿色建筑标准。截至 2018 年年底，全国累计新建绿色建筑面积超过 32.78 亿 m^2。上海、浙江、江苏、山东、海南、北京、河北等地绿色建筑占城镇新建民用建筑的比例超过了全国平均水平，如图 9-4 所示。

2. 推动绿色发展的政策框架基本建立

一是明确了绿色建筑发展的战略和目标。2013 年 1 月 1 日国务院办公厅转发了国家发展改革委、住房城乡建设部的《绿色建筑行动方案》，全国有 31 个省、自治区、直辖市

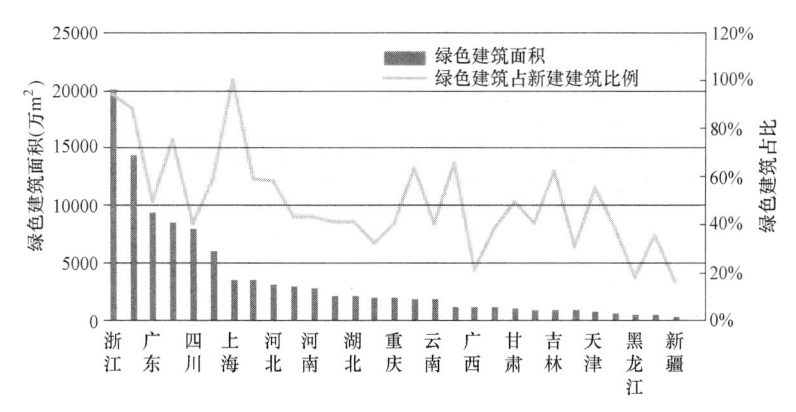

图 9-4 全国绿色建筑面积分布和占比图

（包括新疆生产建设兵团）相继发布了地方绿色建筑行动实施方案，明确了绿色建筑的发展战略与发展目标。2014 年 3 月，《国家新型城镇化规划（2014-2020）》中明确提出了我国绿色建筑发展的中期目标。2016 年中央城市工作会议做出了“推进城市绿色发展，提高建筑标准和工程质量”的要求。党的十九大报告也进一步提出要“加快建立绿色生产和消费的法律制度和政策导向”。依据上述要求，住房和城乡建设部印发的《建筑节能与绿色建筑发展“十三五”规划》提出“2020 年绿色建筑占城镇新建建筑的比例将达到 50%”。“十三五”期间，全国 17 个省份陆续出台了建筑节能与绿色建筑“十三五”规划，其他省份在住房城乡建设事业或节能减排“十三五”规划中，对绿色建筑在“十三五”期间的发展目标、重点任务提出了新的要求，除了对绿色建筑的面积、比例等提出总体目标外，对于提升绿色建筑品质、提高高星级标识项目比例、推动绿色建筑运行标识、从单栋绿色建筑向绿色生态城区发展等内容做出了要求。

二是推进路径基本确定。推进绿色建筑主要通过“强制”与“激励”相结合的方式推动绿色建筑发展。“强制”主要是对政府投资项目、保障性住房、大型公共建筑直至所有新建建筑强制要求执行绿色建筑标准（见图 9-5）。“激励”主要是通过出台财政奖励、贷款利率优惠、税费返还、容积率奖励等激励政策（见图 9-6），激发绿色建筑开发建设和购买的积极性。

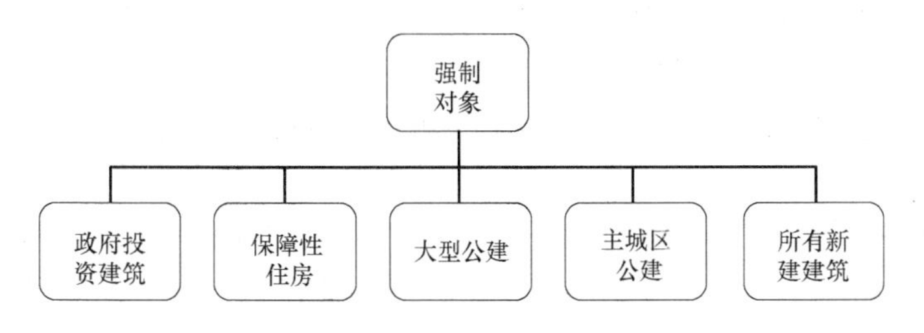

图 9-5 强制执行绿色建筑标准的建筑类型

3. 支撑绿色建筑发展的标准体系逐步完善

最新版《绿色建筑评价标准》GB/T 50378 于 2019 年 8 月 1 日正式实施，经过两次修编，从指标体系、内涵与定义、评价时间节点等多方面进行了优化完善。

指标体系完善：2019 版《绿色建筑评价标准》从最开始的“四节一环保”的单方面

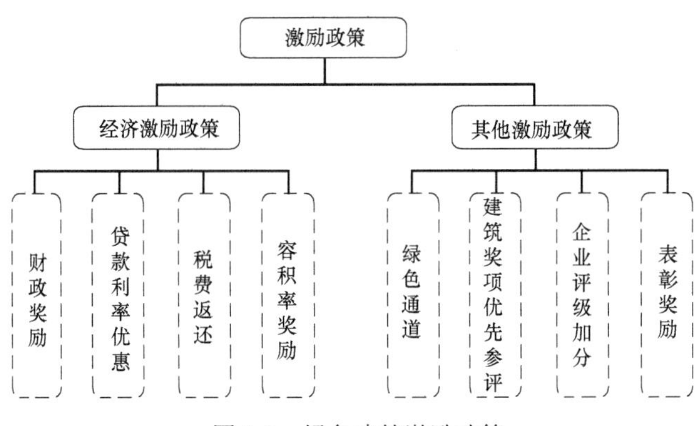

图 9-6　绿色建筑激励政策

侧重资源节约和保护环境，拓展到安全耐久、健康舒适、生活便利、资源节约、环境宜居的指标体系，更加贴近了以人民为中心，以人为本的基本理念，构建了具有中国特色和时代特色的绿色建筑指标体系。

内涵与定义拓展：2019 版《绿色建筑评价标准》以“四节一环保”为基本要点，将建筑工业化、海绵城市、健康建筑、建筑信息模型等高新建筑技术融入到绿色建筑的要求中，通过考虑建筑的安全、耐久、服务、健康、宜居、全龄友好等内容进一步引导绿色生活，丰富了绿色建筑内涵，并将绿色建筑的定义更新为：在全寿命周期内，节约资源、保护环境、减少污染，为人们提供健康、适用、高效的使用空间，最大限度地实现人与自然和谐共生的高质量建筑。

调整评价节点：将绿色建筑评价节点重新设定在项目竣工验收之后，通过项目的实际运行效果为导向，有效约束了绿色建筑的各项技术措施落地，为绿色建筑从高速发展转向高质量发展提供了有效保障。

增加基本级：由于目前我国多个省市已经将绿色建筑一星级甚至二星级作为绿色建筑施工图审查的技术要求，有力推动了我国绿色建筑的发展。2019 版《绿色建筑评价标准》作为划分绿色建筑性能等级的评价工具，既要体现其性能评定、技术引领的行业地位，又要兼顾其推广普及绿色建筑的重要作用，因此在原有的一星级、二星级、三星级的基础上增加“基本级”，不仅与正在编制的全文强制国家标准相结合，满足标准所有“控制项”的要求即为“基本级”绿色建筑。同时，也兼顾了国家和部分地方政府发布的强制执行绿色建筑的相关政策，保证了政策的连续性。也可以与国际上其他标准模式相匹配，便于国际交流。

提升星级绿色建筑性能要求：为了提升各个星级的绿色建筑性能和品质，2019 版《绿色建筑评价标准》对一星级、二星级、三星级绿色建筑在能耗、节水、隔声、室内空气质量、外窗气密性等方面提出了更高的要求。首先，绿色建筑要满足所有控制项要求以及每类指标得分的低限要求。其次，所有星级绿色建筑均应进行全装修。同时，在满足不同星级总得分要求的前提下，还需要满足对应星级的围护结构热工性能、严寒和寒冷地区住宅建筑外窗传热系数降低比例、节水器具用水效率、住宅隔声性能、室内主要空气污染物浓度降低比例、外窗气密性等方面的技术要求。

评分方法改变：2019 版《绿色建筑评价标准》采用绝对分值累加法，更加简便易于操作，解决了2006版标准达标项数评定无法定量以及2014版标准加权记分较为复杂的问题；同时综合考虑了气候、地域以及建筑类型的适用性，合理避免了评分项的不参评项，并对评价条文的数量进行了精简，在内涵拓展的前提下，条文数量却从2014版标准的138条减少至2019版标准的110条，进一步增强了评价的可操作性和简洁易用性。

在国家绿色建筑评价标准不断修编完善的基础上，一大批涉及绿色建筑设计、施工、运行、维护的标准和针对绿色工业、办公、医院、商店、饭店、博览、既有建筑绿色改造、校园、生态城区等的评价标准，以及民用建筑绿色性能计算、既有社区绿色化改造、绿色超高层、保障性住房、数据中心、养老建筑等技术细则也相继颁布，共同构成了绿色建筑发展的标准体系。

此外，全国已有20多个省份出台了地方绿色建筑评价标准。绿色建筑标准体系正向全寿命周期、不同建筑类型、不同地域特点、由单体向区域等不同维度充实和完善。

4. 评价标识制度逐步革新

为规范我国绿色建筑评价标识工作，住房和城乡建设部等相关部门自2007年起发布了一系列管理文件，对绿色建筑评价标识的组织管理、申报程序、监督检查等相关工作进行了规定，并陆续批准了35个地区开展本地区一、二星级绿色建筑评价标识工作，评价机构基本覆盖全国，形成了从中央到地方的组织机构形式。为转变政府职能，促进绿色建筑健康快速发展，住房和城乡建设部办公厅于2015年10月发布了《关于绿色建筑评价标识管理有关工作的通知》（建办科〔2015〕53号），提出了逐步推行绿色建筑评价标识实施第三方评价。同时，为了保证绿色建筑标识项目的评价质量以及后续项目能够按照评价时的设计方案进行施工，各地住房城乡建设主管部门也在不断探索不同的管理模式，从完全开放的第三方评价到政府委托财政支持的评价，不同地区对各类标识评价制度做出了不同程度的探索，我国标识制度从单一逐步走向多元化。同时，不同的标识评价制度中暴露出来的各种问题也引起了各级主管部门的注意，对于绿色建筑评价标识制度的改革已经迫在眉睫。

9.2 经验与做法

“十三五”期间，为了推动建筑节能和绿色建筑相关工作，各地均出台了相应的政策性文件，通过规划引领、强制执行、鼓励激励等多个方面推动绿色建筑的发展。经过“十二五”时期绿色建筑的工作，多数地区发现，绿色建筑的多项制度缺乏上位法的支撑，因此“十三五”期间，部分地区通过修订或编制绿色建筑相关条例、出台相关政府规章等方式为绿色建筑的发展提供依据。

9.2.1 法律法规

由于绿色建筑内涵丰富，涉及不同技术专业，以及工程建设管理程序的不同环节，如何在实现规模化发展的同时，明确各部门和主体的责任，有效衔接各环节工作，切实保障绿色建筑工程质量和运营效果，是亟待解决的主要问题。因此，2015年以来许多地区都通过修订或编制绿色建筑相关条例、出台相关政府规章等方式，明确行政主管部门的监管要求，以及各类市场主体的工作责任，为解决上述问题提供了有效的途径。

在法规制定方面，江苏、浙江、宁夏、河北、辽宁和内蒙古 6 省（区）针对绿色建筑特点，制定颁布了《绿色建筑管理条例》《绿色建筑发展条例》等法规（见图 9-7）。陕西、广西、天津、贵州等地结合本地区《民用建筑节能管理条例》的制定、修订或修正，在建筑节能的基础上增加了绿色建筑推动和监管要求。在规章制定方面，江西、青海、山东先后通过颁布政府令或省长令的方式，发布了《江西省民用建筑节能和推进绿色建筑发展办法》《青海省促进绿色建筑发展办法》和《山东省绿色建筑促进办法》（见表 9-1）。

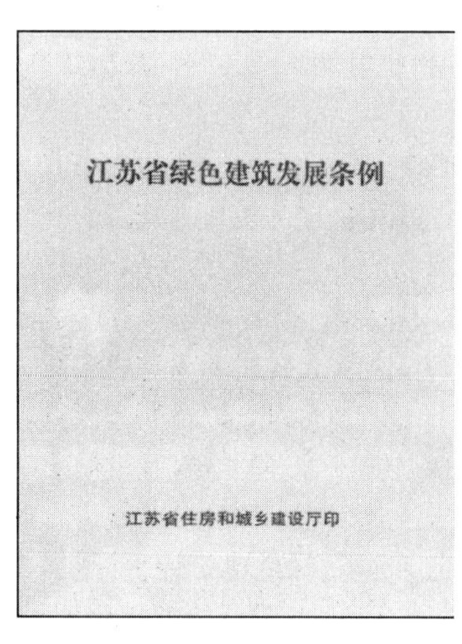

图 9-7　地方绿色建筑法规文件

各地绿色建筑法规汇总　　**表 9-1**

序号	法规类别	地区	法规名称	编制方式	发布时间	施行时间
1	绿色建筑条例	江苏	《江苏省绿色建筑发展条例》	制定	2015 年 3 月 27 日	2015 年 3 月 27 日
2		浙江	《浙江省绿色建筑条例》	制定	2015 年 12 月 5 日	2016 年 5 月 1 日
3		宁夏	《宁夏回族自治区绿色建筑发展条例》	制定	2018 年 7 月 31 日	2018 年 9 月 1 日
4		河北	《河北省促进绿色建筑发展条例》	制定	2018 年 11 月 24 日	2019 年 1 月 1 日
5		辽宁	《辽宁省绿色建筑条例》	制定	2018 年 11 月 28 日	2019 年 2 月 1 日
6		内蒙古	《内蒙古自治区民用建筑节能和绿色建筑发展条例》	制定	2019 年 5 月 31 日	2019 年 9 月 1 日
7	建筑节能条例	陕西	《陕西省民用建筑节能条例》	修订	2016 年 11 月 24 日	2017 年 3 月 1 日
8		广西	《广西壮族自治区民用建筑节能条例》	制定	2016 年 9 月 29 日	2017 年 1 月 1 日

续表

序号	法规类别	地区	法规名称	编制方式	发布时间	施行时间
9		天津	《天津市建筑节约能源条例》	修正	2018 年 12 月 14 日	2012 年 7 月 1 日
10		贵州	《贵州省民用建筑节能条例》	修正	2018 年 11 月 29	2015 年 10 月 1 日
11	省长令	江西	《江西省民用建筑节能和推进绿色建筑发展办法》	制定	2015 年 12 月 16 日	2016 年 1 月 16 日
12	政府令	青海	《青海省促进绿色建筑发展办法》	制定	2017 年 1 月 9 日	2017 年 4 月 1 日
13	政府令	山东	《山东省绿色建筑促进办法》	制定	2019 年 1 月 22 日	2019 年 3 月 1 日

9.2.2 规划引领

各地在推动绿色建筑发展过程中，都注重强调规划的引领作用。其中，江苏、浙江、宁夏、河北、江西、青海、山东等地要求县级以上地方人民政府将绿色建筑工作要求纳入国民经济和社会发展规划，并作为对下级人民政府的考核内容。陕西、天津、江苏、辽宁、内蒙古、青海等地要求省级或市、县级住房和城乡建设主管部门编制绿色建筑发展规划或年度计划，明确绿色建筑的发展目标、重点工作任务和保障措施等内容。江苏、浙江、河北要求县级以上相关主管部门组织编制本行政区域绿色建筑专项规划，明确绿色建筑发展目标、重点发展地区和相关技术的应用要求。江苏、宁夏、辽宁、内蒙古、江西等地要求各级规划主管部门将绿色建筑要求纳入城市、镇总体规划或详细行控制规划，实现各类规划之间的有效衔接，更加切实有效地推动绿色建筑发展要求落地实施（见图 9-8）。

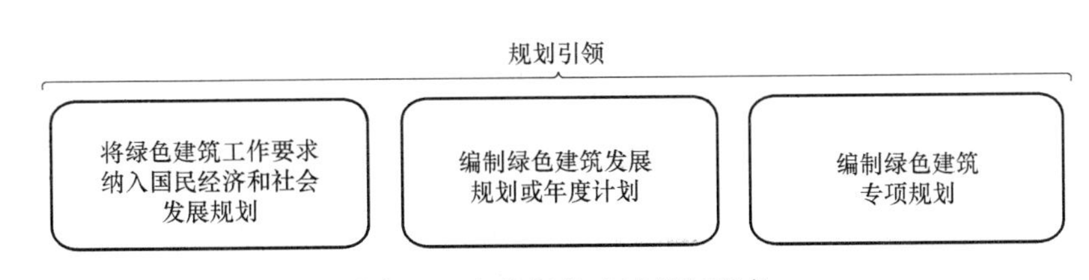

图 9-8 各类绿色建筑规划要求

9.2.3 强制执行

为加强绿色建筑推动力度，实现规模化发展，各地均结合本地实际提出了绿色建筑强制推广要求。其中，江苏、浙江、河北、广西、宁夏、青海等地要求城镇新建建筑全部达到绿色建筑标准要求，实现了绿色建筑的全面普及。同时，要求国家机关办公建筑、政府投资的公共建筑或大型公共建筑按照二星级以上标准，进一步提升绿色建筑发展水平。陕西、内蒙古、贵州和广西等地主要对国家机关办公建筑、政府投资建筑、大型公共建筑、建筑面积较大的居住小区，以及城市新区、绿色生态城区的民用建筑等，提出了按照绿色建筑标准规划和建设的要求。通过明确强制要求，推动绿色建筑的规模化发展。

9.2.4 奖励激励

为调动各类市场主体开展和参与绿色建筑实践的积极性，多数地区提出了具体的奖励推动措施。其中，广西、江苏、浙江、宁夏、辽宁、江西提出绿色建筑外墙保温层的建筑面积可不计入建筑容积率核算。山东和江苏分别提出达到绿色建筑标准要求的公共建筑或二星级公共建筑可执行峰谷分时电价。江苏、安徽、河北、江西、青海提出使用住房公积金贷款购买二星级以上绿色建筑的可上浮贷款额度。除上述经济奖励政策外，河北和内蒙古提出绿色建筑项目在评优或申请相关工程奖励时可以享受加分政策，并计入企业信用信息。青海提出房地产开发企业开发二星级以上绿色建筑，在年度房地产开发企业信用等级评定中相应加分，通过各种奖励措施，激发各类主体积极性（见图 9-9）。

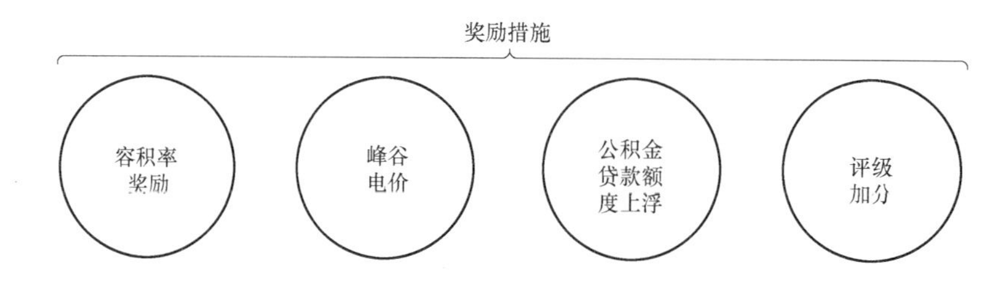

图 9-9　各地绿色建筑奖励措施

9.2.5 全程监管

为有效保障绿色建筑工程质量，各地绿色建筑法规与现行工程建设管理程序充分结合，针对立项、土地出让、规划审查、施工图审查、施工监管和竣工验收等关键环节，在原有监管程序的基础上增加了绿色建筑相关要求，建立了全过程管理制度。同时，部分地方还结合自身特点提出了其他监管要求，例如天津要求竣工验收前由建设单位委托专业评价机构对绿色建筑施工过程进行评价，并出具评价报告。浙江和江苏要求二星级以上绿色建筑、国有资金投资、国家融资的项目或大型公共建筑等项目进行能效测评。浙江提出按照绿色建筑强制性标准进行设计、施工并通过竣工验收的，县级以上人民政府建设主管部门应当及时公布其绿色建筑等级。此外，各地绿色建筑法规还明确了建设、设计、施工、监理等各类市场主体的工作要求，与常规建筑相比更强调建设单位的主体责任。例如各地普遍要求房地产开发企业应当在商品房买卖合同和住宅质量保证书、住宅使用说明书中载明所销售房屋的绿色建筑等级及其技术措施。河北、贵州、宁夏要求建设单位在施工现场公示星级和主要技术指标。河北还要求建设单位在验收合格的建筑上设置标牌，标明该建筑的绿色建筑等级和主要技术指标。

同时，在运营管理方面，为提升绿色建筑运营管理水平，充分发挥其经济环境效益，各地普遍对绿色建筑运营管理提出了相关要求。一是提出物业服务合同中应载明符合绿色建筑特点的物业管理内容，对节能、节水方面的设备、设施运营管理，室外环境围护，以及垃圾分类收集处理等提出了相关要求；二是明确建筑能耗统计、能源审计、能效公示等方面工作要求，提升建筑运行节能水平。山东还提出县级以上人民政府住房城乡建设主管部门应当通过随机抽查、专项检查等方式，加强对绿色建筑运行情况的监督管理，确保各项技术措施发挥实际效果。贵州要求取得绿色建筑标识的公共建筑所有权人、使用权人或者其委托的物业服务企业应当对建筑能源、资源消耗情况进行监测、评价。江苏、浙江、宁夏、河北、青海等地均提出要推动开展绿色改造。青海还明确在大部分业主同意的基础上，既有建筑的房屋专项维修资金可以用于建筑的绿色改造。从建筑项目的规划到运营，通过建立起全过程的管理制度，有效保证了绿色建筑的实施效果。

9.2.6 技术推广

为了提升建设水平，推动新技术、新工艺在工程建设项目中的应用和推广，各地在推动绿色建筑发展的同时，针对预拌砂浆、预拌混凝土、高强钢筋、新型墙体材料、雨水收集利用、装配式建筑、可再生能源建筑应用、全装修等新的技术提出了强制应用要求。同时，为了推动新技术应用，各地还出台了相关激励政策。其中，河北提出超低能耗居住建筑外墙保温层的建筑面积不计入建筑容积率核算。山东提出采用装配式外墙技术产品的建筑，预制外墙建筑面积不超过规划总建筑面积3%的部分，不计入建筑容积率。宁夏提出按照装配式建筑标准建造的商品房项目，预制部品部件采购合同金额计入工程进度费用。江苏、浙江、辽宁、青海等地对采用浅层地热能、地源热泵、太阳能等可再生能源的项目可以享受峰谷电价、公共建筑执行居民用电价、常规能源替代量可以抵扣相应的建筑能耗量等优惠政策。山东提出新建民用建筑实施屋顶绿化、垂直绿化的，按照有关规定折算为附属绿地面积。此外，在绿色建筑新技术研发、生产方面，贵州提出企业开发民用建筑节能与绿色建筑新技术、新产品、新工艺发生的研究开发费用，可以依法在计算应纳税所得额时加计扣除。通过各类政策推动新技术和新工艺的应用，提升工程建设的发展水平。

9.3 优秀案例

我国绿色建筑从“十一五”时期的从无到有，到“十二五”时期的跨越式发展，“十三五”期间实现了量质齐升的规模化发展，各地也投资开发建设了诸多优秀项目及示范区。由于我国幅员辽阔，东西和南北跨度都十分大，不同地区之间的气候、地质、经济、人文等条件差距较大，为此本章选择华北、西南、华东3个地区的住宅、商业、博览3类与人民群众日常生活中息息相关的建筑作为典型案例介绍绿色建筑的理念以及绿色建筑技术的应用。同时选取最早在我国开展绿色生态城区建设和示范工作的中新天津生态城和苏州工业园区作为区域性推动绿色建筑工作以及绿色发展工作的案例，以介绍其推动绿色建筑工作中的相应做法和优秀经验。

9.3.1 绿色建筑项目案例

1. 首开·国风尚樾项目

首开·国风尚樾项目位于北京市朝阳区望京片区南湖北一街。周边交通便利，配套齐全：距离地铁阜通站及望京站800m；享有北京师范大学三帆中学、北京九十四中等教育资源。距离望京凯德茂步行距离 900m。总用地面积 20323.87m^2。总建筑面积：

74916.72m²，其中：地上建筑面积：48508.44m²，地下建筑面积：26408.28m²，地上14～18层，地下3层，项目总户数为213户（图9-10）。

图9-10　首开·国风尚樾项目实景图

该项目秉承绿色建筑的理念，采用多项绿色、节能、可持续的技术方案，令绿色、健康成为融入生活点滴的生活方式。解决了节水、节能、全热交换、家居能耗监测、空气质量管理等问题，为今后类似项目的建设总结了经验、形成了示范，具有参考和借鉴意义。

（1）绿色智能的家居系统

1）灯光控制系统：首开·国风尚樾采用智能灯光控制系统，回家打开大门，玄关筒灯自动打开，通过玄关10寸屏，一键打开室内多房间多路灯光，进入房间通过门口3.5寸屏一键打开室内多路灯光。坐在沙发上、躺在床上时可以通过手机APP开关房间内的灯光，晚上睡觉只需用手机或床头开关一键关闭所有灯光。晚上起夜时，过道红外感应夜灯自动打开，人走后延时自动关闭，节约能耗。离家时只需通过门口10寸屏一键关闭所有灯光，如果忘了关闭灯，也可通过手机查看室内灯光状态，远程关闭灯光，避免能耗的浪费（见图9-11）。

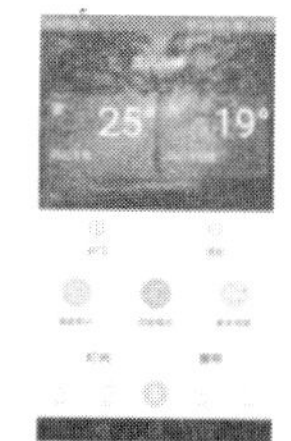

图9-11　首开·国风尚樾智能灯光控制系统

2）窗帘控制系统：首开·国风尚樾采用智能窗帘控制系统，客厅、主卧的窗帘全部为电动窗帘，可通过 10 寸屏、3.5 寸屏、手机 APP 对窗帘进行一键开关控制（见图 9-12）。

图 9-12　首开·国风尚樾智能窗帘控制系统

3）外卷帘控制系统：首开·国风尚樾外卷帘为智能控制，可通过 10 寸屏、3.5 寸屏开闭室内外卷帘，也可通过手机 APP 远程查看外卷帘状态，远程开闭外卷帘，通过控制太阳辐射射入量，在一定程度控制室内温度（见图 9-13）。

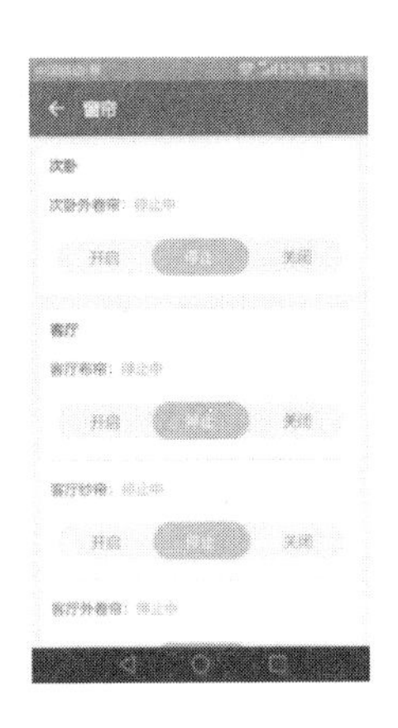

图 9-13　首开·国风尚樾外卷帘控制系统

4）温度控制系统：首开·国风尚樾配备了空调系统、地暖系统，空调、地暖都为分区控制，只需设定房间内需要的温度，智能控制系统自动选择开启空调或地暖，并始终保持这个温度，使室内达到一个恒温环境。也可以通过手机 APP 远程控制室内空调、地暖的开闭、调温（见图 9-14）。

5）空气质量管理系统：首开·国风尚樾新风系统设有专业空气过滤和加湿除湿系统，客厅、主卧装有专业空气质量探测器，可以实时监测空气内 $PM_{2.5}$、CO_2、湿度，并显示在 10 寸、3.5 寸屏、手机 APP 上，让业主时时知晓室内空气质量，可以通过手机 APP 设置室内空气质量标准，设定室内湿度，当室内空气质量低于设定标准时，新风系统自动开启，达到设定标准后关闭。通过智能控制，使室内达到一个恒湿、恒氧的干净清洁空气环境（见图 9-15）。

图 9-14　首开·国风尚樾温度控制系统

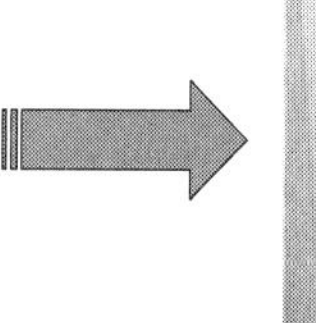

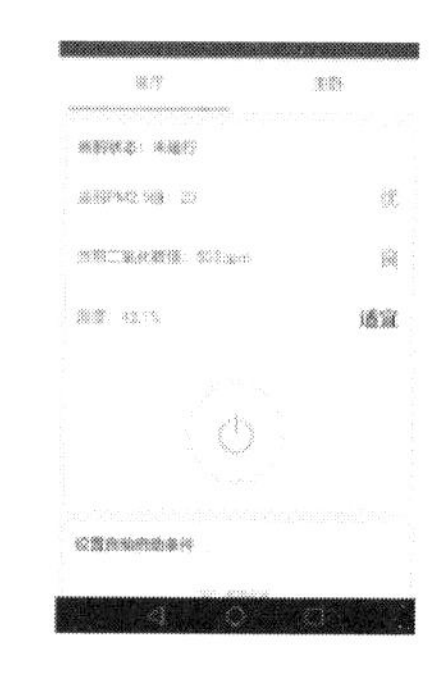

图 9-15　首开·国风尚樾空气质量管理系统

6）太阳能热水控制系统：首开·国风尚樾热水系统采用太阳能+电辅加热，热水系统接入智能集中控制，可通过 10 寸屏、手机 APP 调节热水温度、关闭电辅加热。长期不在家时，可通过手机 APP 远程关闭热水系统电辅加热，节省电能，回家前，可远程调节需要的热水温度（见图 9-16）。

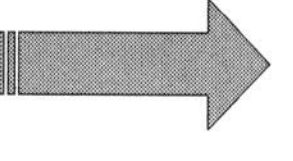

图 9-16　首开·国风尚樾太阳能热水控制系统

7）能源监控系统：首开·国风尚樾能源监控系统对室内灯光、空调、新风、厨电进行能耗实时监控，系统将统计结果自动按周、月、年生成报表，让业主实时了解家内能耗情况，为节能提供数据支持（见图 9-17）。

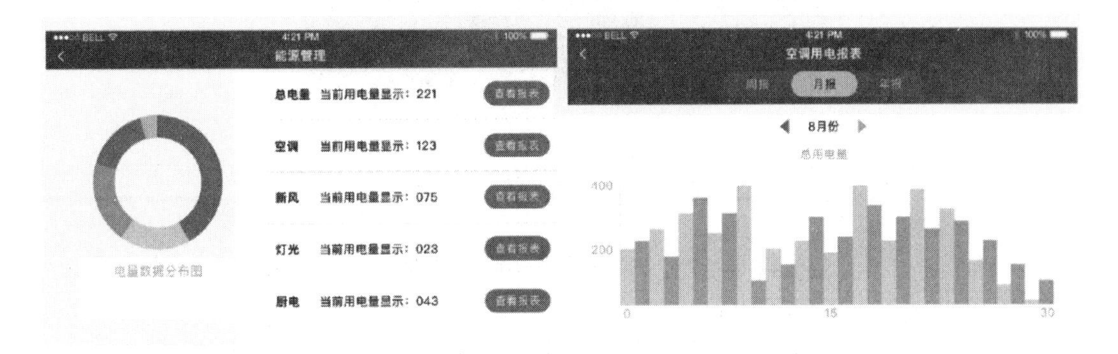

图 9-17 首开·国风尚樾能源监控系统

（2）智慧节水

主打智慧社区的首开·国风尚樾获得了绿色建筑三星级设计以及 LEED 金级“双认证”，其中节水技术更是成为业主日常生活中的节水神器。

1）社区节水设施“滴水不漏”，收集雨水用于花草浇灌、景观水体补水（见图 9-18）。

2）自建中水处理站，采用高端技术净化水源，并用于住宅冲厕、绿地灌溉、景观补水（见图 9-19）。

图 9-18 首开·国风尚樾景观水体

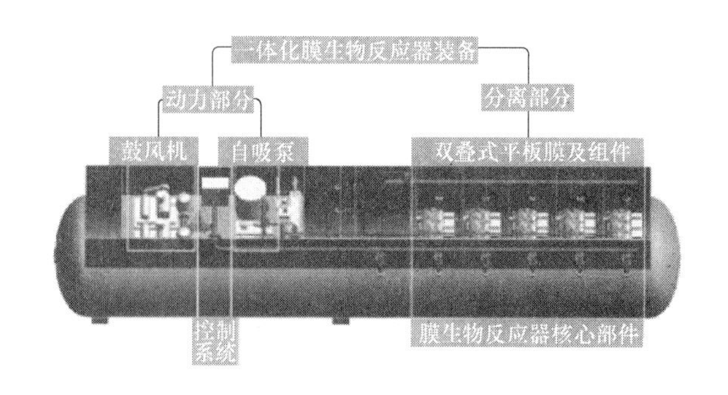

图 9-19　首开·国风尚樾中水净化技术

3）高端前卫的“智慧软水系统”根据家庭实际用水情况，自动过滤与再生，霍尼韦尔软水机软化水的过程快速高效，耗水量低，水质好（见图 9-20）；

4）卫浴花洒龙头自带恒温功能，随时都能放心用水，减少水资源无效流失；

5）坐便采用五大节水技术：高水箱设计，冲力大；TDF 三维冲水，边边角角都能冲干净；GSF 黄金分流，70%喷射口，冲劲十足；排污管内添加釉成分，易冲刷；48mm 加大管道，排污快（见图 9-21）。

图 9-20　首开·国风尚樾软水装置

图 9-21　首开·国风尚樾卫生间效果图

（3）周边便利的公共服务设施

项目周边服务公共设施便利，500m 范围内有幼儿园、小学校、商业服务网点、卫生医疗服务站、社区服务中心、文体娱乐活动场地等，公共设施集中设置，一站式服务住户，便利生活。

（4）优美的室外景观环境及微雾喷灌节水技术应用

首开·国风尚樾项目具有优美的室外景观，人均公共绿地面积达到 1.45m^2，采用乔灌草结合的复层绿化，种类多样层次丰富，且在公共绿地内设置儿童老人休憩、娱乐及健身、喷泉水景等设施，相关设施集中设置并向周边居民开发。绿化灌溉采用节水灌溉方式——微雾喷灌节水技术，微喷灌包括滴灌、小管涌泉灌、地表下微管渗灌、雾灌等，其中微雾喷灌最为节水，相比喷灌节水 30%，比地面漫灌节水 60%以上。灌溉水源以市政中水及雨水为主，做到了用水可持续（见图 9-22、图 9-23）。

绿化灌溉水源：☐市政自来水 ☑市政中水 ☐建筑中水 ☑雨水

绿化灌溉方式：☐喷灌 ☑微喷灌 ☐滴灌 ☐渗灌 ☐管灌 ☐其他

是否采用节水灌溉设置土壤湿度传感器、雨天关闭装置等节水控制措施：☑是 ☐否

采用高效节水灌溉方式或节水控制措施的绿化面积比例 100 %

是否种植无需永久灌溉植物：☐是 ☑否

图 9-22 首开·国风尚樾节水技术

图 9-23 首开·国风尚樾室外景观及微雾喷灌节水技术

(5) 舒适的室内温湿度环境

户内冬季采用地板辐射供暖，夏季采用多联式空调系统，并设置带有 $PM_{2.5}$ 过滤的新风系统，空调、供暖、新风系统均采用智能家居控制，保证室内良好的温湿度环境。

(6) 良好的室内声环境

项目住宅楼板采用隔震垫地板辐射供暖楼板，外墙、外窗、户门均采用具有良好隔声性能的建筑材料，与普通住宅相比，隔声性能更加优越，有效隔绝外界噪声对住户的影响，创造良好的室内声环境，保证住户私密性和舒适性。

(7) 智慧社区

通过智慧社区系统将家庭基本功能、物业基本功能、500m 生活圈智慧社区商业功能、2km 生活圈智慧社区公共服务功能进行串联。深度挖掘项目周边配套设施的服务能力，根据各类商业运营的实际情况，形成合作共赢模式，利用线上服务平台，提高业主生

活的快捷性、便利性，满足业主需求的多样性（见图 9-24）。

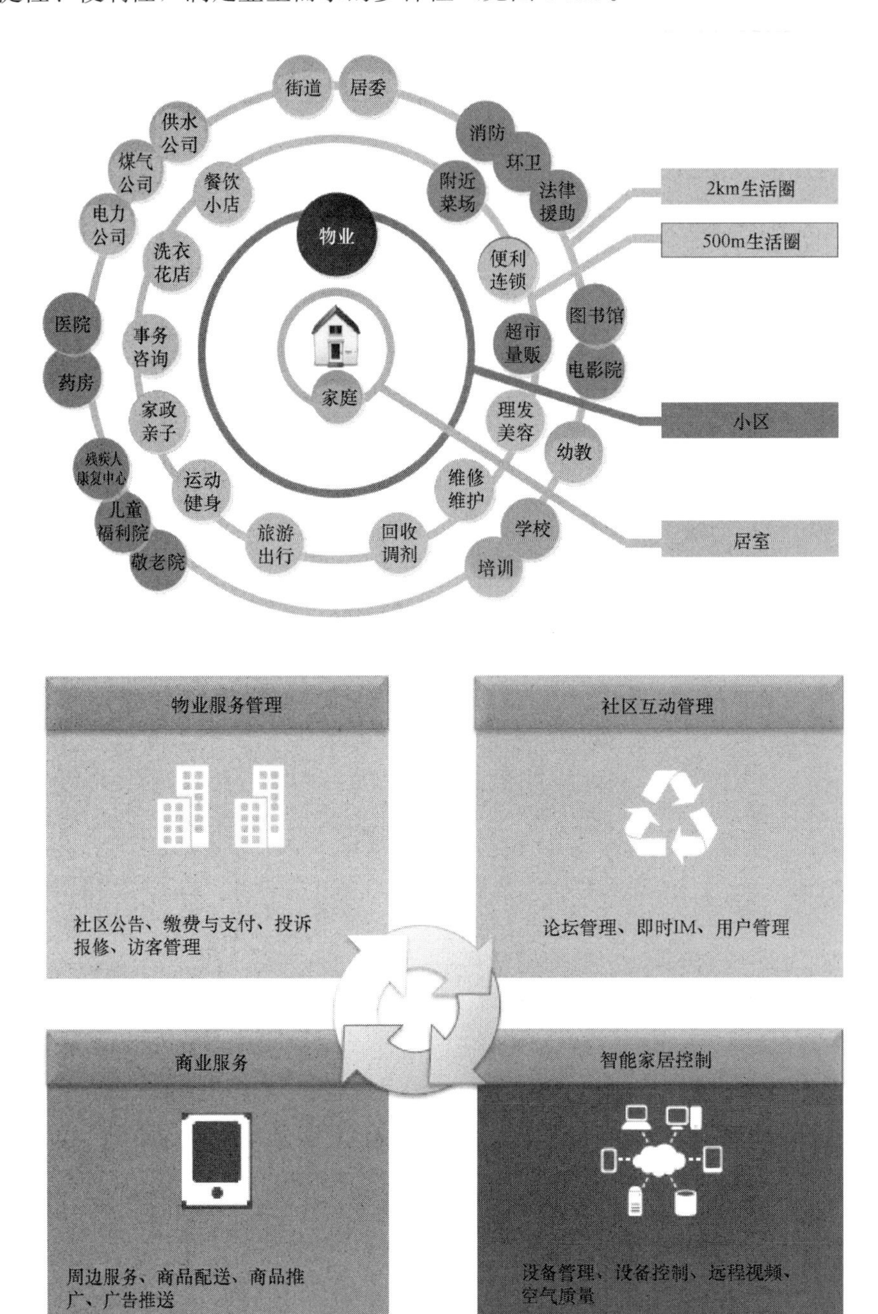

图 9-24　首开·国风尚樾物业管理系统

（8）地下车库品质精装（BIM 技术的运用）

地下车库运用 BIM 技术搭建建筑、结构、暖通、给水排水、电气三维模型，各专业协同设计进行管网综合。提高了设计效率和品质。车库交付标准为精装，采用环氧自流平地面，车道上方吊顶与项目高端品质的定位相得益彰，从车库开始为业主创造回家的感觉（见图 9-25）。

图 9-25　首开·国风尚樾地下车库 BIM 技术运用

2. 成都大慈寺文化商业综合体

成都大慈寺文化商业综合体项目位于成都市大慈寺路以南，东西糠市街以北，纱帽街以东，玉成街、笔帖式街以西。建成后形成一个以大慈寺为中心，融合佛教文化、川西建筑文化、民俗文化和新商业文化的“寺市合一”新街区。开放式、低密度的复古街区，以“快要慢活”为规划理念，其设计充分体现了商业与文化的共融。

成都大慈寺文化商业综合体项目建设用地面积为 5.71 万 m^2，总建筑面积为 22.93 万 m^2。商业区域地上为 27 栋 2～3 层仿古建筑，建筑面积共约 6.18 万 m^2，建筑功能涵盖零售商业、主力店、餐饮等多种形式，单体之间均为商业步行街的模式，并在地面二层采用室外连廊的形式将所有单体联通（见图 9-26）。

图 9-26 成都大慈寺文化商业综合体项目实景图

（1）旧建筑利用

针对项目中的 6 座历史古建筑，在遵循古建筑原本比例的基础上，采用国际最新的保护复原体系，融入更多文化创意以及对建筑保育的新理解，根据各自的建筑风格量身定制其未来的用途，最大限度保留和延续它们的历史和文化价值。

广东会馆始建于民国初年，复修后，成为一所配备齐全的多功能活动场地，可举办时装表演、音乐艺术表演、文化艺术展示等；字库塔建于明朝，原址保留在漫广场，为成都远洋太古里注入历史韵味；笔贴式街 15 号为晚清低等级官式建筑院落，复修后，成为博舍酒店的入口大堂；章华里 7/8 号院相互紧邻，均始建于民国初年，复修后，成为一所高端的 SPA 场所；欣庐始建于清末，复修后，成为一所高级手表店；马家巷禅院临近大慈寺，约在清后期建成，复修后成为一所精致的餐饮场所（见图 9-27）。

图 9-27 六栋历史古建筑的古今对照（一）

图 9-27　六栋历史古建筑的古今对照（二）

图 9-27　六栋历史古建筑的古今对照（三）

（2）合理的规划设计

在巷道规划中考虑了城市微气候，通过合理设置建筑朝向、巷道走向，促进自然通风和日照采光。人行高度 1.5m 处的平均风速小于 1m/s，建筑群内部无明显漩涡，不会造成污染物的聚集。另外针对单独建筑，在夏季和过渡季，大部分区域能够形成通风路径，通风良好（见图 9-28）。

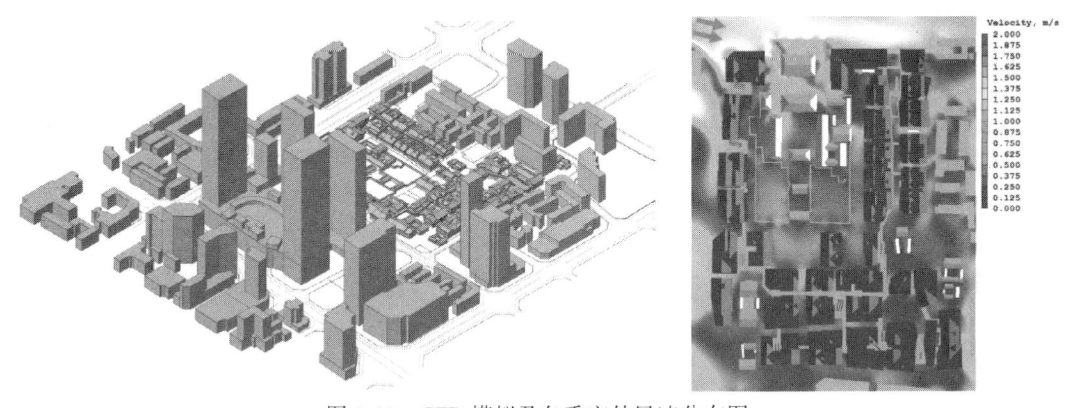

图 9-28　CFD 模拟及冬季室外风速分布图

（3）自然采光优化

为优化室内自然采光，商业部分玻璃幕墙采用中空钢化超白玻璃，玻璃的可见光透过率为 77%，85%的区域自然采光系数大于 2%（见图 9-29）。

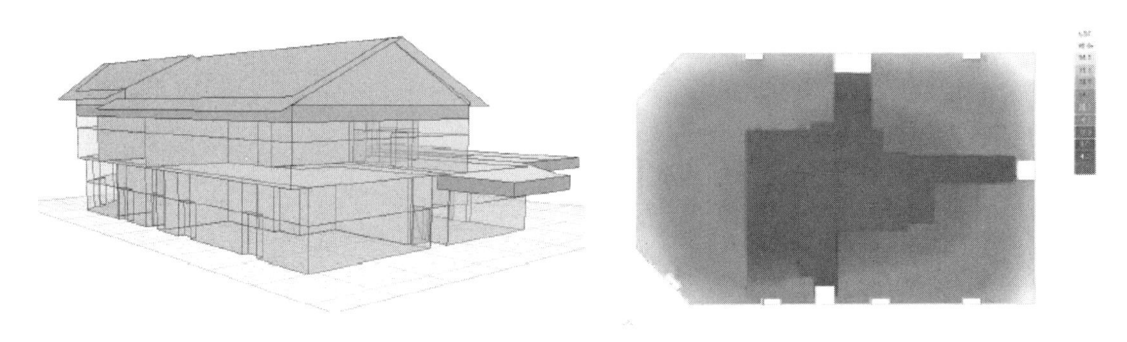
图 9-29　自然采光优化设计

（4）节能设计

空调水系统采用一级泵变流量四管制闭式循环系统，在减少部分负荷水泵输送能耗的同时，也可满足商业内、外区及酒店不同负荷特性的舒适度需求。设计加大了冷热水供回水温差（6℃和 15℃），进一步减少了水泵的输送能耗。通过对建筑围护结构、空调系统、照明系统等的节能优化设计，使建筑的综合节能率达到 20.3%（见图 9-30）。

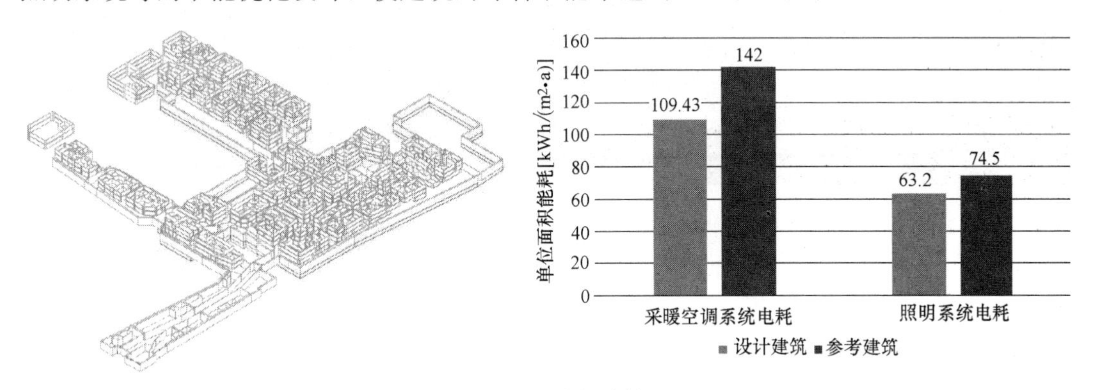

图 9-30　能耗计算

（5）非传统水源利用

收集酒店废水作为中水水源，采用 MBR 处理工艺，中水回用系统设备处理规模为 20t/h。收集室外雨水作为水源，采用可渗透处理装置，雨水收集池的总容积约 $100m^3$，分 3～4 处收集，每个收集池的容积约 $25m^3$（见图 9-31）。处理后的中水和雨水用于酒店及大商业区绿化浇洒、车库冲洗、冷却塔补水等，供水方式采用变频供水，经计算，全年非传统水源利用量为 $48166m^3/a$，非传统水源利用率为 18.73%。

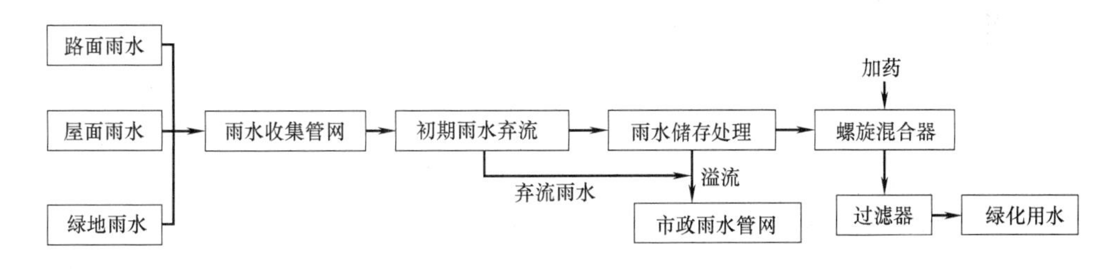

图 9-31　雨水处理工艺

（6）生态水体景观

在景观上，庭院中的池水、树丛、雕塑、座椅都有助于形成人性化的空间，并与表演、美食体验、艺术展示相映成趣。配合林荫、水体、座椅等特色景观设计户外艺术、商业和文化设施，行走在保护区的各层空间中都是惬意和舒适的。在大慈寺的东西两侧，通过退让形成了依托寺庙红墙的步道，结合解玉溪的意境线性地规划了景观水系。为节约水资源，景观水体的补水均采用收集处理后的雨水（见图 9-32）。

3. 中国博览会会展综合体

随着世博会在上海的顺利举办，会展服务业在上海城市经济建设中的作用和影响越来越显著。在此形势下，2011 年 1 月，商务部同上海市人民政府就共同建设国家会展中心

图 9-32　生态水体景观

签订合作框架协议，成立上海博览会有限责任公司，选址于虹桥商务区，建设国家级的中国博览会会展综合体项目。

中国博览会会展综合体（北块）总建筑面积 147 万 m^3，总投资约 160 亿元。集合展览、会议、商业、办公、酒店等众多业态：拥有 40 万 m^3 的室内展厅和 10 万 m^3 的室外展场，配有 15 万 m^3 的商业中心、18 万 m^3 的写字楼以及 6 万 m^3 的五星级酒店。建筑主体为一伸展的幸运四叶草，设计采用轴线对称理念，同时包含诸多中国元素，是上海市具有地标性质的建筑之一（见图 9-33）。

会展中心位于虹桥商务区西部，与虹桥交通枢纽的直线距离仅 1.5km，四叶草中心商业区乘电梯向下可直接进入轨道交通 2 号线“徐泾东站”，周边高速路网四通八达，公路交通 2h 内可抵达长三角各主要城市，乘坐虹桥机场航班 3h 内可抵达亚太主要经济发达城市。国家会展中心立足长三角，服务全中国，面向全世界，努力成为服务对外开放及“一带一路”、服务国家商务事业发展、服务上海市国际会展之都建设的重要平台。

图 9-33　中国博览会会展综合体航拍图

（1）被动式优化设计

会展中心以全生命周期的节能减排为目标，因此在方案阶段就开始考虑节能措施的应用以实现从源头控制能源消耗。在设计前期，分别进行了室外风环境模拟、自然采光模拟、气流组织模拟、外遮阳模拟等多种模拟分析，实现了建筑方案的优化设计（见图 9-34～图 9-37）。

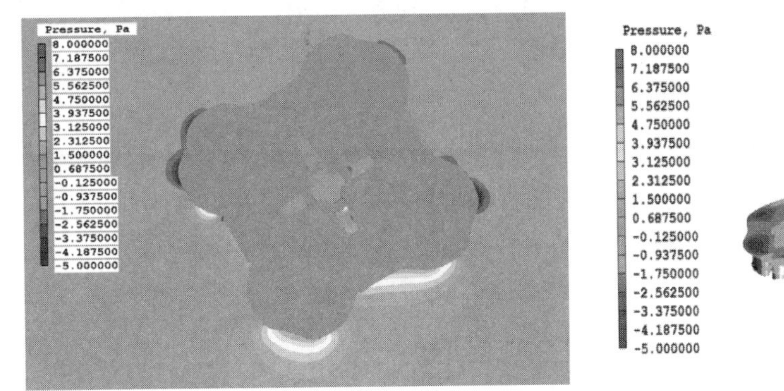

图 9-34　室外风环境模拟分析

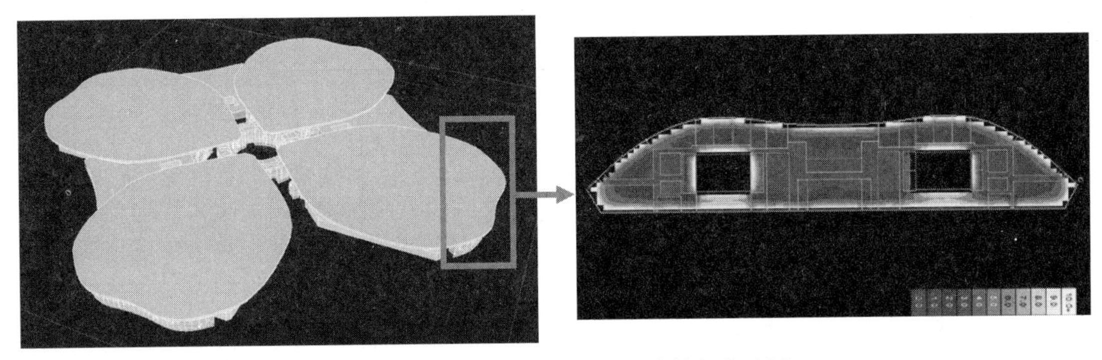

图 9-35　自然采光模拟分析（办公楼部分示例）

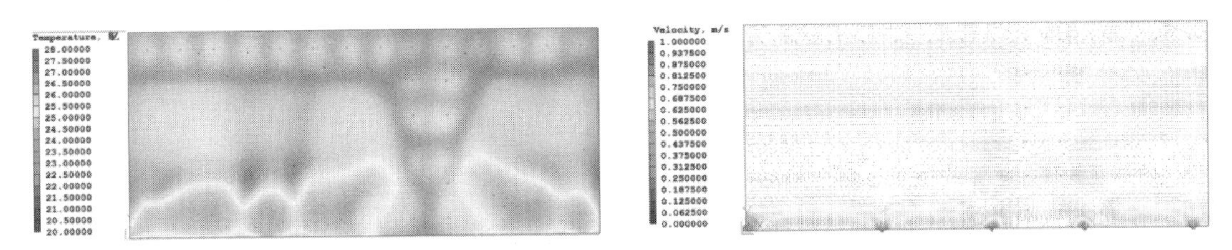

图 9-36　气流组织模拟分析（展厅部分示例）

（2）智慧场馆综合管理平台

为了对巨大的场馆进行全面管控，做到面临突发事件可以在短时间内做出应对，场馆建设了“智慧场馆综合管理平台”。其中控室位于四叶草核心区域，管理平台集成了楼宇自控、视频监控、一键导航、客流统计、能耗监测、空气品质监测、太阳能光伏发电系统、工作人员上下岗、停车场管理、充电桩控制等多个子系统，能够全方位监测并展示场馆内的实时情况（见表 9-2、图 9-38）。目前，会展中心设有多个控制中心，不同系统都

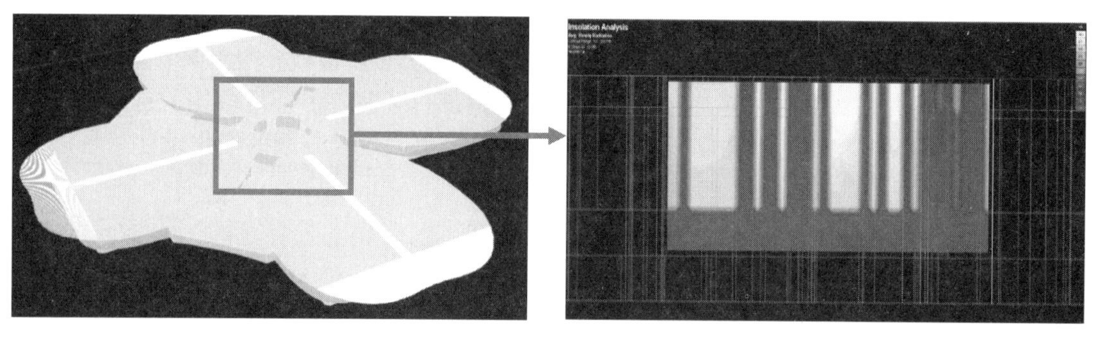

图 9-37 外遮阳模拟分析（商业部分示例）

分开控制；未来，智慧场馆会将更多的系统纳入管理平台，如太阳能热水系统、雨鸟系统、照明自控系统等，真正做到整个会展中心的综合管理。

智慧场馆综合管理平台主要功能介绍 **表 9-2**

子系统名称	系统功能
楼宇自控系统	通过设置传感器对水泵、空调等电力设备进行在线监控
视频监控系统	对场馆主要出入口、电梯轿厢等区域进行监控，保障展览的安全
一键导航系统	远程控制场馆各处的导航显示模块，引导游客快速抵达目标展厅
客流统计系统	通过出入口顶部的设备，精准统计出实时客流进出人数供科学分析
能耗监测系统	实时监控场馆能耗并能自动生成柱状图及根据业态区分的饼状图
空气品质监测	在主要功能房间如展厅、写字楼、酒店、商场等区域安装传感器
太阳能光伏发电系统	在线实时监测办公楼屋顶的光伏发电系统发电量和运行情况
人员上下岗	通过远程打卡，在岗情况一目了然，快速实现人员的沟通与调配
停车场管理	车辆进入车位自动感应并计费，合理引导车流进入车位富余区域

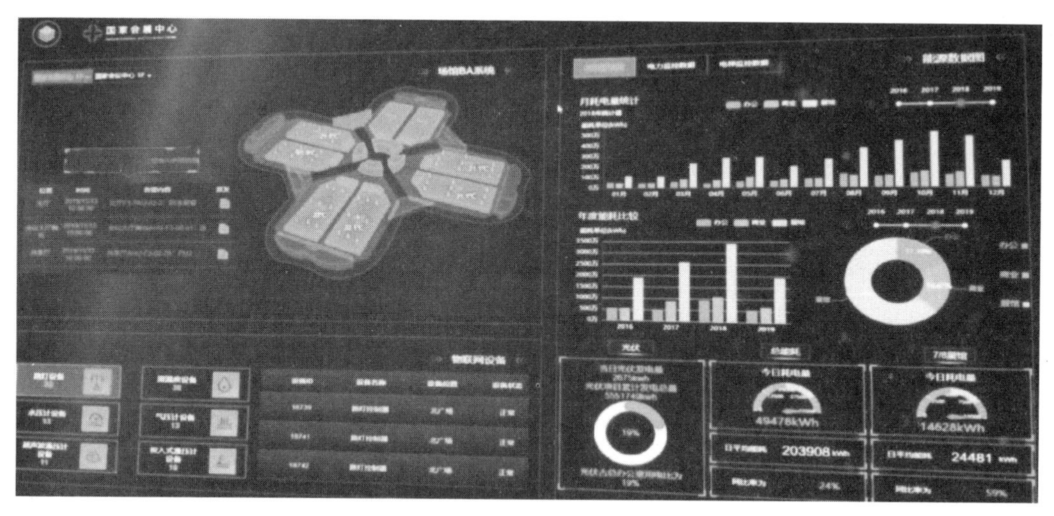

图 9-38 智慧场馆中央控制室监管界面

(3) 室内空气品质净化

除了在智慧场馆综合管理平台上对室内污染物浓度进行实时监测外，项目在设备选用上也注意室内空气品质的净化。考虑到国家会展中心具有多种业态，加之超大的建筑面积，因此在各功能区配置了众多公共卫生间。在展厅、写字楼、商场、会议中心的卫生间中均装设了ENA嵌入式空气净化器，其具有除菌除霉、清除异味、除尘过滤的功能（见图9-39）。由于会展中心承接展览活动的不规律性，综合体的公共卫生间使用人次也呈现出一种大展期间接踵而至，淡季时节门可罗雀的现象。巨大的使用人数会带来病菌交叉感染、室内空气污浊的问题。ENA嵌入式空气净化器将植物提取物制成固态挥发性晶体，该材料自然挥发，主动消杀病菌、去除异味，同时散发出植物的清香，改善卫生间的空气质量。

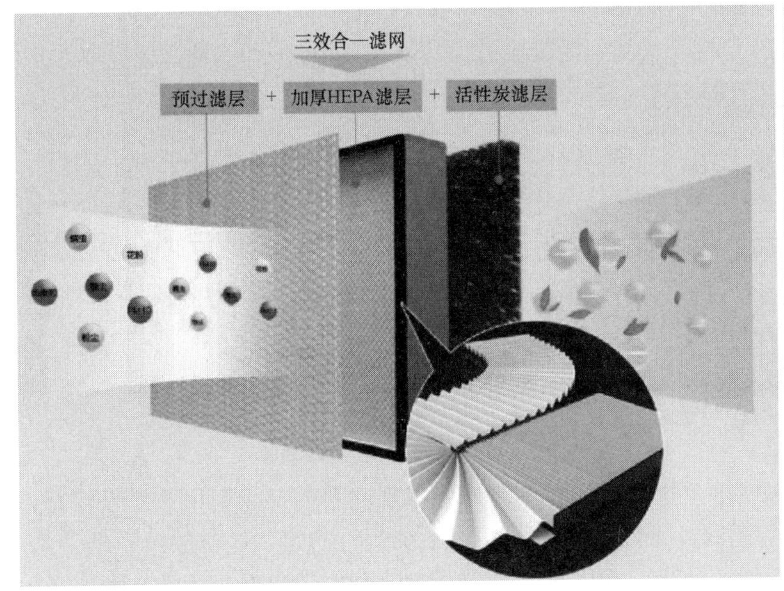

图9-39　复合滤网结构图及现场实拍

同时，会展中心在所有组合式空调机组以及新风机组的过滤段，都采用静电除尘过滤措施，能够对进入会展中心的新风有效过滤，保证各区域的空气品质（见图9-40）。

图9-40　空调机组静电除尘段

（4）热电冷联供技术

会展中心开展期间空调供暖负荷较大，在项目东南角设置了天然气分布式能源站作为项目的冷热源。

能源站位于区域红线内的东南角地块，占地面积 12185m^2，建筑面积 11551m^2。共设 6 台 4.4MW 燃气内燃机和配套 4MW 级余热利用溴化锂机组，发电设备总装机容量为 26.4MW。能源中心燃气内燃发电机组采用“以冷热定电，自发自用，余电上网”的方式，发电余热通过烟气热水型溴化锂机组提供会展中心制冷和制热需求，同时本项目还设有调节负荷的蓄冷、蓄热罐（见图 9-41）。

图 9-41　位于场馆东南侧的能源中心

能源站最大限度地利用发电余热制冷、制热，充分实现能源的梯级利用，效果较好，节能效益明显。2018 年运营期间，天然气分布式供能系统运行稳定，设备故障率低，系统可根据冷热负荷变化自动调节运行，开机时间充分，余热利用效果好，自动化程度高。能源站联供系统全年能源综合利用率为 77.3%，二氧化碳减排率为 58.7%。

9.3.2　绿色生态城区案例

1. 中新天津生态城

(1) 区域基本情况

中新天津生态（以下简称“生态城”）城位于滨海新区，距天津中心城区 45km，距北京 150km，规划面积 30km^2，人口 35 万人，10～15 年建成。目前，生态城原规划面积由 30km^2 调整为 160km^2。东至渤海，西至塘汉快速路，南至永定新河河口，北至津汉快速路。其中：中新合作区，30km^2；旅游区域，100km^2；渔港区域，20km^2；北塘区域，10km^2。

中新天津生态城是中国、新加坡两国政府的合作项目。生态城的建设显示了中新两国政府应对全球气候变化，加强环境保护、节约资源和能源，为建设资源节约型、环境友好型社会提供积极的探讨和典型示范，也是世界上第一个国家间合作开发的生态城市。2007 年 11 月 18 日，中新两国政府签署协议，生态城落户天津。目前，生态城经过 10 余年的建设，在绿色生态发展、京津冀协同一体化、承接非首都核心功能、创建旅游示范区等方面均取得了优异成绩，生态城的蓝图正在逐步变为现实。

（2）绿色建筑发展情况

生态城设立之初，约 1/3 的用地是废弃的盐田、1/3 是盐碱荒地、1/3 是受污染水面，自然条件较差，属于水质性缺水地区。选址于此的目的主要是为了体现在资源约束条件下，特别是以土地和水资源缺乏为特征的地区建设生态城市的示范意义，同时可以充分利用新加坡在水资源利用、绿色建筑等领域的科技成果，实现中新两国优势互补。

由此，生态城在设立之初便本着环境友好、资源节约、可持续发展的基本原则制定了相应的生态城市指标体系，用来作为指导和评价生态城规划建设管理的科学标准和依据。指标体系共分为生态环境健康、社会和谐进步、经济蓬勃高效、区域协调融合 4 个部分，共 22 项控制性指标和 4 项引导性指标。其中，资源能源的指标要求中，将绿色建筑达标率 100％作为一项重要的控制性指标。

（3）绿色建筑推动措施与经验

1）加强监督管理，有效保障绿色建筑质量

为积极落实规划指标体系中“绿色建筑 100％”的目标，确保项目建设质量，生态城于 2010 年发布了《中新天津生态城绿色建筑管理暂行规定》（见图 9-42），在与现行工程建设管理程序充分结合的基础上，创新性地建立了与现有规划管理体系审批流程紧密结合的强制性地绿色建筑管理体系，形成了涵盖设计、施工、验收等全过程的绿色建筑评价方法与建设审批程序，在每项工程建设程序前要求建设单位通过绿色建筑评价机构的审查和认定，以相应的评价报告作为获得行政审批的依据，从而确保在各个审批环节全面落实绿色建筑的要求。

图 9-42　中新天津生态城绿色建筑管理暂行规定

同时，为了提高管理工作效率，发挥专业机构技术优势，生态城建立了市场化的第三方参与的绿色建筑评价机制，由生态城管委会联合中国建筑科学研究院、中国建材检验认证集团股份有限公司、天津市建筑设计院、御道工程咨询有限公司共同组建了天津生态城绿色建筑研究院，为天津生态城在建筑方案、施工图、验收阶段提供绿色建筑各阶段的评价与审查把关。通过审查的项目即满足生态城对于绿色建筑的相关要求（见图 9-43）。

2）健全标准体系，加强技术支撑

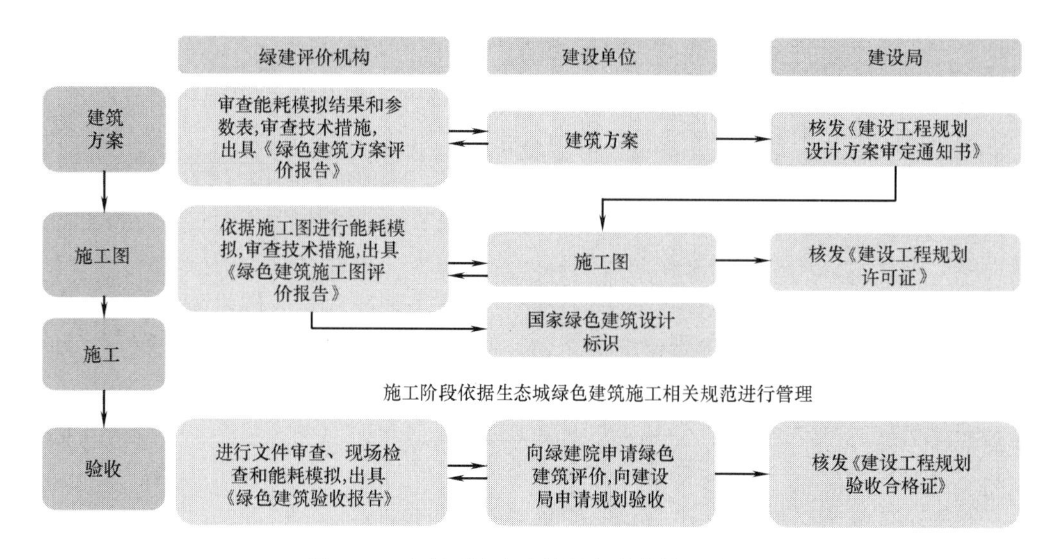

图 9-43　中新天津生态城绿色建筑管理流程

生态城在建设之初，就建立了完善的建设指标体系，并逐级分解到项目和地块，对引导当地绿色建筑建设和相关技术应用工作开展起到了重要作用。在此基础上，为科学引导和规范管理绿色建筑评价工作，生态城在学习国内外相关评价标准的基础上，结合自身地域环境特点，编制了《中新天津生态城绿色建筑评价标准》，具体评价指标要求与当时执行的国家标准相比有一定提高。同时，为了加强对具体设计、施工和运营管理工作的指导，生态城先后编制发布了《中新天津生态城绿色建筑设计标准》《中新天津生态城绿色施工技术管理规程》和《中新天津生态城绿色建筑运营管理导则》（见图 9-44），有效提升了实施主体的工作效率，为绿色建筑的规模化发展奠定了坚实基础。

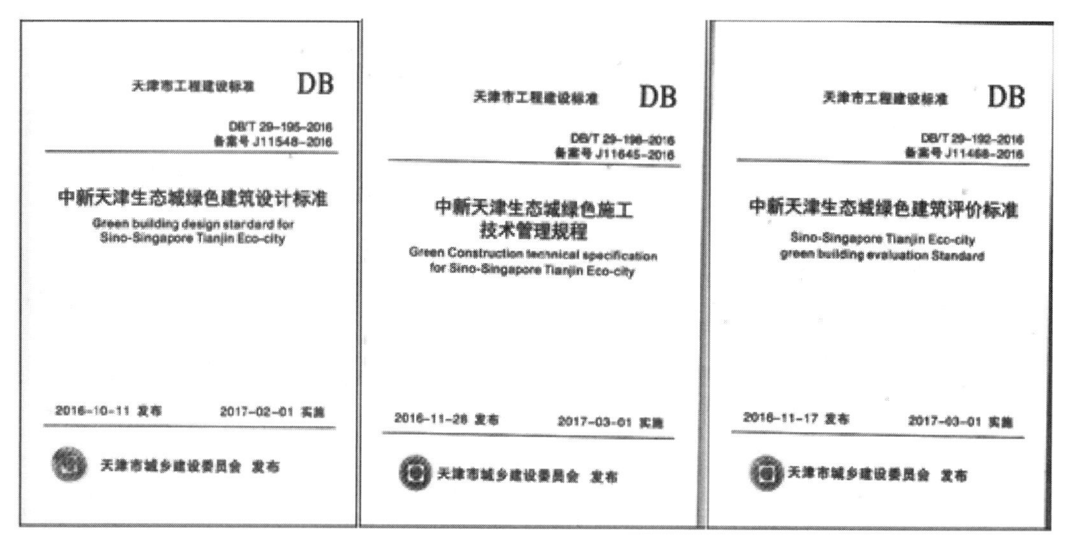

图 9-44　中新天津生态城绿色建筑相关标准

3）注重被动式技术应用，加强新技术推广

中新天津生态城低碳体验中心，除获得绿色建筑运营标识三星级外，还获得了住房和城乡建设部绿色建筑创新奖一等奖，新加坡 Green Mark 白金奖，是生态城科技园绿色建筑技术综合展示的窗口。项目并未进行高新技术堆砌，而是结合自身实际情况应用了自然采光与通风、高性能建筑围护结构、立体绿化等被动式技术，在充分满足绿色建筑标准的同时，也创造了良好的使用环境。生态城南部片区生活垃圾气力输送站是目前国内最大的气力垃圾系统，可以通过管道系统对生活垃圾实行集中收集，相比传统垃圾运输方式具有清运及时、作业高效、环境污染少、交通量小、自动实现分类收集等优点，同时也为垃圾分类收集创造了条件。此外，生活垃圾气力运输站也还设置了展示空间，方便技术交流、科普教育、宣传展示，方便社会大众了解绿色建筑技术（见图 9-45）。

(*a*)

(*b*)

图 9-45　生态城绿色建筑项目

（*a*）中新天津生态城低碳体验中心；（*b*）生态城南部片区生活垃圾气力输送站

2. 苏州工业园区

（1）园区基本情况

苏州工业园区是中国和新加坡两国政府间的重要合作项目，1994 年 2 月经国务院批准设立，同年 5 月实施启动，行政区划面积 278km^2，其中，中新合作区 80km^2，下辖 4 个街道，常住人口约 80.8 万人。

苏州工业园区的目标是建设成为具有国际竞争力的高科技工业园区和现代化、国际化、信息化的创新型、生态型新城区。2012 年，苏州工业园区成功申报省级“江苏省建筑节能和绿色建筑示范区”，并于 2015 年 12 月 15～16 日以 102 的高分（满分为 110）通过江苏省住房和城乡建设厅、省财政厅组织的验收，在省级建筑节能示范区中位居第一。

（2）绿色建筑发展情况

早在开发之初，苏州工业园区就积极借鉴世界先进地区的发展理念和经验，与新加坡互派专家，共同制定了发展总体规划和 300 多项专业规划，形成了从概念规划、总体规划到控制性详细规划和城市设计以及相配套的规划管理技术规定等一整套严密完善的规划体系，实现了一般地区详细规划与重点地区城市设计的全覆盖。通过紧凑有序地布局城市生产、生活和生态功能，全方位融入了“功能分区”“项目分类”“产业引导”“雨污分流”

“清洁能源”“废污控制”“绿色建筑”“景观绿化”等生态环保理念，并严格做到同步规划、同步建设、同步管理，为建设绿色生态城区打下了坚实的基础。

随着开发建设的不断推进，园区于2012年启动了新一轮总体规划（2012-2030）的修编，其中专门设立了绿色生态方面的篇章，还研究编制了建筑能源规划、水资源规划和绿色交通规划等专项规划。通过整合已有的城市规划、节能规划和专项规划，形成了覆盖城市空间复合利用、可再生能源建筑一体化、绿色建筑、绿色施工管理、住宅全装修、综合管廊建设、水资源综合利用、城市绿色照明以及垃圾资源化利用等11大类，总计100项，较为完善、系统的绿色生态城区建设指标体系。

苏州工业园区早在2004年就借鉴美国、新加坡等先进经验，结合园区实际积极研究绿色建筑相关政策，在我国第一部绿色建筑评价标准颁布实施之前，在2006年出台了《园区绿色建筑评奖办法》。2007年又成立了以管委会主任为组长，各局办主要负责人为成员的节能减排（建筑节能）工作领导小组，基本形成了齐抓共管、协同推进建筑节能与绿色建筑工作的局面；并于同年启动了绿色建筑“1680”工程计划，通过设立1项发展基金、出台6项扶持政策、推行8大节能技术、建设10大亮点工程（见表9-3），全力推动打造高效低耗、健康舒适、生态平衡的建筑环境。园区的绿色建筑标识数曾一度占到全省的近70%，全国的近30%，并在此基础上逐步延伸到绿色施工过程和绿色运营使用。2010年，发布了《苏州工业园区建筑节能与绿色建筑专项引导资金管理办法》并于近期进行了修订；2012年起，工业园区新出让地块均要求建设绿色建筑；2015年发布了《苏州工业园区绿色建筑工作实施方案》，对园区内的绿色建筑发展总体目标和具体任务做出了规定。目前，苏州工业园区中，获得各级绿色建筑标识的项目共计140项，总建筑面积逾900万m^2，其中三星级项目36项，二星级91项，运行标识8项。

10大亮点工程 **表9-3**

序号	项目	性质	目标
1	苏州工业园区档案管理大厦	公共建筑	国家绿色建筑三星级
2	青少年活动中心	公共建筑	国家绿色建筑二星级
3	中新生态科技城	公共建筑	建成生态示范城
4	苏州物流中心综合保税大厦	公共建筑	国家绿色建筑三星级
5	苏州朗诗国际街区	居住建筑小区	国家绿色建筑二星级
6	晋合水巷邻里花园	居住建筑小区	国家绿色建筑二星级
7	万科玲珑湾花园三期	居住建筑小区	国家绿色建筑三星级
8	二污厂中水回用系统工程	基础设施工程	
9	区域路灯绿色照明工程	基础设施工程	
10	东环路沿线老住宅小区节能改造	既有建筑改造	

（3）绿色建筑推动措施与经验

1）逐级推动，政策连贯

江苏省作为我国推动建筑节能和绿色建筑最为积极的省份之一，较早就开展了绿色建筑相关政策、标准以及法规制定的研究，并先后出台了《江苏省绿色建筑行动实施方案》《关于推进全省绿色建筑发展的通知》等政策文件，以及《江苏省绿色建筑评价标准》《江苏省绿色建筑设计标准》《江苏省民用建筑施工图绿色设计文件编制深度规定》和《江苏省民用建筑施工图绿色设计文件技术审查要点》等技术规范，并颁布了《江苏省绿色建筑发展条例》，是国内首次以法律条文的形式明确了绿色建筑的相关要求。同时，江苏省每年均会组织举办国际绿色建筑大会，通过学术交流、展览和示范观摩的形式对绿色建筑涉及的各项政策、技术、产品等进行推广交流。

经过10余年的推动，苏州工业园区的第一个“1680”工程计划已基本完成，工业园区正在着手推动第二个“1680”工程计划。

2）闭合监管、严格落实

苏州工业园区于2012年起初步建立将绿色建筑指标与土地出让挂钩的绿色土地出让模式，将控规和相关政策中绿色建筑的要求列入地块出让的规划条件，并明确载入土地出让合同，通过合同条款对建设方的行为进行更加有效的全过程约束，从源头上促进建设单位落实建筑节能和绿色建筑有关要求。

为适应新形势下建筑节能与绿色建筑发展要求，在绿色土地出让模式的实践基础上，园区于2015年1月出台了《苏州工业园区绿色建筑工作实施方案》。明确要求2015年起，园区内新建民用建筑全面按绿色建筑标准设计建造，全区30%的新建民用建筑按二星级及以上绿色建筑标准设计建造；2020年，全区60%的新建民用建筑按二星级及以上绿色建筑标准设计建造；同时辖区范围内新建大型公共建筑均达到绿色建筑二星级及以上标准；中新合作区（含双湖板块）、中新生态科技城、科教创新区内的商品住房项目应达到绿色建筑二星级及以上标准。

为确保实施方案中的指标要求能得到有效落实，方案从立项审批、土地出让、规划审批、设计审查、预售审批、施工许可、竣工验收等环节明确了各部门的监管职责；在土地出让阶段国土房产局按地块规划条件将绿色建筑要求列入土地出让条件，并载入土地出让合同。同时，将绿色建筑的要求通过在规证、施工许可证等证件中备注说明，保证了全过程人员信息流通的一致性，从而形成闭合监管从而确保落实。

3）政策鼓励、资金保障

早在2007年，财政部门就专门安排每年5000万元的节能环保专项引导资金，用于支持苏州工业园区在节能减排、绿色建筑等方面有贡献的业主单位。2010年出台的园区建筑节能与绿色建筑专项引导资金管理办法中，明确对获得三星级的绿色建筑项目给予100万元的奖励。2012年对该办法进行了修订，进一步扩大奖励覆盖面，将既有建筑节能改造（含合同能源管理）、能耗监测平台建设、能效测评以及绿色施工等纳入奖励范围，基本涵盖了江苏省“十二五”建筑节能规划中的重点任务。在2016年的修订内容中，取消了绿色建筑设计标识的奖励，仅对运行标识进行奖励，同时提高了绿色建筑的额度上限。这些政策的出台，有效激发了建设单位创建绿色建筑的积极性和主动性，为推动园区建筑节能和绿色建筑发展提供了有效的政策支持。

4）宣传培训、技术保障

苏州工业园区积极利用各种资源搭建宣传教育平台，努力营造政府为引导、企业为主体、市场有效驱动、全社会共同参与的良好氛围。一是自2005年起每年邀请国内外建筑节能领域的知名专家做专题讲座、组织相关单位参加绿色建筑专题论坛会议，积极借鉴国内外绿色建筑发展先进经验和理念。二是定期召开绿色建筑、绿色施工示范项目现场观摩会、政策宣贯会，提高各方主体实施绿色建筑的技术和管理水平。三是通过编制绿色建筑宣传画册、网上开设专项宣传栏等形式，普及绿色建筑知识，提高建设单位开展绿色建筑创建的意识。

9.4 展 望

我国绿色建筑经过十多年的发展，特别是在“十三五”期间取得了显著的成绩。在后续绿色建筑发展的过程中，我国将做出进一步探索。

9.4.1 绿色建筑法律法规的不断完善

加快绿色建筑立法，构建国家和地方各层级的绿色建筑法律法规体系势在必行。目前，为了推动绿色建筑的不断发展，各地积极开展绿色建筑立法、实施效果评估等工作，对于有关绿色建筑的法律法规需求进一步明确，为制定绿色建筑相关的法律法规提供了基础和条件。

9.4.2 绿色建筑标准体系的不断革新

随着绿色建筑的不断发展，我国已经建立起了全寿命周期、不同建筑类型、不同地域特点的绿色建筑相关标准。最新版的《绿色建筑评价标准》更涵盖了资源节约和环境保护的各项要求，还将绿色建筑的内涵扩展到人民群众能够更加直观感受到的方方面面。今后绿色建筑相关标准也将不断更新，除了能够指导工程建设项目的实施以外，还将不断引导我国建设行业的发展方向，同时应该更全面地体现我国的绿色发展理念。

9.4.3 管理制度的优化与革新

随着绿色发展理念的不断深入，全社会对于绿色建筑的认识也在不断提高，绿色建筑呈现了规模化增长。因此，对于绿色建筑的管理也提出了更高的要求。绿色建筑的管理制度一方面应按照“放管服”的原则，充分发挥市场主体在绿色建筑发展中的重要作用，通过建立诚信体系和信息披露制度，加强对绿色建筑市场的监管。另一方面应探索结合保险增信、信贷、债券等市场化手段建立绿色建筑长效发展机制，通过与绿色金融体系的结合，调动房地产企业开发绿色建筑产品的积极性，形成市场拉动的规模化发展态势。

第10章 绿色建材

10.1 发展成效

建材工业作为建筑业发展的基本要素，是支撑我国城镇建设的重要物质基础，为改善人居生活条件、治理生态环境和发展循环经济提供了重要支撑。党的十八大以来，党中央、国务院高度重视生态文明建设，将绿色发展纳入五大发展理念之一。在此指引下，我国建材工业节能减排面临严重挑战，资源能源环境约束将持续强化，建材行业亟需迈向绿色化发展道路。发展绿色建材不仅助力节能降耗、清洁生产，更是健全绿色建材市场体系，增加绿色建材产品供给，提升绿色建材产品质量，促进建材工业和建筑业转型升级的有效途径。

《建筑节能与绿色建筑发展"十三五"规划》中提出到2020年城镇新建建筑中绿色建材应用比重超过40%的具体目标。"十三五"时期是我国绿色建材迅速发展的关键时期，为落实党中央、国务院对发展绿色建材的各项任务要求，国家和地方陆续出台了一系列鼓励政策，持续稳步地推进绿色建材发展，绿色建材应用比例有所提升，建材工业转型升级步伐加快，绿色建材评价标识工作初见成效，为绿色建材的推广和应用奠定了基础。

10.1.1 绿色建材组织管理建设

在住房和城乡建设部、工业和信息化部绿色建材推广和应用协调组的领导下，全国多个省份组建了绿色建材推广应用协调组和日常管理机构。满足绿色建材从生产端至消费端的协调管理，最大限度发挥绿色建材全产业链组织管理建设。

据统计，目前有北京、天津、浙江、贵州、重庆、湖北、吉林、海南、云南、湖南、青海、河南、宁夏、山西、内蒙古、辽宁、新疆、河北、上海、安徽、黑龙江、江西、山东、四川、广西25省份已落实日常管理机构，为绿色建材发展提供了基本的组织保障。

10.1.2 绿色建材评价标识工作进展

自《绿色建材评价标识管理办法实施细则》和《绿色建材评价技术导则（试行）》（建科〔2015〕162号）发布以来，绿色建材评价工作全面启动，开展了砌体材料、保温材料、预拌混凝土、建筑节能玻璃、陶瓷砖、卫生陶瓷、预拌砂浆7类建材产品的评价工作。该项工作稳步实施，进展有序，成立三星级绿色建材评价机构4个，包括中国建筑科学研究院、中国建材检验认证集团、北京国建联信认证中心、北京康居认证中心。目前全国范围内共有97家绿色建材评价机构，包括4家三星级评价机构和93家一、二星级评价机构，一、二星级绿色建材评价机构分布如图10-1所示。

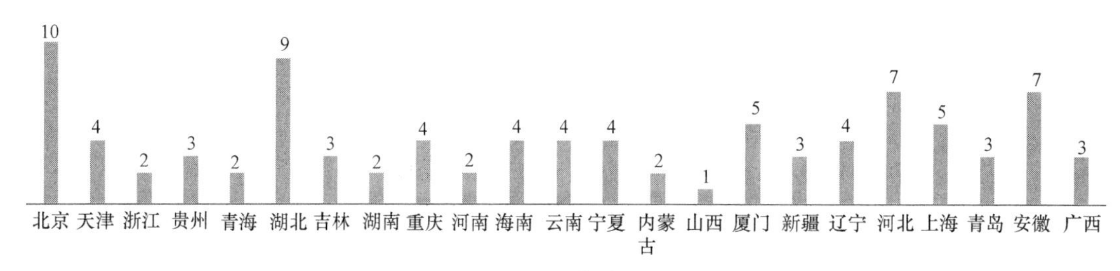

图 10-1　一、二星级绿色建材评价机构分布

在评价标识证书方面，截至 2020 年 4 月，共发布绿色建材评价标识证书 1357 个，其中包括三星级 891 个，二星级 443 个，一星级 23 个，三星级评价标识证书数量占已发证证书总数量 66%，如图 10-2 所示。

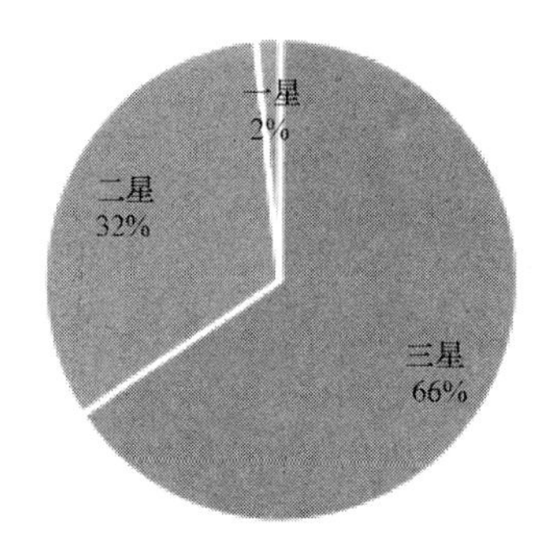

图 10-2　一、二、三星级绿色建材数量占比

在地域分布方面，湖南、河南、广东、浙江、江苏、北京等省份评价标识总数量占据全国前列，其中一、二星级标识数量主要分布在河南、湖南、重庆、青海、天津等地，广东、江苏、北京、浙江、山东等地的三星级标识数量较多，具体分布见图 10-3。

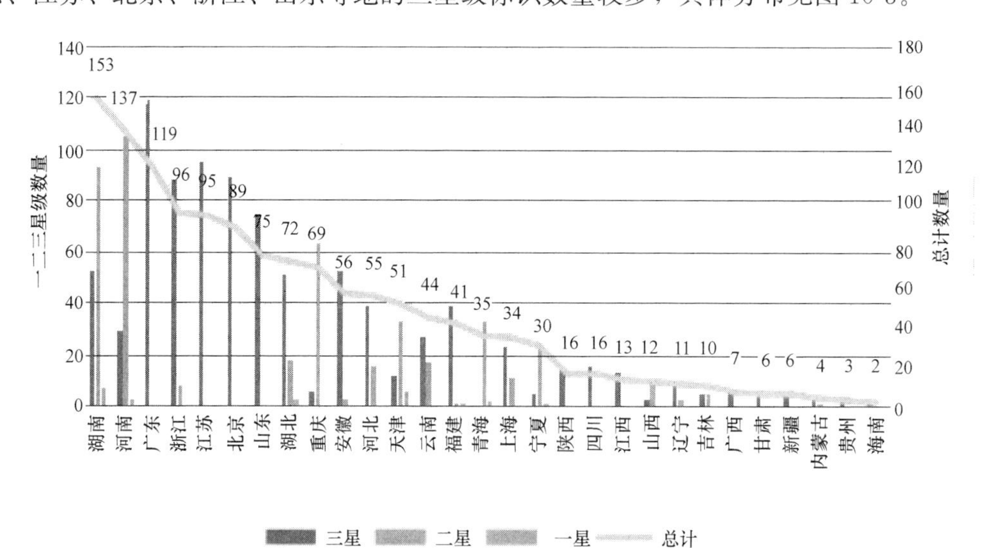

图 10-3　一、二、三星级绿色建材评价标识数量地区分布

在绿色建材种类方面，预拌混凝土获得的绿色建材评价标识数量最多，占已发布标识

总数量的47%，砌体材料、预拌砂浆、保温材料和陶瓷砖的绿色建材评价标识数量依次排后，具体数量分布如图10-4所示。

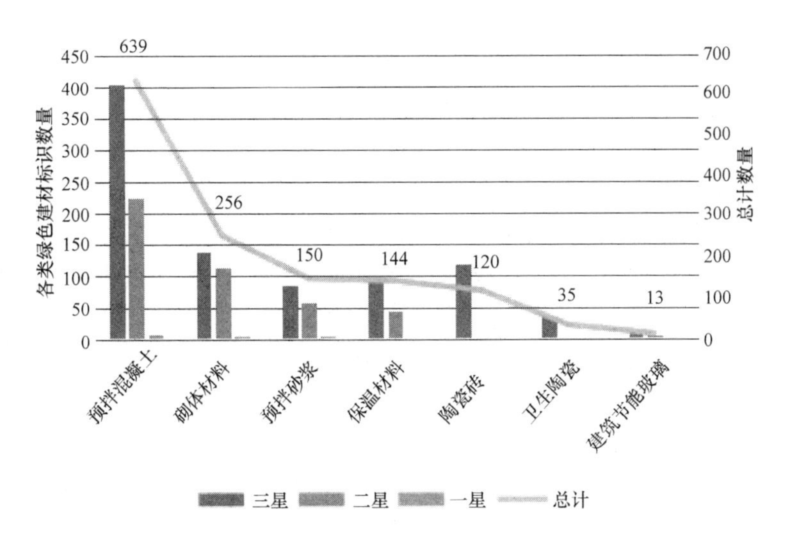

图10-4 各类绿色建材评价标识数量分布

10.1.3 绿色建材推广和应用机制

随着国家和地方对绿色建材政策引导和支持力度的不断加大，绿色建材推广和应用机制也逐步建立起来，鼓励在政府投资工程、重点工程、市政公用工程、绿色建筑和生态城区等项目中率先使用绿色建材，提高新建建筑、绿色建筑、装配式建筑中绿色建材应用比例。以北京市和湖南省为例介绍典型地区绿色建材推广应用机制。

1. 北京市

北京市按照国家绿色建材相关政策和《关于北京市绿色建材评价标识管理有关工作的通知》（京建发〔2016〕82号）有关要求，结合北京市产业结构调整和绿色建材标识发布实施情况，开展绿色建材推广应用工作，主要表现在以下几个方面：

（1）纳入绿色建筑评价标准。在修订的《北京市绿色建筑评价标准》中，将绿色建材的选用作为绿色建筑评价的重要指标，规定使用获得绿色建材评价标识的产品作为创新项予以加分，成为我国首部实现绿色建材评价与绿色建筑评价有效衔接的标准。

（2）大力推广绿色建材应用。北京市积极推动绿色建材在政府投资项目中的使用，在北京城市副中心政府办公区建设和北京市高标准商品住宅建设项目中，预拌混凝土和预拌砂浆等建材均要求100%选用获得绿色建材星级评价标识的产品，同时，在北京冬奥工程项目、大兴新机场及配套项目中，加强政策宣贯和使用引导，鼓励使用高品质绿色建材产品。

（3）建立建筑工程信息化系统。北京市因具备良好的建筑工程信息化基础，可采集到全市建筑工程中各类建筑材料的实际用量，通过数据分析可得出目前北京市预拌混凝土绿色建材应用比例达54%，预拌砂浆绿色建材应用比例达43%。

2. 湖南省

湖南省按照国家绿色建材相关政策，建立了一套较为完善的绿色建材政策推广体系，提出 2020 年新建建筑中绿色建材应用比例达到 40%，绿色建筑中绿色建材的应用比例达到 60%，试点示范工程中绿色建材的应用比例达到 80%的目标。在全国范围内具有强烈的示范效应，主要表现在以下几个方面：

（1）推进绿色建筑立法。2018 年、2019 年《湖南省绿色建筑发展条例》两次列入湖南省立法重点调研计划项目和第十三届省人大常委会立法规划。立法草案稿中，在项目立项、规划、土地出让、设计、图审、施工、竣工验收等环节明确了绿色建材要求及使用比例，要求建立完善绿色建材第三方评价等制度。

（2）完善政策制度体系。湖南省住建厅联合发改、科技、财政、自然资源、生态环境厅印发《关于大力推进建筑领域向高质量高品质绿色发展的若干意见》（湘建科〔2018〕218 号）；2017 年 12 月，湖南省住建厅和经信委发布《进一步开展绿色建材推广和应用工作的通知》（湘建科〔2017〕188 号），对湖南省绿色建材推广和应用工作做出相关要求。

（3）将绿色建材量化指标纳入建设标准。湖南省将绿色建材应用占比要求写入《湖南省建筑节能设计标准》《湖南省绿色建筑设计标准》《湖南省绿色施工评价标准》《湖南省绿色建筑评价标准》等相关标准，目前在编的《湖南省绿色建筑验收标准》《湖南省建筑节能工程验收规程》中，也将绿色建材比例要求纳入。

（4）设立绿色建材专项基金。湖南省工业和信息化厅、墙改办利用原有新型墙体材料专项基金，对获得国家绿色建材标识的墙材企业进行支持；指导长沙、株洲、岳阳利用《建筑节能与绿色建筑专项资金管理办法》，按星级对绿色建材标识企业进行补助，根据湖南省株洲市财政局、株洲市住房和城乡建设局印发有关通知，获得一星级绿色建材评价标识，补助标准 6 万元；获得二星级绿色建材评价标识，补助标准 12 万元；获得三星级绿色建材评价标识，补助标准 18 万元。

10.2　经验与做法

10.2.1　政策引导

1. 国家层面高度重视绿色建材发展

2013 年，国务院办公厅转发国家发展改革委、住房城乡建设部制订的《绿色建筑行动方案》，首次提出大力发展绿色建材的重点任务。2014 年，住房和城乡建设部、工业和信息化部联合印发《绿色建材评价标识管理办法》，正式明确了绿色建材的定义：在全生命周期内可减少对天然资源消耗和减轻对生态环境影响，具有"节能、减排、安全、便利和可循环"特征的建材产品。2015 年，工业和信息化部、住房和城乡建设部联合印发《促进绿色建材生产和应用行动方案》，对加快绿色建材生产和应用，推动建材工业稳增长、调结构、转方式、惠民生，更好地服务于新型城镇化和绿色建筑发展提出重点要求。2019 年，市场监管总局、住房和城乡建设部、工业和信息化部印发《绿色建材产品认证实施方案》，对绿色建材产品认证组织保障、组织实施、认证标识、推广应用及监督管理做出要求。

近年来，我国发布了一系列引导、推动绿色建材实施应用的政策文件，从国家层面高度重视绿色建材发展，其中包括提升绿色建材生产比重，明确绿色建材应用比例量化指标等。同时，将完善绿色建材评价体系，推进绿色建材评价标识工作列为绿色建材工作的重点方向。表10-1梳理了国家层面出台的绿色建材相关政策。

国家层面的绿色建材相关政策汇总表　　表10-1

序号	文件名称	相关内容
1	《绿色建筑行动方案》	提出大力发展绿色建材，研究建立绿色建材认证制度，编制绿色建材产品目录，引导规范市场消费
2	《关于成立绿色建材推广和应用协调组的通知》	职责：加强部门协作，落实有关产业发展规划，研究制定政策和措施，开展标准规范的制修订，制定推广应用行动计划，组织开展试点工作和示范项目，建立绿色建材公共服务平台，发布推广应用目录，加强政策宣传和技术人员培训，组织开展重点课题的研究、国际交流和合作
3	《绿色建材评价标识管理办法》	该办法明确"绿色建材"的涵义，并从评价的总体概况、组织管理、申请和评价、监督检查等环节逐一说明
4	《促进绿色建材生产和应用行动方案》	行动目标：到2018年，绿色建材生产比重明显提升，发展质量明显改善。与2015年相比，建材工业单位增加值能耗下降8%，氮氧化物和粉尘排放总量削减8%；新建建筑中绿色建材应用比例达到30%，绿色建筑应用比例达到50%，试点示范工程应用比例达到70%，既有建筑改造应用比例提高到80%
5	《绿色建材评价标识管理办法实施细则》和《绿色建材评价技术导则(试行)》	前者规定了评价标识工作的组织管理、专家委员会、评价机构的申请与发布、标识申请、评价及使用、监督管理等； 后者制定了涵盖砌体材料、保温材料、预拌混凝土、建筑节能玻璃、陶瓷砖、卫生陶瓷和预拌砂浆7类建材产品的评价技术要求。评价指标体系分为控制项、评分项和加分项。绿色建材等级由评价总得分确定，低到高分为"★"、"★★"和"★★★"三个等级
6	《关于进一步加强城市规划建设管理工作的若干意见》	(十二)推广建筑节能技术。 提高建筑节能标准，推广绿色建筑和建材。完善绿色节能建筑和建材评价体系
7	《关于建立统一的绿色产品标准、认证、标识体系的意见》	按照统一目录、统一标准、统一评价、统一标识的方针，将现有环保、节能、节水、循环、低碳、再生、有机等产品整合为绿色产品。建立符合中国国情的绿色产品认证与标识体系，统一制定认证实施规则和认证标识，并发布认证标识使用管理办法
8	《关于推动绿色建材产品标准、认证、标识工作的指导意见》	将现有绿色建材认证或评价制度统一纳入绿色产品标准、认证、标识体系管理。在全国范围内形成统一、科学、完备、有效的绿色建材产品标准、认证、标识体系，实现一类产品、一个标准、一个清单、一次认证、一个标识的整合目标。到2020年，绿色建材应用比例达到40%以上
9	《建筑业发展"十三五"规划》	加快推进绿色建筑、绿色建材评价标识制度。建立全国绿色建筑和绿色建材评价标识管理信息平台。选取典型地区和工程项目，开展绿色建材产业基地和工程应用试点示范。大力发展和使用绿色建材，充分利用可再生能源，提升绿色建筑品质
10	《建筑节能与绿色建筑发展"十三五"规划》	实施建筑全产业链绿色供给行动。完善绿色建材评价体系建设，有步骤、有计划推进绿色建材评价标识工作。建立绿色建材产品质量追溯系统，动态发布绿色建材产品目录，营造良好市场环境。开展绿色建材产业化示范，在政府投资建设的项目中优先使用绿色建材

续表

序号	文件名称	相关内容
11	《"十三五"装配式建筑行动方案》	重点任务中，提出积极推进绿色建材在装配式建筑中应用。编制装配式建筑绿色建材产品目录。推广绿色多功能复合材料，发展环保型木质复合、金属复合、优质化学建材及新型建筑陶瓷等绿色建材。到2020年，绿色建材在装配式建筑中的应用比例达到50%以上
12	《绿色建材产品认证实施方案》	成立绿色建材产品标准、认证、标识推进工作组（以下简称推进工作组），由市场监管总局、住房和城乡建设部、工业和信息化部有关司局负责同志组成，负责协调指导全国绿色建材产品标准、认证、标识工作，审议绿色建材产品认证实施规则和认证机构技术能力要求，指导绿色建材产品认证采信工作。组建技术委员会，为绿色建材认证工作提供决策咨询和技术支持。各省、自治区、直辖市及新疆生产建设兵团市场监管局（厅、委）、住房和城乡建设厅（委、局）、工业和信息化主管部门成立本地绿色建材产品工作组，接受推进工作组指导，负责协调本地绿色建材产品认证推广应用工作

2. 地方层面积极鼓励绿色建材使用

全国27个省（自治区、直辖市）出台了推进绿色建材发展相关政策文件。各地在推进绿色建材发展过程中，结合地方实际产业基础和经济发展情况，制定了相应的绿色建材鼓励和推广政策。表10-2列举了近年来部分省市绿色建材鼓励和推广政策。

各地绿色建材鼓励和推广政策表　　表10-2

地区	政策文件	鼓励、推广政策
北京市	《北京市住房城乡建设委 北京市经济信息化委关于北京市绿色建材评价标识管理有关工作的通知》(京建发〔2016〕82号)	北京城市副中心政府办公建设等重点工程所使用的预拌混凝土、预拌砂浆须获得三星级标识
重庆市	《重庆市城乡建设委员会 重庆市经济和信息化委员会关于印发〈重庆市绿色建材评价标识管理办法〉的通知》(渝建发〔2016〕38号)	将绿色建材的推广应用纳入新建建筑节能（绿色建筑）行政管理体系一并实施，从初设审查、施工图备案、现场监管、能效测评、工程竣工验收等环节，加强对新建建筑应用绿色建材的监督管理，全面推动绿色建材工程应用
吉林省	《吉林省住房和城乡建设厅 吉林省工业和信息化厅关于开展2019年度绿色建材标识评价工作的通知》(吉建联发〔2019〕12号)	各地绿色建材主管部门要以扩大绿色建材生产和应用为导向，明确重点任务，开展专项行动，落实具体措施，大幅度提高绿色建材应用比例。各地要鼓励本地建材企业积极组织申报，推动吉林省绿色建材标识评价工作的开展
辽宁省	《辽宁省住房和城乡建设厅 辽宁省工业和信息化委员会关于开展绿色建材评价标识和高性能混凝土推广应用工作的通知》(辽住建〔2016〕128号)	推广应用高性能混凝土

续表

地区	政策文件	鼓励、推广政策
山东省	《山东省市场监督管理局 山东省住房和城乡建设厅 山东省工业和信息化厅关于推进实施全省绿色建材产品认证工作的意见》鲁市监认字〔2020〕64号	在政府投资工程、重点工程、市政公用工程、绿色建筑、绿色生态城区(镇)、装配式建筑等项目中率先采用绿色建材，建设一批绿色建材推广应用示范工程
安徽省	《安徽省住房和城乡建设厅 安徽省经济和信息化委员会关于加快推进绿色建材评价标识工作的通知》(建科〔2017〕238号)	做好绿色建材技术指导和推广应用工作；在绿色建筑、保障性安居工程、绿色生态城区、既有建筑节能改造、装配式建筑等各类试点示范工程和推广项目中大力推广应用绿色建材，引导建筑业和消费者科学选用绿色建材
河南省	《河南省工业和信息化委员会 河南省住房和城乡建设厅关于印发〈河南省促进绿色建材发展和应用行动实施方案〉的通知》(豫工信联原〔2016〕135号)	鼓励企业研发、生产、推广应用绿色建材。鼓励新建、改建、扩建的建设项目优先使用获得评价标识的绿色建材。绿色建筑、绿色生态城区、政府投资和使用财政资金的其他建设项目，应使用获得评价标识的绿色建材
湖南省	《湖南省住房城乡建设厅等六部门关于大力推进建筑领域向高质量高品质绿色发展的若干意见》(湘建科〔2018〕218号)	到2020年，实现市州中心城市新建民用建筑100%达到绿色建筑标准(2019年达到70%，2020年达到100%)，市州中心城市绿色装配式建筑占新建建筑比例达到30%以上(2019年达到20%，2020年达到30%)
海南省	《海南省人民政府办公厅关于促进建材工业稳增长调结构增效益的实施意见》(琼府办〔2016〕181号)	到2020年，建材工业结构明显优化，绿色建材产品比重稳步提高，高端产品供给能力显著增强。综合利用各类废弃物总量提高20%，单位工业增加值能耗降低8%，氮氧化物和粉尘排放总量削减8%；玻璃深加工率达60%，新建建筑中绿色建材应用比例达到70%，新型墙体材料使用率达100%
四川省	《省市场监管局 住房城乡建设厅 经济和信息化厅关于印发〈四川省绿色建材产品认证实施方案〉的通知》(川市监发〔2020〕39号)	鼓励企业研发、生产、推广应用绿色建材。新建、改建、扩建的建设项目应优先使用获得绿色评价标识的建材。绿色建筑、绿色生态城区、保障性住房等政府投资或使用财政资金的建设项目、2万m^2以上的公共建筑项目、15万m^2以上的居住建筑项目，应当使用获得标识的绿色建材

10.2.2 标准规范

2017～2020年，中国工程建设标准化协会先后立项了117项绿色建材评价标准，采用系列标准模式编制，开放式标准体系构架，根据开展绿色建材评价认证工作的实际需要，不断及时增补完善各类建材产品评价技术要求，以满足行业发展的需要。目前，已有

51 项绿色建材评价标准发布实施，标准清单见表 10-3。

绿色建材评价标准清单　　表 10-3

序号	标准编号	标准名称
1	T/CECS 10025—2019	《绿色建材评价　预制构件》
2	T/CECS 10026—2019	《绿色建材评价　建筑门窗及配件》
3	T/CECS 10027—2019	《绿色建材评价　建筑幕墙》
4	T/CECS 10028—2019	《绿色建材评价　钢结构房屋用钢构件》
5	T/CECS 10029—2019	《绿色建材评价　建筑密封胶》
6	T/CECS 10030—2019	《绿色建材评价　现代木结构用材》
7	T/CECS 10031—2019	《绿色建材评价　砌体材料》
8	T/CECS 10032—2019	《绿色建材评价　保温系统材料》
9	T/CECS 10033—2019	《绿色建材评价　建筑遮阳产品》
10	T/CECS 10034—2019	《绿色建材评价　建筑节能玻璃》
11	T/CECS 10035—2019	《绿色建材评价　金属复合装饰材料》
12	T/CECS 10036—2019	《绿色建材评价　建筑陶瓷》
13	T/CECS 10037—2019	《绿色建材评价　卫生洁具》
14	T/CECS 10038—2019	《绿色建材评价　防水卷材》
15	T/CECS 10039—2019	《绿色建材评价　墙面涂料》
16	T/CECS 10040—2019	《绿色建材评价　防水涂料》
17	T/CECS 10041—2019	《绿色建材评价　门窗幕墙用型材》
18	T/CECS 10042—2019	《绿色建材评价　无机装饰板材》
19	T/CECS 10043—2019	《绿色建材评价　光伏组件》
20	T/CECS 10044—2019	《绿色建材评价　反射隔热涂料》
21	T/CECS 10045—2019	《绿色建材评价　空气净化材料》
22	T/CECS 10046—2019	《绿色建材评价　树脂地坪材料》
23	T/CECS 10047—2019	《绿色建材评价　预拌混凝土》
24	T/CECS 10048—2019	《绿色建材评价　预拌砂浆》
25	T/CECS 10049—2019	《绿色建材评价　石膏装饰材料》
26	T/CECS 10050—2019	《绿色建材评价　水嘴》
27	T/CECS 10051—2019	《绿色建材评价　石材》
28	T/CECS 10052—2019	《绿色建材评价　镁质装饰材料》
29	T/CECS 10053—2019	《绿色建材评价　吊顶系统》
30	T/CECS 10054—2019	《绿色建材评价　钢质户门》
31	T/CECS 10055—2019	《绿色建材评价　集成墙面》
32	T/CECS 10056—2019	《绿色建材评价　纸面石膏板》
33	T/CECS 10057—2019	《绿色建材评价　建筑用阀门》
34	T/CECS 10058—2019	《绿色建材评价　塑料管材管件》
35	T/CECS 10059—2019	《绿色建材评价　空气源热泵》

续表

序号	标准编号	标准名称
36	T/CECS 10060—2019	《绿色建材评价　建筑用蓄能装置》
37	T/CECS 10061—2019	《绿色建材评价　新风净化系统》
38	T/CECS 10062—2019	《绿色建材评价　设备隔振降噪装置》
39	T/CECS 10063—2019	《绿色建材评价　控制与计量设备》
40	T/CECS 10064—2019	《绿色建材评价　LED 照明产品》
41	T/CECS 10065—2019	《绿色建材评价　采光系统》
42	T/CECS 10066—2019	《绿色建材评价　地源热泵系统》
43	T/CECS 10067—2019	《绿色建材评价　游泳池循环水处理设备》
44	T/CECS 10068—2019	《绿色建材评价　净水设备》
45	T/CECS 10069—2019	《绿色建材评价　软化设备》
46	T/CECS 10070—2019	《绿色建材评价　油脂分离器》
47	T/CECS 10071—2019	《绿色建材评价　中水处理设备》
48	T/CECS 10072—2019	《绿色建材评价　雨水处理设备》
49	T/CECS 10073—2019	《绿色建材评价　混凝土外加剂 减水剂》
50	T/CECS 10074—2019	《绿色建材评价　太阳能光伏发电系统》
51	T/CECS 10075—2019	《绿色建材评价　机械式停车设备》

地方层面，已有四川、湖南、青海等地发布了绿色建材评价相关地方标准。雄安新区也发布了《雄安新区绿色建材导则（试行）》，为新区工程建设中设计、选材、施工、管理和维护提供合理先进的指导和依据。该导则结合雄安新区建设实际和当地资源禀赋，根据建材产品分类框架，以承重结构、围护结构、装饰装修和设备设施 4 大类别为切入点，选取应用量大面广的建材产品，建立适宜雄安新区的具有代表性且可操作性强的开放式绿色建材产品体系。该导则确定全生命期综合指标体系，从原材料获取、制造、使用、废弃等生命周期阶段出发，重点分析产品在不同阶段的绿色属性和品质属性的技术指标及基准值要求。在制定具体产品技术要求时，重点选取产品性能、耐用性、舒适性、安全性等方面的可量化、可检测、可验证的指标。目前，该导则已在新区容东安置区等大规模开发建设项目中推广应用。

10.2.3　市场应用

在市场应用方面，鼓励绿色建材大量应用。截至 2019 年 11 月底，北京市获绿色三星级评价标识的 60 家预拌混凝土搅拌站（站点）产品在北京市房屋建筑工程市场占有率达 66.4%；获绿色三星的 17 家预拌砂浆企业（含河北的 3 家企业）产品在北京市房屋建筑工程市场占有率达 42.5%；其余获绿色星级评价标识的企业产品在北京市房屋建筑工程市场占有率较往年也均有较大幅度提升。湖南省为了推广应用绿色建材，协调有关部门，将推广应用绿色建材内容列入“湖南省建设工程芙蓉奖”“湖南省优质工程”“省文明工地”加分项目，提高招投标时工程应用企业的竞争力。

10.2.4 宣传推广

在绿色建材宣传推广方面，目前建立有全国绿色建材评价标识管理信息平台和“绿色建材评价标识”微信公众号，动态发布相关信息；由绿色建材主管部门、评价机构牵头组织了包括京津冀地区、江苏省、西北五省、内蒙古、海南等地区在内的交流和培训活动；2019 年年底，全国绿色建材工作座谈会及绿色建材产品认证交流会召开，进一步推动了绿色建材评价向绿色建材产品认证的转变。

在地方层面，部分地区也着力绿色建材宣传推广活动，如 2019 年湖南省举办第四届湖南（长沙）装配式建筑与建筑工程技术博览会，展会面积达 6 万 m^2，约 100 余家建材企业在博览会期间进行展出，举办了多个建材论坛活动，加强了行业交流，扩大了绿色建材影响。

10.3 展　　望

10.3.1 全面推动绿色建材量质齐升

加大绿色建材产品和关键技术研发投入，鼓励企业开展技术升级和改造，促进新产品、新技术应用，推动绿色建材高质量发展。优先选取技术发展成熟、创新水平高的建材产品和设备，编制绿色建材产品目录和标准清单。扩大绿色建材标准规范品类，按照《市场监管总局办公厅 住房和城乡建设部办公厅 工业和信息化部办公厅关于印发〈绿色建材产品认证实施方案〉的通知》中对绿色建材产品认证的顶层设计要求，全面启动绿色建材认证工作，加快绿色建材产品认证实施。

10.3.2 显著提高工程建设采信种类与应用占比

提高绿色建材采信种类，加快开展绿色建材应用比例研究，编制发布科学合理、切实可行的计算方法，并将其作为考评各地绿色建材工作的主要方式。将绿色建材应用要求纳入相关技术标准规范、激励政策、试点示范和推广项目等，在绿色建筑、装配式建筑、既有建筑节能和老旧小区改造、可再生能源建筑中的应用规模进一步扩大，有效增强绿色建材推广和应用力度。

10.3.3 加快推进绿色建材采信应用

从消费端建立完善的采信应用机制，搭建绿色建材采信应用数据库，鼓励绿色建材产品认证机构或获证企业入库。出台制定相关管理办法，对申请入库的机构和企业进行规范审核，建立有效监督和诚信管理机制。健全绿色建材信息采集制度，不断增强数据的准确性、适用性和可靠性。强化数据的分析应用，提升绿色建材宏观决策和行业管理水平。探索运用大数据、区块链技术构建绿色建材诚信管理体系，通过可追溯与不可篡改技术，实现建材生产、流通、采购、应用全过程的数字化管理手段，确保工程建设项目质量可追溯，真正做到“谁生产谁负责、谁瞒报谁负责”，有效支撑社会诚信自律机制。

10.3.4 逐步建立绿色建材发展长效机制

立足我国绿色建筑发展方向和绿色建材发展实际，合理制定绿色建材发展专项规划，抓紧研究与绿色建材发展相适应的政策工具箱，发挥“多重”叠加利好效应。结合各地实际，研究制定地区发展目标、推广重点与政策措施，明确各部门职责，抓好各项工作的落实，推动形成绿色建材健康发展的长效机制。结合各地资源禀赋，开展绿色建材试点示范建设，努力构建区域优势突出的绿色建材产业发展布局。

第 11 章　国家供热体制改革

11.1　发 展 历 程

我国的供热体制是在计划经济条件下建立起来的，经过几十年的发展，不但形成了一套较为完整的政策、管理和技术体系，而且形成了与此对应的福利供热用热的思想观念。

随着我国社会主义市场经济的建立和不断完善，市场化改革基本上已经触及到我国经济的每一个角落，影响到人民生活的每一个方面。无论是房屋的拥有者还是租用者均自己负责燃料费、电费和水费。但是，2003 年以前，产生于计划经济时代的供暖福利制度仍然支配着集中供热系统的收费，热输送和热耗都不计量，热费和收费只能以面积为基础，国有制单位员工的全部或部分由单位支付供暖费，大多数集中供热系统由政府拥有的供热公司通过预算限制实施控制，并受到行政干预，这就导致热用户没有积极性去节能，供热公司对提高热产品和热输送的质量和效率不感兴趣，制约了供热节能水平的提升，造成了能源的浪费。

随着经济改革的发展，特别是 1998 年 7 月 3 日《国务院关于进一步深化城镇住房制度改革加快住房建设的通知》（国发〔1998〕23 号）的发布，开始停止住房实物分配，逐步实行住房分配货币化。传统的供热体制和思想观念已经越来越不适应我国社会经济的发展需要，及时建立与社会主义市场经济相适应、符合供热行业发展规律、满足人民群众用热需求的新型供热体制已经成为一项十分紧迫而又艰巨的任务。

20 世纪 90 年代，我国通过国际合作开展了供热计量方面的研究和探索，随着我国经济改革的不断深化，为打破传统的供热体制以适应我国改革发展的需要，2003 年国家启动了供热体制改革，总体历程大致分为以下四个阶段。

11.1.1　研究探索阶段（1996～2003 年）

为探索供热计量在我国的应用，学习借鉴国外的先进经验，20 世纪 90 年代初，我国与丹麦、德国和芬兰等欧洲国家开展了相关的合作研究，其中北京新康小区、山东烟台民生小区、哈尔滨煤炭设计院项目等都是当时的代表性工程。

1995 年原建设部印发了《建筑节能“九五”计划和 2010 年规划》（建办科〔1995〕80 号），要求“对集中供暖的民用建筑安装热表及有关调节设备并按热表计量收费工作，1998 年通过试点取得成效、开始推广，2000 年在重点城市成片推行，2010 年基本完成。”供热计量工作首次提到国家层面。

11.1.2 试点示范阶段（2003～2005年）

2003年7月，原建设部等八部委联合下发了《关于城镇供热改革试点工作的指导意见》（建城〔2003〕148号），决定在我国东北、华北、西北及山东、河南等地（以下简称“三北地区”）开展城镇供热改革试点工作，指明了供热改革试点的指导思想和基本原则，并提出停止福利供热，实行用热商品化、货币化；对供热计量要求是“改革现行热费计算方式，逐步取消按面积计收热费，积极推行按用热量分户计量收费办法。今后，城镇新建公共建筑和居民住宅，凡使用集中供热设施的，都必须设计、安装具有分户计量及室温调控功能的采暖系统，并执行按用热量分户计量收费的新办法。计量及温控装置费用计入房屋建造成本。现有公共建筑和居民住宅也要按照分户计量、室温可控的要求进行改造，安装分户计量、温控装置，逐步实现由按面积计收供热采暖费向按用热量分户计量收费转变。”该文件的出台标志着我国供热体制改革正式启动。

2005年12月，经过两年的示范，原建设部等八部委在充分总结各地经验的基础上，又联合印发了《关于进一步推进城镇供热改革的意见》（建城〔2005〕220号），决定在“三北地区”全面推进城镇供热改革，进一步明确实行供热改革的重要意义。《意见》主要内容包括完善供热价格形成机制、逐步推进供热商品化和货币化、培育和完善供热市场、低收入困难群体供暖保障、优化配置城镇供热资源、供热供暖节能、供热市场监管和应急保障7项重点任务。其中，在“供热采暖节能工作”中，明确要求稳步推行按用热量计量收费制度，促进供、用热双方节能；新建住宅和公共建筑必须安装楼前热计量表和散热器恒温控制阀，新建住宅同时还要具备分户热计量条件；既有住宅要因地制宜，合理确定热计量方式，热计量系统改造随建筑节能改造同步进行。

截至2005年年底，供热改革取得了突破性进展，北方15个省（区、市）及新疆生产建设兵团中有9个完成热费改革，132个地级市中有86个完成了“暗补”变“明补”制度改革。

天津、承德、鹤壁、榆中等地积极开展供热改革试点示范，取得了一定成效，实施了供热计量和按计量收费的工程项目示范，各地根据实际情况总结出了一套具有地方特色的供热计量及收费办法。

11.1.3 以供热计量为核心的推进阶段（2005～2015年）

供热改革的重点内容之一就是要将按面积收费改为按用热量计量收费，是供热改革的核心内容。为积极推进供热计量工作，实现按用热量交纳热费，促进供热系统节能。2006年6月，原建设部印发了《关于推进供热计量的实施意见》（建城〔2006〕159号），进一步规范指导各地供热计量工作的开展。该文件的出台是我国供热改革向供热计量改革的转折点。《实施意见》提出了推进供热计量5个目标和5项技术措施，指出“新建建筑的热计量设施必须达到工程建设强制性标准规定要求，不符合相关供热计量标准规定要求的不得验收和交付使用”；“十一五”期间大城市要完成热计量改造的35%，中等城市完成25%，小城市完成15%”的工作目标。考虑到供热计量收费是一个系统工程，涉及多方面职能，实施意见对各地建设主管部门提出5项工作要求，包括切实加强领导、积极制定价格、收费等各项政策、加大资金投入、加强工程各环节监督管理工作、加强宣传引导等。

2006年8月，国务院下发《国务院关于加强节能工作的决定》(国发〔2006〕28号)，明确要求加强供热计量，推进按用热量计量收费制度。完善供热价格形成机制，有关部门要抓紧研究制定建筑供热采暖按热量收费的政策，培育有利于节能的供热市场。2006年9月，为贯彻落实《国务院关于加强节能工作的决定》，实现“十一五”期间建设领域节能目标，原建设部下发了《建设部关于贯彻〈国务院关于加强节能工作的决定〉的实施意见》(建科〔2006〕231号)，再次明确要加强供热改革，促进供热系统节能，主要内容有：尽快实行供暖补贴由“暗补”变“明补”，加快推进供热商品化、货币化；新建建筑必须配套建设供热供暖分户计量系统，并安装温控装置，必须实行热计量收费；既有建筑通过节能改造达到温度可调节、分栋或分户计量的要求；建立城市低收入家庭冬季供暖保障制度，完善供热价格形成机制，制定建筑供热供暖按用热量收费的政策，培育有利于节能的供热市场；整合城市供热热源，充分发挥热电联产、大型锅炉效率高的优势，提高热源生产的能源利用效率。

2007年6月，为了规范城市供热价格管理，保障供热、用热双方的合法权益，促进城市供热事业发展和节能环保，国家发展改革委和原建设部联合下发了《城市供热价格管理暂行办法》(发改价格〔2007〕1195号)，对城镇供热价格定义、分类、构成、制定、调整、执行和监督等方面的工作做出了明确规定。同年9月25日，全国供热计量改革经验交流会在天津召开，明确指出将供热改革工作重心转移到扎实开展供热计量改革上来，从此我国供热改革进入以供热计量为核心的推进阶段。

修订后的《中华人民共和国节约能源法》自2008年4月1日起施行，其中第38条对供热计量提出具体要求：“国家采取措施，对实行集中供热的建筑分步骤实行供热分户计量、按照用热量收费的制度。新建建筑或者对既有建筑进行节能改造，应当按照规定安装用热计量装置、室内温度调控装置和供热系统调控装置。具体办法由国务院建设主管部门会同国务院有关部门制定。”2006年7月和2018年10月先后两次对《中华人民共和国节约能源法》进行修订，但对供热计量相关要求没有变动。2008年8月1日，国务院发布《民用建筑节能条例》，第9条明确规定“国家积极推进供热改革，完善供热价格形成机制，鼓励发展集中供热，逐步实行按照用热量收费制度。”第18条明确要求“实行集中供热的建筑应当安装供热系统调控装置、用热计量装置和室内温度调控装置；公共建筑还应当安装用电分项计量装置。居住建筑安装的用热计量装置应当满足分户计量的要求。”第29条规定“对实行集中供热的建筑进行节能改造，应当安装供热系统调控装置和用热计量装置；对公共建筑进行节能改造，还应当安装室内温度调控装置和用电分项计量装置。”2008年7月23日，《公共机构节能条例》发布，2017年3月1日修订，其中第14条规定“公共机构应当实行能源消费计量制度，区分用能种类、用能系统实行能源消费分户、分类、分项计量，并对能源消耗状况进行实时监测，及时发现、纠正用能浪费现象。”

2007年12月，财政部印发《北方采暖区既有居住建筑供热计量及节能改造奖励资金管理暂行办法》(财建〔2007〕957号)，通过转移支付方式对实施既有居住建筑供热计量及节能改造工程给予中央奖励资金，明确使用范围、奖励原则和标准、资金拨付和使用等要求。在启动阶段，按照6元/m^2的标准预拨奖励资金，用于对地方热计量装置的安装补助。

2008年3月，为落实“十一五”节能减排任务目标，加快供热计量改革步伐，实行供热计量收费，原建设部下发《关于组织开展供热计量改革示范城市工作的通知》（建城函〔2008〕58号），在供热计量试点城市经验基础上，根据各地申报情况，决定率先在北京、天津、长春、大连、兰州、呼和浩特、包头、唐山、承德、威海、德州、招远12个城市开展供热计量改革示范城市工作，并对示范城市工作目标、工作内容、考核机制等提出明确要求。同年5月，住房和城乡建设部联合财政部印发《关于推进北方采暖地区既有居住建筑供热计量及节能改造工作的实施意见》（建科〔2008〕95号），实现既有居住建筑节能改造和供热计量同步推进。

2008年6月，住房城乡建设部印发《民用建筑供热计量管理办法》（建城〔2008〕106号），明确指出：供热计量指采用集中供热方式的热计量，包括热源、热力站供热量以及建筑物（热力入口）、用户用热量的计量，并分别从新建建筑供热计量、既有建筑供热计量、供热系统运行与计量收费、监督管理与处罚4个方面规范管理；明确指出供热单位是供热计量收费的责任主体，应积极推进供热计量工作；明确要求新建建筑和进行节能改造的既有建筑必须按照规定安装供热计量装置、室内温度调控装置和供热系统调控装置，实行按用热量收费的制度；对新建建筑供热计量设计、施工图审查、施工、监理、验收、销售等都提出具体要求和约束措施。同年11月，住房和城乡建设部印发《北方采暖地区既有居住建筑供热计量改造工程验收办法》（建城〔2008〕211号），针对既有居住建筑中供热计量的改造工作进行规范和指导，确保具备按计量收费条件。

2010年2月，住房和城乡建设部、国家发展改革委员会、财政部、质量监督检验检疫总局联合发布《关于进一步推进供热计量改革工作的意见》（建城〔2010〕14号），提出坚持“政府主导、供热单位实施主体、同步推进”三大原则，再次强调大力推行按用热量计价收费、完善新建建筑供热计量的监管机制、保质保量完成既有居住建筑供热计量及节能改造工作、强化供热单位计量收费实施主体责任、建立健全供热计量技术体系、加强供热计量器具产品质量监督管理、进一步加大供热系统节能管理等。

2011年8月，《国务院关于印发“十二五”节能减排综合性工作方案的通知》（国发〔2011〕26号）明确提出深化供热改革，全面推行供热计量收费，自此我国全面开展供热计量工作正式拉开序幕。

11.1.4 常态实施阶段（2015年以来）

到2015年，供热计量相关法律政策、技术标准等保障体系已基本建立。随着住房和城乡建设部、财政部关于北方采暖地区既有居住建筑供热计量及节能改造补贴政策的退出，供热计量工作进入常态实施阶段。2016年2月，《中共中央　国务院关于进一步加强城市规划建设管理工作的若干意见》（中发〔2016〕6号），将供热计量工作纳入城市节能工程，要求“大力推行采暖地区住宅供热分户计量，新建住宅必须全部实现供热分户计量，既有住宅要逐步实施供热分户计量改造。”

11.2 供热改革取得的成效

从供热改革的主要内容来看，供暖费“暗补”变“明补”、供热价格形成机制、按供热计量收费、保障低收入困难群体供暖和供热市场培育等方面都取得了一定的成效。建立了相关的法律法规、标准规范，取得了技术进步，增加了按计量收费面积，提高了供热效率和质量，人民群众对供热的满意度越来越高。主要体现在以下几个方面：

11.2.1 实现供暖费“暗补”变“明补”

据不完全统计，自2005年以来，北方15个省（区、市）基本完成了福利供热改为用户直接向供热企业交纳供暖费的热商品化工作，即供暖费补贴由“暗补”变“明补”。仅有某些企业尚未实施供暖费“暗补”变“明补”，职工仍按建筑面积交费后到单位报销供暖费。

11.2.2 形成两部制热价

国家发展改革委、原建设部于2007年印发《城市供热价格管理暂行办法》，规定“热力销售价格要逐步实行基本热价和计量热价相结合的两部制热价”，其中基本热价按照总热价30%～60%确定。北京、天津、河北、山西、内蒙古、辽宁、吉林、黑龙江、陕西、甘肃、宁夏、新疆12个地区制定了供热计量收费价格政策。93个地级及以上城市出台了两部制热价，占北方采暖地区的70%。

11.2.3 推广按计量收费

截至2019年年底，北方采暖地区城镇现有建筑面积137亿m^2，城镇集中供热面积108亿m^2，集中供热普及率约78%。安装供热计量装置的建筑面积约24亿m^2（含改造面积8亿m^2），占城镇集中供热总面积的22%。2019年，新建建筑供热计量装置安装面积约4亿m^2，占当年新建建筑总面积的68%。实现供热计量收费面积约10.5亿m^2（含改造面积3.4亿m^2），占城镇集中供热总面积的10%，占供热计量装置安装总面积的44%。2019年，新建建筑同步实现供热计量收费总面积约2亿m^2，占当年新建建筑总面积的34%。

11.2.4 保障低收入人群供暖

很多低收入人群都居住在老旧房屋，房屋几乎没有保温，冬天室内温度很低，且结露发霉。一方面通过既有居住建筑节能改造，提高了室内温度，保障人们温暖过冬；另一方面，将原来直接现金方式补助给低收入群的供暖费改为直接支付给供热公司，保证了供热公司的基本利益。

11.2.5 制定了相关的法律法规

2007年修订的《中华人民共和国节约能源法》规定“对实行集中供热的建筑分步骤实行供热分户计量、按照用热量收费的制度；新建建筑或者对既有建筑进行节能改造，应当按照规定安装用热计量装置、室内温度调控装置和供热系统调控装置。”，2008年颁布施行的《民用建筑节能条例》提出“完善供热价格形成机制，鼓励发展集中供热逐步实行按照用热量收费制度”，并对新建建筑和既有建筑中供热计量装置的设计、选型、安装和检定提出要求并明确罚则。天津、内蒙古、辽宁、吉林、黑龙江、山东、宁夏7个地区颁布地方供热条例，将供热计量纳入地方性法规。

11.2.6 颁布了一系列工程标准规范、技术导则

近年来，国家层面相继颁布了供热计量相关的 3 项工程标准、9 项产品标准，如表 11-1 所示。其中，2007 年颁布的《建筑节能工程施工质量验收规范》GB 50411—2007，将供热计量写入强制性条文，2019 年该标准进行了修订，供热计量验收内容仍作为强条保留。通过广泛试验和多年运行实践，《供热计量技术规程》在国内外所采用的分户计量方法中筛选出 4 种计量方式，包括户用热量表法、散热器热分配计法、流量温度法和通段时间面积法。同时，为保障供热计量产品质量、安装规范性和使用寿命，2007 年国家先后出台了《热量表》等产品标准，确保计量装置正常运行。

供热计量相关标准规范　　表 11-1

类型	标准名称
工程标准	《建筑节能工程施工质量验收标准》 《供热计量技术规程》 《供热计量系统运行技术规程》
产品标准	《电子式热分配表》 《热量表》 《蒸发式热分配表》 《热量表检定装置》 《通断时间面积法热计量装置技术条件》 《温度法热计量分摊装置》 《流量温度法热分配装置技术条件》 《散热器恒温控制阀》

11.2.7 供热能耗得到量化，促进供热系统节能

供热计量装置成为量化供热能耗的重要工具，将热源、热力站供热量以及建筑物（热力入口）、用户的用热量等情况直观清晰地展示给供热企业。供热企业利用这些数据，可以准确地识别高能耗建筑和供热系统薄弱点，逐步实施供热系统节能改造，一定程度上解决了水力失调、过量供热、“跑冒滴漏”等问题。其中，北京、天津、承德等城市集中供热能耗降幅超 20%，水耗和电耗也显著下降。

11.2.8 促进了供热技术和管理进步

实施供热计量的供热企业普遍在技术能力、管理水平、员工素质和生产技能上得到提升。例如，承德市热力集团逐年对原有热力站进行改造，对新建热力站高标准设计、规划、建设，且全部为无人值守站；建成具有调控功能的调度指挥中心，对热网进行统一调度和控制；建立的供热系统运行平台、供热计量收费平台，逐步实现了人为调节向自动调节、人工抄表向自动上传的转变，智慧供热雏形初现。

11.2.9 用户可调节室温，提升了满意度

实施供热计量后，供热企业开始主动进行流量调整和温度控制，用户也可以根据个性化需求通过室内温度调控装置在一定范围内调节温度，改变了传统供热下用户只能被动接

受的局面，用户的舒适度不断提升，初步实现了按需供热、自主调控。此外，承德市热力集团还率先在供热计量小区试点实施“弹性供热”，提前和延后供热时间，按供热计量收费，由用户自愿选择参加，用户平均参与率达到80%，提升了用户的获得感、幸福感。

11.3 展　　望

纵观我国供热体制改革历程，虽然取得了突破性进展，但还存在着不彻底、不全面等问题，如部分地区部分单位仍然没有实现热费的货币化，“暗补”变“明补”工作不彻底，截至目前，计量收费面积仅占城镇集中供热总面积的10%。由此看来，我国供热体制改革任重道远，需要继续加大力度，而热计量收费仍将是下一步的工作重点，具体建议如下：

一是彻底完成供热改革，实现最终分户热计量收费的目标。德国、波兰和丹麦等欧洲国家均是在供热完全市场化的基础条件下推行的热计量收费，实现了热的真正商品化。因此完善和培育供热市场，是下一步的首要任务，使企业成为市场的主体，让供热效率、服务质量和热价成为竞争力。

二是结合我国国情开展分户计量收费。我国基础设施条件、供热方式以及建筑体量等与国外不一样，具有自己的特点，不能简单地模仿国外的计量收费方式方法。要分步实施，分类施策，逐步建立分户计量收费的基础条件。要加紧供热基础设施的改造更新，对北方既有非节能可改造的建筑进行节能改造。

三是政府、企业、用户等各方主体共同缔造实施供热改革。住房和城乡建设部负责牵头组织实施，加强与国家发展改革委、财政部、市场监管总局等部门联动，形成部门合力，统筹协调推进包括供热计量收费的供热改革。鼓励供热企业、用户、社区组织管理部门、物业公司和第三方供热服务公司等共同参与供热改革，从而实现按计量收费，实现人们对美好生活的向往。

第12章　绿色金融与绿色建筑协同发展

绿色金融是指为支持环境改善、应对气候变化和资源节约高效利用的经济活动，即对环保、节能、清洁能源、绿色交通、绿色建筑等领域的项目投融资、项目运营、风险管理等所提供的金融服务[①]。2016年以来，绿色金融在我国全面发展，并成为绿色发展的重要推动力量。从建筑领域来看，建筑节能与绿色建筑是绿色金融支持的重要领域，也为建筑绿色市场化发展提供有效契机。

12.1　绿色金融发展历程

20世纪70年代以来，可持续发展理念的兴起推动了绿色金融的发展，并推动"赤道原则"等绿色金融理念的确立和实施。近年来，在我国的倡议下绿色金融迎来了新一轮发展热潮，在建筑绿色发展领域也开展了相应的探索实践。

12.1.1　绿色金融起源与沿革

绿色金融指一类有特定"绿色"偏好的金融活动，金融机构在投融资决策中充分考虑环境因素的影响，并通过一系列的制度安排和产品创新，将更多的资金投向环境保护、节能减排、资源循环利用等可持续发展的企业和项目，同时降低对污染性和高耗能企业和项目的投资，以促进经济的可持续发展。20世纪70年代以来，西方发达国家开始了对可持续经济增长模式的思考；20世纪80年代初美国颁布《超级金基金法案》，要求企业必须为其引起的环境污染负责，从而使得信贷银行高度关注和防范由于潜在环境污染所造成的信贷风险。随后，英国、日本、欧盟等各国政府和国际组织进行了多次尝试和探索，并积累一些经验，这也标志着绿色金融发展的开始。

1992年，联合国环境规划署牵头制定并发布《银行业关于环境和可持续发展的声明书》，1995年又与瑞士再保险公司联合发布了《保险业关于环境和可持续发展的声明书》，明确了银行业与保险业在环境保护方面的金融责任。2003年，7个国家的10家主要银行宣布实行"赤道原则"，其宗旨在于为国际银行提供一套通用的框架，即银行对项目融资中的环境和社会问题有责任进行审慎性调查，并且督促项目发起人或借款人采取有效措施来消除或减缓项目的环境风险。截至2017年年底，全球有来自37个国家的92家金融机构宣布采纳"赤道原则"，项目融资额约占全球融资总额的85%。其中，我国兴业银行在2008年正式公开承诺采纳"赤道原则"，成为我国首家赤道银行。遵守"赤道原则"的金

---

① 中国人民银行，财政部，国家发展改革委，环境保护部，银监会，证监会，保监会.《关于构建绿色金融体系的指导意见》(银发〔2016〕228号)。

融机构通过发挥金融在环境保护中的作用，可以汇集多种渠道的资金助力各类节能减排项目开展，实现人与自然和谐、可持续发展。“赤道原则”确立以来，逐步成为国际项目融资中评估环境风险的国际惯例与通行准则，并第一次确立了国际项目融资的环境与社会的最低行业标准，并成功运用于绿色金融实践中。

近几年，在我国的倡议下，绿色金融在国内外进一步发展。2016 年杭州 G20 峰会期间，我国作为轮值主席国首次将绿色金融作为 G20 峰会的重点议题，并成立绿色金融研究小组，其研究目标是要在全球范围内推动绿色金融、识别挑战和提出应对措施。在绿色金融研究小组提交的《G20 绿色金融综合报告》中，重点研究了绿色金融所面临的五大挑战，即：绿色项目外部性的内生化问题、绿色项目的期限错配、缺乏绿色定义、信息不对称、环境风险分析能力的缺失。并提出应对的主要措施：一是提供战略性政策信号与框架；二是推广绿色金融自愿原则；三是扩大能力建设学习网络；四是支持本币绿色债券市场发展；五是开展国际合作，推动跨境绿色债券投资；六是推动环境与金融风险问题的交流；七是完善对绿色金融活动及其影响的测度。杭州 G20 峰会通过的 G20 绿色金融研究小组的首份 G20 绿色金融综合报告，明确了绿色金融的定义、目的和范围，以及面临的挑战，并为各国发展绿色金融献计献策，支持全球经济向绿色低碳转型，推动绿色金融的新一轮发展。

12.1.2 绿色金融发展政策轨迹

从政策发展轨迹来看，我国从很早便开展绿色金融的探索。2007 年 7 月，原国家环保总局、中国人民银行、中国银监会共同发布了《关于落实环境保护政策法规防范信贷风险的意见》中指出，要充分认识利用信贷手段保护环境的重要意义；加强建设项目和企业的环境监管与信贷管理。2009 年 6 月，原环保部、中国人民银行、中国银监会为促进环境保护部门与金融部门建立信息共享制度，使金融部门及时掌握企业及企业法定代表人在环境保护方面的社会信用情况，发挥行业信用体系的作用，增强绿色信贷政策的可操作性，印发了《关于全面落实绿色信贷政策进一步完善信息共享工作的通知》，明确了环保部门及金融部门的职责分工和工作要求及建立绿色信贷信息共享机制的重要意义。

2012 年 2 月，中国银监会印发《绿色信贷指引》，对银行业金融机构发展绿色信贷过程中的组织管理、政策制度及能力建设、流程管理、内控管理与信息披露、监督检查等方面工作给予指引。推动银行业金融机构以绿色信贷为抓手，积极调整信贷结构，有效防范环境与社会风险，更好地服务实体经济，促进经济发展方式转变和经济结构调整。2015 年 1 月，银监会、国家发展改革委共同制订了《能效信贷指引》，对银行业金融机构开展能效信贷业务中的服务领域和重点项目、信贷方式与风险控制、金融创新与激励约束作出了指引。2015 年 12 月，中国人民银行发布《绿色金融债公告》，提出对金融机构法人依法发行的绿色金融债券的发行条件及发行需报送的材料、资金使用情况的相关要求。2016 年 1 月，为进一步推动绿色发展，促进经济结构调整优化和发展方式加快转变，国家发展改革委印发了《绿色债券发行指引》，明确将绿色建筑发展列为重点支持项目，并将建筑工业化、既有建筑节能改造、低碳社区试点、低碳建筑等低碳基础设施建设一并列为重点支持项目。

2015 年 9 月，中共中央、国务院印发《生态文明体制改革总体方案》，部署我国生态文明领域改革的顶层设计，在健全环境治理和生态保护市场体系的要求中首次明确提出了建立我国绿色金融体系的整体思路。方案中指出，绿色金融体系的总框架是推广绿色信贷、支持设立各类绿色发展基金、建立绿色保险制度、建立绿色债券市场、完善各类信息披露机制、担保机制、积极推动绿色金融领域各类国际合作。2016 年，国家“十三五”规划中正式提出“建设绿色金融体系，发展绿色信贷、绿色债券，设立绿色发展基金”，将绿色金融提升到新的战略高度。

2016 年 8 月，中国人民银行、财政部等 7 部委联合印发了《关于构建绿色金融体系的指导意见》（以下简称《意见》），标志着我国绿色金融体系建设的全面启动。《意见》明确了构建绿色金融体系的重要意义，提出要大力发展绿色信贷；推动证券市场支持绿色投资；设立绿色发展基金；通过政府和社会资本合作模式动员社会资本；发展绿色保险，完善环境权益交易市场、丰富融资工具；支持地方发展绿色金融；推动开展绿色金融国际合作；防范金融风险、强化组织落实。在这之后，《关于支持绿色债券发展的指导意见》《关于开展银行业存款类金融机构绿色信贷业绩评价的通知》《绿色产业指导目录（2019 年版）》等一系列政策文件相继发布，推动绿色金融体系的进一步完善（见表 12-1）。

支持绿色金融发展政策概览 **表 12-1**

发布时间	部门	文件名称	主要内容及意义
2007 年 7 月	原国家环保总局、人民银行、银监会	《关于落实环境保护政策法规防范信贷风险的意见》	将建设项目、企业的环境监管与信贷管理相结合，把企业环保守法的情况作为企业贷款的前提条件，是我国绿色信贷制度的初步实践
2009 年 6 月	原环保部、中国人民银行、中国银监会	《关于全面落实绿色信贷政策进一步完善信息共享工作的通知》	明确了环保部门及金融部门的职责分工和工作要求；促进环境保护部门与金融部门建立信息共享制度，使金融部门及时掌握企业及企业法定代表人在环境保护方面的社会信用情况
2012 年 2 月	中国银监会	《绿色信贷指引》	从宏观层面落实监管政策与产业政策相结合，对银行业金融机构发展绿色信贷过程中的组织管理、政策制度及能力建设、流程管理、内控管理与信息披露、监督检查等方面工作作出了指引
2015 年 1 月	银监会、国家发展改革委	《能效信贷指引》	对银行业金融机构开展能效信贷业务中的服务领域和重点项目、信贷方式与风险控制、金融创新与激励约束作出了指引
2016 年 7 月	国家发展改革委	《绿色债券发行指引》	明确将绿色建筑发展列为重点支持项目，并将建筑工业化、既有建筑节能改造、低碳社区试点、低碳建筑等低碳基础设施建设一并列为重点支持项目
2015 年 9 月	中共中央、国务院	《生态文明体制改革总体方案》	首次明确提出了建立我国绿色金融体系的整体思路。方案中指出绿色金融体系的总框架是推广绿色信贷、支持设立各类绿色发展基金、建立绿色保险制度、建立绿色债券市场、完善各类信息披露机制、担保机制、积极推动绿色金融领域各类国际合作

续表

发布时间	部门	文件名称	主要内容及意义
2015年12月	中国人民银行	《绿色金融债公告》	对金融机构法人依法发行的绿色金融债券的发行条件及发行需报送的材料、资金使用情况进行了要求
2017年3月	证监会	《关于支持绿色债券发展的指导意见》	对绿色公司债券、绿色产业项目做了说明，强调募集资金必须投向绿色产业项目，严禁套用挪用资金，鼓励证券公司、商业银行、保险公司等市场机构投资绿色债券，同时，对发行人应该履行的信息披露义务进行了规定
2019年3月	国家发展改革委等七部委	《绿色产业指导目录（2019年）》	理清绿色产业边界，将有限的政策和资金引导到对推动绿色发展最重要、最关键、最紧迫的产业上。绿色产业指导目录明确了对建筑节能与绿色建筑的支持

12.1.3 绿色金融与绿色建筑协同发展历程

在建筑节能与绿色建筑领域，我国一直探索建筑绿色发展的市场化推动机制，推动金融等市场化手段的应用。绿色金融领域制定的政策、规范等，也将既有建筑改造、绿色建筑等纳入绿色金融支持领域。2016年以来，住房和城乡建设部、中国人民银行以及银保监会等主管部门开展深入沟通与交流合作，探索出绿色建筑与绿色金融协同发展模式，成为绿色金融以及绿色建筑发展的一大亮点。

1. 建筑领域开展绿色金融与建筑绿色协同发展政策

以市场化手段推动建筑绿色发展一直是工作的重要内容。2013年，国务院办公厅以国办发〔2013〕1号文转发国家发展改革委、住房城乡建设部制定的《绿色建筑行动方案》，提出要综合运用价格、财税、金融等经济手段，发挥市场配置资源的基础性作用，并明确“改进和完善对绿色建筑的金融服务，金融机构可对购买绿色住宅的消费者在购房贷款利率上给予适当优惠”。

2017年3月，住房和城乡建设部发布的《建筑节能与绿色建筑发展“十三五”规划》也明确提出要推进绿色信贷在建筑节能与绿色建筑领域的应用，鼓励和引导政策性银行、商业银行加大信贷支持，将满足条件的建筑节能与绿色建筑项目纳入绿色信贷支持范围。

2017年，《住房城乡建设部办公厅　银监会办公厅关于深化公共建筑能效提升重点城市建设有关工作的通知》（建办科函〔2017〕409号）中鼓励以市场化方式开展公共建筑能效提升重点城市建设工作，规定明确试点城市通过合同能源管理模式实施节能改造的项目比例不低于40%，建立健全针对节能改造的多元化融资支持政策及融资模式。通知中明确了金融支持措施，提出建立信息共享与产融合作机制，通过节能改造项目储备库的建立，形成重点企业和重点项目融资需求清单，推动项目相关方与金融机构对接。

2019年，新修订的国家标准《绿色建筑评价标准》GB/T 50378—2019首次在标准中将绿色金融服务绿色建筑联系起来，提出：申请绿色金融服务的建筑项目，应对节能措施、节水措施、建筑能耗和碳排放等进行计算和说明，并应形成专项报告。

2. 金融领域支持建筑领域政策

建筑作为节能减排的三大领域之一，也是绿色金融支持的重要领域。2013 年，《中国银行业监督管理委员会关于报送绿色信贷统计报报表的通知》中，明确将既有建筑绿色改造项目以及绿色建筑开发建设与运行维护项目纳入绿色信贷统计范围，并明确纳入统计范围项目的具体标准。2015 年，中国人民银行发布〔2015〕第 39 号公告，明确绿色金融债券是指金融机构法人依法发行的、募集资金用于支持绿色产业并按约定还本付息的有价证券。绿色产业项目范围参考中国绿色金融学会编制的《绿色债券支持项目目录》，该目录也将绿色建筑纳入；同年，原银监会发布的《能效信贷指引》将建筑节能纳入绿色信贷重点支持的范围；2016 年 1 月，国家发展改革委发布的《绿色债券发行指引》更是明确将绿色建筑发展列为重点支持项目，并将建筑工业化、既有建筑节能改造、低碳社区试点、低碳建筑等低碳基础设施建设一并列为重点支持项目。2019 年，国家发展改革委等七部委联合印发的《绿色产业指导目录》也将建筑节能与绿色建筑纳入支持范围（见表 12-2）。

金融领域支持建筑领域主要政策汇总 **表 12-2**

部门	时间	相关制度及政策文件	对建筑领域支持内容
银监会	2013 年	《关于报送绿色信贷统计报报表的通知》	既有建筑绿色改造项目、绿色建筑开发建设与运行维护项目、节能服务、节水服务
中国人民银行	2015 年	《绿色债券支持项目目录》	新建绿色建筑、既有建筑节能改造
银监会、国家发展改革委	2015 年	《能效信贷指引》	建筑集中供热、供冷系统节能设备及系统优化，可再生能源建筑应用等
国家发展改革委	2016 年	《关于印发〈绿色债券发行指引〉的通知》	绿色建筑发展、建筑工业化、既有建筑节能改造、低碳发展试点示范项目等
证监会	2017 年	《关于支持绿色债券发展的指导意见》	新建绿色建筑、既有建筑节能改造
人民银行、国家发展改革委等七部委	2019 年	《绿色产业指导目录》	超低能耗建筑建设、绿色建筑、建筑可再生能源应用、装配式建筑既有建筑节能及绿色化改造

12.1.4 小结

随着超级基金法案、赤道原则等相关政策、理念的实施及实践，绿色金融理念逐渐发展，并在近几年进入快速发展阶段。我国则在《绿色信贷指引》等一系列政策制度的实践过程中，逐渐建立较为完善的绿色金融政策体系。其中，中国人民银行等七部委联合发布的《关于构建绿色金融体系的指导意见》，构成了我国绿色金融的纲领性文件。初步建立起涵盖绿色金融相关法律法规及政策体系、组织机构体系、产品服务体系、绿色标准体系、国际合作体系、能力建设体系、风险防范体系等一系列制度安排在内的绿色金融有机发展体系，并成为推动我国生态文明建设以及绿色发展事业的重要抓手。

而从绿色建筑发展的视角来看，绿色金融一直作为推动绿色建筑发展的重要支撑，并在形成绿色消费市场、推动绿色建筑产业发展中扮演重要角色。《绿色建筑行动方案》《建筑节能与绿色建筑发展“十三五”规划》等绿色建筑重要指导性以及规划性文件，均明确提出绿色建筑发展的绿色金融支持措施，《住房和城乡建设部办公厅　银监会办公厅关于深化公共建筑能效　提升重点城市建设有关工作的通知》则从具体实践层面，推动公共建筑规模化改造绿色金融支持措施的落地实践。最新修订的《绿色建筑评价标准》也对绿色建筑的绿色金融内容作了单独的规定。与此同时，既有建筑节能及绿色化改造、绿色建筑、建筑工业化等内容也是绿色金融支持的重要内容。

综上，从绿色金融以及绿色金融与绿色建筑协同发展历程来看，绿色建筑与绿色金融发展有着高度的一致性，并呈现出相辅相成的发展态势。可以预见，随着社会主义市场经济体制的不断完善，市场在资源配置中发挥决定性作用，绿色金融等市场化手段在绿色建筑的发展中将发挥更加重要的作用。而从绿色金融发展的视角来看，随着建筑能耗占比的进一步增大，对绿色建筑领域的支持也将成为进一步完善和发展绿色金融体系的重要内容。

12.2　绿色金融与绿色建筑协同发展现状

在一系列政策制度的激励下，我国绿色金融与绿色建筑协同发展在建筑领域金融产品应用、地区实践等方面开展探索，并取得一定成效。

12.2.1　金融产品的创新应用

绿色金融全面发展以来，绿色金融产品在建筑领域的应用也不断创新，并开展绿色信贷、绿色债券、绿色基金以及绿色保险等方面的探索及实践。

1. 绿色信贷项目支持

绿色信贷是绿色金融体系中最为常用的金融产品之一，2013 年正式推出绿色信贷以来，银行信贷对环保领域的支持力度不断增强，21 家主要银行机构绿色信贷余额从 5.2 万亿元增加至 2018 年末的 9.66 万亿元。银行信贷在我国的社会融资体系中占比较高，因而绿色信贷政策是最重要的绿色金融政策之一。完善绿色信贷政策体系，有利于我国绿色金融快速、协调、健康发展。

（1）绿色建筑按揭贷款。马鞍山农商银行自 2015 年 8 月启动绿色金融项目后陆续推出了“能效贷款”和“生态循环贷款”，并在制作绿色信贷分析工具、建立绿色信贷能源审计体系等工作上取得了显著成效。在绿色信贷支持绿色建筑方面，为提高消费者购买绿色建筑住房产品的积极性，马鞍山农村商业银行推出了一项针对个人购买绿色住房的绿色按揭贷款产品。目标客户为购买绿色建筑住宅的个人客户，该建筑需要获得绿色建筑认证，包括达到中国绿色建筑认证标准、美国 LEED 认证及 IFC Edge 认证。该绿色住房按揭贷款产品的首付比例与普通住宅一致，但可以享受两方面优惠：一是利率优惠，贷款以绿色建筑评价认证等级给予差异化利率优惠政策，绿色建筑认证每上升一个等级，贷款利率较基准利率上浮比例减少 2%。二是购买绿色住房按揭贷款的客户，后期提前还款免收违约金。

（2）湖州银行绿色信贷支持绿色建筑实践。湖州银行为推动本地绿色建筑高质量发展，从建筑业全产业链出发，基于绿色建筑评价标准，以绿色建筑项目不同建设阶段为划分，为绿色房地产行业、绿色建筑行业、绿色建材行业提供多阶段、多层次的金融产品与服务（见图 12-1）。

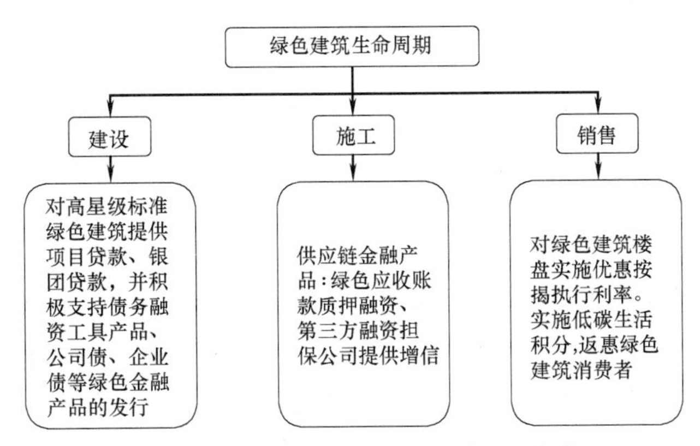

图 12-1　湖州银行绿色建筑信贷服务框架

在绿色建设项目建设期，通过发放项目贷款、银团贷款等方式支持业主单位开发高星级标准的绿色建筑。在绿色建筑项目施工期，围绕绿色建筑产业链不同节点，针对项目上下游资金特征，对建筑施工企业、建材供应企业提供绿色应收账款质押融资等多样化供应链金融产品：一是从事绿色建材生产制造销售的小微企业，上下游龙头企业的商票包贴和保兑仓方式，应收账款质押融资等，以其龙头业主企业的应收账款作为质押提供融资，充分盘活企业应收账款，缓解融资担保难问题。同时还可引入第三方融资担保公司提供增信，为绿色建筑施工方提供全额敞口的投标保函和履约保函服务。二是从事既有建筑节能改造的公司，基于专业权威的合同能源管理预测，利用节能改造的未来收益权作为质押标的，为实施节能改造的业主单位能源管理公司提供融资。三是对于绿色建材创新研发企业，利用湖州人才政策与其他奖励政策，发放信用贷款等手段，支持企业研发项目市场化。在绿色建筑项目销售期，针对绿色建筑楼盘按揭合同，在保障遵循房地产信贷调控政策的前提下，给予低于其他商业房产楼盘的优惠按揭执行利率。实施低碳生活积分，返惠绿色建筑消费者。

从授信对象分类来看，银行信贷分别可以从对供给侧和需求侧对绿色建筑项目的建设及消费提供融资支持，促进绿色建筑的市场化发展。马鞍山农商行与湖州银行的两个案例各自体现了这两类路径的实践。供给侧的融资服务主要针对绿色建筑建设方，包括上游的原材料生产商到下游的房地产开发企业以及施工团队提供信贷融资服务。湖州银行制定的信贷支持框架即是着眼于提升绿色建筑全产业链建设水平，针对产业链上不同企业主体，提供成本优惠、全面完整的金融服务，为绿色建筑产业链上企业提供融资活力，降低融资约束。湖州银行的绿色建筑信贷服务框架主要从供给侧出发，着眼于绿色建筑项目前期的项目开发贷款、债券发行工作以及项目建设过程中的供应链金融服务，通过提供相较于市场平均水平较为优惠的利率以及更加便捷的审核通道，促进绿色建筑项目融资。需求侧的刺激则主要指的是为绿色建筑的消费者提供优惠的金融服务，进而促使消费者提高对绿色建筑的购买及租赁需求。马鞍山农商行对绿色建筑按揭贷款给予优惠利率，有利于提高建筑市场消费者的绿色消费偏好，提高消费者购买绿色建筑住宅的积极性，市场需求最终会传导到绿色建筑的供给端，也就是建设企业、施工企业以及建材企业等，倒逼绿色建筑供给侧实现提高绿色建筑发展水平的目标。

2. 绿色基金项目支持

相比较绿色信贷，绿色基金具有灵活性、广泛性以及功能性的特点。一是绿色基金可根据细分的绿色产业特征、融资主体情况、政策合规要求等因素制定灵活多变、非标准化的设计及运作方式；二是绿色基金能够更广泛地渗透到各个绿色细分产业，并与信贷、债券、保险等产品组合搭配；三是绿色基金具有功能性，政府或社会可以有针对性地设计绿色基金产品，达到发展某产业的目的。

中美绿色基金是在保尔森基金会和中央财经领导小组办公室的倡议和推动下，中美企业共同投资设立的一支采用市场化方式运作的私募股权投资基金。旨在通过中美金融、绿色发展技术和商业模式的跨境创新，协助实现中国经济的可持续性发展。基金的主要投资领域包括绿色能源与节能、绿色制造与环保、绿色消费与服务、绿色出行与物流。中美绿色基金还设有专门的应用技术研究院，承担投资前的行业研究和投资后的项目服务工作。其在绿色建筑与建筑节能领域的两个重要投资项目分别是投资新起点公寓和支持东方低碳企业打造建筑节能减排平台。

（1）新起点公寓。基金投资支持快速发展的公寓和宿舍租赁及相关服务公司。新起点公寓的主营业务是为城市服务行业的蓝领工人提供住房。获得中美绿色基金投资后，公司引进包括可再生能源供应、建筑节能管理、智能系统（如节约能源的水表）等升级的绿色产品和服务，提高了建筑的舒适度以及使得生活标准更加健康。新起点公寓以标准化、专业化、人性化的产品设计为依托，强化装修改造的安全性与规范性，提高运营标准，一定程度上缓解了服务行业基层劳务者住房难的问题。

（2）支持节能服务公司打造建筑节能减排平台。中美绿色基金支持建筑节能服务公司，为建筑业务提供全面的能源管理解决方案，包括照明、空调、空气净化、太阳能等，服务对象覆盖高端五星级酒店、三甲医院、政府大楼、城市综合体和工业洁净厂房等。截至2018年，中美绿色基金所支持的节能服务公司在全国逾20个主要城市的在华运营的国际五星酒店管理集团开展合作，成功完成了包括上海金茂大厦、北京银泰中心、上海浦东香格里拉大饭店在内的100多个大型项目的综合节能改造投资。项目中大量采用了来自美国的先进技术与设施设备，总投资额逾4亿元，改造面积近1000万m^2，整体节能率达到20%以上。同时取得建筑节能相关技术专利40多项，开发出6大类150多项节能措施。除此之外，中美绿色基金联合节能服务公司先后在西安市和湖北省发起了“建筑节能行动计划”，并计划在陕西和湖北分别完成30个“中美绿色基金建筑工业节能示范项目”，为地方经济发展注入绿色新动能。

从绿色基金产品属性以及案例应用情况来看，绿色产业投资基金可用于投资建设周期较长的绿色建筑项目，可与绿色建筑建设周期匹配。绿色产业投资基金降低了苛刻的融资门槛，基金可以作为项目债权投融资之外股权融资方式的补充，更关注绿色建筑长期的节能与经营收益，利于绿色建筑相关节能技术的研发以及产业的规模化，填补银行信贷、债券融资等对融资主体信用要求较高的融资方式所难以覆盖的成长期企业、中小企业的融资业务空缺。中美绿色基金的案例体现了绿色基金作为绿色金融工具的重要组成部分，在产业平台孵化上的独特优势。建筑节能服务公司往往存在轻资产比例高、企业规模小、业务额小等特征，难以获得银行信贷的支持，因此主要是以非公开股权融资为补充资金的渠道。中美绿色基金作为私募基金，其市场准入条件相比公募基金较为宽松，融资门槛更低。且股权投资基金没有固定退出期限，可以保障在较长的期限内为项目提供资金支持，同时参与企业及项目的经营决策。中美绿色基金具有专业化、国际化的投资决策团队，在为融资企业提供资金的同时，也可以为企业或项目制定战略、整合资源等提供支持，发挥孵化节能服务平台的作用。

3. 绿色保险项目支持

绿色保险，又称环境责任保险，是指以被保险人因污染环境而应当承担的环境赔偿或治理责任为标的责任保险。建筑绿色项目融资周期较长，风险也往往在短期内难以凸显，因而发展绿色保险有利于建筑绿色项目持续健康发展，并通过发挥保险增信功能，支持建筑绿色项目投融资。绿色保险还可以通过保险机制实现环境风险成本内部化，减少自然灾害对经济社会的冲击破坏。

（1）青岛超低能耗建筑保险。青岛市为引导和激励更多社会资本投入超低能耗产业，形成超低能耗建筑市场推广机制，以创新性金融制度为路径，带动专业化建筑工程咨询设计、工程总承包、建筑绿色登记认证和相关产业发展，于 2019 年促成全国首单超低能耗建筑性能保险落地青岛中德生态园。投保项目是中德生态园内一处超低能耗住宅产品，建筑面积近 7 万 m^2，包括 6 栋高层住宅和 2 栋多层住宅。按照设计要求，项目投用后，每平方米每年用于取暖、制冷和照明的耗能仅相当于 25kWh 电，为普通住宅的 40%。购买保险后，如项目在实际运行时未能达到预期的相关指标要求，保险公司将负责赔偿项目节能改造费用，或对超标部分的能耗成本进行经济补偿，最高赔偿限额达保费的 10 倍，为房屋使用者的权益提供了充足的保障。

这次绿色建筑保险试点工作旨在以金融手段全过程监管建设方超低能耗建筑的实施效果，以业主单位为建筑物投保的形式保证项目符合青岛市关于超低能耗建筑的性能指标要求。保险企业引入第三方审核机构（SIT），全过程审核超低能耗建筑规划、设计、施工、交付等不同阶段的技术措施，监管业主单位落实超低能耗建筑相关技术要点，并通过检测手段确保超低能耗建筑的实施效果。如经第三方审核机构审核后的项目未达到超低能耗建筑的相关性能指标要求，保险公司将以 10 倍保额赔付至房屋使用者手中（见图 12-2）。

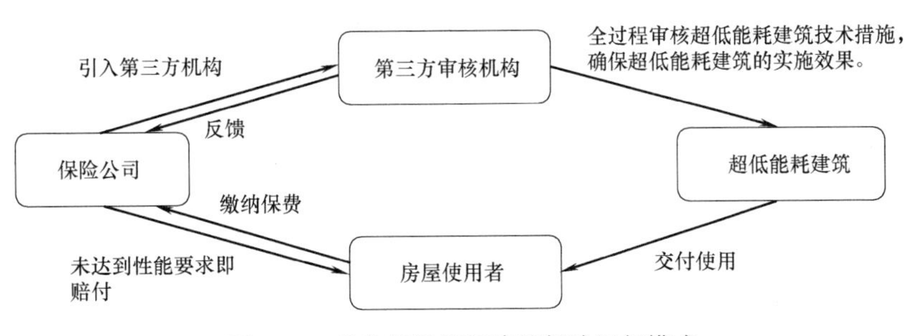

图 12-2　青岛超低能耗建筑保险运行模式

自业主单位与保险公司达成保险协议起，第三方审核机构即刻启动审核工作，依据《青岛市被动式低能耗建筑节能设计导则》《近零能耗技术标准》等相关标准，从基本资料审核、建筑方案审核、施工图审核、关键产品性能指标招采审核、施工过程质量控制、检测验收评估、整理分析能耗检测数据、项目后评估 8 大关键节点入手进行审核工作，确保项目供暖年耗热量、供冷年耗冷量、气密性、室内环境场地 4 项指标符合青岛市超低能耗建筑的指标要求。

（2）北京绿色建筑性能保险。2019 年，我国首单绿色建筑性能责任保险落地北京市朝阳区。朝阳区以崔各庄奶东村企业升级改造项目为试点，引入绿色保险机制，以市场化手段保证绿色建筑实现预期的运行评价星级标准，大力推进绿色建筑由绿色设计向绿色运行转化。该项目由人保财险北京市分公司承保，投保方为北京永辉志信房地产开发有限公司。此次参保的绿色单体建筑为 338 地块的 10 号楼，建筑面积为 23751m^2，建筑用途为办公，绿色建筑目标为二星级运行标识，计划投入使用时间为 2021 年 6 月。

该绿色建筑性能责任保险是 2019 年创新研发的国内首个绿色建筑性能领域的责任保险产品，着力破解绿色建筑从绿色设计向绿色运行落实的难题。此前绿色建筑建设存在拿到设计标识的多、获得运行标识的少的问题，在拿到设计标识的项目中，只有 5%～7% 的项目取得运行标识。该试点创新性地引入“绿色保险＋绿色服务”新模式，保险公司将在项目的启动阶段、设计阶段、施工阶段、运行阶段介入，聘请第三方绿色建筑服务机构对重要环节和时间节点进行风险防控，确保标的建筑满足绿色建筑运行评价星级要求。如果被保险建筑最终未取得合同约定的绿色运行星级标准，保险公司将采取实物修复和货币补偿的方式，保障项目方的权益。该保险产品在事前发挥增信作用、在项目进行中执行风险控制功能，并在事后对损失进行补偿，通过全流程的介入与监控为绿色建筑设计标识星级和运行标识星级之间的偏差风险提供保障（见图 12-3）。

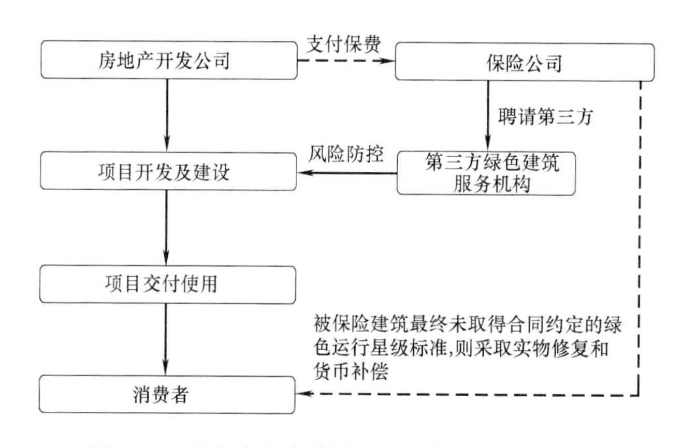

图 12-3　北京市绿色建筑性能责任保险运行模式

我国目前绿色保险险种以环境污染责任保险居多，种类分布较单一。绿色保险不仅仅是对已形成的环境污染的风险补偿手段，也应当发挥事前监督保障的作用。创新绿色建筑领域保险种类，强化事前保险的产品设计可以倒逼建设企业提高环保意识与建筑绿色发展水平。在此基础上，可建立连接保险公司、银行等贷款机构以及政府部门的沟通平台，建设信息共享、风险控制的机制。督促保险公司完善绿色建筑环境风险损失评估与技术规范。

本节中两例绿色建筑保险产品均实现了从项目层面对绿色项目性能保障的加强。保险机构依托自身具备的强大精算及风控能力，同时与第三方评估机构合作，为绿色建筑的消费者以及银行等金融机构提供项目性能落实的保障，可以在一定程度上缓解绿色建筑评价节点与融资节点的错配问题。

但目前我国推行绿色建筑领域保险的一大障碍在于保险公司缺乏对建筑结构、能耗等信息的搜集与分析处理能力，因此一方面需要绿色建筑能耗信息数据库，制定环境能耗监测、安全标准、损失概率、损失金额等数据，作为保险公司为绿色建筑险种制定合理费率的依据。比如当前环境责任险等险种都是经验估费，须以大量承保理赔实践作为费率的确定基础。另一方面，保险公司需要引入专业的绿色建筑评价机构，对承保项目进行评估和持续监督，以便及时采取风险防范措施与确定理赔方案。

4. 绿色债券项目支持

作为直接融资形式，债券融资具有筹资规模较大、资金使用长期性和稳定性等特点，绿色债券也是绿色金融体系的重要一环。在建筑领域，绿色债券也是绿色建筑企业率先应用的金融产品之一。

（1）实践案例

恒隆地产有限公司于 2018 年发行一期绿色中期票据，发行金额为 10 亿元，期限为 3 年，无担保发行，募集资金拟全部用于发行人下属恒隆广场·昆明以及恒隆广场·武汉的建设。中诚信国际及联合资信均给予发行人的主体信用等级为 AAA，该期绿色中期票据的信用等级为 AAA。

恒隆地产的主要业务为控股投资，并通过其附属公司投资物业以供收租、发展物业以供出售及租赁、停车场管理及物业管理。

绿色中期票据属于绿色债券，联合赤道为该期绿色中期票据出具了发行前独立评估认证报告，认定本期绿色中期票据募集资金能够全部用于绿色产业项目，符合《非金融企业绿色债务融资工具业务指引》（中国银行间市场交易商协会公告〔2017〕10 号）、《绿色债券支持项目目录》（2015 年版）及交易商协会相关自律规则的相关要求。所属类别为“节能”—“可持续建筑”—“新建绿色建筑”。

本期票据募投项目通过了 LEED 金级预认证标识，因为在建筑整个寿命周期内，项目预计将综合运用高新技术与先进适用技术，降低建筑能耗，减少废弃物排放，进而为业主单位提供健康、舒适的工作或生活环境。

环境效益目标方面，募投项目通过合理选用节能型电气设备、通风空调系统及能效比较高的照明设备等多项节能措施，可以显著降低建筑的能耗并减少二氧化碳及污染物的排放。联合赤道通过调查分析募投项目所在地区或周边的平均能耗，参考节能评估报告推荐值，综合比较分析，采用《综合能耗计算通则》GB/T 2589—2008 的推荐方法，测算募投项目节能效益。募投项目使用较高用水效率等级的卫生器具，选择性建设中水回用或雨水收集利用系统，减少新鲜水取用量，有效节约水资源；制定建筑废物管理计划，合理回收利用建筑废物，进行节材优化；场地内合理设置绿化用地，科学配置绿化植物并合理开发利用地下空间；室外夜景照明光污染的限制符合现行行业标准的规定；提供便利的公共服务和交通等多项措施，实现节地效益并优化室外环境。

社会效益目标方面，募投项目的建设解决了当地居民对优质商业的需求，可以改善项目所在地办公、住宅、商业环境，项目建成后，对拉动区域经济增长和满足居民物质需求都有促进作用，改善了该地区市政基础设施。此外，由于募投项目商业的整体运营、办公、物业所需要的服务功能，都需要大量工作人员，故而项目的建设将给社会提供大量就业机会，并将加快城市化进程持续发展，对社会各领域的发展都有拉动作用，具有良好的社会效益。

（2）案例分析

我国的绿色建筑债券的发行始于2017年，两年多以来，9个发行人中，恒隆地产和龙湖地产为房地产企业，其余7个发行人均为地方国有企业。可以看出，我国绿色建筑债券市场的发行主体较为单一，这主要与我国当前绿色建筑工作主要由政府推动的现状有关。

房地产企业则是绿色建筑债券市场的另一大重要力量。我国房地产业正处于从成长期向成熟期过渡的阶段，行业集中度逐年提高，马太效应愈发明显。在龙头房企仍然保持稳定增长态势的同时，中小房企举步维艰。大型房地产开发企业在获取土地、融资能力、控制成本等方面具有显著优势，即便是在房地产行业调控政策收紧的宏观环境下，较强的抗风险能力也可以帮助企业维持稳定的经营与增长，而中小房地产开发企业自身实力有限，市场份额与成长空间被不断挤压，未来将面临较高的经营和财务风险。

绿色建筑项目建设周期长，房地产企业相对于绿色建筑供应链上的其他环节主体而言，具有资金雄厚、信用评级较好、可适用的融资工具范围广泛等优势。这也是房地产企业成为绿色债券市场重要发行主体的原因。

房地产企业的融资期限多样化，融资成本低于间接融资，资金用途更加灵活。本案例中恒隆地产发行的商业票据，融资成本略低于银行贷款。且绿色建筑债券利率接近甚至略低于市场同类市场利率，表明投资者存在绿色投资偏好，给企业造成的财务负担较小。

12.2.2 协同发展的地区实践

1. 绿色金融改革创新试验区实践

2017年，国务院常务会议决定在浙江、江西、广东、贵州、新疆5省（区）选择部分地方创建绿色金融改革创新试验区，推动经济绿色转型升级。通过对各试验区“建设绿色金融改革创新试验区总体方案”中的主要任务和实施细则、意见清单等进行分类和对比分析，五个试验区对建筑绿色发展具体支持领域如表12-3所示。

绿色金融试验区对建筑绿色发展支持领域 **表12-3**

项目＼绿色金融试验区	浙江	广东	新疆	贵州	江西
绿色城镇化		√			
绿色建筑	√	√	√	√	√
绿色基础设施	√		√		
既有建筑改造		√	√		
超低能耗建筑			√		
被动式建筑			√		
绿色生态城区建设	√	√			

从表12-3可以看出，各绿色金融改革创新试验区均明确提出要支持绿色建筑发展，绿色基础设施建设、既有建筑节能改造以及绿色生态城区建设也是主要的支持方向。从试

验区的角度来看，浙江、广东、新疆三地对建筑领域支持较多，支持内容比较全面；而贵州、江西仅有对支持绿色建筑的表述，这也符合试验区绿色金融推动工作在结合当地经济结构和经济特色的基础上各有侧重的整体布局。

而从支持建筑绿色发展的绿色金融产品来看，各地支持建筑领域的绿色金融产品应用不一，也从侧面显示出各地在绿色金融支持建筑绿色发展领域处于初始阶段，尚未形成成熟的绿色金融支持建筑绿色发展模式（见表 12-4）。

绿色金融试验区对建筑绿色发展支持产品 **表 12-4**

项目	绿色信贷	绿色债券	绿色基金	绿色保险	其他
绿色城镇化		√		√	
绿色建筑	√	√	√	√	√
绿色基础设施	√	√	√		
既有建筑改造				√	
超低能耗建筑	√	√			
被动式建筑	√	√			
绿色生态城区建设		√		√	

从各试验区方案中也可看出，绿色债券在建筑绿色发展领域得到了最广泛的关注，绿色信贷以及绿色保险也具有相当广泛的应用。气候倡议组织（CBI）数据显示，2017 年我国绿色债券发行规模位居全球第二位，募集资金主要投向清洁能源领域。在当前的绿色债券市场，房地产只占其中很小一部分，并且按其发行用途来看，投放绿色建筑市场的资金相对较少，还没有规模化。另外，虽然目前国家出台了《绿色债券支持项目目录》和《绿色债券发行指引》引导债券发行，但还没有相关的绿色建筑细则为绿色建筑框定标准来满足绿色债券的发行框架。

绿色信贷则在我国发展较早，早在 2012 年，银监会就发布了《绿色信贷指引》。国内绿色信贷项目主要集中在绿色经济、低碳经济、循环经济三大领域。浙江省湖州市发布的《关于印发绿色金融产品清单的通知》中，支持建筑领域的金融产品多以绿色信贷为主，其中包含节能、节水、分布式光伏等建筑范畴和生态保护、绿色交通、绿色产业园区等城市范畴，其服务对象包含个人、小微企业、大中型企业等，体现了浙江湖州对绿色建筑产业的扶持，以及对各利益相关者的多方面考量（见表 12-5）。

湖州市有关绿色建筑及生态城区绿色金融产品清单 **表 12-5**

绿色建筑相关金融产品	环保产业园金融项目贷	绿色建筑节能技术； 节能绿色建筑
	光能贷、光伏贷	分布式屋顶光伏发电
	合同能源贷	合同能源管理
绿色生态城区相关金融产品	生态及文化保护绿色贷	生态保护、文化古迹保护； 绿色能源； 节能环保产业； 绿色出行系统
	智慧停车系统	智慧停车系统
	园区贷	绿色产业园区

2. 绿色建筑与绿色金融协同发展地区实践

近两年，住房城乡建设部、人民银行以及银保监会等主管部门积极交流合作，推动绿色建筑与绿色金融协同发展工作，各地也开展了绿色建筑与绿色金融协同发展的探索。其中，浙江省湖州市获住房城乡建设部、人民银行以及银保监会联合批复，建立我国首个绿色建筑与绿色金融协同发展城市试点，青岛等地也探索绿色金融支持绿色城市建设。

（1）湖州市绿色建筑与绿色金融协同发展试点

2020 年 3 月，住房和城乡建设部、中国人民银行、中国银保监会三部委联合发文，批复湖州市成为全国首个绿色建筑和绿色金融协同发展试点城市。这也是我国首个绿色建筑与绿色金融协同发展城市试点。湖州市试点由湖州市建设局、湖州市金融办、湖州市人行和湖州市银保监会等部门联合组织实施，坚持以践行“两山”理念、引领绿色发展为导向，不断推进绿色金融和绿色建筑协同发展，全力探索可复制、可推广的“湖州经验”。

为推动试点的有效实施，湖州市出台多项措施，保证试点各项任务目标的落地。一是专项政策引领，构建“1＋N”政策体系。“1”是湖州在全国率先编制了绿色金融和绿色建筑协同发展试点实施方案，全方位构建支持绿色建筑发展的区域性金融服务体系；并提出到 2021 年湖州市城镇绿色建筑占新建建筑比例达到 98％以上，建筑领域绿色信贷余额占全部绿色信贷余额比重达到 15％。“N”为各类配套标准体系，完善了《湖州市绿色房地产开发企业认定评价办法》《湖州市绿色建筑认定评价办法》等配套制度，通过发展培养第三方认证机构，明确有关评价标准等措施，建立了适合湖州实际的绿色建筑标准体系。

二是优惠举措叠加，增强了企业积极性。通过对资金、审批等多优惠举措叠加整合，增强企业参与积极性。一方面加强资金支持，专门设立专项资金，重点支持绿色金融供给、绿色产业发展、组织机构建设、产品服务创新等，培育从事绿色建筑行业的设计、开发、施工、监理、物业等企业。另一方面，开辟绿色建筑项目融资绿色通道，提供企业贷款利率优惠，压缩审批时间，为企业节约了时间成本。如南太湖医院利用绿色建筑二星级建筑标识项目认证，获取贷款资金仅用了 15 个工作日便完成贷款审批及发放。最后，实施奖补鼓励，对装配式建筑项目等给予容积率奖励、奖补资金等。

三是培育市场发展，形成了良性循环。积极开发绿色建筑发展领域金融产品，推进绿色建筑发展。一方面，丰富绿色金融体系。将“金融＋”与“生态＋”深度融合，推出“环境污染责任保险”“园区贷”等百款绿色金融产品，金融资源配置、信贷投向、融资结构更加绿色化和实体化。另一方面，推进绿色建筑建设。通过绿色金融助力绿色建筑，推进装配式产业基地等项目试点，建成 5 个装配式建筑生产基地。2019 年，湖州市二星级绿色建筑占比达 22.5％，达到浙江省目标的两倍多，全市完成既有公共建筑改造、再生能源建筑应用、高星级绿色建筑示范工程数量均居全省前列。

（2）青岛市绿色建筑与绿色金融协同发展实践

青岛市积极开展绿色建筑与绿色金融协同发展实践。2016 年，《青岛市“十三五”建筑节能与绿色建筑发展规划》发布，规划明确：进一步完善建筑节能推进机制，尤其是市场化推进机制，以及本领域的金融创新机制研究，推广建筑节能发展商业模式，探索市场化节能环保新模式，规范建筑节能各参与方的行为，努力建立和完善本市建筑节能与绿色建筑发展的长效机制。

2018 年，青岛市人民政府办公厅印发《青岛市节能与绿色发展行动方案（2018-2020 年）》，方案中明确健全绿色金融体系，加强绿色金融体系建设，推进绿色金融业务创新。一是推动银行业绿色发展，鼓励银行业金融机构对节能重点工程给予多元化融资支持，并探索开展对银行机构的绿色评级，支持以用能权、碳排放权和节能项目收益权等为质押的绿色信贷。二是推进绿色债券市场发展，积极推动金融机构发行绿色金融债券，鼓励企业发行绿色债券。三是发展绿色基金，发挥新旧动能引导基金作用，支持社会资本以市场化原则设立节能环保产业投资基金。另外，明确支持符合条件的节能项目通过资本市场融资，鼓励绿色信贷资产、节能项目应收账款证券化等内容。

同年，青岛市城乡建设委、市发改委、财政局等单位联合印发《青岛市推进超低能耗建筑发展的实施意见》，明确利用新旧动能转换基金对超低能耗建筑配套产业链企业给予优先支持。完善超低能耗建筑的市场推广机制，开展超低能耗建筑绿色保险产品试点，鼓励在超低能耗建筑建设过程中引入全过程工程咨询和第三方认定等措施，形成超低能耗建筑市场推广机制，培育超低能耗建筑产业。另外，为引导和激励更多社会资本投入超低能耗产业，形成超低能耗建筑市场推广机制，青岛市于 2019 年促成全国首单超低能耗建筑性能保险落地青岛中德生态园。

12.2.3 小结

随着顶层设计的加强、地区实践的开展以及金融产品应用试点的实施，绿色建筑与绿色金融协同发展理念已逐渐普及推广。从具体成效来看，当前阶段，各金融机构已经探索开发支持绿色建筑的相关金融产品和工具，包括支持绿色建筑的绿色信贷、绿色债券、绿色 CMBS、类 REITS 等证券化产品、绿色建筑保险产品、绿色建筑主题的基金等，从市场规模来看，最主要的产品仍是绿色信贷和绿色债券，对于绿色建筑的支持仍处于起步阶段。

从具体实践来看，马鞍山农商银行开展绿色建筑按揭贷款、湖州银行开展的绿色建筑与建筑节能信贷服务框架分别从需求侧和供给侧对绿色建筑项目的建设及消费提供融资支持，体现出绿色信贷支持绿色建筑灵活性、普适性特点。当前阶段，房地产开发企业绿色债券融资受到房地产调控政策影响较大。但从 2018 年我国发行了首单交易所公司债，2017 年龙湖地产发行了绿色企业债，以及 2019 年央行明确支持绿色金融试验区内企业发行绿色债务融资工具来看，绿色建筑的项目属性仍然可以为房地产企业融资争取一定空间。从绿色基金支持情况来看，很多绿色基金具有专业化、国际化的投资决策团队，在为融资企业提供资金的同时，也可以为企业或项目制定战略、整合资源等提供支持。另外，绿色基金也可以提供绿色建筑项目的风险补偿作用，形成与其他金融产品的联动作用。绿色保险方面，我国已开展了绿色建筑性能保险以及超低能耗建筑性能保险等建筑领域绿色保险试点。绿色保险可为绿色建筑的消费者以及银行等金融机构提供项目性能落实的保障，即绿色建筑保险（担保建筑物达到开发商声称的节能、节水等环境效益）可以在很大程度上通过金融创新缓解投资者和消费者因为难以判断建筑的绿色属性所导致的需求不足的问题。从而可以发挥其支点与纽带作用，带动绿色信贷、绿色债券等产品对建筑绿色发展项目的支持。

12.3 展　　望

当前阶段，绿色金融对绿色建筑的支持仍处于初步发展阶段，现有对建筑领域的支持规模远不能满足绿色建筑项目的融资规模。究其原因，可概括为以下几方面：一是房地产宏观调控未对绿色建筑实行差别化处理，金融机构对绿色建筑的支持容易被“视为”借机支持房地产开发，违背调控政策。二是绿色建筑项目本身存在明显的外部性，开发商以及绿色建筑使用者难以享受到正外部性收益，增加建设成本。三是存在期限错配问题，在绿色建筑项目开发前期融资需求较大，但此时项目处于规划设计阶段，难以证明其绿色属性及建成后绿色运营效果，也不能获得绿色融资。四是存在信息不对称现象，绿色建筑相关标准不能被金融机构所理解，绿色金融机构所关注绿色效果在建筑运营阶段才能体现，造成绿色建筑融资存在一定的“漂绿”风险。五是支持绿色建筑的金融产品有待创新。另外，消费者对绿色建筑的认知不足，绿色建筑消费市场尚未完善。绿色建筑在我国的发展起步较晚，大多数消费者对于绿色建筑的概念及其对于自身的益处（节能收益、环境改善和健康影响等）还缺乏认识，同时在我国基本国情的背景之下，广大消费者对于房价十分敏感，不愿意承担绿色建筑相对传统住房建筑更高的价格。因此目前我国消费者对于绿色建筑的自发需求还明显不足，为房地产开发商投资绿色建筑项目带来不确定性。

随着市场经济的转型发展，绿色金融将在“十四五”时期为推动绿色发展发挥更大的作用，也将成为建筑领域绿色发展的一大助力。为更好地发挥绿色金融资源配置作用，推动社会可持续发展，构建绿色建筑与绿色金融协同发展模式，需从绿色建筑市场化建设、绿色金融基础设施建设、绿色金融产品应用以及政策保障等几方面开展工作。

12.3.1　推进绿色建筑市场化建设

一是完善评价标准和监管机制，加强第三方评级机构管理、完善评价流程的透明化，建立结果导向的评价管理机制，体现绿色建筑的实际绿色效果。并适度扩展绿色建筑评价体系范围，在绿色建筑评价管理办法中加入对绿色建筑项目的资产估值、融资评价、风险评估、保险价值、市值预测等内容，更好地贴合业主、投资方、消费者的诉求。二是建立绿色建筑全过程信息披露，编制绿色信息披露的标准规范，将信息披露纳入项目绿色金融融资的条件。三是完善绿色建筑融资机制，对于绿色金融融资项目，在接受信息披露的基础上，建立失信惩戒机制。四是完善消费市场培育，通过适当的绿色建筑按揭利率、首付额度优惠的方式培养消费者的绿色消费偏好。对建筑节能改造业主则可以通过财政直接补贴、降低绿色建筑改造保险费率、提高贷款项目住房抵押比例等方式鼓励消费者进行建筑节能改造。

12.3.2　推进协同发展基础设施建设

一是完善建筑绿色项目的融资平台建设。深入探索降低企业融资成本的有效途径，推动银行及金融机构资金供给与企业融资需求的高效对接，为绿色金融促进建筑绿色项目发展提供融资保障。二是完善绿色金融与建筑绿色发展标准体系对接建设，从行业、项目、企业三个角度分别编制绿色建筑产业指导目录、绿色项目融资评价以及绿色房地产企业评价。为金融机构对建筑领域支持提供有效的研判标准，确保项目、企业绿色属性与绿色金融支持对接精准到位。三是开展建筑领域碳排放权交易建设，建筑碳排放权交易等市场体系建设，可有效推动建筑领域市场化发展，实现建筑绿色发展外部收益的可度量、可交易的内生化机制。为绿色金融的支持提供更为直接的推动作用。

12.3.3 推进建筑领域绿色金融产品创新

一是发挥绿色信贷的支柱作用，在试点地区给予绿色建筑项目授信管理等方面的差异化支持，适度采取绿色建筑按揭贷款利率优惠等绿色信贷支持措施。二是开展金融产品的创新应用，匹配绿色建筑项目不同阶段，开发绿色建筑住房开发贷、绿色商业房产开发贷、流动性资金贷款、绿色住房按揭贷款等。三是开展供应链金融服务，探索依托绿色建筑产业链上核心企业的优质信用为上下游的中小企业提供如票据贴现、应收账款抵押贷款等供应链金融服务。四是建立绿色建筑产业基金，支持绿色建筑技术研发以及公益性绿色建筑建设。五是加强绿色保险产品应用，建立与绿色信贷等金融产品的联动机制。

12.3.4 完善政策保障

一是加强财政及政策支持，运用国家和省级节能资金支持绿色建筑相关产业发展。探索通过“财政补助”给予关键环节的支持，比如给予绿色建筑保险项目一定支持，开展对绿色建筑新技术、新工艺、新材料和新设备研发的支持及保障。二是构建两个企业承担绿色发展社会责任的绿色金融激励机制，对所有社会企业，选择租赁或建造绿色办公建筑的，则其在企业经营活动中可取得绿色信贷等绿色金融的优惠，增加高星级绿色建筑使用需求；对绿色建筑项目及建筑行业企业，对高星级绿色建筑项目给予一定的财政补贴。三是完善金融政策支持。可探索适度降低绿色住房按揭贷款的首付比例和贷款利率浮动下限，适度放宽对绿色建筑相关行业的区域集中度限制。提升绿色建筑贷款的不良容忍度，并给予专项信贷规模和行业准入的地区性倾斜政策等。对于金融机构支持建筑节能与绿色建筑项目及企业，鼓励通过现有的监管及调控手段支持绿色金融对建筑绿色发展的支持。四是推动示范区建设。在具有一定工作基础的先进地区开展绿色金融支持绿色建筑发展的试点工作。扩展绿色金融支持范围，强化政策支持，探索完善市场机制建设，创新绿色金融产品。通过试点示范，探索出绿色金融支持绿色建筑发展的市场化模式。

第13章 科技创新

13.1 国家重点研发计划

“十三五”期间，我国正处生态文明建设、新型城镇化和“一带一路”倡议布局的关键时期，大力发展绿色建筑，推进建筑工业化，对于转变城镇建设模式、推进建筑领域节能减排、提升城镇人居环境品质、加快建筑业产业升级具有十分重要的意义和作用。

科技部联合住房和城乡建设部设立国家“十三五”重点研发计划“绿色建筑及建筑工业化”重点专项和“政府间国际科技创新合作”重点专项，部署项目62个（表13-1），瞄准我国新型城镇化建设需求，针对我国目前建设领域全寿命过程的节地、节能、节水、节材和环保（简称“四节一环保”）的共性关键问题，以提升建筑能效、品质和建设效率为目标，抓住新能源、新材料、信息化科技带来的建筑行业新一轮技术变革机遇，通过应用基础、共性关键技术、集成示范和产业化全链条设计，加快研发绿色建筑及建筑工业化领域的下一代核心技术和产品，使我国在建筑节能、环境品质提升、工程建设效率和质量安全等关键环节的技术体系和产品装备达到国际先进水平，为我国绿色建筑及建筑工业化实现规模化、高效益和可持续发展提供技术支撑。

国家“十三五”重点研发计划“绿色建筑及建筑工业化”重点专项项目清单　表13-1

序号	项目编号	项目名称	项目牵头承担单位	项目负责人	中央财政经费（万元）	项目实施周期（年）
1	2016YFC0700100	基于实际运行效果的绿色建筑性能后评估方法研究及应用	清华大学	林波荣	2500	4
2	2016YFC0700200	目标和效果导向的绿色建筑设计新方法及工具	天津大学	孟建民	2600	4.5
3	2016YFC0700300	长江流域建筑供暖空调解决方案和相应系统	重庆大学	姚润明	4500	4
4	2016YFC0700400	藏区、西北及高原地区利用可再生能源采暖空调新技术	中国建筑科学研究院	刘艳峰	3376	4
5	2016YFC0700500	居住建筑室内通风策略与室内空气质量营造	天津大学	陈清焰	1350	3
6	2016YFC0700600	建筑室内材料和物品VOCs、SVOCs污染源散发机理及控制技术	中国建材检验认证集团股份有限公司	梅一飞	1700	4.5

续表

序号	项目编号	项目名称	项目牵头承担单位	项目负责人	中央财政经费（万元）	项目实施周期（年）
7	2016YFC 0700700	既有公共建筑综合性能提升与改造关键技术	中国建筑科学研究院	王俊	3963	3.5
8	2016YFC 0700800	建筑围护材料性能提升关键技术研究与应用	中国建筑第八工程局有限公司	张雄	3000	4
9	2016YFC 0700900	功能型装饰装修材料的关键技术研究与应用	北新集团建材股份有限公司	武发德	3100	4
10	2016YFC 0701000	地域性天然原料制备建筑材料的关键技术研究与应用	中国建筑材料科学研究总院	崔琪	3600	4
11	2016YFC 0701100	高性能结构体系抗灾性能与设计理论研究	天津大学	李忠献	2300	4
12	2016YFC 0701200	高性能钢结构体系研究与示范应用	重庆大学	李国强	2600	4
13	2016YFC 0701300	既有工业建筑结构诊治与性能提升关键技术研究与示范应用	中冶建筑研究总院有限公司	常好诵	2000	3
14	2016YFC 0701400	装配式混凝土工业化建筑技术基础理论	东南大学	吴刚	3848	3
15	2016YFC 0701500	工业化建筑设计关键技术	中国建筑股份有限公司	樊则森	1800	4
16	2016YFC 0701600	建筑工业化技术标准体系与标准化关键技术	中国建筑科学研究院	程志军	2646	3.5
17	2016YFC 0701700	装配式混凝土工业化建筑高效施工关键技术研究与示范	中国建筑股份有限公司	郭海山	3296	4
18	2016YFC 0701800	工业化建筑检测与评价关键技术	中国建筑科学研究院	张仁瑜	3300	4
19	2016YFC 0701900	预制装配式混凝土结构建筑产业化关键技术	中国建筑股份有限公司	叶浩文	3200	4
20	2016YFC 0702000	基于BIM的预制装配建筑体系应用技术	中国建筑科学研究院	许杰峰	2600	3
21	2016YFC 0702100	绿色施工与智慧建造关键技术	中国建筑股份有限公司	李云贵	2400	4
22	2017YFC 0702200	建筑全性能仿真平台内核开发	清华大学	燕达	974	3.5
23	2017YFC 0702300	地域气候适应型绿色公共建筑设计新方法与示范	中国建筑设计院有限公司	崔愷	1386	3.5

续表

序号	项目编号	项目名称	项目牵头承担单位	项目负责人	中央财政经费（万元）	项目实施周期（年）
24	2017YFC0702400	基于多元文化的西部地域绿色建筑模式与技术体系	西安建筑科技大学	庄惟敏	1359	3.5
25	2017YFC0702500	经济发达地区传承中华建筑文脉的绿色建筑体系	东南大学	王建国	1277	3.5
26	2017YFC0702600	近零能耗建筑技术体系及关键技术开发	中国建筑科学研究院	徐伟	3373	3.5
27	2017YFC0702700	建筑室内空气质量控制的基础理论和关键技术研究	上海市建筑科学研究院(集团)有限公司	张寅平	2956	3
28	2017YFC0702800	室内微生物污染源头识别监测和综合控制技术	中国建筑科学研究院	曹国庆	1243	3.5
29	2017YFC0702900	既有居住建筑宜居改造及功能提升关键技术	中国建筑科学研究院	赵力	2967	3.5
30	2017YFC0703000	高性能纤维增强复合材料与新型结构关键技术研究与应用	中冶建筑研究总院有限公司	李荣	1741	3
31	2017YFC0703100	协同互补利用大宗固废制备绿色建材关键技术研究与应用	天津水泥工业设计研究院有限公司	王文龙	1291	3.5
32	2017YFC0703200	工业及城市大宗固废制备绿色建材关键技术研究与应用	咸阳陶瓷研究设计院	李建强	1326	3.5
33	2017YFC0703300	建筑垃圾资源化全产业链高效利用关键技术研究与应用	中国建筑发展有限公司	张大玉	1348	3.5
34	2017YFC0703400	高性能组合结构体系研究与示范应用	清华大学	樊健生	2531	3
35	2017YFC0703500	绿色生态木竹结构体系研究与示范应用	重庆大学	刘伟庆	1424	3.5
36	2017YFC0703600	工业化建筑隔震及消能减震关键技术	广州大学	谭平	1327	3.5
37	2017YFC0703700	工业化建筑部品与构配件制造关键技术及示范	中国建筑标准设计研究院有限公司	郁银泉	3934	3.5
38	2017YFC0703800	钢结构建筑产业化关键技术及示范	中冶建筑研究总院有限公司	侯兆新	3167	3.5
39	2017YFC0703900	施工现场构件高效吊装安装关键技术与装备	中国建筑第七工程局有限公司	焦安亮	1263	3.5
40	2017YFC0704000	预制混凝土构件工业化生产关键技术及装备	中国建筑科学研究院	李守林	1275	3.5

续表

序号	项目编号	项目名称	项目牵头承担单位	项目负责人	中央财政经费（万元）	项目实施周期（年）
41	2017YFC 0704100	新型建筑智能化系统平台技术	清华大学	赵千川	3388	3.5
42	2017YFC 0704200	基于全过程的大数据绿色建筑管理技术研究与示范	上海市建筑科学研究院	张蓓红	2485	3
43	2018YFC 0704300	民用建筑“四节一环保”大数据及数据获取机制构建	住房和城乡建设部科技发展促进中心	刘敬疆	1466	3
44	2018YFC 0704400	研究我国城市建设绿色低碳发展技术路线图	住房和城乡建设部标准定额研究所	林常青	983	3
45	2018YFC 0704500	建筑节能设计基础参数研究	西安建筑科技大学	杨柳	993	3
46	2018YFC 0704600	城市新区规划设计优化技术	同济大学	吴志强	2010	3
47	2018YFC 0704700	基于控碳体系的县域城镇规划技术研究	天津大学	闫凤英	1980	3
48	2018YFC 0704800	既有城市住区功能提升与改造技术	中国建筑科学研究院有限公司	王清勤	1971	3
49	2018YFC 0704900	既有城市工业区功能提升与改造技术	深圳市建筑科学研究院股份有限公司	叶青	1949	3
50	2018YFC 0705000	公共交通枢纽建筑节能关键技术与示范	中国建筑西南设计研究院有限公司	戎向阳	1990	3
51	2018YFC 0705100	公共建筑光环境提升关键技术研究及示范	中国建筑科学研究院有限公司	李铁楠	972	3
52	2018YFC 0705200	洁净空调厂房的节能设计与关键技术设备研究	清华大学	李先庭	1970	3
53	2018YFC 0705300	高污染散发类工业建筑环境保障与节能关键技术研究	中冶建筑研究总院有限公司	王怡	1987	3
54	2018YFC 0705400	水泥基高性能结构材料关键技术研究与应用	江苏苏博特新材料股份有限公司	史才军	1479	3
55	2018YFC 0705500	高性能建筑结构钢材应用关键技术与示范	中冶建筑研究总院有限公司	潘鹏	1500	3
56	2018YFC 0705600	智能结构体系研究与示范应用	哈尔滨工业大学	李惠	1788	3
57	2018YFC 0705700	高效节地立式工业建筑结构体系研究与示范应用	清华大学	聂建国	1955	3

续表

序号	项目编号	项目名称	项目牵头承担单位	项目负责人	中央财政经费（万元）	项目实施周期（年）
58	2018YFC0705800	建筑工程现场工业化建造集成平台与装备关键技术开发	上海建工集团股份有限公司	朱毅敏	1970	3
59	2018YFC0705900	基于BIM的绿色建筑运营优化关键技术研发	上海市建筑科学研究院	韩继红	1866	3
60	2018YFC0706000	建筑垃圾精准管控技术与示范	北京交通大学	任福民	1924	3
61	2016YFE0102300	净零能耗建筑关键技术研究与示范	住房和城乡建设部科技发展促进中心	梁俊强	2825.29	3
62	2019YFE0100300	净零能耗建筑适宜技术研究与集成示范	住房和城乡建设部科技与产业化发展中心	梁俊强	3799	2

通过科研项目实施，我国绿色建筑科技工作突破了技术标准、节能、绿色建造、规划设计新方法、室内外环境保障、高性能结构体系和绿色建材等技术瓶颈，在重大工程建造科技方面已达到国际先进（部分国际领先）水平；在建筑节能等领域取得重点突破，抢占了部分技术制高点。具体体现在以下7个方面：

1. 基础数据系统与理论方法：建立全国各类建筑“四节一环保”性能参数调查统计分析动态系统，研究适合国情的绿色建筑技术路线图，发展以实际性能为导向的绿色建筑后评估方法。

2. 规划设计方法与模式：研究全寿命期理念下承继地域文脉、气候适应性优先和性能数据为导向的建筑规划设计新方法，结合低碳生态城区和既有城区功能提升与改造开展技术集成与应用示范。

3. 建筑节能与室内环境保障：研究近零能耗建筑和净零能耗建筑、南方新型供暖空调系统、西北及藏区建筑太阳能供暖、室内空气品质保障和环境品质提升、既有建筑高性能改造、工业建筑室内环境保障等关键技术。

4. 绿色建材：开发高性能结构材料、墙体和门窗、功能型装饰装修材料和地域性天然原料制备建材、固体废弃物建材资源化利用等关键技术。

5. 绿色高性能结构体系：研究高性能结构体系性能与设计基础理论，开发超高层、大跨度、组合结构等高性能结构体系，开发绿色生态与智能结构体系、高效节地立式工业建筑结构体系、既有建筑高性能提升技术体系。

6. 建筑工业化：建立工业化建筑技术标准体系，研发工业化建筑设计、施工、建造和检测评价技术，研究工业化建筑部品与构配件制造、结构体系与连接节点、钢结构和预制装配式混凝土结构建筑的产业化技术，开发工业化建造关键设备。

7. 建筑信息化：研究BIM技术、大数据技术在绿色建筑及建筑工业化设计、施工和运维管理全过程应用。

13.2 国际合作项目

13.2.1 全球环境基金项目

为推动生态文明绿色发展，加强住房城乡建设领域国际合作，住房和城乡建设部组织实施了世界银行/全球环境基金“中国城市建筑节能和可再生能源应用项目”（CUSBEE）、“可持续城市综合方式试点项目”中国子项目及联合国开发计划署/全球环境基金“中国公共建筑能效提升项目”三个国际赠款项目。

世界银行/全球环境基金“中国城市建筑节能和可再生能源应用项目”旨在促进中国城市建筑节能和可再生能源发展，探索低碳宜居城市形态，增强中国城镇化可持续发展能力。项目紧紧围绕国家新型城镇化和节能减排战略要求，以推进低碳宜居城市发展和公共建筑能效提升为重点，分低碳宜居城市形态研究、城市层面推动建筑节能、大型公共建筑能效提升三个主题开展工作，下设专业领域研究类子课题 23 个，形成了一系列政策支撑、技术标准类文件，完成示范类项目 7 个，实施能力建设 1300 余人次。自项目实施以来，各单位项目参与研究人员共计 667 人，其中高级职称 153 人，副高及以上职称 286 人。子课题立项充分结合住房和城乡建设部相关工作，立足问题导向，秉承“项目从问题中来，成果到应用中去”的原则。项目选取不同气候带不同类型城市进行示范研究，为低碳宜居城市的指标建立、城市层面推动建筑节能的实施路径以及公共建筑能耗与能效信息披露制度的推动提供了政策与技术参考。研究成果为住房和城乡建设部开展城市双修与城市设计、推动建筑节能和绿色建筑等相关工作提供了国际经验和未来探索方向。

世界银行/全球环境基金“可持续城市综合方式试点项目”中国子项目旨在推动中国城市紧凑发展，创建联通性良好的交通网络。项目主要研究任务为：

1. 建立我国城市 TOD 发展的监控、引导和管理机制雏形。以住房城乡建设部为主要牵头单位，通过 7 个城市（北京、天津、宁波、深圳、石家庄、南昌、贵阳）的联合试点，逐步建立我国城市 TOD 发展的引导和监控机制。

2. 为城市提供可供学习推广的成功案例和操作范本。通过组织有针对性的国内外调研、讲座交流，系统梳理适用于我国不同规模和特征城市的 TOD 建设案例，注重项目发展层面的体制机制与投融资方案研究。

3. 建立国内外相关部门沟通交流的长效机制。建立相关 PPP 参与主体之间的交流与联系，促进城市 TOD 运营方式的创新与传播。

4. 推广以公共交通组织城市生活的 TOD 发展理念，引导城市居民生活方式的改变。

联合国开发计划署/全球环境基金“中国公共建筑能效提升项目”旨在推广中国公共建筑节能和高效运行，消除节能技术推广和应用障碍，促进公共建筑实施更加有效的能源和资源利用和管理方法，使公共建筑更加节能，从而降低二氧化碳排放。项目主要内容包括：

（1）制定公共建筑能效政策和制度框架，解决目前公共建筑政策制度不完善的障碍，促进和支持公共建筑节能技术的推广和应用。

（2）建立和实施公共建筑能效监测和评价体系，促进公共建筑能源绩效的综合跟踪和控制。

（3）公共建筑能效提升技术推广与示范，解决公共建筑应用节能技术的知识和经验有限的问题、节能技术项目实施的融资问题。

（4）提升公共建筑管理人员和社会公众对节能技术应用的知识和能力，解决公共建筑应用节能低碳技术能力和意识较低的障碍。

从 2019 年 7 月起开始正式实施工作计划，四个成果板块框架内的子项目按计划逐步启动，2019 年分两批于 9 月和 12 月启动了计划中的 16 个子项目，包括 14 个研究课题类子项目和 2 个示范子项目。2020 年继续推进 2019 年启动的 16 个子项目，并新启动 11 个课题研究类子项目和 10 个示范类子项目。

13.2.2 中德城镇化伙伴关系项目

“中德城镇化伙伴关系项目”由住房和城乡建设部与德国联邦环境、自然保护、建设及核安全部签署《落实中德城镇化伙伴关系合作谅解备忘录》，并由德国国际合作机构（GIZ）与住房和城乡建设部标准定额司共同组织实施，旨在建立中德城镇化合作沟通和交流平台，发展适用性的气候保护与可持续发展策略。

项目 2019 年成果产出主要包括：

1. 城市适应气候变化

将西咸新区沣西新城列为中德气候风险管理和转移试点城市，并组织专家针对其气候条件进行风险评估，编写适应性措施报告；组织召开 2018 年及 2019 年城市适应气候变化国际研讨会；组织召开《气候适应型城市建设导则》技术交流会，邀请国外专家对《气候适应型城市建设导则》研提意见。

2. 城市更新

分别于 2018 年及 2019 年组织召开城市更新技术研讨会，促进国内外相关行业专家学者经验交流、分享优秀实践案例，促使我国城市更新工作真正起到强化土地高效利用、恢复功能活力、改善空间环境、传承文化传统及增强城市安全的作用；完成《低碳交通-中德自行车慢行系统调查及研究——以张家口为例》。

3. 产能建筑

2019 年 7 月中德市长合作项目成功举办；出版一系列关于德国产能建筑的报告，包括《产能建筑——建筑基础、发展建议及德国经验分析》《德国产能建筑现状与发展潜力——项目评估及未来中德合作重点政策建议》《产能建筑和产能社区》《城市更新中建筑和街区的节能》等。

13.2.3 中欧低碳生态城市合作项目

中欧低碳生态城市合作项目（以下简称“中欧项目”）是“中欧城镇化伙伴关系”战略合作框架下的重要务实合作项目之一。项目旨在通过产生低碳生态城市工具箱、知识平台、城市试点示范、城市间交流合作、能力建设等内容，建立全方位的中欧低碳生态城市合作与城市间技术经验分享平台，为相关领域从业者提供培训与专业技术支持和综合解决方案。目前项目成果包括：

1. 开发低碳生态城市工具箱。结合中国低碳生态城市发展需求，中欧项目完成 9 本专题立场文件，全面汇总了低碳生态城市规划建设核心领域的欧洲相关导则、标准、技术、经验方法、优秀案例等。同时，为 9 个专项领域编写了相应的绿色市政投融资导则以及绿色项目的可行性研究报告导则。

2. 开发中欧低碳生态城市知识共享平台。项目中英文官方网站（www.eclink.org）已上线运行，集中展示项目成果以及中欧城镇化建设领域的信息资源，包括：中国试点城市及欧洲城市介绍、欧洲优秀生态城市建设实践案例、生态城市专家库、企业库、试点项目信息以及相关城镇化和项目新闻等。

3. 加强中欧低碳生态城市技术交流。中欧项目组织了一系列的城市交流营及培训活动，共计落实3次分论坛、4次城市交流营、7次培训、2次出国调研，邀请欧洲知名专家、城市管理者介绍欧洲经验，为中方试点城市工作提供咨询，并促使中欧城市之间形成工作组（City Network Unit，简称CNU），更好促进中欧城市之间的交流合作。

4. 落实试点项目合作。针对珠海在韧性城市建设方面的现实需求，一方面邀请荷兰专家参与《珠海城市规划设计导则》（2017版）的修编，将韧性城市建设作为新的章节纳入到导则之中，另一方面，在受风暴潮、台风影响较为严重的地区开展韧性城市设计。

5. 开展绿色项目融资。协助青岛完成既有建筑节能改造、绿色公交以及污泥焚烧三类项目共计15亿的长期低息贷款申请，并支持设立可满足绿色标准的市级基金产品。

6. 加强宣传推广。中欧项目积极与国家有关部委（如商务部、发改委、中国人民银行等）、欧洲城市、欧洲国家驻华使馆、国际合作机构、中国相关研究机构、企业、大学等建立了联系，并多次在中国绿色建筑国际大会、城市规划与发展大会、中国城镇水务大会、中欧低碳城市会议等活动中举办专题论坛，促进中欧低碳生态城市交流，积极宣传项目进展和成果。

通过上述活动，中欧项目在介绍欧洲生态城市发展理念、技术及经验，促进中欧低碳生态城市交流与合作，促进中国城市低碳生态发展方面发挥了很好的作用。

13.2.4 中瑞近零能耗建筑政策对比分析研究

为了借鉴瑞士Minergie近零能耗建筑标准、标识认证体系及推广模式，进一步推动我国近零能耗建筑发展，受瑞士发展署（SDC）驻中国办事处委托，住房和城乡建设部科技与产业化发展中心于2019年开展了中瑞近零能耗建筑政策研究与对比分析课题研究。

该课题梳理了中国和瑞士在近零能耗建筑方面的发展现状，并对比两国在顶层制度设计、法规政策、标准规范、认证标识制度、推广模式等方面的异同点，从顶层设计、理论研究、技术创新、标准化建设、推广机制建设等方面提出中国进一步推动近零能耗建筑发展的政策建议，同时围绕工程示范、标识示范、技术研究、产业合作及宣传培训等内容对中瑞两国在建筑能效提升领域提出全面的合作建议，为我国深入推进近零能耗建筑发展提供启示，为加强中瑞两国在建筑节能领域全面深入合作奠定基础。

13.2.5 中国产能建筑、社区、城区发展研究

在中德城镇化伙伴关系项目以及德国国际合作机构（GIZ）支持的江苏低碳发展项目三期联合支持下，住房和城乡建设部科技与产业化发展中心与中国建筑科学研究院、江苏省住房和城乡建设厅科技发展中心、东南大学能源与环境学院于2020年共同开展中国产能建筑、社区、城区发展研究项目。

该项目研究我国产能建筑、社区和城区定义，分析不同气候区产能建筑应用潜力及技术指标，辨析产能建筑、社区和城区的关键技术及可行性和适宜性，分析产能建筑、社区和城区技术产业支撑与发展潜力，提出推动产能建筑、社区和城区发展政策建议，从而为我国“十四五”期间进一步挖掘建筑节能与区域化节能减排潜力，探索区域能源供给侧和

需求侧改革技术路线，带动能源一体化转型，促进我国应对气候变化的节能减排战略实施奠定基础。

13.3 住房和城乡建设部科技计划项目

"十三五"以来住房和城乡建设领域科技成果专业覆盖面广，重点领域突出，学科交叉普遍，问题导向显著。总体来看，绿色建筑与建筑节能领域项目取得的成果很好的对接了住房和城乡建设部相关重点科技工作安排，表现在以下三个方面：

1. 绿色建筑技术集成创新水平不断提高，助力建筑品质提升。

在建筑设计、运行等绿色建筑全生命周期发展了一批关键技术和产品设备，如立体园林绿色建筑技术、建筑与小区雨水集约化控制利用技术、建筑外墙外保温工程质量评估技术、传统村落绿色宜居住宅设计技术、分布式太阳能供暖系统等；在南京、青岛、哈尔滨、北京、雄安、大理等地完成了上百项绿色建筑、可再生能源建筑利用创新示范工程，全面推进绿色建筑高效益、规模化发展，助力建筑品质提升。

2. 建筑及城市节能减排水平提升显著，推动城市高质量绿色发展。

超低能耗及净零能耗建筑技术、清洁能源综合利用技术等取得长足发展，如被动式超低能耗建筑技术、既有公共建筑能效提升技术、分布式太阳能光热驱动技术等。城镇污水收集、处理等全套减排技术体系有重要突破，如城市重污染水体生境改善与生态修复关键技术、密集型村镇生活垃圾处理与资源化利用技术、引黄水库水源系统水质改善技术等成果获得了较好的经济效益、社会效益、环境效益。对推动城市绿色发展助力明显。

3. 装配式建筑技术等绿色建造方式不断发展，促进建筑产业提质增效。

围绕装配式建筑结构、内装集成设计理论和技术方法等方面集成了一批项目，如装配式组合框架新结构体系、装配式混凝土新一代连接技术、装配式内装修技术、装配式减隔震结构设计技术等，推动装配式建筑技术集成开发。在绿色施工方面取得了一系列创新成果，如超高层建筑钢结构建造关键技术、G20 杭州峰会主场馆施工关键技术、建筑幕墙安全性评价及改造关键技术等，助力建筑产业转型升级。

2016～2019 年住房和城乡建设部科学技术计划项目共立项项目 2265 项，建筑节能与绿色建筑领域项目 1064 项，其中既有居住建筑节能 10 项，公共建筑能效提升 32 项，可再生能源建筑应用 23 项，农村建筑节能与清洁取暖 28 项，绿色建筑 811 项，绿色建材 157 项，供热体制改革 1 项，绿色金融与绿色建筑协同发展 2 项。"十三五"以来，住房和城乡建设部科技计划项目的部分建筑节能与绿色建筑重点项目介绍如下。

（1）基于动态评价方法学的既有建筑绿色化改造与投融资模式研究

动态评价方法学的创新突破了金融业与绿色建筑之间的技术壁垒，形成基于建筑数据的量化金融评价工具和风险缓释机制，既能满足金融风控要求，又能实现经济效益、环境效益和社会效益。

基于动态评价方法学的建筑绿色化投融资模式突破了传统融资抵质押、担保的增信模式。修正项目贷款重贷轻管的模式，协助银行对建筑绿色化改造项目进行贷后的过程化管理，保障项目预期经济效益实现和还款来源安全。从而提高银行贷款意愿，降低建筑绿色化改造项目融资门槛和资金成本，弥补传统金融模式下对建筑绿色化改造缺位的支持。

项目成果包括：①梳理当前建筑节能改造、绿色化改造投融资模式，找出融资困难度的原因。②梳理当前建筑绿色化技术，以及与建筑绿色化有关的相关指标。③建立基于当前建筑绿色化指标要求的动态数据体系，建立动态评价方法学。④对建筑绿色化改造项目中的动态评价流程、投融资模式、利益相关方管理进行梳理，形成基于动态评价方法学的建筑绿色化投融资模式。

直接效益：提高项目融资成功率、降低项目融资成本，同时协助金融机构规避在贷后过程化管理中面临的还款风险，从而推动绿色建筑和建筑节能的发展。

间接效益：帮助国家落实绿色发展战略、转变发展方式，让绿水青山变成“金山银山”、实现“美丽中国”的目标。

（2）多源信息融合视角下医疗建筑的节能管理模式创新研究

项目采用 WSR 系统论方法改进医疗建筑节能管理模式、采用多源信息融合理论分析医疗建筑节能管理关键信息指标体系、采用能源信息学理论改善医疗建筑能源管理平台架构、采用博弈论与信息经济学设计分析医疗建筑节能管理的主体关系。

项目成果包括：①本课题利用信息技术与信息管理融合的理念方法提高医疗建筑能源优化配置，革新医疗建筑节能管理模式，以实现公众参与、能效提升的目的。②成果将有助于完善利用现有医疗建筑能源管理平台，助力政府的节能监管，更好的为业主服务，促进公众节能。拓展建筑领域的公共服务与能源信息理论研究。

直接效益：研究成果可以为医院业主的节能管理提供辅助，为政府部门的医疗建筑监督提供平台，为节能服务公司提供医疗建筑管理征询的公开平台。

间接效益：更好地促进医疗建筑智能化的应用，进而实现“能源节约”“环境保护”“惠及民生”的目标。

（3）夏热冬冷地区公共建筑能效提升实施路径研究

项目提出夏热冬冷地区公共建筑能效提升政策评估方法、夏热冬冷地区公共建筑能效提升技术体系、夏热冬冷地区公共建筑能效提升管理模式、夏热冬冷地区公共建筑能效提升市场机制构建。

项目成果包括：①梳理国家公共建筑能效提升相关政策，调研总结夏热冬冷地区公共建筑能效提升重点城市出台的相关政策，从区域政策协调角度提出并构建夏热冬冷地区公共建筑能效提升激励和约束政策体系。②针对夏热冬冷地区气候特点，考虑经济条件和不同公共建筑类型功能需求，完善和优化现有夏热冬冷地区能效提升技术路线，征集并提出保温隔热、可再生能源、清洁采暖等经济、适用节能改造关键技术体系和集成应用方向，编制夏热冬冷地区公共建筑能效提升适宜技术和产品目录。③调研夏热冬冷地区公共建筑能效提升管理现状，总结先进管理经验，分析管理漏洞和不足，提出全过程管理模式。④调研目前公共建筑能效提升市场机制应用现状，分析合同能源管理、绿色金融等市场机制发展障碍，有针对性地为夏热冬冷地区公共建筑能效提升市场机制的建立提供可操作建议。

直接效益：开展夏热冬冷地区公共建筑能效提升实施路径研究意义重大，本项目将基于夏热冬冷地区特殊性和工作现状，创新性研究并提出以实际效果为导向的政策、技术、管理、实施机制等方面的系统性实施路径。

间接效益：通过建立适宜技术与产品数据库、发布推广目录、出版优秀案例集等方式进一步增强了实施路径的可操作性。

（4）清洁取暖细化情景分析及减排效果研究

项目构建了清洁取暖热源侧和用户侧不同技术路径下减排量、污染物防治贡献的量化分析方法；建立了可持续指数模型，定量划分可持续评估等级指标范围；分析了典型城市不同清洁取暖技术路线组合的减排效果，优化双侧组合技术路线。

项目成果包括：①不同清洁取暖技术路线排放强度研究。②清洁取暖对大气污染防治的贡献量化分析模型研究。③不同清洁取暖技术路线可持续指数模型研究。④典型城市不同清洁取暖技术细化情景的减排分析案例与验证。⑤我国清洁取暖未来发展建议。基于以上研究成果，从提高可持续性和降低污染物排放强度两方面出发，在体制机制、技术路线、资金支持等方面，给出我国清洁取暖未来发展建议。

直接效益：项目成果将量化清洁取暖工作对大气污染防治的贡献。研究从构建排放强度模型入手，测算不同清洁取暖技术路线排放强度水平，基于城市大气污染源排放清单，量化大气污染物减排效果，预测减排潜力。

间接效益：项目成果将推动清洁取暖工作的可持续发展。研究将基于清洁取暖工作实际实施效果，全面考虑经济性、政策风险、百姓接受程度、设备维护难易程度等因素，给出可持续评估等级指标的量化范围，提升返煤风险防范能力，对北方清洁取暖持续健康发展有重要意义。

（5）基于深度学习的室内可见光通信及照明节能管控系统研究

项目采用基于深度学习方法设计室内可见光通信系统；通过对系统端到端的学习，实现 OFDM 调制解调、峰均比抑制；实现 LED 布局、功率和发射角度等整个接收平面多个参数的整体优化方案；给出了基于多目标优化的系统性能分析，包括多径效应、码间干扰、峰均比抑制、LED 非线性、误码率分析、照明舒适度分析、节能分析等；给出了高速率通信、照明舒适度以及节能评价指标体系的最优通信策略。

项目成果包括：①基于深度学习的室内可见光通信 OFDM 调制方案。②基于深度学习的室内可见光通信 PAPR 抑制方案。③基于多目标优化的最优通信策略。④室内可见光通信平台在实际楼宇中的节能管控。

直接效益：不仅可以用于室内无线接入，还可以为城市车辆的移动导航及定位提供一种全新的方法。汽车照明灯基本都采用 LED 灯，可以组成汽车与交通控制中心、交通信号灯至汽车、汽车至汽车的通信链路。

间接效益：在未来数十年内，信息的传输量将超出现有无线电频谱的承载能力，可见光通信技术可有效突破无线电频谱资源严重匮乏的困局，是具有广阔应用前景的下一代无线通信技术之一，可形成万亿级年产值的战略性新兴产业。

（6）西北地区绿色改造办公建筑综合运维平台建设与应用研究

项目建立了绿色改造办公建筑的结构健康、能耗、室内环境、太阳能光伏发电、新风除尘净化监测子系统。将结构健康监测系统、能耗监测系统、室内环境监测系统、太阳能光伏发电监测系统、新风除尘净化系统的数据进行集成，搭建综合运维平台，实现监测数据的统一调用、分析与管理，及时对建筑物设备进行调整。根据检测数据进行统计分析，制定绿色办公建筑的运行方案，保证建筑的安全、节能与环境健康。所有监测数据以 BIM 模型为载体，实现可视化、动态监测与管理。

项目成果包括：①既有办公建筑绿色智慧改造与运维综合平台搭建的协同研究。②西北地区绿色办公建筑监测项目需求分析。③集成结构健康监测、能耗监测、室内环境监测、太阳能光伏发电、新风除尘净化等系统的综合运维平台搭建。④对西北地区绿色改造办公建筑监测数据的综合对比分析。

直接效益：对绿色改造的办公建筑运行状态的监测不但能够反映出改造的成效，还能对建筑物的安全、能耗、环境健康起到积极的引导和控制，为建筑物的健康运行提供合理科学的解决方案。

间接效益：将建筑物不同种类监测系统进行集成，以 BIM 模型为载体，提升了建筑物运维管理的效率，不但可用于办公建筑，其他类型的建筑也可借鉴应用，该课题研究的主要成果具有良好的推广价值和应用前景。

（7）BIPV 绿色建筑大数据平台技术体系研究

国际上首次系统化的开展基于 BIPV 的绿色建筑技术体系研究。在建筑最新发展方向上，国内外关注绿色建筑、被动式建筑、零能耗建筑、主动式建筑、产能房等方向的研究和试点，本课题第一次提出系统研究 BIPV 技术体系，并针对围护结构、机电系统、能源微网等关键建筑系统提出参数指标要求，以达到近零能耗甚至产能建筑，属于国际领先水平。

项目成果包括：①梳理当前建筑节能相关技术，构建包括“被动式建筑技术”“低能耗空调系统”“低成本太阳能集热”与“薄膜太阳能技术”为主体的新型绿色建筑技术体系。②开展云平台架构设计，涵盖软件架构、网络架构、数据架构等多个方面。③开展大数据平台软件功能研究，形成包括信息展示与跟踪、绿建动态评估、能源监管、环境监控、光储微网、大数据分析、智能检测和故障告警等功能。④研究融入物联感知技术，包括光储微网系统与物联网的融合，机电系统与物联网的融合，水系统与物联网的融合，环境系统与物联网的融合，视频、人流与物联网的融合，数据通信和网关等内容。

直接效益：形成基于薄膜太阳能的 BIPV 绿色建筑大数据平台，形成支撑近零能耗建筑甚至产能建筑发展的运维管理和分析平台，将解决光伏建筑城市应用的海量数据搜集和分析难题，提升管理效率。

间接效益：给建筑楼宇插上互联网翅膀，提升智慧科技物业运营能力，可应用于酒店、商业、办公、医院、学校等不同类型建筑，通过更多物联技术和创新亮点，带来不一样的楼宇智慧物联体验感。这将推动绿色建筑和建筑节能的大发展，实现节能减排、应对气候变化的国际承诺，同时帮助国家落实绿色发展战略、转变发展方式，让绿水青山变成“金山银山”，实现“美丽中国”的目标。

（8）西部寒冷 B 区农村建筑供暖节能技术评估及适宜模式研究

项目针对西部寒冷 B 区气候特点和农村资源情况，研究适宜农村建筑的围护结构优选方案；基于村级、镇级不同资源条件特点，厘清各种供暖技术和可利用能源形式，形成农村建筑供暖方案和能源利用模式。

项目成果包括：①开展西部寒冷 B 地区气候特征的农村建筑围护结构性能参数研究，建立适宜农村建筑围护结构优选方案。②提出包括被动式节能技术方案（包括建筑布局、围护结构保温、遮阳、自然通风等）和能源利用方案（太阳能发电、太阳能供热系统、地源热泵系统、排风热回收等）的可行节能建筑技术方案。比较和分析不同建筑技术方案的农村居住建筑建设成本、全年运行能耗和运行费用，综合考虑节能性和经济性原则，基于村级、镇级不同资源条件特点，厘清各种供暖技术和可能利用能源形式，形成农村建筑供暖方案和能源利用模式。

直接效益：本研究建立适宜西部寒冷 B 区农村建筑围护结构、供暖方案及能源利用模式，充分结合当地气候特征、经济技术条件等因素，具有良好的适宜性和实用性，同时研究成果符合国家政策发展方向，良好的外部环境和广阔的应用市场均构成了本研究成果未来良好的发展前景。

间接效益：项目成果具有良好的用户适应性，其大范围的推广应用对于建筑节能和清洁用能具有非常重要的社会意义，可有效缓解冬季供暖散煤的燃烧，实现清洁能源的利用。进一步在西部乃至北方农村地区大范围推广，可大大降低农村建筑能耗，改善农村居民的生活质量，同时对于节能减排具有显著作用。

（9）体育场馆类绿色建筑运行实效及评价方法研究

项目基于体育场馆类绿色建筑后评估方法，对天津市团泊新城西区体育训练基地建筑进行实测调研，获取建筑实际运行下的技术性能数据和使用者满意度调研数据，通过数据统计学方法和对比分析法对建筑运行实测数据进行分析，得到建筑运行实效评价结果。

基于各项节能技术的运行实效评价，研究影响技术实际效果的关键因素和各项技术性能提升对建筑整体性能和用户满意度的贡献度，量化分析体育场馆类建筑的负荷特性和功能特点对于各类技术应用效果的影响程度，针对体育场馆类建筑提出各项技术的运行优化方法，形成能源系统运行手册。

直接效益：本课题研究所提出的《团泊新城体育场馆建筑能耗特征》和《团泊新城体育场馆室内空间环境》研究报告，能够明确该类型绿色建筑的能耗水平、能源系统运行管理重点和室内热舒适水平，为建筑的运行管理工作提供科学依据；同时为该类型建筑的后评估研究提供大量数据支撑，对于我国绿色建筑后评估工作有重要的推动作用。

间接效益：本课题中所提出的《体育场馆建筑能源系统运行手册》，能够推动体育场馆类建筑运行管理水平的提升，降低建筑综合能耗、减少温室气体排放等环境效益，能够极大地推动建筑节能工作发展。同时随着我国国民生活水平和综合国力的提升，为满足民众健身需求和大型体育赛事需求，我国的体育场馆类建筑将继续增加，该手册将为其他体育场馆类建筑能源系统的运行管理提供参考，具有重要的社会经济价值和良好的应用前景。

（10）暖通空调系统能耗模拟及方案优化设计软件研究

项目研究分析高效建模、有效利用建筑 BIM 模型的主要策略及方法。将暖通空调系统较为繁杂的系统形式，有效进行模块组合，适应实际系统的多样性。调整设备配置、空调系统流程、控制逻辑的参数设定，分析对应的能耗，并提出相应的优化建议。搭建设备参数数据库（主要是冷热源、风机和水泵的部分负荷运行效率曲线）。

项目成果包括：①研究为了动态计算负荷及能耗，如何高效建模，研究分析建模的主要策略及方法、对模型的简化处理原则、如何有效利用建筑 BIM 模型等。②研究如何将暖通空调系统较为繁杂的系统形式，有效进行模块组合，适应实际系统的多样性；拟从冷热源、冷热水输配系统、风处理和输配系统三大部分进行梳理。③研究将各类空调系统的不同控制逻辑梳理，作为能耗模拟的依据，同时研究如何利用能耗数据优化控制逻辑。

④给暖通空调建设方（主要设计师）提供一款方便、高效、实用的助手型软件，能够方便建模、计算全年动态负荷、根据系统设置计算全年动态能耗。⑤研究调整内部热源设置条件时，能耗变化及对系统选型、设备选型的影响，并给出优化建议。

直接效益：为设计师提供了方便、高效、实用的暖通空调系统设计和优化应用工具。

间接效益：为系统调试、运维提供技术支持，结合能耗指标判断系统运行水平，便于及时有效地找出调试、运维中的问题，提高调试、运维水平。

（11）产能建筑群技术路线及技术经济可行性研究

项目以建筑群为研究对象，结合不同建筑时空能耗特性，分析如何实现产能建筑和产能建筑群；充分结合区域能源微网，从“群”的角度考虑能源的优化配置和利用，实现产能建筑；聚焦建筑群中能源产生、存贮、输送、使用的全过程，提出产能建筑群的能源微网技术路线。

项目成果包括：①分析目前国际、国内产能建筑相关发展情况和研究进展，总结主流技术路线、投资和回收期。②基于对发达国家产能建筑技术体系、经济回收期分析，结合我国各气候区特点，对建筑建模，进行模拟分析，开展各气候区实现产能建筑群的技术和经济可行性研究。③以严寒寒冷和夏热冬冷气候区为研究重点，聚焦住宅建筑、办公建筑和学校建筑，分析实现产能建筑群的不同技术路线和经济性分析，并提出优化方案。④分析产能建筑群能源生产、存贮、输配、应用的能源微网的相关关键技术要求和技术路线，分析在典型气候区、典型业态下，能源微网的设计、评价、运营要求和方法，给出能源微网的关键技术指标和设计、建造指导原则。研究产能建筑群关键能源微网的技术路线。

直接效益：为各项产能建筑推进政策或各类鼓励奖励政策的制定提供科研依据；为产能建筑示范项目的建设提供一定的技术路线支持。

间接效益：为产能建筑群示范项目的落地和示范提供技术参考和支撑。

（12）可再生能源多能互补在大型公建中高效应用关键技术研究

项目建立了岩土热物性影响因素分析数学模型，建立了大型公建可再生能源多能互补系统设计方法体系，提出了地埋管回填灌浆施工工艺方法，可再生能源多能互补系统在大型公建中进行综合应用示范。

项目成果包括：①地埋管地源热泵岩土热物性测试准确性影响因素分析。②大型公建可再生能源多能互补系统设计方法研究。③地埋管地源热泵施工关键技术研究。④大型公建中多能互补系统运行控制方法研究。⑤可再生能源多能互补在大型公建中应用示范。

直接效益：开展可再生能源建筑应用集中连片推广，进一步丰富可再生能源建筑应用形式，积极拓展应用领域。

间接效益：课题的研究成果可直接为产品制造、设计和施工企业提供指导与帮助，可直接为地方行政主管部门、监管部门、行业协会、认证机构等开展监管和评价活动等提供科学依据和客观实证，具有较好的应用前景。

（13）高原分布式太阳能供暖系统

该项目提升了太阳能集热器效率措施、太阳能集热器产品使用寿命及稳定性、太阳能集热系统与供暖系统和储热系统的兼容性。研究适用于高原分布式太阳能集热供热系统，分析光热热源系统、储能系统、末端供暖系统、智慧能源管理系统。

项目成果包括：①各样式太阳能集热器的性能、产品稳定性、提升集热效率方案。

②太阳能集热系统与供暖系统、储热系统的适配性。③太阳能集热器的防冻防损坏措施。④智慧能源管理系统优化方案与措施。⑤分布式太阳能供暖系统运行成本分析。⑥分布式太阳能供暖系统建设成本分析。

直接效益：适用于高原地区不同用热的特点，采用分布式供热新技术、新产品及新模式，以楼宇建筑物为单位分段分域"就地"供热。

间接效益：良好的社会效益，无硫排放、无碳排放，有极大的节能减排效果，不影响交通、环境卫生等，避免社会纠纷，利于社会和谐、市容卫生、文明，改善居民生活环境，提高生活质量，完善基础建设功能，满足社会经济迅速发展。

（14）基于电力大数据的公共建筑能耗监测数据校核与节能潜力分析方法研究

将电力公司逐日数据与能耗建筑平台数据对比分析，对能耗监管平台数据总量平衡校核、采暖空调能耗校核、同类型建筑校核。将能耗监管平台的数据质量综合评估，划分成四个层级：数据缺失、数据错误、数据缺陷、数据正常。

基于大量的公共建筑逐日数据，构建正态分布模型，判定个体建筑能耗在整个气候区、同类型建筑能耗所处的位置，从中挖掘个体建筑的节能潜力。

主要研究内容：①基于公共建筑用电多维影响因素的建模方法研究。②借助电力供应逐日数据评估公共建筑能耗监测平台数据质量的方法研究。③基于逐日用电数据的公共建筑节能潜力分析。

直接效益：能耗监测平台数据校核方法的研究与完善，有助于全国能耗监测平台数据校核的推广。从市场的层面上来讲，公共建筑用能分析、能耗监测平台数据校核以及公共建筑节能潜力分析，都将对节能改造工作的推动起到积极的作用，对未来探索发展能源合同管理等路径起到促进作用。

间接效益：对公共建筑用电特征的分析总结，将对政府相关电力决策提供支撑。

（15）建筑与小区雨水集约化控制利用技术研究与系统设备研发

建筑与小区雨水集约化控制适宜技术研究：总结国内外建筑与小区雨水控制利用的技术类型和设计方法，重点梳理国内现有雨水集约化控制利用技术体系，分析不同技术的使用条件和适用范围，筛选出适用于建筑与小区的雨水集约化控制利用技术。

建筑与小区雨水集约化控制关键技术研究：针对筛选的技术，探索影响建筑与小区雨水集约化控制利用效果的设计参数和运行参数，通过小试研究优化关键设计参数、材料材质、滤径级配及系统架构，突破建筑与小区雨水渗、滞、蓄、净、用和排之间的连贯性差和协同性不足等限制性因素，形成高效的、稳定运行的集约化控制技术。

建筑与小区雨水集约化处理设备研发：针对建筑与小区雨水集约化控制利用技术的限制性因素，设定设计流程和核心架构，形成建筑与小区雨水集约化控制利用技术的核心设计模块，进行标准化、系统化的产品内容探索，形成建筑与小区雨水集约化控制利用技术设备。

直接效益：课题研究成果将进一步优化建筑与小区雨水控制利用技术，为雨水精准化、集约化控制利用提供技术支撑。在构建"建筑与小区"级别的水系统微循环的路径中，优化了雨水的利用方式，提高了雨水资源的利用率。

间接效益：建筑与小区雨水控制关键性问题的识别与分析，将为突破雨水控制利用技术瓶颈打开思路。最后，以问题为导向，需求为目标，研发建筑与小区雨水控制利用的技术设备和产品，与海绵城市建设、生态城市建设、绿色建筑发展等多方面需求相结合，实现雨水控制利用技术产业化。

13.4 技术创新与推广

13.4.1 科技成果评估推广类优秀项目

为适应科技市场发展需要，鼓励科技创新，促进科技成果推广转化和产业化，住房和城乡建设部科技与产业化发展中心依据《中华人民共和国科学技术进步法》《中华人民共和国促进科技成果转化法》，以及《建设领域推广应用新技术管理规定》《科学技术评价办法（试行）》，自主开展了建设行业科技成果评估推广工作。科技成果评估和推广项目，是由建设行业相关领域专家组成的评审专家组，按照有关管理办法，运用科学、可行的方法，遴选出来的符合建设行业发展方向、技术先进成熟、社会经济效益显著的新方法、新技术、新产品和新工艺等。

科技成果评估和推广项目评审工作遵循公平、公正、公开的原则，坚持实事求是、科学民主、客观公正、注重质量、讲求实效。其中，科技成果评估侧重于创新性、先进性、可行性和应用前景等评价；推广项目评审侧重于成熟性、可靠性和实用性评价。通过形式审查、专家评审、评审结果审核公示等环节，对通过评审的科技成果颁发建设行业科技成果评估证书和全国建设行业科技成果推广项目证书，并通过网络平台、媒体宣传、组织技术交流培训、展览展示、试点示范等活动进行推广。近两年，共有158项技术产品列入建设行业科技成果评估和推广项目（如表13-2和表13-3所示），其中建筑节能类技术和产品85项，包括保温隔热材料、分户热计量系统、可再生能源利用、大型公共建筑节能改造等。除了建设行业科技成果评估和推广项目评审工作以外，我中心通过开展技术咨询研究，组织技术推广交流等活动，积极开展建筑节能、绿色建筑、绿色农房建设等专项技术推广工作，推动科技成果转化应用。通过编制和发布《工业化建筑标准化部品和构配件产品目录》《绿色农房建设先进适用技术与产品目录》等推广目录，为建筑节能提供技术支撑。

2018～2019年度建筑节能领域科技成果评估项目 **表13-2**

序号	项目编号	项目名称
1	建科评〔2018〕003号	一体化高效燃气热电机组(150kW商用泛能机)
2	建科评〔2018〕010号	预制钢丝网架复合保温免拆模板(PSI)现浇混凝土墙体保温系统
3	建科评〔2018〕011号	浮筑楼板保温隔声系统
4	建科评〔2018〕018号	相变储热式热库
5	建科评〔2018〕022号	通断时间面积法热计量系统
6	建科评〔2018〕023号	温度面积法热计量系统
7	建科评〔2018〕024号	交联聚乙烯隔声保温复合垫
8	建科评〔2018〕036号	石墨水泥基复合保温板(碳硅板)
9	建科评〔2018〕037号	温度面积法热计量分摊系统

续表

序号	项目编号	项目名称
10	建科评〔2018〕045 号	发泡混凝土砌块
11	建科评〔2018〕048 号	高透光隔热平板玻璃
12	建科评〔2018〕056 号	太原(太古)大温差长输供热示范工程
13	建科评〔2019〕012 号	城市轨道交通高效空调系统关键技术研究
14	建科评〔2019〕017 号	基于热负荷预测与响应的智慧供热技术
15	建科评〔2019〕032 号	适用于北京地区的超低能耗建筑集成技术研究与工程示范
16	建科评〔2019〕038 号	首钢西十冬奥广场工业设施功能转化及生态化改造技术
17	建科评〔2019〕039 号	分布式空气源-水源热泵耦合供暖系统
18	建科评〔2019〕049 号	纳米橡塑垫浮筑楼板保温隔声系统
19	建科评〔2019〕050 号	砖砌体历史建筑安全评估与性能-功能绿色提升关键技术及应用
20	建科评〔2019〕052 号	建筑反射隔热复合涂层
21	建科评〔2019〕059 号	长输供热管网补偿节能技术研究与工程应用

2018～2019 年度建筑节能领域科技成果推广项目　　表 13-3

序号	项目编号	项目名称
1	2018003	温度面积法供热计量系统(TAMS-1)
2	2018004	温度面积法热计量分摊装置
3	2018005	超声波热量表
4	2018006	超声波热能表(*DN*15～*DN*400)LCR-U 型
5	2018007	超声波式热计量表
6	2018010	浮筑楼板保温隔声系统
7	2018011	预制钢丝网架复合保温免拆模板(PSI)现浇混凝土墙体保温系统
8	2018013	纤维增强胶粉聚苯颗粒保温材料(TH-200 型)
9	2018021	超声波热量表(SD-H 型 *DN*20～*DN*50)
10	2018022	超声波热量表(RL-2 型 *DN*15～*DN*200)
11	2018023	超声波热量表(HTC 型 *DN*20～*DN*40)
12	2018024	超声波热量表(JJNH 型 *DN*20～*DN*200)
13	2018025	超声波热量表(RC 型 *DN*15～*DN*200)
14	2018026	超声波热量表(CRL 型 *DN*15～*DN*400)
15	2018027	超声波热量表(ZKHM-Ⅰ型 *DN*15～*DN*50)
16	2018028	超声波热量表(XD-C 型 *DN*20～*DN*200)
17	2018029	超声波冷热量表(UHM 型 *DN*20～*DN*200)
18	2018030	超声波冷热量表(阀控型 *DN*20～*DN*25)
19	2018031	通断时间面积法供热计量系统
20	2018032	通断时间面积法热分摊装置
21	2018033	通断时间面积法供热计费系统

续表

序号	项目编号	项目名称
22	2018034	户用智能电动温控装置
23	2018035	即开即热恒压智能太阳能热水器
24	2018046	太阳能弱光光伏一体化照明灯具
25	2018047	交联聚乙烯隔声保温复合垫
26	2018052	导光管日光照明系统
27	2018053	建筑反射隔热涂料-保温腻子系统
28	2018054	无机轻集料砂浆保温系统(JL)
29	2018055	石墨水泥基复合保温板(碳硅板)
30	2018056	超声波热量表
31	2018057	超声波热量表(WGR-11 型)
32	2018058	供热计量与温控一体化智能系统
33	2018059	大型公建能耗监测分析与自动控制系统
34	2018074	现浇混凝土保温免拆模板施工技术
35	2018075-1 2018075-2	喷射混凝土复合夹芯保温剪力墙体系
36	2018076	超声波热量表(AKR-C 型)
37	2018077	超声波热量表
38	2018078	超声波热量表(HDYB-Y 型)
39	2018079	超声波热量表(JYSHM 型 $DN20 \sim DN200$)
40	2018080	通断时间面积法热计量系统
41	2018081	通断时间面积法热计量系统
42	2018082	温度法热计量分摊系统
43	2018088	微光发电、高效太阳能路灯照明系统
44	2018089	纳米光触媒技术
45	2018091	保温胶泥-反射隔热涂料系统
46	2018092	保温胶泥-反射隔热涂料系统
47	2018093	盒状金属装饰保温一体板(A 型岩棉)
48	2018094-1 2018094-2	高透光隔热平板玻璃
49	2018095	浮筑楼板保温隔声系统(ZQ)
50	2019001	盒状金属面保温装饰板
51	2019002	建筑涂料用高性能纳米二氧化钛矿化复合材料
52	2019003	建筑用真空陶瓷微珠绝热系统
53	2019004	保温胶泥-建筑反射隔热涂料系统(JBN)
54	2019005	聚乙烯保温隔声垫
55	2019027	高密度聚乙烯外护管聚氨酯发泡预制直埋保温复合塑料管
56	2019036	超声波热量表(YGM-C 型)

续表

序号	项目编号	项目名称
57	2019039	通断时间面积法热计量系统
58	2019042	防水保温一体化板湿铺施工技术
59	2019089	建筑用聚氨酯密封胶(PUS型)
60	2019106	长输供热管网用低能耗高可靠性膨胀节
61	2019107	分布式空气源-水源热泵耦合供暖系统
62	2019108	集中供热分户室温控制装置
63	2019109	通断时间面积法热计量装置(ota型)
64	2019110	超声波热量表(URT型)

其中部分涉及建筑节能、绿色建筑及相关领域代表性的技术介绍如下。

1. 适用于北京地区的超低能耗建筑集成技术

项目结合北京地区地理环境和气候特点，系统研究了适用于北京地区超低能耗建筑用保温材料及外保温系统、高效节能门窗、无热桥构造设计、建筑气密性设计、除霾抗菌高效热回收新风系统、高效建筑能源系统以及精细化施工工艺、技术标准和评价体系，形成了一套涵盖设计、材料、设备、施工、评价、运行管理等内容的超低能耗建筑集成技术。

（1）根据超低能耗建筑部品性能指标要求，通过对木型材、玻璃、密封胶条、暖边间隔条、五金件性能研究与合理设计，研制被动式铝木复合窗及构件式明框铝合金复合超低能耗幕墙外围护保温体系。

（2）余热回收、除湿功能的新风系统技术。根据超低能耗建筑对室内空气质量的要求，通过模拟设计完成新风系统的配置，设计可以实现余热回收的建筑结构。热回收新风系统的热交换机芯采用可水洗的特殊薄膜，该高分子薄膜克服了传统纸质机芯易长霉菌、不能冲洗和寿命短的缺点，彻底消除全热机芯的卫生死角。除湿热交换外，空气中的湿蒸汽可通过康舒膜由蒸汽压高的一侧渗透到蒸汽压低的一侧，同时保证空气中的其他物质不被渗透。由于湿度渗透，夏季新风除湿，冬季加湿，更节能。

（3）供暖及空调系统充分利用可再生能源，开展热泵辅助供热制冷技术研究，设计地热交换器用于新风预冷预热。

（4）性能监测。通过测定建筑外墙，门窗传热系数等指标对施工效果进行评估；通过测定日常能源消耗量、系统能源生产量、室内温度、湿度、空气换气效率等对包括热工、能耗、舒适度、耐久性等进行评价。

项目成功应用于金隅西砂西区公租房12号楼，北京焦化厂公共租赁住房项目17号、21号、22号楼，百子湾保障房，昌平区沙岭村农宅等示范项目，示范项目涵盖公租房、居住建筑、公共建筑、农宅，建筑结构类型包括现浇混凝土和装配式混凝土等，占北京市首批超低能耗示范项目面积总量的55%。通过示范项目引领和辐射作用，目前，北京市已建成、在建和筹建的超低能耗建筑工程面积逾58万平方米。

2. 中央空调系统的冷却塔变流量节能技术

该技术采用水力稳压器、变流量喷嘴等均匀分布水设备，以及近湿球温度控制技术，从而实现冷却塔智能变流量的系统。通过最大化利用冷却塔换热面积及控制冷却塔风机高效运行，显著提高了冷却塔的冷却效果，降低了冷却塔自身能耗和主机能耗。

（1）采用近湿球温度控制技术：通过对冷却塔进出水温度的环比，实时监控功率输出与温度变化关系，计算出近湿球温度值，作为当前冷却塔最佳冷却目标，提升冷却塔整体运行效率。

（2）采用多塔特性修正控制技术：自动配置冷却塔的启停和运行频率，修正各个冷却塔运行特性，单台冷却塔保持高效运行。多台冷却塔消除混风混水现象，有效提高多台冷却塔组合运行时的运行效果和冷却效果。

（3）采用多参数冷却塔出水温度控制技术：根据实时环境温湿度、环境湿球温度、冷却塔进水温度、机组冷凝温度、设定理想温度等一系列数据，计算出当前系统运行的最佳目标。

（4）系统采用冷却塔水力稳压器和变流量喷嘴对冷却塔均匀布水进行控制。冷却塔安装变流量喷嘴后，进入布水装置的冷却水，首先在布水盘内形成积水，然后从每个下水孔流向填料，有效提高冷却塔使用面积，提升冷却效果。

3. 城市轨道交通高效空调系统关键技术

“城市轨道交通高效空调系统关键技术研究”项目针对目前轨道交通空调系统能耗占比大、能效水平低、设备维护难、乘客体验差的现状，以建成后车站制冷系统全年平均运行能效比（COP）大于5.5、空调系统全年平均运行能效比（COP）大于4.0为研究目标，研究提出了一整套轨道交通高效空调系统技术方法。项目研究提出的车站高效空调系统精细化节能设计方法，首先基于地铁车站空调负荷的特点建立了目标地铁车站的动态负荷特性分析策略，在此基础上提出了基于能效现值的系统设备选型方法，根据地铁车站建筑特点提出了空调输配系统优化技术及气流组织优化技术，并研发了相关软件工具。

项目建立的基于空调系统能耗特征和性能评价模型，对地铁空调系统多目标多参数的复杂控制对象，基于解耦与全局寻优的方法，分别对风系统控制模块、冷水系统控制模块、冷却水系统控制模块提出了智能控制模型，并建立了基于能耗预测模型的全局寻优控制策略，研发了专用控制算法和控制软件。

项目建立的地铁空调系统云端智能数据平台，具有多平台系统状态实时分析与控制、能耗计量及能效指标评价、关键设备监测及故障预警等功能，并建立地铁站全寿命周期能耗数据库，可基于历史数据，动态调整控制策略及控制参数并指导运维，使系统长期高效运行；并为相关标准的制定提供基础数据支撑，促进了轨道交通行业空调系统能效指标评价体系的建立和标准化工作的开展。

项目形成的高效空调系统精细化施工及运维技术体系，包括设备、管路、传感器等施工安装要求、单机设备及系统的调试要求、施工验收标准以及空调系统单机设备及控制系统的运维要求，为空调系统长期高效运行提供了技术保障。项目研发的智能运维系统，可根据设备及系统的运行参数，智能判断设备及系统的运行状态，实现系统亚健康状态在线自动诊断，减少维护作业强度，减低维护成本。

项目的研究成果在已国内多项轨道交通工程中应用，取得了良好的节能效果。其中广州地铁车陂南站节能改造项目实现了远期负荷段制冷系统全年平均运行能效比 $COP \geqslant 5.87$，空调系统全年平均运行能效比 $COP \geqslant 4.31$。经广东产品质量监督检验研究院节能测评，综合名义年节能率为45%，节能减排效果显著。

4. 太阳能多能源耦合热水采暖制冷系统

系统由太阳能集热器、水箱、空气源/水（地）源热泵、锅炉等部件组成，既可以生产热水，也可以作为空调制热与制冷，且在作为空调制冷的同时可免费回收热水，系统示意图如图 13-1 所示。通过多能源进行耦合互补，将可再生能源转化为冷负荷、热负荷、热水、路灯用电负荷等用能形式，经过控制策略调度后，和建筑用能侧接口对接，实现区域建筑部分用能的可再生化。

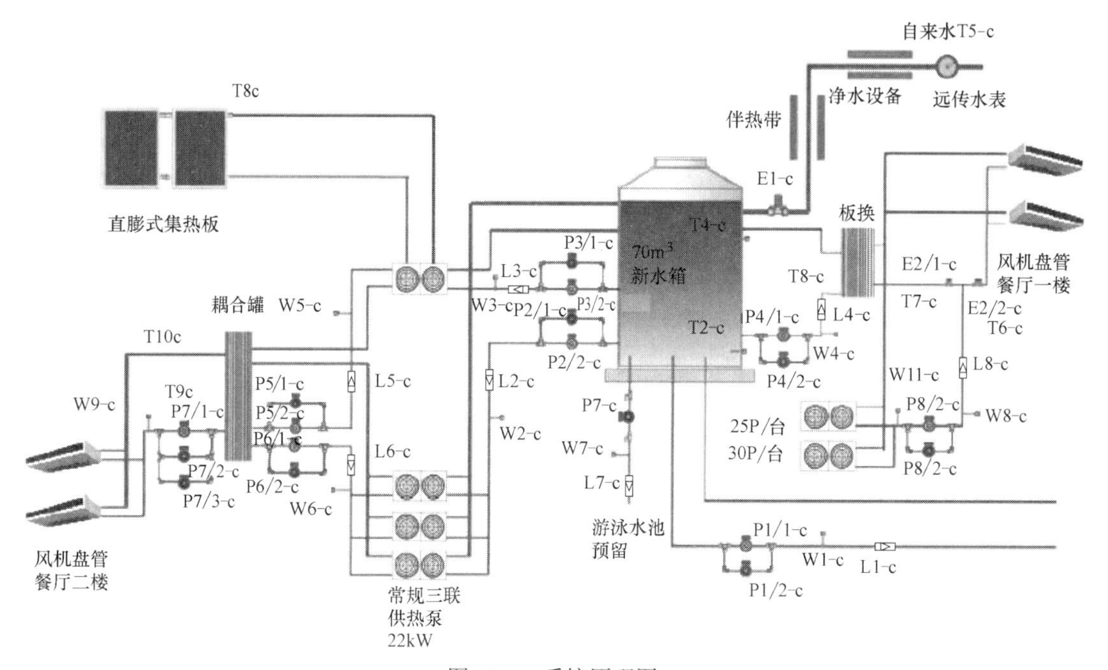

图 13-1　系统原理图

5. 太阳能跨季节蓄能供暖技术

土壤源热泵系统由于取热过度导致运行性能连年下降，而太阳能存在着不稳定、不连续、强度弱的缺点。太阳能跨季节蓄能供暖技术将两者耦合，利用地球作为一个巨大的蓄热体，将夏季或者过渡季节收集到的太阳能储存在深层土壤当中，冬季再利用土壤源热泵将这部分能量提取出来，这样不仅实现了太阳能跨季节运用，而且可以使地下土壤温度场得到恢复。保证了热泵的运行效率，也不会对土壤微生态环境造成影响。这样能够解决土壤源热泵持续运行造成的土壤温度逐年下降的问题。

太阳能跨季节蓄能供暖技术集成太阳能集热系统、地下蓄能系统、地源热泵辅助热源等技术，将太阳能集热器通过串联和并联形式组成大型的太阳能集热系统，在地面 2.5m 以下岩土层建设一定数量和排列规则的蓄能井，利用岩土作为蓄热材料，收集春、夏、秋三季太阳能，存储于地下，供暖时从地下蓄能系统取出储存的热量，实现太阳能跨季节蓄热，用于冬季供暖。

该技术通过优化地下蓄能系统的蓄热体规模、蓄能井布置排列、蓄能井之间的连接方法设计，并把地源热泵换热井布置在蓄能井周围，可有效降低蓄能系统的热量散失，提高储热和取热效率。该技术对地下高品位蓄热可直接用于供暖，对低品位蓄热采取热泵取热，辅助供暖，具有较高的运行效率。通过设置短期蓄能罐，减少了蓄能井数量，提高系统运行效率，保障系统供暖运行效果，提高系统的经济性。技术自主研发具有远程交互式控制功能的智能控制系统，能够对太阳能集热循环、地下蓄能系统的热量存储及提取、辅助热源运行以及供暖循环等进行远程、自动化控制，具有实时监控、数据分析、预报预警、应急处置等功能，实现供暖项目的集中远程调度控制和可视化管理、热量科学高效配置及系统节能运行。

6. 中深层地热能集中供暖技术

岩层按温度分布状况从上到下可分为变温层、恒温层、增温层。恒温层地温梯度约3℃/100m，中深层地热能集中供暖技术以地下中深层热储层为热源，通过钻机向地下一定深度岩层钻孔，并在钻孔中安装密闭的金属换热器（换热器内充满换热介质），通过换热器将地下深处的热能导出，并通过热泵等专用设备间接或者直接向地面建筑物供热。

该技术首先由项目所在地对地层结构、温度分布等地质条件由具有勘察资质的专业队伍进行勘察，并提交工程勘察报告。使用专业石油钻孔设备在目的地钻孔，钻孔深度地下1000～2000m。采用梯级换热、防腐防垢、固化热源井、过滤净化管道用水等技术，获取更高品味地热资源。地岩热孔供、回水管路系统宜采取同程并联式布置。根据当地地热资源品位情况，供热方式分为无干扰地岩热机组供热系统和无干扰地岩热直接供热系统。系统投入使用之前，应进行整体的运转调试。运行阶段利用换热站自动监控技术，对地热资源长期动态监测、日常开采动态监测、开发利用管理动态检测的数据进行有效监控，并对各个供热站房进行远程自动化监控，确保供热站房安全稳定运行。

截至目前，利用该技术在陕西、甘肃地区已实现供暖面积约200多万平米，最长供暖周期已达5年之久，并在内蒙古、北京等地区开展示范项目建设。

7. 医院用太阳能热水系统

系统针对医院生活热水需求和用水特点，采用独立消毒装置和软水装置、金属流道集热器、耐腐蚀水箱和食品级不锈钢管道，利用水作为传热工质，双辅助热源保障系统运行，具有互联网远程智能控制-数据储存读取及能耗监测与计算等功能。系统包括：前置水处理系统、集热系统、辅助加热系统、恒温储水系统、供热水系统、控制系统、防护系统等。系统运行原理图如图13-2所示。

（1）前置水处理系统：采用消毒和软水装置，保证系统的水质安全。

（2）集热系统：选用金属流道集热器，避免与橡胶等有可能污染水质的材料接触，并采用无毒无污染的水作为系统的循环介质，不选用有毒有污染的防冻液和导热油等介质。

（3）辅助加热系统：根据医院的能源现状，选用余热、燃气、城市热力作为系统的辅助热源，并依据《医院建筑设计规范》设计备用辅助热源。

（4）恒温储水系统：采用适用于多盐、潮湿等多种环境的耐腐蚀水箱。

（5）管路：采用304食品级不锈钢管道。

控制系统：具有互联网远程智能控制、数据储存读取、能耗监测与计算等功能，配置有标准485网络协议，可与医院能源监测系统进行全方位联动。

8. 太原（太古）大温差长输供热示范工程

太原（太古）大温差长输供热示范工程包括古交兴能电厂、长输供热管线、太原市河西及河东部分地区的一级热网及热力站。热源为古交兴能电厂一期2台300MW、二期2

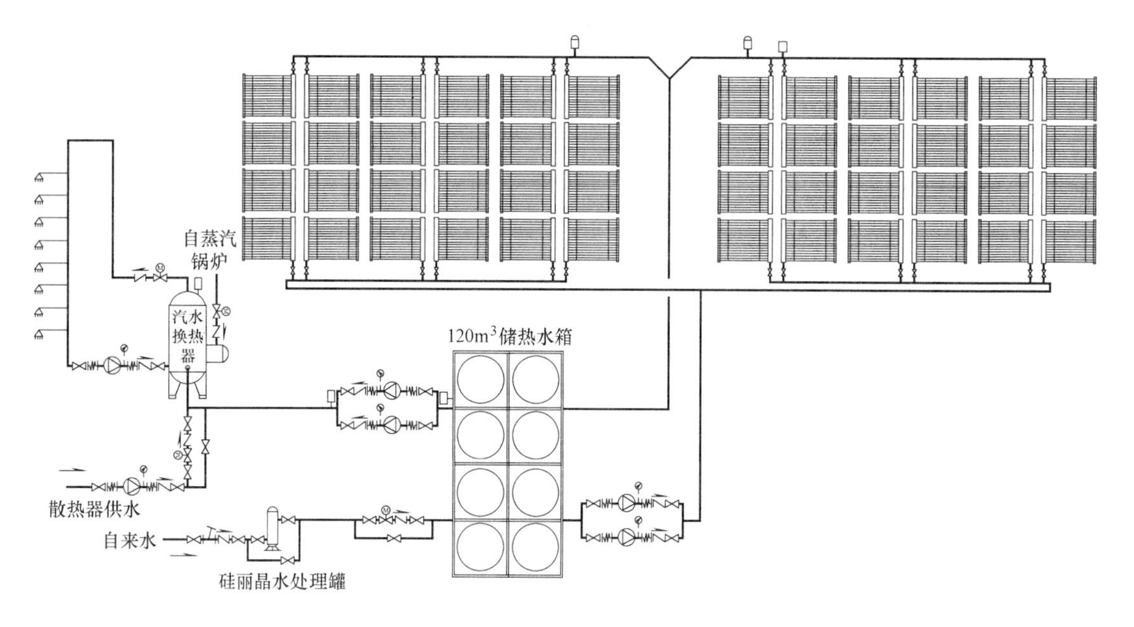

图 13-2　系统运行原理图

台 600MW 及三期 2 台 660MW 机组。长输高温差管网为 4 根 *DN*1400 管线，从电厂至中继能源站总长度 37.8km，通过中继能源站再与城区一级网连接，为太原市区供热。热源为古交既有热电联产燃煤机组，供热系统采用梯级加热有效回收汽轮机乏汽余热，为太原市及古交地区供热。长输管网经过能源站隔压换热及六次循环泵加压，到达市区环网，实现多热源联网、末端大温差运行。设计供回水温度 130℃/30℃，设计供热面积 7600 万平方米。达到设计状态后，彻底替代市区所有散煤小锅炉，关停原有 300MW 燃煤不达标机组，每年可节约标煤 120 万 t，减少二氧化硫排放 2444t，减少氮氧化物排放 1355t，减少 PM_{10} 排放 520t。

该工程在世界上首次实现了复杂地形下大温差长输供热，并创造多项世界领先的指标：①电厂余热供热规模最大：已实现供热规模 6600 万平方米，2020 年达到 7600 万平方米；②长输热网供回水温差最大：设计供回水温度 130℃/30℃，已实现长输热网回水温度 37℃，一次网回水温度 32℃；③供热能耗最低：充分利用低温的热网回水，供热机组余热多级串联梯级加热，已实现余热供热比例 79%，供热能耗达到 6.2kg/GJ，与常规热电联产相比供热能耗降低约 50%；④供热输送距离最远：全长 70km，其中热源至隔压站 37.8km、至城区主网 42km；⑤高差最大：全网高差 260m，其中电厂至隔压站高差 180m；⑥敷设地形最复杂：长输热网管线全部沿山峦、河谷敷设，共 6 座穿山隧道，总长度 15.7km，其中 3 号隧道 11.4km，为特长隧道，6 次穿越汾河，在河道河谷敷设长度 11km。

项目 2016 年投入运行，已平稳供热三个采暖季。本项目是目前国内外实际投入运行规模最大的热电联产工业余热利用项目，同时也是国内外地形最复杂、管网敷设方法多样创新、单级隔压高差最大、泵站多级提升联动运行级数最多、节能环保和经济效益最可观的工程。本项目建成后有效地降低了供热成本，使得太原市热力管网成为世界上单个热电厂为主导的多热源联网面积最大的供热管网，为太原市区供热的安全性和可靠性提供了有力地保障，社会效益显著。

该工程实现了复杂地形下大温差长输供热，具有单个热电厂余热供热规模和长输热网供回水温差最大、供热输送距离远、高差大等特点，其主要创新如下：①发明的吸收式换热器用于本工程，实现了低回水温度；②研究形成了多级加压泵和隔压站技术，解决了大高差问题；③提出了避免水击、汽化、超压等的系列技术，保证了系统安全运行；④提出了多级串联梯级加热的工艺流程，不仅高效回收了电厂乏汽余热，并显著降低了电厂改造成本；⑤研究形成了成套保温绝热技术，实现了全程温降1℃以内；⑥针对复杂地形情况，因地制宜改进了直埋、桁架、隧道等敷设方式，降低了施工成本。

该工程实现余热供热比例超过70%，实际运行供热能耗达到6.2kgce/GJ，与常规热电联产方式相比供热能耗降低约50%。在长距离复杂地形情况下，经过五级泵送电耗仅为1.8kWh/(m^2·供暖季)。包括大温差改造总投资每平米供热面积不超过100元。供热成本显著低于目前其他清洁供暖方式。

该工程是世界上第一个成功实施的大规模余热长距离供热工程，全面替代了太原市燃煤供热锅炉，为我国北方地区供热开辟了新途径，应作为城镇清洁供热的主流方式，全面推广可节约标煤1亿吨以上。

9. 瓦（墙）式太阳能集热器

太阳能热水器存在采集面积小、安装困难、不能与建筑一体化、使用受局限等缺点，通常需要单独安装。瓦（墙）式太阳能集热器将太阳能集热器与建筑构件相结合，采用高分子复合树脂材料为基材，辅以复合功能涂层，在上、下板连筋部分设计了导温腔结构，板两侧边设计了模块化嵌接装置，整板可采用卡套、软管、插套等三种内连接形式，具有功能性、模块化、轻量化以及便于安装维护等特点。通过技术与工艺集成创新，制备出瓦（墙）式太阳能集热器，实现了产品模块化、轻量化，有利于建筑一体集成应用，系统示意图如图13-3所示。

10. 导光管采光系统

通过室外采光装置捕获日光并导入系统内部后，经导光装置强化并高效传输，由漫射器装置将自然光均匀导入室内需要光线的任何地方的采光系统。其中采光罩透光率≥90%，导光管反射率≥99%，漫射器透光率≥86%，透光折减系统 $Tr \geq 0.76$，一般显色指数 $Ra \geq 98$，紫外线透射比为0。

导光管采光系统主要是解决白天自然光无法到达的地方，可广泛应用于地下空间、厂房、办公场所、会议室、学校、医院、体育场馆、展览馆、物流中心、机场、火车站、地铁、商场等空间场所。

13.4.2 华夏建设科学技术奖优秀项目

华夏建设科学技术奖（以下简称华夏奖）是住房和城乡建设领域科技进步奖，于2002年10月批准设立，承办单位是住房和城乡建设部科技与产业化发展中心，旨在促进住房城乡建设领域科技成果转化为生产力，加快科技创新，提升我国住房城乡建设行业的综合技术水平。2016-2019年度华夏建设科学技术奖授奖项目507项，其中建筑节能与绿色建筑领域授奖项目71项，如表13-4所示。

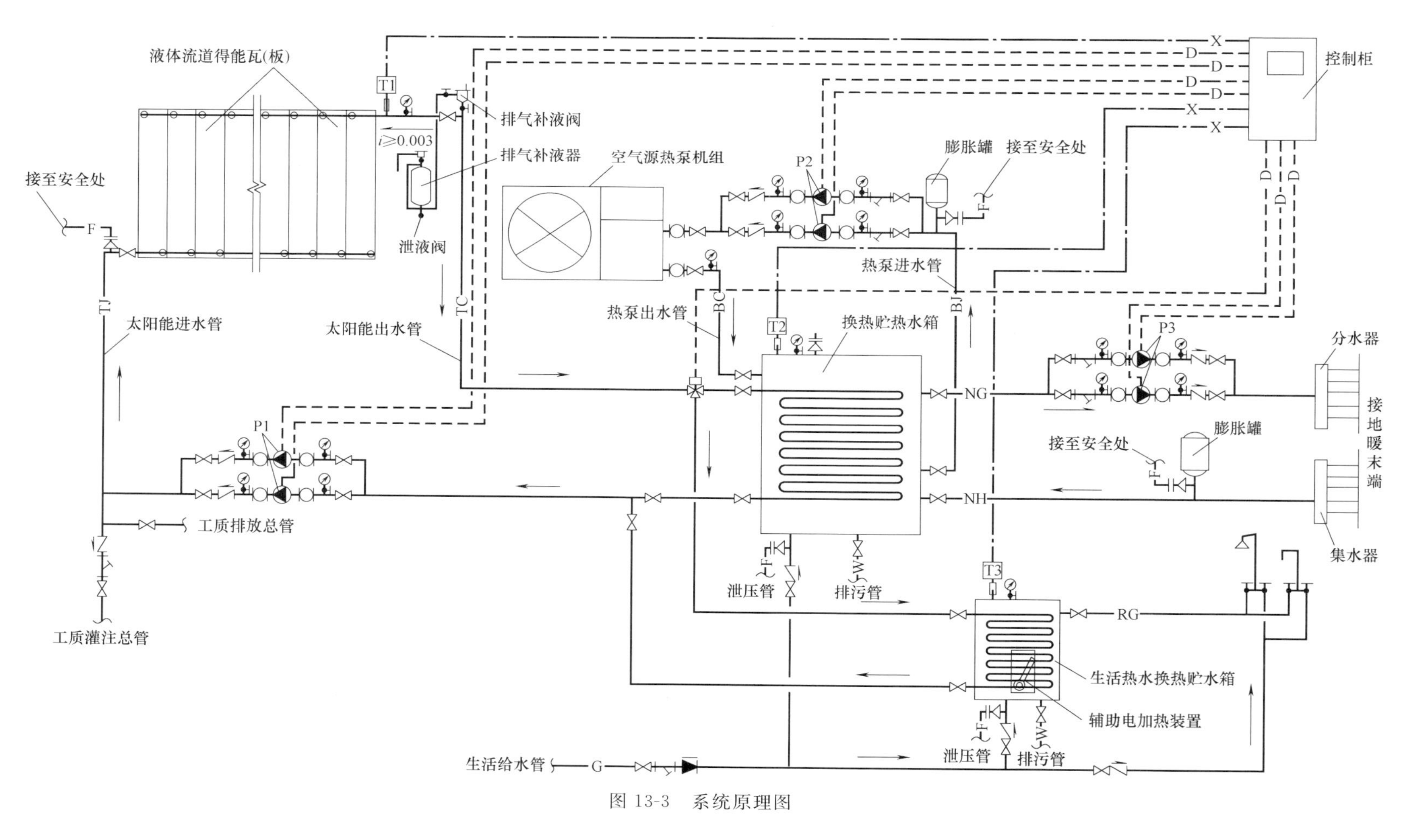

液体流道得能瓦(板)
T1
$i \geqslant 0.003$
排气补液阀
排气补液器
泄液阀
接至安全处
F
TJ
太阳能进水管
太阳能出水管
TC
空气源热泵机组
P2
膨胀罐
接至安全处
热泵进水管
热泵出水管
BC
BJ
T2
换热贮热水箱
控制柜
X
D
P3
分水器
接地暖末端
集水器
NG
NH
膨胀罐
接至安全处
P1
工质排放总管
工质灌注总管
泄压管
排污管
T3
RG
生活热水换热贮水箱
辅助电加热装置
泄压管
排污管
生活给水管
G

图 13-3　系统原理图

2016-2019 年度华夏奖建筑节能与绿色建筑领域授奖项目清单 表 13-4

项目名称	承担单位
2016 年(共 16 项)	
一等奖(3 项)	
村镇建筑节能关键技术集成与示范	上海现代建筑设计(集团)有限公司
绿色建筑全寿命期性能评价方法与设计优化技术研究	清华大学
《绿色建筑评价标准》GB/T 50378—2014	中国建筑科学研究院
二等奖(2 项)	
城镇建筑碳排放计量标准及低碳设计关键技术集成研究与示范	中国建筑设计院有限公司
超薄绝热保温复合预制墙板关键技术及产业化	中国建筑科学研究院
三等奖(11 项)	
建筑复合能源系统集成优化设计成套应用技术研究	中国建筑技术集团有限公司
基于 COB 的大功率 LED 灯具散热技术	广东玖星光能低碳科技有限公司
基于能效提升的地源热泵系统共性复杂技术问题及管理体系研究	武汉市建筑节能办公室(武汉市墙体材料改革办公室)
太阳能光伏屋顶发电集成技术	广东省建筑科学研究院集团股份有限公司
建筑用真空绝热板生产工艺及自动化生产线	青岛科瑞新型环保材料有限公司
城市地下交通联系隧道的烟气控制	中国建筑科学研究院
工业和信息化部综合办公业务楼工程绿色节能总承包施工技术研究及应用	中国建筑第二工程局有限公司
建筑节能气象参数标准	中国建筑科学研究院
高原高寒干燥地区建筑工程绿色建造关键技术	中国建筑第八工程局有限公司
绿色建筑工程结构安全性诊治关键技术研究	山东省建筑科学研究院
植物纤维新型建筑体系及其在村镇住宅中的应用技术研究	河北建筑工程学院
2017 年(共 18 项)	
一等奖(1 项)	
建筑室内 $PM_{2.5}$ 污染全过程控制理论及关键技术	中国建筑科学研究院
二等奖(6 项)	
《公共建筑节能设计标准》GB 50189—2015	中国建筑科学研究院
绿色生态园区技术集成应用研究与示范	南京工业大学
建筑冷热电动态负荷预测方法及数据开发	中国建筑科学研究院
《医院洁净手术部建筑技术规范》GB 50333—2013	中国建筑科学研究院
上海气候适应型建筑围护结构节能体系研究与集成示范	上海市建筑科学研究院(集团)有限公司
工业建筑绿色化改造技术研究与工程示范	上海现代建筑设计(集团)有限公司
三等奖(11 项)	
建筑外围护墙体结构自保温成套技术体系研究与应用	山东省建设发展研究院
高等级生物安全四级实验室关键防护设备现场验证技术集成研究	中国建筑科学研究院
公共建筑节能改造重点城市示范技术体系及应用	上海市建筑建材业市场管理总站
村镇建筑用能方式与设备节能关键技术研究与示范	中国建筑科学研究院
建筑用材料导热系数和热扩散系数瞬态平面热源测试法	北京中建建筑科学研究院有限公司
新型大空间组合钢结构体系绿色建造关键技术及应用	中国建筑第七工程局有限公司
医院建筑绿色化改造技术研究与工程示范	中国建筑技术集团有限公司
组团建筑绿色性能提升规划设计关键技术与应用	上海市建筑科学研究院(集团)有限公司
《绿色医院建筑评价标准》GB/T 51153-2015	中国建筑科学研究院
基于大数据及多维共享的绿色建筑信息化管理服务平台	中国城市科学研究会
绝热(保温隔热)涂料	北京禾木科技有限公司

续表

项目名称	承担单位
2018年(共19项)	
一等奖(4项)	
典型气候地区既有居住建筑绿色化改造技术研究与工程示范	上海市建筑科学研究院(集团)有限公司
既有建筑绿色化改造综合检测评定技术与推广机制研究	中国建筑科学研究院有限公司
东北严寒地区绿色村镇建设关键技术研究与应用	哈尔滨工业大学
民用建筑能耗标准	住房和城乡建设部标准定额研究所
二等奖(6项)	
建筑室外水系维护与节水关键技术研究	中国建筑设计院有限公司
组合模块式相变蓄热供暖系统研究及应用	天津大学
山东省绿色建筑和绿色生态城区发展及技术标准体系研究与应用	山东省建筑科学研究院
寒地人居环境绿色性能优化设计关键技术研究与应用	哈尔滨工业大学
冰蓄冷低温送风变风量空调系统成套施工技术的研究与应用	中建一局集团建设发展有限公司
基于全过程的城市与建筑通风集成应用研究	同济大学
三等奖(9项)	
被动式超低能耗建筑技术集成研究与示范	中国建筑科学研究院有限公司
既有公共建筑能效提升审计与评价全过程关键技术研究	住房和城乡建设部科技与产业化发展中心
实现更高建筑节能目标的可再生能源高效应用关键技术研究	中国建筑科学研究院有限公司
分布式太阳能光热驱动多联供关键技术及应用	天津大学
基于热湿特性的严寒地区建筑围护结构优化设计关键技术	沈阳建筑大学
严寒和寒冷地区绿色低能耗公共机构性能设计方法与关键技术研究应用	中国中建设计集团有限公司
北京市公共建筑节能绿色化改造技术指南及节能量核定研究	北京市住房和城乡建设科学技术研究所
河北省发展被动式低能耗建筑的可行性研究及建议	河北省建筑科学研究院
体育场馆照明设计及检测标准	中国建筑科学研究院有限公司
2019年(共18项)	
一等奖(2项)	
既有办公建筑绿色化改造关键技术与工程示范	中国建筑科学研究院有限公司
地下隧道及洞库环境安全保障关键技术研发与应用	西安建筑科技大学
二等奖(5项)	
建筑物合同能源管理关键技术研究	住房和城乡建设部科技与产业化发展中心
高校校园节能综合技术研究及应用	上海市建筑科学研究院
青岛市公共建筑节能改造方法体系研究与推广	中国建筑科学研究院有限公司
大连理工大学辽东湾校区图书信息中心绿色技术集成应用研究	沈阳建筑大学天作建筑研究院
民用建筑热工设计规范	中国建筑科学研究院有限公司
三等奖(11项)	
高性能硬质泡沫复合塑料保温板研发与应用技术研究	山东省建筑科学研究院
山东建筑大学钢结构装配式超低能耗教学实验综合楼	山东建筑大学

续表

项目名称	承担单位
2019年(共18项)	
三等奖(11项)	
绿色农房气候适应性研究和周边环境营建关键技术研究与示范	中国建筑科学研究院有限公司
绿色建筑节水关键技术	中国建筑设计研究院有限公司
珠海市建筑节能能耗监测平台管理模式研究与关键技术开发应用	上海市建筑科学研究院有限公司
河北省被动式超低能耗建筑系列标准	河北省建筑科学研究院有限公司
雄安新区绿色建材导则	住房和城乡建设部科技与产业化发展中心
建筑节能、节水测试与评价方法及标准研发	中国建筑科学研究院有限公司
模块化户内中水集成系统技术规程	中国建筑设计研究院有限公司
建筑电气工程电磁兼容技术规范	上海建筑设计研究院有限公司
城市废弃港区绿色综合改造关键技术研究与应用	上海市城市建设设计研究总院(集团)有限公司

部分建筑节能与绿色建筑及相关领域重点获奖项目介绍如下。

1. 民用建筑能耗标准

根据我国已开展的能耗统计、能源审计以及大型公建能耗监测工作的成果，准确界定民用建筑能耗的基本内容；研究民用建筑能耗的影响因素；研究我国各气候区以及国外民用建筑能耗情况；在满足民用建筑合理用能需求的前提下，提出与建筑节能设计标准相适应的我国民用建筑能耗指标及参数。

对于新建建筑，本标准是建筑节能的目标，应用来规范和约束设计、建造和运行管理的全过程。对于既有建筑，本标准给出评价其用能水平的方法。当实际建筑用能限额管理或建筑碳交易时，本标准给出的约束值可以作为用能限额及排碳数量的基准线参考值，也可为超限额加价制度的实施以及对超额碳排放实施相应的约束措施提供依据。当本标准得到全面落实后，一个地区（省、市、县）的建筑能耗总量可以根据本标准规定的约束值与该地区各类建筑的总量进行核算。同时，各个地方可根据当地实际的建筑用能水平制定地方标准。

2. 东北严寒地区绿色村镇建设关键技术研究与应用

东北严寒地区绿色村镇建设技术体系研究。针对我国严寒地区村镇体系尚不完善的问题，在对东北地区典型村镇及建筑开展系统调研的基础上，研发绿色村镇体系与绿色建筑体系构建技术、绿色村镇气候适应性规划实施评价技术、绿色村镇景观风貌设计技术，并构建东北严寒地区绿色村镇与绿色建筑数据库。

东北严寒地区绿色村镇建设技术创新研究。结合严寒地区村镇经济技术条件及建设特点，充分考虑不同村镇的资源构成与人文环境差异性，研发多层级、多目标的成套创新技术，包括东北严寒地区绿色村镇建筑及其环境适宜技术、严寒地区绿色村镇气候适应性规划技术、围护结构本土化材料构造技术、混凝土企口砌块砌体结构技术。

东北严寒地区绿色村镇建设技术应用研究。通过绿色技术的优化集成创新，实现绿色技术的集成示范，建设包括普通村镇、特色村镇、粮食主产区村镇及林区村镇在内的9个东北严寒地区绿色村镇适宜绿色技术集成示范基地。

项目针对我国东北严寒地区村镇低碳绿色发展的迫切需求，在关注地域气候、自然环境、社会经济条件等多方制约条件的基础上，开展了严寒地区绿色村镇建设的关键技术研究，为严寒地区村镇的绿色可持续发展提供了技术支撑与模式保障，取得了显著的社会效益。

3. 现代城市热环境调控关键技术创新与应用

项目建立了现代城市热环境调控过程的计算理论。揭示了城市界面单元的蒸发冷却调节机理、城市地表植被层光合作用能量耗散过程、城市降雨分布规律，建立了城市界面单元动态换热过程的计算理论，在国际上首次采用半透明体模型理论成功解决了植物冠层辐射换热计算难题。

构建了我国城市热环境调控技术的设计原理和标准体系。系统揭示了热环境调控技术与调控目标参数的相关性，突破了调控技术量化设计瓶颈，首次建立了环境热岛强度控制目标参数设计模型，主编了我国第一部强制性标准《城市居住区热环境设计标准》等。

开发了城市热环境三维可视化模拟仿真优化平台。攻克了城市热环境物理信息和 AutoCAD 设计信息链接技术难题，开发了城市热岛强度模拟软件、热环境风场模拟软件、环境热物理性能优化分析软件，系统建立了城市热环境三维可视化仿真平台。

研发了城市热环境调控测试新技术和成套装备。建立了可测试界面单元换热的动态热气候风洞实验台，开发了缩尺模型风场风洞测试成套技术，开发了地表温度场测试的飞艇遥感系统。攻克了周期性热湿环境实验不可复现的重大技术难题，系统建立了城市单元、小区、组团三级规模测试的成套装备，取得了国家计量认证。

本项目成果推广应用在我国城市规划设计、景观设计行业及绿色生态小区和绿色建筑评价领域。达到了控制热岛强度不超过 1.5℃，热安全评价指数 WBGT 不超过 33℃的目标，整体上提高了我国城市开发建设项目应对气候变化、控制环境过热的能力和水平。城市热环境和风环境的测试方法和技术在城市大型工程建设的设计阶段推广应用，有效控制了设计环境的热环境质量。城市热环境设计模拟软件工具在设计环节得到了广泛应用，提高了设计效率和设计科学性。

4. 既有办公建筑绿色化改造关键技术与工程示范

绿色化改造是解决既有办公建筑存在问题的重要手段。推进既有办公建筑绿色化改造，对建设节能低碳、绿色生态、集约高效的建筑用能体系，提高建筑可靠性，改善建筑环境品质，实现建筑绿色发展具有重要的现实意义和深远的战略意义。项目主要从关键技术、设计方法、标准规范、产品专利、论文专著、平台基地、示范工程应用推广等方面形成系列成果。主要内容及特点如下：

形成了既有办公建筑节能改造关键技术。项目系统研究并提出了一种适用于夏热冬冷地区既有办公建筑绿色化改造用的热向型窗；提出用改进的温频（BIN）参数法预测评估既有办公建筑空调系统能耗；提出了确定既有办公建筑新风系统用空气-空气能量热回收装置的高效运行区间分析方法；提出了既有办公建筑采用夜间通风降温技术的适宜性分析方法；以室内办公人员的热舒适指标为约束条件，以空调总能耗为优化目标，制定了既有办公建筑空调系统运行策略的优化分析方法；项目针对既有办公建筑绿色化改造对资源节约、环境品质、功能、性能、经济等多目标的改造需求，制定了基于多目标协同的既有办公建筑绿色化改造技术策略；提出了层次化的既有办公建筑综合能效评价方法。

形成了既有办公建筑室内环境改造关键技术。项目针对既有办公建筑室内声、光、热、$PM_{2.5}$ 污染等环境与空气品质现状开展了广泛调研，提出了室内环境绿色化改造关键技术（如：室内降噪、采光、照明、温湿度控制、$PM_{2.5}$ 污染控制等）；形成了既有办公建筑室内空间高效再组织利用和多重利用关键技术。

形成了既有办公建筑安全性改造关键技术。项目基于既有办公建筑的结构安全问题，提出了摇摆墙可恢复抗震加固框架结构关键技术；研发了基于形状记忆合金的自复位防屈曲约束支撑。

项目研究成果有效填补了既有办公建筑绿色化改造领域的空白，部分关键技术、标准规范、产品总体上达到国际先进/国内领先水平，并在工程中进行了广泛应用和推广，可有效解决既有办公建筑中资源能耗偏高、安全性能偏低、环境亟需改善等问题，有效推动了建筑的绿色健康发展。项目成果应用取得的经济效益近 52 亿元，具有良好的推广应用前景。

5. 典型气候地区既有居住建筑绿色化改造技术研究与工程示范

项目针对我国不同气候地区既有居住建筑在建筑形式与功能、结构安全性、居住舒适度、新能源利用与节能减排等方面存在的问题，形成既有居住建筑绿色化改造关键共性技术、不同气候地区既有居住建筑绿色化改造适宜新技术等关键技术。

项目形成以下创新点：①既有居住建筑绿色再生设计技术；②既有居住建筑功能改善与安全性能提升一体化技术；③典型气候地区既有居住建筑改造选材策略；④槽式太阳能集热器与燃气锅炉集成供暖系统；⑤既有居住建筑设备能效提升技术；⑥扇形活动外遮阳装置；⑦新型通风隔声窗；⑧带空气净化功能的住宅新风设备；⑨技术集成体系。

通过项目的实施，提高了既有居住建筑的安全性能和使用功能，降低了能耗，节约了资源，改善了室内外环境，实现了既有居住建筑的可持续利用，从而提升了人们的生活环境和生活质量，维护了社区和谐稳定，具有明显的社会效益。

6. 既有建筑绿色化改造综合检测评定技术与推广机制研究

项目系统地提出了建筑绿色性能的检测方法，提出了针对高权重围护结构性能指标的建筑面层缺陷无损检测技术，构建了完善的既有建筑绿色改造标准体系，提出了合同能源管理等市场化机制以及基于制度设计的激励和约束政策并举、基于信息披露和能效标识的市场驱动、基于综合性能的适应性技术体系支撑及基于资源配置效率的全过程服务模式政策建议。

项目相关成果在全国近 20 个省市进行了应用，提高了绿色改造质量和效率，改善了人居环境，产生了显著的经济效益。利用项目研究成果，编制了多地的发展规划和政策文件。

7. 多形态异形复杂结构清水混凝土成套施工技术

清水混凝土以混凝土本身的自然颜色和纹理作为最终装饰，达到建筑结构一体化实现绿色节能的同时，还能体现建筑物洁净自然、庄重简约的个性，在剧场、文化展馆、会议厅等项目上得到广泛应用。为实现设计理念，清水混凝土工程大量采用不规则平曲面元素，结构形式也日趋复杂，劲性结构、预应力结构也得到应用。该类工程深化设计复杂、成型难度大、施工精度及品质要求高，建设挑战性极大。如上海保利大剧院长 400m、高 34.3m、厚仅 18cm 的超高薄壁清水墙施工，漕河泾新州大楼长 170m、跨度 50m、悬挑 17m、自重 10000t 的清水混凝土转换桁架施工，张家港文化中心空间异形结构上 108 种洞口、317 个机电末端的预留预埋施工等。

本项目以多个清水混凝土工程为依托，针对异形复杂清水混凝土工程技术难题开展研究，形成了多形态异形复杂结构清水混凝土成套施工技术，关键创新成果如下：

异形复杂清水混凝土结构深化设计技术。制定了一套空间异形清水混凝土蝉缝分割设计标准，研发了复杂异形清水混凝土结构工序深化设计技术，发明了基于 Pro-E 的曲面展开深化设计方法，保障了空间异形清水混凝土结构的完美呈现。

多形态异形清水混凝土结构模板及模架施工技术。针对多角度倾斜墙板、单向曲面、空间异形等异形复杂清水结构，发明了一系列多类型、低成本、易施工的模板体系。研发了基于 BIM 技术的复杂结构空间定位方法，保证了异形结构模架的安装精度。针对影响清水质量的模板施工各工序，制定了成套施工控制标准。研发了兼具调平和自锁功能的层间转接托架和阴阳角模板，确保了复杂节点的成型质量。

异形复杂清水混凝土结构钢筋与混凝土施工及成品保护技术。制定了复杂清水混凝土结构钢筋与混凝土施工工艺标准，研发出满足复杂构件多样性工作性能的清水混凝土配合比，研发了异形复杂清水混凝土浇筑及裂缝控制技术，发明了引截互补、软硬结合、刚柔相济的成品保护方法。

异形复杂结构清水混凝土高精度预留预埋施工技术。研发了洞口模板制作和预埋施工方法，解决了异形构件上大量不规则洞口、小型机电末端、送风洞口等定位精度和成型质量保证的难题。研制出全方位限位固定措施，保证了薄壁清水墙幕墙埋件预埋精度。

本成果授权专利 36 项（发明专利 12 项），获省部级工法 4 项，形成企业技术标准 1 部，发表论文 7 篇。经科技成果评价，成果整体达到国际先进水平，其中在钢骨与混凝土共同作用的倾斜清水混凝土结构、异形清水混凝土曲面结构、大跨落地拱壳结构等施工技术方面达到国际领先水平。

本成果已在上海保利大剧院、漕河泾新州大楼、徐汇滨江龙美术馆、张家港保税区（金港镇）文化中心、上海华鑫慧享中心等项目成功应用，近三年产生直接经济效益 7930 万元。依托上海保利大剧院项目荣获中国建设工程鲁班奖、邬达克建筑文化奖，经济与社会效益显著。

8. 装配式钢框架与钢板剪力墙建筑体系成套技术研发及应用

发展装配式建筑是建筑业供给侧改革、转型升级的重要举措。项目历经 17 年攻关与实践，通过产学研合作，以“工业化、绿色化、标准化、信息化”为研发目标，以系统工程学为基础，联合企业共同开发了装配式钢框架与钢板剪力墙建筑体系成套技术，包含设计、生产、施工、管理、配套软件、设备等全产业链技术，主要技术创新如下：

对矩形钢管和 H 形钢框架结构体系进行了深入研究，创新的开发了一系列新型梁柱连接节点，包括便于加工的矩形管梁柱节点、装配化高效梁柱节点和小宽度截面侧板式梁柱（墙）节点，进行系统的试验和理论研究，建立了相关设计方法和计算公式，并提出相关细部节点加工、施工工艺。

在框架结构体系研究基础之上，创造性地提出半刚性钢框架-钢板剪力墙结构体系，创新的将一字形钢板组合剪力墙优化组合，形成适合住宅的模块化钢板组合剪力墙和适合公建的钢框架-连肢钢板组合剪力墙核心筒结构体系，体系解决了钢结构外露梁柱问题，同时易于实现工业化生产。

开发了与钢结构体系配套的装配式围护体系，主要包括装配式 ALC 复合墙体系统；装配式板材 BIM 软件信息化管理核心技术；ALC 装配式大板技术；配套安装工法和设备；并编制了标准图集。

研发了基于 EPC 模式的装配式建筑 BIM 智慧建造协同管理平台，该平台可实现设计、深化、加工、建造的多方协同，解决了装配式建筑多方协同管理的难题。

项目历时 17 年，发表论文 20 余篇，出版著作 1 部，获得发明专利 11 项、实用新型专利 32 项、软件著作权 9 项，编制标准图集 2 部。培养博士研究生 18 名，硕士研究生 35 名，博士及硕士论文和研究报告 53 篇。相关研究成果应用在多个住宅和公建项目中，总建筑面积逾百万平方米，取得了良好的社会效益和经济效益，尤其在“四节一环保”方面效益突出。

附录　建筑节能大事记（2018 年 1 月—2020 年 6 月）

2018 年

2018 年 2 月

中共中央办公厅 国务院办公厅印发《农村人居环境整治三年行动方案》

2018 年 2 月，中共中央办公厅、国务院办公厅印发《农村人居环境整治三年行动方案》。方案指出“近年来，各地区各部门认真贯彻党中央、国务院决策部署，把改善农村人居环境作为社会主义新农村建设的重要内容，大力推进农村基础设施建设和城乡基本公共服务均等化，农村人居环境建设取得显著成效。同时，我国农村人居环境状况很不平衡，脏乱差问题在一些地区还比较突出，与全面建成小康社会要求和农民群众期盼还有较大差距，仍然是经济社会发展的突出短板”。为加快推进农村人居环境整治，方案还就农村人居环境整治的重点任务、发挥村民主体作用、强化政策支持、扎实有序推进、保障措施等方面的工作提出了具体意见和要求。

国家发展改革委关于扎实推进农村人居环境整治行动的通知（发改农经〔2018〕343 号）

2018 年 2 月 26 日，国家发展改革委发布《关于扎实推进农村人居环境整治行动的通知》，通知要求发展改革部门要进一步把思想、认识、行动统一到党中央、国务院决策部署上来，把这件广大农民群众最关心、最期盼的事做实做好，真正抓出成效，并结合发展改革部门职责，就扎实推进农村人居环境整治行动提出了合理确定整治目标、明确整治主攻方向、扎实有序实施整治行动、健全工作推进机制、切实加大投入力度、完善监管长效机制、强化监督考核激励、加强经验交流推广等八项措施。

2018 年 3 月

住房城乡建设部关于印发《民用建筑能源资源消耗统计报表制度》的通知（建科函〔2018〕36 号）

2018 年 3 月 9 日，为进一步做好民用建筑能源资源消耗统计工作，根据《中华人民共和国统计法》《民用建筑节能条例》有关规定，住房城乡建设部对现行《民用建筑能耗统计报表制度》进行了修订，形成了《民用建筑能源资源消耗统计报表制度》（以下简称《报表制度》），并正式发布。通知要求各地住房城乡建设主管部门要高度重视《报表制度》实施工作，加强组织领导，细化本地区统计工作分工，安排必要的人力、物力和工作经费，认真落实各项统计任务；要按照《报表制度》要求遴选样本建筑，建立规范的统计数据填报和审核机制，进一步提高统计数据报送质量。要加强统计数据分析应用，建立本地区民用建筑能源消耗总量及强度控制分解目标；要将《统计制度》执行情况作为重要指标，列入建筑节能工作考核的内容。

住房城乡建设部建筑节能与科技司关于印发2018年工作要点的通知（建科综函〔2018〕20号）

2018年3月27日，住房城乡建设部建筑节能与科技司印发2018年工作要点。《住房城乡建设部建筑节能与科技司2018年工作要点》提出2018年建筑节能与科技工作总体思路是：以习近平新时代中国特色社会主义思想为指导，全面贯彻党的十九大精神，落实新发展理念，充分发挥科技创新的战略支撑作用，以绿色城市建设为导向，深入推进建筑能效提升和绿色建筑发展，稳步发展装配式建筑，加强科技创新能力建设，增添国际科技交流与合作新要素，提升全领域全过程绿色化水平，为推动绿色城市建设打下坚实基础。

2018年4月

六部委关于印发《智能光伏产业发展行动计划（2018-2020年）》的通知（工信部联电子〔2018〕68号）

2018年4月19日，工业信息化部、住房城乡建设部、国家能源局等6部门联合发布《智能光伏产业发展行动计划（2018-2020年）》。该计划分为5个方面、17项工作，其中住房城乡建设部牵头开展智能光伏建筑及城镇应用示范。该计划明确提出，在有条件的城镇建筑屋顶（政府建筑、公共建筑、商业建筑、厂矿建筑、设施建筑等），采取“政府引导、企业自愿、金融支持、社会参与”的方式，或引入社会资本出租屋顶、EMC节能服务合同管理等多种商业模式，建设独立的“就地消纳”分布式建筑屋顶光伏电站和建筑光伏一体化电站，促进分布式光伏应用发展。在光照资源优良、电网接入消纳条件好的城镇和农村地区，结合新型城镇化建设、旧城镇改造、新农村建设、易地搬迁等渠道，统筹推进居民屋顶智能光伏应用，形成若干光伏小镇、光伏新村。积极在有条件的农村地区小型建筑、独立农舍推广“光伏取代燃煤取暖”技术应用。

2018年8月

关于对第二批中央财政支持北方地区冬季清洁取暖试点城市名单进行公示的通知

2018年8月27日，财政部经济建设司、住房城乡建设部建筑节能与科技司、生态环境部大气司、国家能源局综合司印发了《关于对第二批中央财政支持北方地区冬季清洁取暖试点城市名单进行公示的通知》。根据评审结果，对拟纳入第二批中央财政支持北方地区冬季清洁取暖试点范围（按行政区划序列排序）的邯郸、邢台、张家口、沧州、阳泉、长治、晋城、晋中、运城、临汾、吕梁、淄博、济宁、滨州、德州、聊城、菏泽、洛阳、安阳、焦作、濮阳、西安、咸阳等23个城市进行公示。

2018年9月

清华大学建筑节能研究中心发布《China Building Energy Use 2018》

2018年9月，清华大学建筑节能研究中心发布《China Building Energy Use 2018》。该系列报告自2016年起发布，由清华大学建筑节能研究中心主编，旨在介绍中国建筑能耗状况与关键问题。2018年报告详细介绍了我国2016年度建筑用能情况、我国公共建筑能耗特征以及行为模式对建筑用能的影响。目前，该报告已被国内外大量研究机构引用，同时也是经合组织（OECD）、国际能源署（IEA）、亚太能源研究中心（APERC）等国际组织与机构分析我国建筑用能情况的重要参考资料。

2018年10月

第十七届中国国际住宅产业暨建筑工业化产品与设备博览会在北京召开

由住房城乡建设部支持，住房和城乡建设部科技与产业化发展中心（住宅产业化促进中心）、中国房地产业协会、中国建筑文化中心共同举办的第十七届中国国际住宅产业暨建筑工业化产品与设备博览会（简称“中国住博会”）于2018年10月11日—13日在北京中国国际展览中心（新馆）召开。本届中国住博会以“绿色发展”为主题，以“科技创新”与“产业升级”为展览主线，展览面积5.7万平方米，参观人次达7万人次。本届中国住博会共有600多家单位参展，268名中外专家进行演讲交流，近500位建设系统领导和地方政府管理者在住博会期间开展交流和学习，50余个著名的国际机构和组织参展和参会，3万余民众现场体验先进技术和产品。

2018年12月

住房城乡建设部关于发布行业标准《严寒和寒冷地区居住建筑节能设计标准》的公告（2018年第327号）

2018年12月18日，住房城乡建设部批准《严寒和寒冷地区居住建筑节能设计标准》为行业标准，编号为JGJ 26—2018，自2019年8月1日起实施。原《严寒和寒冷地区居住建筑节能设计标准》JGJ 26—2010同时废止。该标准的主要技术内容是：总则；术语；气候区属和设计能耗；建筑与围护结构；供暖、通风、空气调节和燃气；给水排水；电器等。该标准修订的主要技术内容是：明确了标准的使用范围；提高了节能目标，给出了主要城镇新建居住建筑设计供暖年累计热负荷和能耗值，按不同气候区规定了围护结构热工性能限制；修改了围护结构热工性能权衡判断方法；增加了清洁取暖规定，调整了集中供暖系统热源选择的优先次序，修订了对直接电供暖的限制要求，引导供暖系统降低供回水温度；限制本气候区居住建筑采用多用户共用冷源的集中空调或集风能量回收装置的性能要求；呼应当前我国北方城市的供热改革，提供相应的指导原则和技术措施；增加了“采光”“给水排水”“电器”等内容。

全国住房城乡建设工作会议在北京召开

2018年12月24日，全国住房城乡建设工作会议在北京召开。住房城乡建设部党组书记、部长王蒙徽全面总结了2018年住房城乡建设工作，分析了面临的形势和问题，提出了2019年工作总体要求和重点任务。会议强调，2019年住房城乡建设工作的指导思想是：以习近平新时代中国特色社会主义思想为指导，全面贯彻党的十九大和十九届二中、三中全会精神，认真落实中央经济工作会议精神，坚决贯彻落实党中央、国务院决策部署，坚持以人民为中心的发展思想，坚持稳中求进工作总基调，坚持新发展理念，按照高质量发展要求，以供给侧结构性改革为主线，围绕建设现代化经济体系和打好三大攻坚战，统筹推进住房城乡建设领域稳增长、促改革、调结构、惠民生、防风险工作，努力开创住房城乡建设事业高质量发展新局面，为保持经济持续健康发展和社会大局稳定、为全面建成小康社会收官打下决定性基础做出贡献。

会议明确提出：以改善农村住房条件和居住环境为中心，提升乡村宜居水平。全力推进脱贫攻坚三年行动，2019年将剩余160万户建档立卡贫困户等4类重点对象的危房全部列入年度改造计划。着力提高农房设计水平和建造质量，组织编制推广符合农村实际和农民需求的农房设计图集，明确农房建设基本要求，加强农房建设质量管理。提高村庄规划建设水平，发动村民参与，共同编制村民易懂、村委能用、乡镇好管的村庄建设规划，进一步完善引导支持设计人员和机构下乡的政策措施。继续推进农村生活垃圾污水治理。加强传统村落保护利用。

2019 年

2019 年 1 月

国家发展改革委 国家能源局关于积极推进风电、光伏发电无补贴平价上网有关工作的通知（发改能源〔2019〕19 号）

2019 年 1 月 7 日，国家发展改革委、国家能源局发布《关于积极推进风电、光伏发电无补贴平价上网有关工作的通知》。通知指出随着风电、光伏发电规模化发展和技术快速进步，在资源优良、建设成本低、投资和市场条件好的地区，已基本具备与燃煤标杆上网电价平价（不需要国家补贴）的条件。为促进可再生能源高质量发展，提高风电、光伏发电的市场竞争力，将积极推进风电、光伏发电平价上网项目和低价上网项目建设，并要求有关方面协调和督促做好相关支持政策的落实工作。

住房城乡建设部关于发布国家标准《近零能耗建筑技术标准》的公告（2019 年第 22 号）

2019 年 1 月 24 日，住房城乡建设部批准《近零能耗建筑技术标准》为国家标准，编号为 GB/T 51350—2019，自 2019 年 9 月 1 日起实施。该标准的主要技术内容是：总则；术语；基本规定；室内环境参数；能效指标；技术参数；技术措施；评价。该标准是国际上首次通过国家标准形式对零能耗建筑相关定义进行明确规定，将有助于在零能耗建筑领域建立符合中国国情的技术体系，提出中国解决方案。标准的实施将对推动建筑节能减排、提升建筑室内环境水平、调整建筑能源消费结构、促进建筑节能产业转型升级起到重要作用。

2019 年 2 月

住房城乡建设部关于发布行业标准《温和地区居住建筑节能设计标准》的公告（2019 年第 17 号）

2019 年 2 月 1 日，住房城乡建设部批准《温和地区居住建筑节能设计标准》为行业标准，编号为 JGJ 475—2019，自 2019 年 10 月 1 日起实施。该标准的主要技术内容是：总则；术语；气候子区与室内节能设计计算指标；建筑和建筑热工节能设计；围护结构热工性能的权衡判断；供暖空调节能设计。该标准充分考虑温和地区特殊的气候特点，从与其他临近气候区的气候差异入手，提出了与当地气候条件相适应的编制原则。在借鉴和参考夏热冬冷、夏热冬暖地区现行居住建筑节能设计标准的基础上，通过对设计指标、限值，以及技术措施、要求的规定，力争在温和地区居住建筑的节能设计中实现“降低供暖能耗、避免空调能耗”的设计原则，达到“利用自然、被动优先”的设计目标。

2019 年 3 月

住房城乡建设部关于发布国家标准《绿色建筑评价标准》的公告（2019 年第 61 号）

2019 年 3 月 13 日，住房城乡建设部批准《绿色建筑评价标准》为国家标准，编号为 GB/T 50378—2019，自 2019 年 8 月 1 日起实施。原《绿色建筑评价标准》GB/T 50378—2014 同时废止。该标准的主要技术内容是：总则；术语；基本规定；安全耐久；健康舒适；生活便利；资源节约；环境宜居；提高与创新。该标准修订的主要技术内容是：重新构建了绿色建筑评价技术指标体系；调整了绿色建筑的评价时间节点；增加了绿色建筑等级；拓展了绿色建筑内涵；提高了绿色建筑性能要求。

住房城乡建设部关于发布行业标准《外墙外保温工程技术标准》的公告（2019 年第 79 号）

2019 年 3 月 29 日，住房城乡建设部批准《外墙外保温工程技术标准》为行业标准，编号为 JGJ 144—2019，自 2019 年 11 月 1 日起实施。原《外墙外保温工程技术规程》JGJ 144—2004 同时废止。该标准的主要技术内容是：总则；术语；基本规定；性能要求；设计与施工；外墙外保温系统构造和技术要求；工程验收。该标准修订的主要技术内容是：增加了部分外保温系统和保温材料及其性能指标、系统构造、技术要求和外保温工程主要验收工序；增加了薄抹灰外保温系统防火隔离带设置及设计与施工、外保温工程施工现场防火规定；取消了部分外保温工程施工期间环境要求等相关强制性条文要求；删除了机械固定 EPS 钢丝网架板外墙外保温系统及其抗风荷载性能试验方法。

2019 年 5 月

住房城乡建设部关于发布国家标准《建筑节能工程施工质量验收标准》的公告（2019 年第 136 号）

2019 年 5 月 24 日，住房城乡建设部批准《建筑节能工程施工质量验收标准》为国家标准，编号为 GB 50411—2019，自 2019 年 12 月 1 日起实施。该标准的主要技术内容是：总则；术语；基本规定；墙体节能工程；幕墙节能工程；门窗节能工程；屋面节能工程；地面节能工程；供暖节能工程；通风与空调节能工程；空调与供暖系统冷热源及管网节能工程；配电与照明节能工程；监测与控制节能工程；地源热泵换热系统节能工程；太阳能光热系统节能工程；太阳能光伏节能工程；建筑节能工程现场检验；建筑节能分部工程质量验收。本次修订的主要技术内容是：增加了地源热泵换热系统节能工程、太阳能光热系统节能工程、太阳能光伏节能工程等 3 章；增加了保温材料粘贴面积剥离检验方法等 4 个试验方法；在管理方面、检验方面等增加了部分内容。

2019 年 6 月

财政部关于下达 2019 年度大气污染防治资金预算的通知（财资环〔2019〕6 号）

2019 年 6 月 13 日，为促进大气质量改善，贯彻落实《中共中央 国务院关于全面加强生态环境保护 坚决打好污染防治攻坚战的意见》确定的工作内容，财政部发布《关于下达 2019 年度大气污染防治资金预算的通知》，用于支持开展大气污染防治方面相关工作。该通知明确了第三批清洁取暖试点范围的城市，分别为河北省的定州、辛集，河南省的三门峡和济源，陕西省的铜川、渭南、宝鸡、杨凌示范区。

2019 年 9 月

住房城乡建设部办公厅关于成立部科学技术委员会建筑节能与绿色建筑专业委员会的通知（建办人〔2019〕52 号）

2019 年 9 月 5 日，为进一步推动绿色建筑发展，提高建筑节能水平，充分发挥专家智库作用，根据住房城乡建设部科学技术委员会相关规定，决定成立住房城乡建设部科学技术委员会建筑节能与绿色建筑专业委员会。

2019 年 11 月

第十八届中国国际住宅产业暨建筑工业化产品与设备博览会在北京召开

由住房城乡建设部支持，住房城乡建设部科技与产业化发展中心（住宅产业化促进中心）、中国房地产业协会、中国建筑文化中心共同主办的第十八届中国国际住宅产业暨建筑工业化产品与设备博览会（简称“中国住博会”）于 2019 年 11 月 7 日—9 日在北京中国国际展览中心（新馆）召开。本届中国住博会以“城乡建设绿色发展”为主题，旨在全面落实中央城市工作会议精神和国务院办公厅关于大力发展绿色建筑、装配式建筑等文件精神，加强国际交流与合作，充分展示中华人民共和国成立 70 年住房城乡建设领域发展成就以及国内外新技术新产品，全面宣传城乡建设领域绿色发展理念和实践成果，推动建筑产业转型升级。本届中国住博会展览面积、参展企业数量均创新高，展出面积扩大到 6.5 万平方米，参展企业增长到 500 多家，设置了中国明日之家 2019 展区等主题展区，同步举办 2019 全国装配式建筑交流大会等 20 余场专业技术交流会议。

2019 年 12 月

全国住房城乡建设工作会议在北京召开

2019 年 12 月 23 日，全国住房城乡建设工作会议在北京召开。住房城乡建设部党组书记、部长王蒙徽全面总结 2019 年住房城乡建设工作，分析面临的形势和问题，提出 2020 年工作总体要求，对重点工作任务做出部署，对做好 2020 年住房城乡建设各项工作提出了 5 方面要求：一是坚定不移贯彻新发展理念。二是坚决打好三大攻坚战。三是做好民生保障工作。四是着力推动高质量发展。五是切实改进工作作风。

2020 年

2020 年 2 月

中国物业管理协会和中国建筑科学研究院有限公司联合发布《疫情期公共建筑空调通风系统运行管理技术指南（试行）》

2020 年 2 月 2 日，基于 2003 年防治 SARS 疫情期间的宝贵经验，依据国家标准《空调通风系统运行管理标准》GB 50365 和中国物业管理协会发布的《写字楼物业管理区域新型冠状病毒肺炎疫情防控工作操作指引（试行）》，中国物业管理协会和中国建筑科学研究院有限公司联合组织编制并发布《疫情期公共建筑空调通风系统运行管理技术指南（试行）》，旨在指导疫情防控期间各类公共建筑空调通风系统的安全运行。

住房和城乡建设部科技与产业化发展中心发布《酒店建筑用于新冠肺炎临时隔离区的应急管理操作指南》

2020 年 2 月 10 日，为引导酒店建筑在疫情期间进行正确有效的应急管理和操作，住房和城乡建设部科技与产业化发展中心联合中国饭店协会、全国绿色饭店工作委员会、上海交通大学卫生政策与医务管理研究所、广州市城市规划勘测设计研究院等专业机构，并在医院、酒店和建筑等相关领域权威专家的指导下，共同编制并印发《酒店建筑用于新冠肺炎临时隔离区的应急管理操作指南》，供在疫情防控工作中参考。

住房和城乡建设部科技与产业化发展中心发布《工业建筑改造为方舱医院的建设运营技术指南（试行）》

2020 年 2 月 24 日，为配合当前疫情防治工作需要，指导标准厂房等工业建筑改造为方舱医院工作的合理有效推进，住房和城乡建设部科技与产业化发展中心联合中国医学装备协会、机械工业第六设计研究院有限公司等专业机构，在医院、工业和建筑等相关领域权威专家的指导下，共同编制并印发《工业建筑改造为方舱医院的建设运营技术指南（试行）》，供在疫情防控工作中参考。

2020 年 3 月

住房和城乡建设部办公厅关于加强新冠肺炎疫情防控期间房屋市政工程开复工质量安全工作的通知（建办质函〔2020〕106 号）

2020 年 3 月 5 日，住房和城乡建设部办公厅发布《关于加强新冠肺炎疫情防控期间房屋市政工程开复工质量安全工作的通知》。通知指出各地房屋市政工程（以下简称工程）逐渐进入全面恢复施工阶段，新冠肺炎疫情防控和工程开复工质量安全压力交织叠加。各地要认真贯彻落实习近平总书记关于统筹推进疫情防控和经济社会发展的重要指示精神，精准做好疫情防控和质量安全监管工作，有序推动工程开复工，保障工程质量安全。

住房城乡建设部、中国人民银行、中国银保监会关于支持浙江省湖州市推动绿色建筑和绿色金融协同发展的批复（建办标函〔2020〕115 号）

2020 年 3 月 10 日，住房城乡建设部、中国人民银行、中国银保监会等三部委发布《关于支持浙江省湖州市推动绿色建筑和绿色金融协同发展的批复》。湖州市正式成为全国首个唯一的绿色建筑和绿色金融协同发展试点城市。该批复要求湖州市在保障房地产市场平稳健康发展、有效防范房地产金融风险的前提下，根据国家绿色金融改革创新试验区建设总体框架要求，先行先试，积极探索绿色建筑和绿色金融协同发展的路径，培育形成激发市场主体活力的营商环境，推动绿色建筑高质量发展。

中共中央　国务院关于构建更加完善的要素市场化配置体制机制的意见

2020 年 3 月 30 日，中共中央、国务院发布《关于构建更加完善的要素市场化配置体制机制的意见》，提出“深化产业用地市场化配置改革。健全长期租赁、先租后让、弹性年期供应、作价出资（入股）等工业用地市场供应体系。在符合国土空间规划和用途管制要求前提下，调整完善产业用地政策，创新使用方式，推动不同产业用地类型合理转换，探索增加混合产业用地供给。”

2020 年 4 月

国家发展改革委发布《城镇集中供热价格和收费管理办法（征求意见稿）》

2020 年 4 月 10 日，国家发展改革委为深入贯彻落实党中央、国务院决策部署，提升公用事业垄断环节价格监管的科学化、精细化、规范化水平，促进相关公用事业行业可持续发展，同有关部门研究起草了《城镇集中供热价格和收费管理办法（征求意见稿）》并向社会公开征求意见。该征求意见稿表示要推进供热计量收费改革，具备条件的地方热力销售价格要实行基本热价和计量热价相结合的两部制热价。基本热价主要反映固定成本，原则上按面积计收；计量热价主要反应变动成本，原则上按热量计收。此外，在热价制定和调整上，征求意见稿提出热力出厂价格、管网输送价格原则上均按照“准许成本加合理收益”的办法核定。鼓励建立热力出厂价格与燃料价格联动机制。热力销售价格由购热费用、管输费用、销售成本和销售环节合理收益构成。

2020 年 5 月

中国建筑节能协会发布《近零能耗建筑评价标识项目研究报告（2019）》

2020 年 5 月，中国建筑节能协会发布《近零能耗建筑评价标识项目研究报告（2019）》。报告指出在政府的激励政策大力支持和行业产业的高涨热情下，超低、近零能耗建筑现已经进入从试点示范到规模化推广的关键时期，总结了我国近零能耗建筑的技术控制指标和认证流程，并分析了首批 12 栋获得超低、近零、零能耗建筑评价标识项目的能效指标、技术方案与技术特点，总结了评价项目的技术路径。此外，报告认为随着我国技术体系已经形成并发展成熟，近零能耗建筑发展出现新趋势，例如：既有老旧建筑近零能耗改造逐渐起步，发展前景广阔；装配式建筑技术与近零能耗建筑技术融合成为行业发展热点；产能建筑已经可以达到国际先进水平。

2020 年 6 月

暖通空调领域著名专家吴元炜同志逝世

中国共产党优秀党员，我国暖通空调领域著名专家，享受国务院政府特殊津贴专家，原中国建筑科学研究院副院长、总工程师、教授级高级工程师吴元炜同志因病医治无效，于 2020 年 6 月 12 日 8 时 28 分在北京逝世，享年 85 岁。吴元炜同志长期致力于集中供热、建筑节能、空调设备检测、标准化等方面研究，他一生刻苦勤奋，勇于探索，把毕生精力都奉献给了祖国的建设科技事业，为我国暖通空调领域的发展做出了重大贡献。